中国海上油田提高采收率技术

孙福街◎著

石油工业出版社

内 容 提 要

本书对中国海上油田提高采收率技术进行了介绍，内容主要包括海上油田水驱提高采收率技术、海上油田化学驱提高采收率技术、海上油田稠油热采提高采收率技术、海上油田气驱提高采收率技术、海上油田提高采收率技术发展方向与展望。

本书可供油田开发研究人员、现场生产人员、石油院校师生阅读和参考。

图书在版编目（CIP）数据

中国海上油田提高采收率技术 / 孙福街著 . -- 北京：石油工业出版社，2024.12. -- ISBN 978-7-5183-7181-5

Ⅰ．TE53

中国国家版本馆 CIP 数据核字第 2025S8E660 号

出版发行：石油工业出版社

（北京安定门外安华里 2 区 1 号楼　100011）

网　　址：www.petropub.com

编辑部：（010）64523552　图书营销中心：（010）64523633

经　　销：全国新华书店

印　　刷：北京九州迅驰传媒文化有限公司

2024 年 12 月第 1 版　2024 年 12 月第 1 次印刷

787×1092 毫米　开本：1/16　印张：22.5

字数：465 千字

定价：180.00 元

（如出现印装质量问题，我社图书营销中心负责调换）

版权所有，翻印必究

序

FOREWORD

近年来，随着我国经济的快速发展，能源需求持续攀升。作为我国能源战略的重要组成部分，海洋油气资源开发在保障国家能源安全、推动经济发展方面发挥了重要作用。然而，我国海上油田在经过多年的开发后，常规类型油田进入开发中后期，非常规类型油田采收率较低。面对当前开发形势，海上油田进一步提高采收率已成为保障我国能源安全、提升海洋油气产能的关键技术。

在提高采收率的技术研究和应用方面，我国科研工作者们始终走在世界前列。通过多年的持续攻关和技术创新，逐步形成了海上油田提高采收率四大技术体系，包括高（特高）含水油田强化水驱技术、化学驱技术、稠油热采技术和低渗油田注气开发技术。不仅为我国海上油田产能的稳步提升提供了有力支撑，也为世界海上油田开发技术的发展作出了重要贡献。

著者长期从事海上油田提高采收率技术研究和现场管理工作，积累了丰富的实践经验和第一手资料。基于自身多年的技术积累，从海上油田开发特点、现状及挑战入手，详细阐述了不同类型油田提高采收率的技术方法与应用案例，为油田开发专业人员提供了全面的视角，有着较高的理论参考价值和实际指导意义。

《中国海上油田提高采收率技术》是一部理论与实践相结合的著作。全书共分为六个章节，从基础理论入手，结合矿场实践经验，系统介绍了我国海上油田提高采收率的基础理论、实验方法、应用技术、配套工艺及矿场实例，内容涵盖了海上高（特高）含水油田强化水驱提高采收率技术（包括陆相整装水驱油田、海相砂岩油田及陆相复杂断块注水油田）、海上油田化学驱提高采收率技术、海上油田稠油热采提高采收率技术和海上油田气驱提高采收率技术的应用探索及取得的成效，并展望了海上油田提高采收率技术的发展方向。它不仅丰富和完善了海上油田提高采收率技术体系，也为广大科研和工程技术人员提供了宝贵的参考资料。

希望本书的出版能够为我国海上油田的高效开发和提高采收率技术发展贡献力量，同时也为全球油气资源的开发利用提供中国智慧和中国方案。

2024 年 11 月

前 言

随着全球能源需求的持续增长,海洋油气作为重要的能源来源,越来越受到人们的关注。然而,海洋油气的开发面临着诸多挑战,如资源分布复杂、开发难度大、成本效益等问题。因此,提高海洋油气采收率成为了业界重点关注的问题。

从1971年我国第一个海上油田渤海海四油田开发至今,我国海洋油气开发已走过了五十多年的历程,由对外合作联合开发逐步转向独立自主开发,在夯实海上老油田高效开发基础上,实现从稠油到超稠油、从浅水到深水、从浅层到深层、从常规到非常规的迈进。在此期间,我国的海洋油气开发水平不断提升,海洋油气开发工业体系逐步建立并完善,海洋油气产量已成为保障国家能源安全的重要一环。

我国海洋油田提高采收率主要面临两大挑战:一是海上常规油田处于开发中后期,剩余油高度分散,高(特高)含水阶段如何进一步提高采收率的问题;二是稠油、低渗透等非常规油田目前采收率较低,如何经济有效提高采收率的问题。围绕上述问题,广大科研工作者进行了多年持续攻关,逐步形成了海上高(特高)含水油田强化水驱提高采收率、海上油田化学驱提高采收率、海上稠油油田热采开发和海上低渗透油田注气开发等四大海洋油田提高采收率技术体系,为我国海上油气产能达到 $6000 \times 10^4 t$ 提供了可靠的技术支撑。

本书从基础理论、实验方法、应用技术、配套工艺及矿场实例等方面对上述内容进行了系统介绍,不仅有助于读者全面理解海洋油气提高采收率的基础理论和技术,还可以通过大量案例和实践经验的学习,让读者深入了解海洋油气开发的现场实践。全书共分为六章:第一章对海洋油气开发特点、开发现状、面临挑战及技术体系进行了全面介绍;第二章重点介绍了海上高(特高)含水油田强化水驱提高采收率技术,包括了陆相整装水驱油田、海相砂岩油田、陆相复杂断块注水油田等海上主要在生产的油藏类型;第三章介绍了海上油田化学驱提高采收率技术,涵盖发展历程、早期注聚合物理论、聚合物药剂研发、油藏方案编制、采出液处理及配套施工工艺等全部流程;第四章介绍了海上油田稠油热采提高采收率技术,涵盖蒸汽吞吐、蒸汽驱等海上主要热采技术；第五章介绍了海上油田气驱提高采收率技术，包含氮气驱、CCUS 等已实施或即将实施的海上注气方案；第六章对海上油田提高采收率技术发展方向进行了展望。

本书是对近年来中海油研究总院有限责任公司、中海油所属各油田及相关高等院校共同承担的国家重大专项、科技部专项、有限公司专项相关研究成果的总结与升华，是对海洋油气田提高采收率技术的丰富与完善。在本书的编写过程中，得到了许多笔者团队和合作伙伴的大力支持和协助。在此，对他们一并表示衷心的感谢。

本书可供油田开发研究人员、现场生产人员、石油院校师生阅读和参考。

由于笔者水平有限，书中难免存在纰漏之处，恳请读者批评指正。

2024 年 5 月

目 录

CONTENTS

第一章　绪论 ··· 1

　第一节　中国海上油田开发现状 ·· 1

　第二节　中国海上油田提高采收率技术概况 ··· 3

第二章　海上油田水驱提高采收率技术 ··· 5

　第一节　海上海相砂岩油田水驱提高采收率技术 ··· 5

　第二节　海上陆相整装油田水驱提高采收率技术 ··· 55

　第三节　海上陆相断块油田水驱提高采收率技术 ··· 146

第三章　海上油田化学驱提高采收率技术 ·· 167

　第一节　概述 ·· 167

　第二节　海上油田化学驱理论认识和开发模式 ··· 168

　第三节　海上油田化学驱地质油藏关键技术 ··· 172

　第四节　海上油田化学驱配套工艺技术 ··· 190

　第五节　矿场试验与应用 ··· 199

第四章　海上油田稠油热采提高采收率技术 ·· 221

　第一节　概述 ·· 221

　第二节　大井距高强度热采开发理论认识与开发模式 ······································ 221

　第三节　海上稠油热采地质油藏关键技术 ·· 238

　第四节　海上稠油热采配套工艺技术 ··· 252

　第五节　矿场试验与应用 ··· 276

第五章　海上油田气驱提高采收率技术 287

　　第一节　概述 287

　　第二节　海上油田气驱提高采收率机理 288

　　第三节　海上油田气驱地质油藏关键技术 297

　　第四节　海上油田气驱配套工艺技术 315

　　第五节　矿场试验与应用 329

第六章　海上油田提高采收率技术发展方向与展望 334

　　第一节　海上油田提高采收率储层精细描述技术发展方向与展望 334

　　第二节　海上高（特高）含水油田强化水驱提高采收率技术发展方向与展望 339

　　第三节　海上油田化学驱提高采收率技术发展方向与展望 342

　　第四节　海上油田稠油热采提高采收率技术发展方向与展望 344

　　第五节　海上油田气驱提高采收率技术发展方向与展望 345

参考文献 347

第一章 绪 论

第一节 中国海上油田开发现状

海洋油气开发主要是在被动大陆边缘或扩张盆地进行，受板块和地球深部动力等复杂因素影响，认知难度大；海底地貌复杂、底质松软、温度低、压力高，同时受洋流、内波流等作用，造成海洋工程结构更复杂，加之海洋环境保护等，技术难度高，投资风险和安全风险大；以我国"深海一号"能源站为例，水下生产系统位于1500m水深的海底，压力超150atm❶。面对如此巨大的海水压力，设备的密封强度、材料的承压能力、工艺质量等面临严峻的技术挑战，没有试错的机会，任何纰漏都可能造成无法挽回的巨大损失。因此，海洋油气勘探开发涉及地质学、油藏工程、钻井工程、采油工程、材料科学、船舶制造、通信技术、机电设备应用、交通运输等多门学科及多项工程技术，是一项高集成、跨学科、多领域的系统工程。

具体来说，海洋油气开发呈现出"三高""三受限"的特点。

"三高"是指高风险、高科技和高投入。海洋油气生产平台所处环境恶劣，面临台风、冰冻等多种自然灾害（图1-1-1），同时平台面积狭小、作业空间有限，人员及设施作业风险大，油气开发生产面临较高的安全风险。另外，海上油田实行"少井高产"的开发策略，井距大、生产井监测资料少，地下储层空间展布认识困难，剩余油精细描述技术要求高，同时海上油气田以定向井或水平井等复杂结构井为主的丛式井网开发，井轨迹密集（图1-1-2），防碰技术要求高。此外，海上油气开发生产需要钻井平台、生产平台、FPSO、海底管线、起重船、铺管船、多功能作业船等特殊的生产设施和庞大的作业船队。以南海"奋进号"为例，平台长114m、宽89m、高130m，相当于四十多层的高楼，自重三万余吨，可承载$12.5×10^4$t，耗资60亿元，电缆总长度八百多千米，相当于围绕北京四环路十圈。一般来说，海洋油气开发成本是陆地常规油田的6～10倍，建设中型油田一次性投资高达40亿～80亿元。

"三受限"是指研究资料受限、平台空间受限、平台寿命受限。由于海上勘探成本高、环境恶劣，测试、取样等录取资料少，油气藏开发地质认识不确定性相较陆上油田高，为准确评价油气藏带来诸多难题。另外，平台所有设施都集中在2～3层甲板上，生产井口高度集中，最小达1.5m×1.8m。作业面积小，平台控制半径小。此外，小型海上平台寿

---

❶ 1atm=101.325kPa。

命一般在 10～15 年、中型海上平台寿命一般在 20 年、大型海上平台寿命在 30 年左右，有限的平台寿命决定了海上油田必须实施"高速高效"的开发理念，在平台寿命期内尽最大限度地提高原油采收率。

图 1-1-1　冰冻、台风等自然灾害中的海上平台

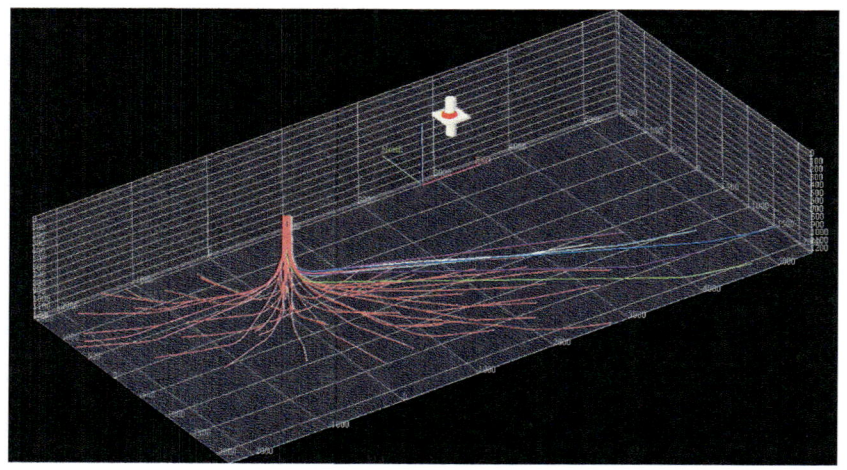

图 1-1-2　海上平台钻井轨迹图

陆上油田与海上油田开发特点对比见表 1-1-1。

表 1-1-1　陆上油田与海上油田开发特点对比表

项目	陆上油田	海上油田
井网井距	井距 100～200m	井距 300～500m
钻井类型	直井为主	定向井/水平井
取心资料	齐全	相对较少
动态监测资料	丰富	相对较少

目前国内海上已建成渤海、东海、南海三大油气生产区，在生产油气田近200个，共有油气井近5000口、注水井近1500口，2023年国内海上油气产量超8000×10^4t（图1-1-3）；七年行动计划以来，国内海上油气产量累计增长超2000×10^4t；原油连续5年增量占国内总增量60%以上，强力支撑国内原油产量重上2×10^8t，为保障国家能源安全、建设海洋强国做出重大贡献。

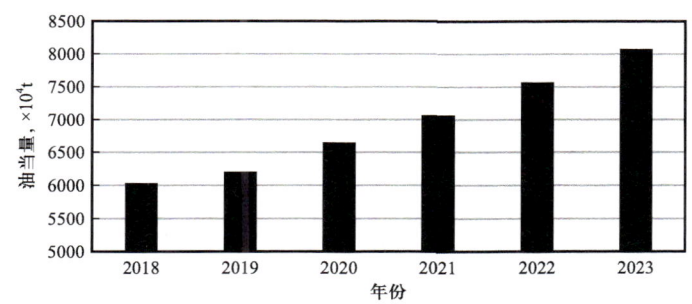

图1-1-3　中国海油近年油气当量完成情况（国内海上油气产量）

第二节　中国海上油田提高采收率技术概况

中国海上油田提高采收率主要面临两大挑战：一是海上常规油气田处于开发中后期，剩余油高度分散、差异化富集，精细刻画难度大、已有挖潜手段经济性低，原有技术体系难以满足进一步提高采收率要求；二是特稠油等非常规油气田目前采收率较低，常规的水驱、化学驱等开发方式难以实现经济有效开发。针对上述问题，在充分吸收陆上油田开发经验的基础上，形成了海上油田提高采收率技术体系，支撑我国海上油田采收率提升至35%。

在油藏开发地质基础研究方面，突破了三维地震资料采集处理、不同类型油藏精细描述及三维精细表征关键技术，逐步形成了"以单砂体精细解剖为主线"的油藏精细描述技术，构型尺度提升至4～3级，砂体描述精度提升至5m左右。形成较完善的不同沉积类型油田精细油藏描述技术体系。在此基础上构建了针对不同油藏类型的高效开发方式。

（1）陆相人工水驱油田开发技术不断完善。以陆相沉积油气藏精细描述、油藏剩余油精细表征为基础，完善了以精细注水、丛式井网整体加密调整、流场调控结合的陆相人工水驱油藏开发模式，通过实施水平井细分层系、组合井网立体调整，采收率提高至31%。

（2）海相砂岩油田开发技术逐步完善。不断丰富海相砂岩高速高效开发水驱油理论，形成早期通过水平井定向井相结合高速开发、中期通过水平井调整、后期大排量电潜泵提液的海相砂岩高速高效开发模式，同时深化攻关低幅构造油藏精细描述、储层构型精细解剖、海相砂岩油藏剩余油表征及挖潜等技术，结合大排量电潜泵、MRC、T型井、水平井控水、自源闭式注水等配套工艺，实施水平井调整挖潜、产液结构优化和油藏流场调控等立体稳油控水技术，采收率提高至 54% 左右。

（3）海上复杂断块油田开发成果显著。逐步形成复杂断块油田精细油藏描述技术体系、提高采收率技术体系和一系列配套工艺技术，加强断层精细识别及储层精细表征，提高水驱范围内采收率，系统解决精细注水、储层伤害等难题，通过新技术应用和深入挖潜，采收率提高至 33%。

（4）海上油田化学驱技术取得突破并实践效果显著。初步构建了海上油田化学驱高效开发模式。建立了海上油田化学驱油藏分类标准、潜力评价预测方法，开发方案优化技术，动态跟踪与效果评价方法等，研制了海上油田聚合物调驱一体化数值模拟器；形成了基于聚合物强制拉伸水渗速溶装置的聚合物快速溶解技术、海上油田化学驱采出液一体化处理模式、"剥洋葱"式的逐层剥离深度解堵工艺技术等配套工艺。在渤海绥中 36-1、旅大 10-1、锦州 9-3 等三个油田试验，共注入 44 口井。截至 2021 年 12 月底实现累计增油 $791\times10^4 m^3$，平均提高采出程度 7.1%，平均每口注入井已增油 $17.98\times10^4 m^3$，取得显著的增油降水效果，证实了化学驱是海上油田高效开发的有效方法。

（5）海上油田稠油热采开发技术取得突破。构建了大井距高强度热采开发理论，研发了高强注热采油长效防砂技术，形成了一体化高效注采工艺装备，创建了平台集约化热采技术装备，逐步形成了海上油田稠油热采有效开发技术体系和海油特色的热采开发模式。按照"先导试验、技术示范、规模应用"的开发思路，先后开辟了海上首个多元热流体吞吐先导试验区（南堡 35-2 油田）、首个蒸汽吞吐先导试验区（旅大 27-2 油田）和首个大井距水平井蒸汽驱先导试验井组（南堡 35-2 油田 B36m 井组），接连实现海上稠油和超稠油油田规模化热采开发（旅大 21-2 和旅大 5-2 北），2021—2023 年实现稠油热采产量 $169\times10^4 t$，2023 年热采产量达 $85\times10^4 t$。

（6）海上油藏大井距气驱提高采收率技术在现场取得较好效果。经过十余年的研究和矿场试验，成功证明了海上油田气驱开发的可行性和经济性，为海上油田高效开发探索了一条新路。逐步构建了融合井—震—动态多响应信息的储层预测、注气能力预测和全过程气窜防治等关键技术，完善了分层注气、复杂老井转注安全评价等配套工艺技术，初步实现注气区块采收率较水驱提高 8% 以上。

第二章 海上油田水驱提高采收率技术

第一节 海上海相砂岩油田水驱提高采收率技术

一、概述

南海东部在生产油田以海相砂岩油田为主。油田构造完整，形态简单，以低幅背斜构造为主；海相砂岩油田的储层以古近系珠海组、新近系珠江组和韩江组的海相沉积砂岩为主，储层分布稳定、物性较好，大部分储层属中—高孔隙度、中—高渗透率储层，测井解释孔隙度在15%~31%，测井解释渗透率在100~30000mD（表2-1-1）；油藏大部分为块状底水油藏和层状边水油藏，天然水驱能量充足；大部分油藏原油性质较好，具有低密度、低黏度、低含硫、低气油比特征；油田开发方式以天然水驱开发为主，油井产能旺盛，根据油区海相砂岩油藏试油资料统计，单井日产量大于2000m³的占21.8%，1000~2000m³的占43.4%，小于1000m³的占34.8%，按产能分类（油藏千米井深稳定产量）属高产油田，油田投产初期平均单井日产400~1500m³/d。

表2-1-1 海相砂岩油田储层物性数据统计表

油田	孔隙度，%		渗透率，mD		
	测井	岩心	测井	岩心	有效
惠州21-1	15~16.5	15.2~17.7	192~317	170~682	127~572
惠州26-1	15.7~21.9	17.8~26.5	235~1323	139~2750	1575~5087
惠州32-2	19.2~21.4	19.9~21.6	340~677	504~934	1838~2421
惠州32-3	16.6~22.8	14.4~21.9	370~1498	602~2032	805~5461
惠州32-5	15.2~26.4	19.0~33.3	736~1233	355~6210	895~1370
西江24-1	15.5~28.1	17.7~22.9	204~3744	58~4920	2188~6844
西江24-3	22.6~23.6	22.9~24.3	770~1918	798~2252	3055~15388
西江30-2	19.2~25.7	19.3~28.1	648~1378	1070~3464	4304~9911
陆丰13-2	15.3~23.4	10.7~25.8	118~3650	1290~2294	2174~5307

续表

油田	孔隙度，%		渗透率，mD		
	测井	岩心	测井	岩心	有效
陆丰 13-1	17.2～22.1	13.0～22.8	215～1227	47～2860	3508～4234
陆丰 22-1	20.3～24.5	21.5～26.1	1273～33806	1333～4586	2424～5760
番禺 4-2	14.5～31.2	11.5～31.4	163～20869	0.5～20459	4900～21851
番禺 5-1	15.9～30.4	9～33.7	117～15931	3～26008	2274～2290

自 1990 年 9 月惠州 21-1 油田投入开发，海相砂岩油田至今已有 33 年的开发实践。油田早期采用天然能量高速开发，高峰采油速度最大达 11.4%，平均高峰期采油速度超过 7%，单个油藏采油速度最大达 16%。高峰期平均单井年产油在 $10 \times 10^4 m^3$ 左右，最高达 $45 \times 10^4 m^3$，日产千立方米井比比皆是。

油田全面投产后产量进入递减不可避免。随着开发的深入，为了保持海相砂岩油田的持续高产稳产，进入高含水开发期后，面对储层非均质性强、部分油田天然能量不足的局面，必须开展精细开发技术及人工补能研究、明确剩余油分布和采取增产挖潜措施。通过油田地质综合研究和精细油藏描述，充分利用油藏数模技术，更深入地研究剩余油分布规律，根据油田的地质油藏特点、不同开发阶段生产动态的变化，以及技术的不断进步，制定合理的油田开发策略，采取调整井、补孔、提液、酸化、堵水、自流/助流注水等增产挖潜措施，实现单个油田持续高产，进一步提高油田采收率。

通过精细开发技术研究，深入挖潜，保持了油田的持续高产稳产，部分投产较早的砂岩老油田，目前平均采出程度已超过 52%，其中惠州 32-3、西江 24-3 和陆丰 13-2 油田采出程度接近或超过 60%。近些年，通过老油田自身挖潜增储，以滚动式精细油藏地质研究为指导，采用先进的钻采工艺技术，不断提高储量动用程度，每年弥补南海油区老油田三分之二的产量递减，依靠老油田的深入挖潜，创造了南海东部海域连续 26 年年产超千万立方米的辉煌，并在 2023 年年产油突破 $2000 \times 10^4 t$ 油当量，为油田未来维持高产稳产的趋势奠定了坚实的基础。

二、海相砂岩油田高速高效水驱开发理论和模式

（一）海相砂岩油田高速高效水驱开发理论

长期高注入孔隙体积倍数的冲洗会使储层临界毛管数降低，进而提高水驱油效率。因此明确长期水驱渗流特征影响因素及影响程度对强边底水油藏采收率评价至关重要。渗流特征影响因素主要包括储层矿物成分、润湿性等内在因素和注入倍数、注入速度等外在因素。内因起决定作用，外在因素通过内在因素而影响驱油效率、残余油饱和度及相对渗透率特征，进而影响流体在地层中的渗流特征。基于密闭取心岩心，开展完善的实验研究，

通过探讨不同驱替条件下矿物成分、孔喉结构、润湿性、相渗曲线特征、残余油饱和度和驱油效率的变化，从油藏开发本质上剖析高孔隙体积倍数驱替后的油藏物性变化特征和规律。

1. 海相砂岩高倍水驱实验研究

1）高倍数驱替实验设计

常规对储层物性及相渗特征实验的标准上进行改进，研究不同驱替倍数下储层物性变化特征及规律，规定驱替 30 倍孔隙体积为低倍数驱替，驱替 30~500 倍孔隙体积为中低倍数驱替，驱替 500~1000 为中高倍数驱替，驱替 1000~2000 倍孔隙体积为高倍数驱替，在此标准上重新设计物理模拟实验参数以吻合实际油藏水驱过程，并在此基础上进行实验。实验包括以下几个方面：

• 采用扫描电镜、X 射线衍射和铸体薄片鉴定方法分析高倍数驱替及不同速度驱替后矿物成分变化分析。

• 采用铸体薄片鉴定实验、压汞实验的方法分析高倍数驱替后孔喉结构的变化。

• 通过接触角法和自吸法评价不同驱替倍数后岩样的润湿性，并分析润湿性随驱替倍数的变化特征和规律。

• 采用目标储层岩心和不同黏土含量岩心进行一维岩心驱替实验，记录实验过程中累计产油量、累计产液量及驱替压差，绘制驱油效率、残余油饱和度随驱替倍数关系曲线，分析不同驱替倍数、不同驱替速度和不同黏土含量对驱油效率和残余油饱和度的影响。

• 设计底水油藏水平井开发三维可视化模型，模拟真实油藏中一口水平井的开发动态，研究开发过程中波及系数变化特征和规律。

极限采收率实验的总体目标是研究探讨不同驱替条件下矿物成分、孔喉结构、润湿性、相渗曲线特征、残余油饱和度、驱油效率的变化规律。其中不同驱替条件包括以下三点：（1）不同驱替倍数情况下（模拟弱水洗、强水洗）。（2）不同水洗情况下（实际地层弱水洗、强水洗）。（3）不同驱替速度情况下（模拟近井地带、远井地带）。实验项目总共包括 6 项，分别为矿物成分、孔喉结构、润湿性、相渗曲线、残余油饱和度和驱油效率。

2）高倍水驱物性变化规律分析

通过以上实验研究，可以获得高倍数驱替下物性变化情况和生产动态变化特征，并总结出一般性规律，为后期研究工作起到宝贵的指导作用。

（1）矿物成分变化：

在水驱过程中，随着水驱倍数的增加，砂岩中的胶结物不断被冲刷带出，胶结物含量逐渐减少。统计未冲刷、注入水浸泡、注入水冲刷过程中蒙脱石、伊蒙混层、黏土矿物总量的变化，发现：岩样浸泡和长期水驱后黏土总量减少。

驱替 2000PV 后，黏土占整个矿物成分含量减少 40%~50%，伊利石含量减少 20%~70%，高岭石含量降低 10%~30%，绿泥石含量减少 20%~40%（相对量）。高倍数驱替后，黏土占整个矿物成分含量减少，能够形成阳离子交换的伊利石减少，抗机械力弱的高岭石含量降低，富含铁的绿泥石含量变化不大。高倍数驱替后，书页状高岭石含量减少，黏土含量减少（图2-1-1）。

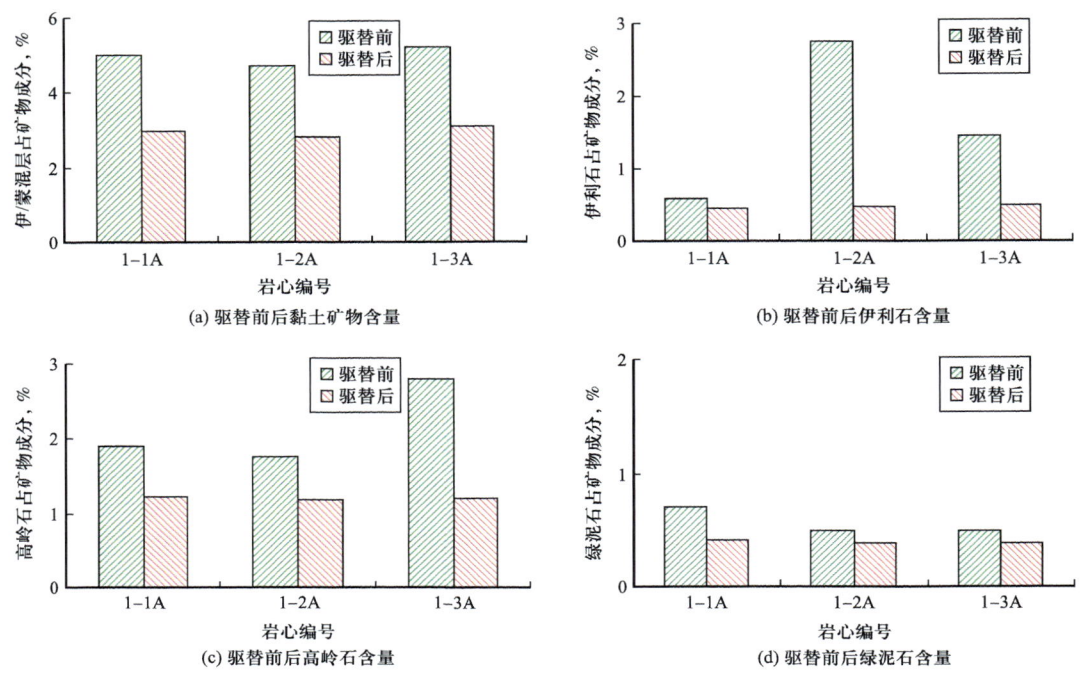

图2-1-1　驱替前后各黏土含量变化

（2）孔喉结构变化：

采用压汞实验的方法高倍数驱替后孔喉结构的变化[1, 2]。岩心高倍数驱替后，矿物成分含量减少，填隙物含量减小，薄片面孔率增大，配位数增大，改善水驱油通道。驱替2000PV后，填隙物含量减少40%～70%，面孔率增大10%～50%，高岭石含量减少10%～30%（相对量），如图2-1-2所示。

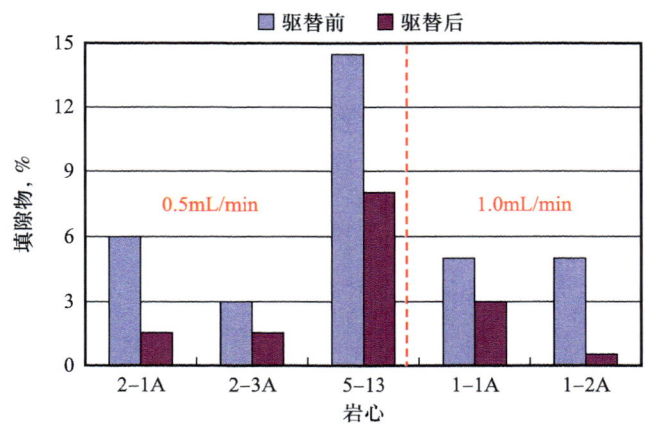

图2-1-2　驱替前后铸体薄片的填隙物

经实验统计，西江 24-3 油田真实岩心经过 2000PV 的高倍数水驱后薄片面孔率增大约 10%～50%，孔隙度增大约 8%～10%，渗透率增大 20%～150%，中值压力减少约 20%～80%，排驱压力减小约 20%～40%，最大汞饱和度减小约 2%～3%，最小湿相饱和度增大约 100%～200%，变异系数减小约 40%～50%，孔喉半径中值增大约 60%～90%（相对量）。如图 2-1-3、图 2-1-4 所示。

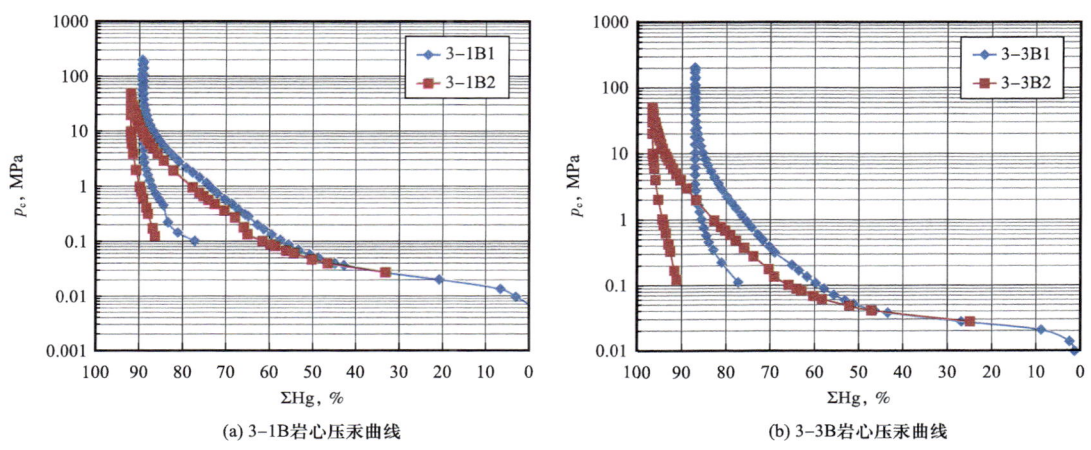

图 2-1-3　驱替前后岩心压汞曲线

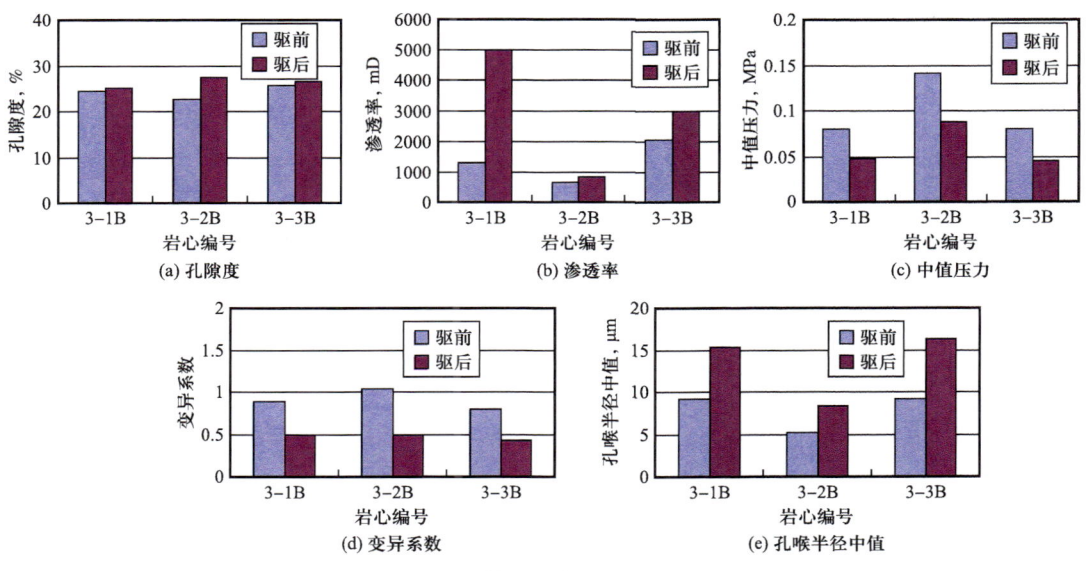

图 2-1-4　驱替前后岩心孔喉参数变化

（3）润湿性变化：

分析润湿性随驱替倍数的变化特征和规律，采用自吸法评价岩样润湿性[3]。在某一驱替速度条件下，随着驱替倍数的增加，岩石的水润湿指数增加，油润湿指数降低，相对润湿指数增加，岩石润湿性发生变化，亲水性逐渐增强。经实验统计（表 2-1-2），西江

24-3油田真实岩心经过长期水驱与常规水驱相比，水相润湿指数增大约0.2～3倍，油相润湿指数减小约70%～80%，相对润湿指数增大约0.3～10倍（相对量）。

表2-1-2　不同驱替倍数下的油水润湿指数

岩心号	岩性描述	润湿指数		相对润湿指数	润湿类型	驱替倍数
		水	油			
8-1	砂岩	0.80	0.09	0.72	强亲水	30PV
8-1′	砂岩	0.87	0.07	0.81	强亲水	1000PV
8-1″	砂岩	0.89	0.05	0.84	强亲水	2000PV
8-2	砂岩	0.738	0.130	0.607	亲水	30PV
8-2′	砂岩	0.792	0.067	0.725	强亲水	1000PV
8-2″	砂岩	0.920	0.023	0.897	强亲水	2000PV
8-3	砂岩	0.63	0.12	0.52	亲水	30PV
8-3′	砂岩	0.70	0.09	0.61	亲水	1000PV
8-3″	砂岩	0.77	0.04	0.73	亲水	2000PV

通过对岩心1-3、岩心1-4、岩心2-3、岩心2-4进行水驱实验，在不同驱替倍数取岩心切薄片。试验中取恒流水驱，分别在0PV、30PV、100PV、500PV、1000PV、2000PV切薄片测量接触角，结果见表2-1-3。润湿性划分原则：接触角大于105°为亲油；接触角在75°至105°之间为中性润湿性；接触角小于75°为亲水。

表2-1-3　天然岩心不同驱替倍数下接触角

岩心编号	接触角，(°)					
	0PV	30PV	100PV	500PV	1000PV	2000PV
1-3	132.8	115.4	113.2	112.1	101.6	87.8
2-3	143.4	142.3	140.4	136.3	135.5	129.9
1-4	148.5	142.7	141.7	137.8	133.3	岩心破碎
2-4	146.7	140	136.7	122.9	99.2	岩心破碎

岩心1-3和岩心2-4随着水驱倍数的增加由亲油向中性润湿性转变，并有逐渐向亲水发展趋势。岩心2-3和岩心1-4随着水驱倍数的增加，接触角逐渐变小（图2-1-5），润湿性逐渐向着中性润湿性发展，但未到达中性润湿性。四块岩心均有向着亲水变化趋势，但是实验中并未出现能够达到亲水润湿性现象，不能确定长期水驱后岩心由亲油转变为亲水。

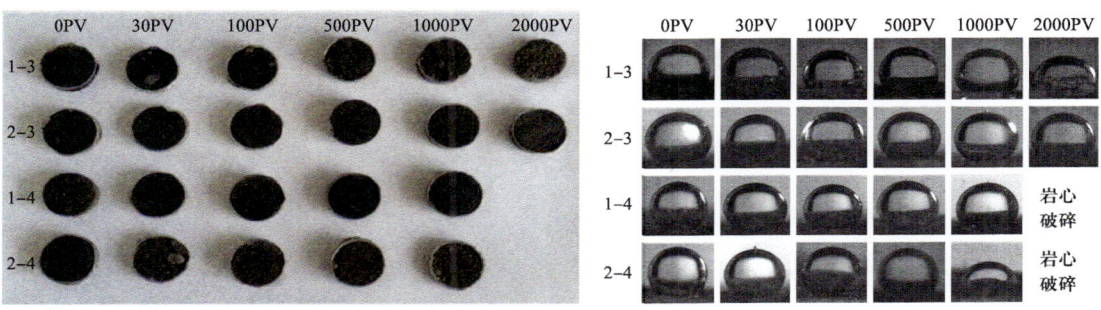

图 2-1-5 天然岩心高倍数水驱薄片上水滴接触角

对于人造岩心，高倍数水驱后水滴的接触角逐渐变小，趋势更加明显（图 2-1-6）。

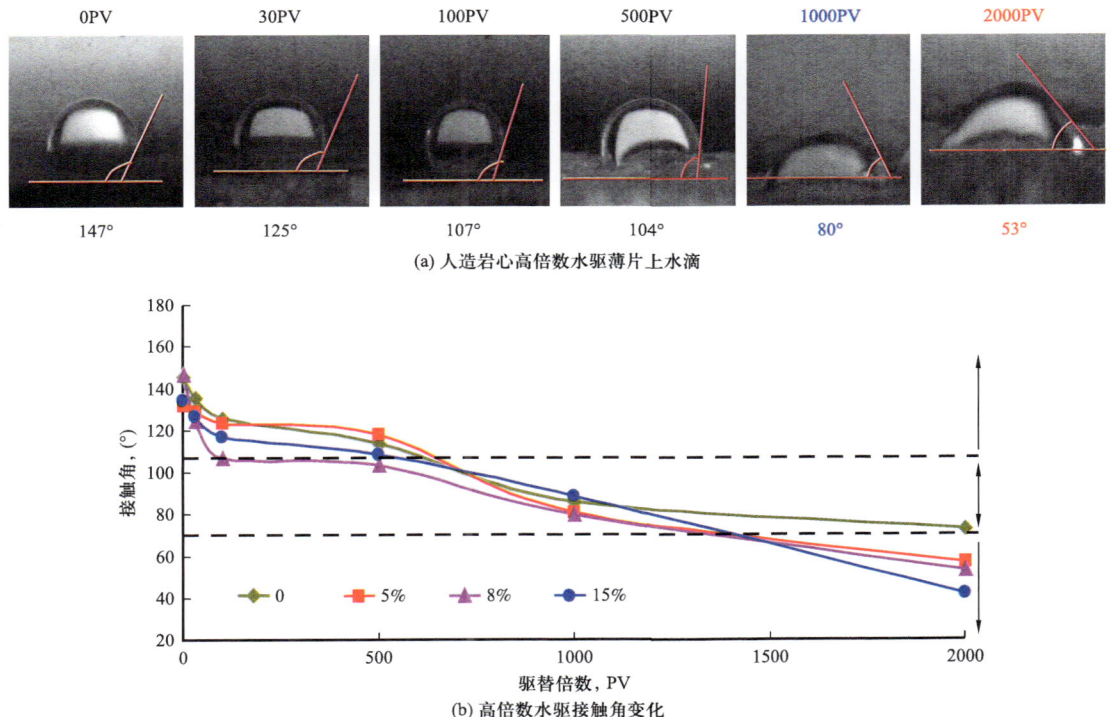

图 2-1-6 人造岩心高倍数水驱后接触角变化

（4）相渗及残余油饱和度变化：

采用目标储层岩心和不同黏土含量岩心进行一维岩心驱替实验，记录实验过程中累计产油量、累计产液量及驱替压差，绘制油水相对渗透率曲线，研究不同驱替倍数、不同驱替速度及不同黏土含量对相对渗透率曲线的影响（图 2-1-7、图 2-1-8）。

高倍数驱替得到的相渗比低倍数驱替相渗残余油饱和度大幅下降，饱和度降低约 15%。在天然岩心重新饱和油后，驱替 2000PV 得到的相渗可以看到，驱替后等渗点已发生变化（图 2-1-9）。

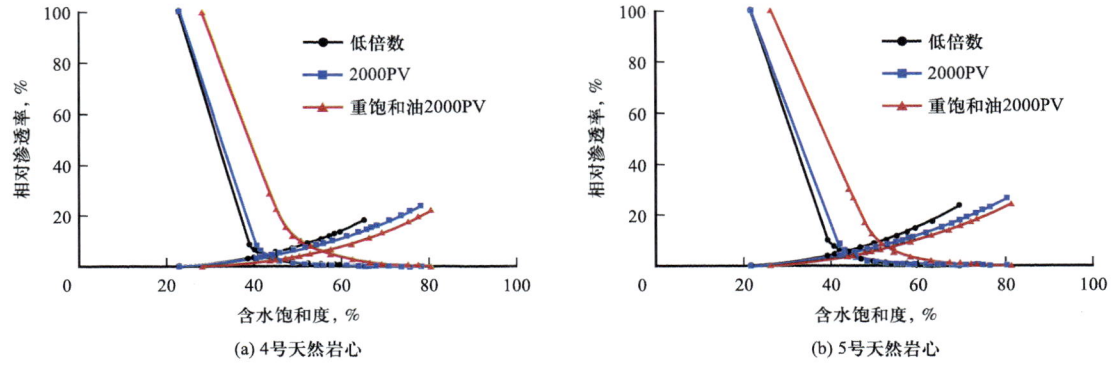

图 2-1-7 不同驱替倍数相渗对比（驱替速度 0.5mL/min）

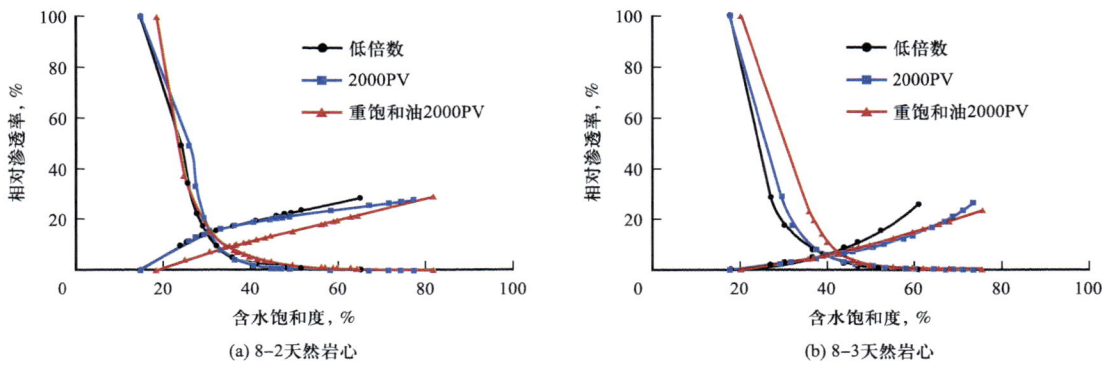

图 2-1-8 不同驱替倍数相渗对比（驱替速度 1.0mL/min）

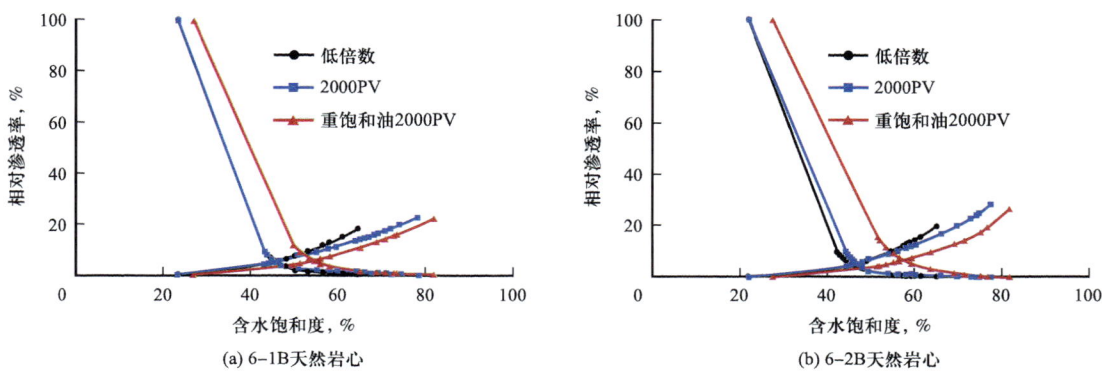

图 2-1-9 不同驱替倍数相渗对比（驱替速度 2.5mL/min）

高倍数水驱与常规水驱相比，残余油饱和度绝对量约减小 10%～15%。在一定的驱替速度条件下，随着驱替倍数的增加，残余油饱和度有明显的降低，驱油效率明显提高（图 2-1-10）。

（5）驱油效率变化：

驱油效率实验原理及步骤同高倍数驱替相渗实验，采用一维非稳态相渗手段。实验要求设立四组平行实验,每组实验黏土含量分别为0、5%、8%、15%,持续驱替1000PV/2000PV达到高倍数水驱标准,分析30PV、100PV、500PV、1000PV/2000PV驱替倍数下驱油效率曲线变化特征(图2-1-11)。

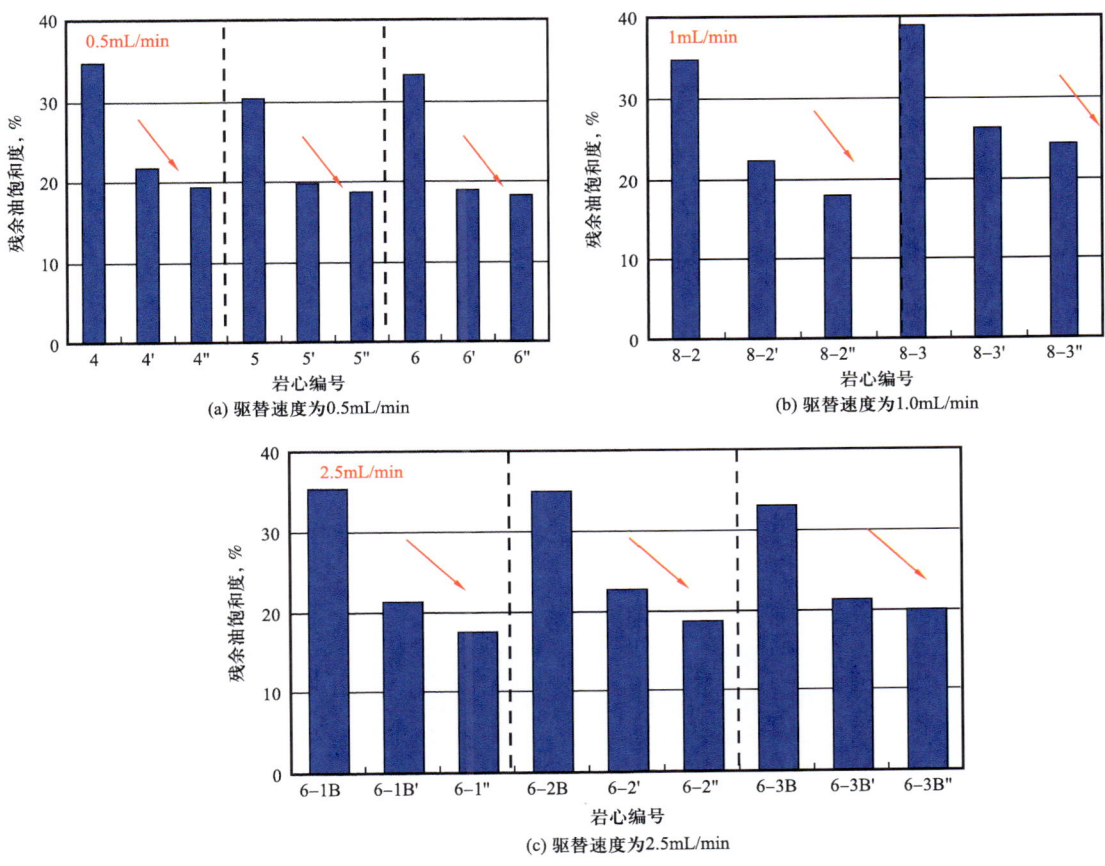

图2-1-10 不同驱替倍数下残余油饱和度

对0黏土含量岩心以1.0mL/min驱替速度进行实验(图2-1-11),驱油效率随着驱替倍数增加而增加,驱油效率上升速度由快变慢。前100PV为快速上升期,驱油效率快速上升至54.1%;从100PV至700PV左右为缓慢上升期,驱油效率上升至61.5%,提高幅度为7.4%;700PV至2000PV驱油效率上升至63.9%,上升幅度极小,约2.4%。残余油饱和度随驱替倍数增加而降低,从100PV至700PV为残余油饱和度缓慢降低阶段,从34.3%降低至28.9%,降低幅度为5.4%;在700PV至2000PV阶段,残余油饱和度降低至27.1%,降幅为1.8%。高倍数水驱2000PV与低倍数水驱30PV相比,驱油效率能够提高16.4%。

在同一黏土含量下,随着水驱油倍数增大,驱油效率逐渐增大,残余油饱和度降低。对于不同黏土含量岩心,驱替倍数的半对数与驱油效率呈线性关系。

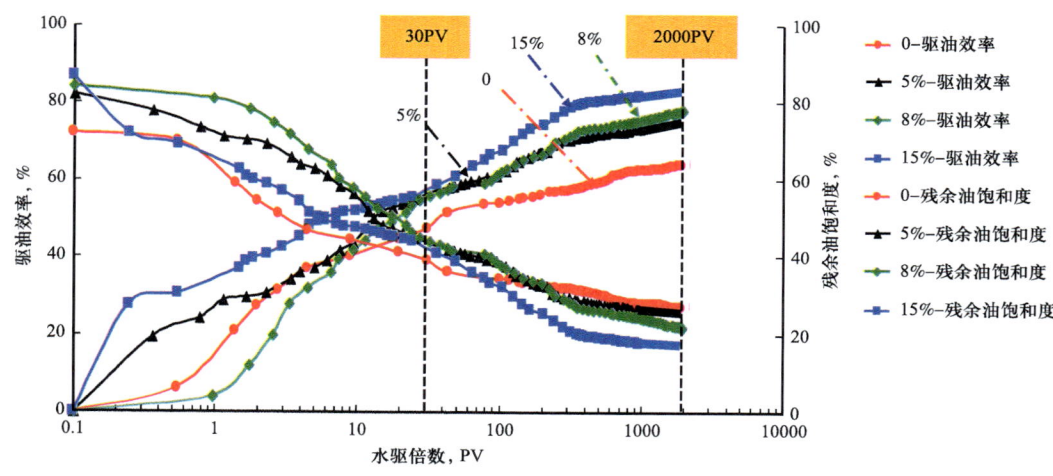

图 2-1-11 不同黏土含量岩心高倍数驱替驱油效率变化

3）高倍水驱影响因素表征图版建立

传统水驱油理论认为稀油油藏油水过渡带窄，近似活塞驱，见水后剩余油饱和度接近残余油，继续水驱潜力不大。但是通过系统的岩心高倍数水驱实验发现，高倍数水驱条件下：水淹区，残余油不断减小，高含水阶段仍有潜力。由此看来，水淹区也可以大有"作为"，这为水淹区提液冲刷提供强有力的理论依据。

为了更好表征不同水驱倍数下残余油饱和度变化，基于实验结果，建立了极限驱油效率和残余油饱和度与驱替倍数半定量关系。常规实验相渗一般驱替岩心 PV 数为 30PV 左右，而长期水驱研究过程中需要利用高驱替倍数的相渗数据（尤其是残余油饱和度）。对于珠江口海相砂岩油藏来说，驱油效率随着水驱倍数增大，驱油效率与水驱倍数几乎呈半对数关系。根据南海东部海相砂岩的常规相渗实验残余油饱和度端点，预测长期水驱相渗端点，并根据长期水驱相渗端点应用于极限采收率评价研究（图 2-1-12）。

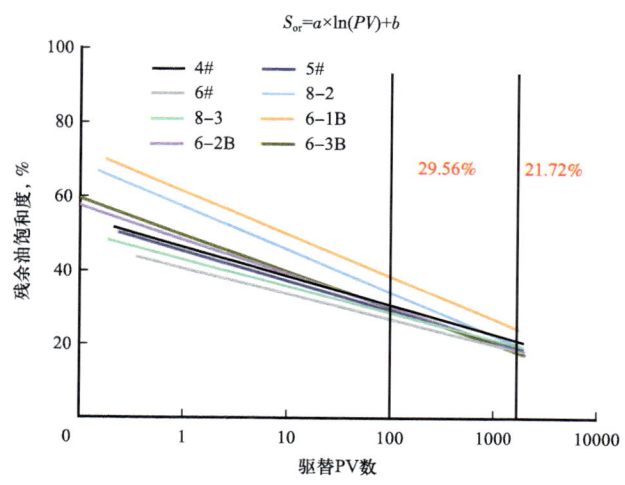

图 2-1-12 极限驱油效率和残余油饱和度与驱替倍数半定量关系

2. 海相砂岩高倍水驱油藏数值模拟技术

对于长期水驱的油藏,如何在商业软件中体现这样的时变性过程是个难点。结合驱油机理分析成果,在数值模拟应用过程中考虑相渗变化过程。地层水含有大量的矿物离子,在黏度中存在着极性物质,这种极性物质对储层的亲油亲水性影响较大,在长时间驱替后,不同的驱替程度储层岩石上的极性物质吸附解吸程度不同,根据前面介绍的润湿性变化的数学表征机理,应用到相渗插值的调用研究中,通过定义关键字实现不同的吸附解吸过程,这样就在原理上实现了含水饱和度与极性物质、含水饱和度与相渗、极性物质与相渗的对应关系,从而不仅仅是机理上,更是在数值模拟软件中实现了长期水驱过程极性物质吸附解吸过程的模拟。

1)变相渗高倍数水驱数值模拟

离子吸附解吸反应的原理比较复杂,反应平衡方程及系数配比没有准确的模板可以参考,在大量的调研基础上,反复调整平衡系数,使离子的吸附解吸达到一定的平衡。在此基础上调用不同的相渗,在定义相渗时,至少两条相渗曲线才能形成插值计算,因为物理模拟实验过程中驱替倍数较高,所以在设置过程中定义三条不同驱替倍数的相渗曲线:一条常规水驱相渗曲线,一条长期水驱驱替 2000PV 条件下的相渗曲线;一条驱替倍数介于两者之间,如驱替 500PV 的相渗曲线。

通过商业软件的内部插值可以算出在不同过水倍数条件下储层中油水的相对渗透率,插值的意义在于可以实时反映储层物性变化,实时调用数值模拟分析中的油水相对渗透率,也就是说实现了长期水驱过程中储层物性变化的实时表征。从反映后的极性物质图可以看出,过水倍数较大的地方极性物质剩余含量相对较少,吸附解吸的程度进行得也更激烈。

虽然模拟岩心的参数规格很小,但是可以反映整个吸附解吸的过程。注入井口附近由于过水倍数较高,冲刷程度更强,离子吸附解吸的程度更激烈,近井附近的极性物质剩余分布含量较少。从注入井到生产井过水倍数逐渐减小,冲刷强度也逐渐减弱,由此生产井端的极性物质含量分布相对较多。从注入井到生产井极性物质含量分布逐渐增加。这样的结果也符合长期水驱后储层物性变化的趋势。过水倍数越高,吸附解吸发生的越激烈,长期的过水冲刷极性物质含量逐渐减少,储层由亲油向亲水转变,亲水性更强,这样吸附在角隅的残余油可以变成游离状态,进而被驱替采出,驱油效率也就提高了。

考虑吸附解吸的过程,可以反映一个储层物性的动态变化,如果直接应用黑油模型从理论上讲最终驱油效率是可以达到等效效果的。为了验证这一猜想,做了以下的等效研究方案。

同样的模型条件,建立一维理论模型,模拟一维岩心的长期水驱驱替实验,X、Y 和 Z 方向的网格数为 $100 \times 1 \times 1$,网格的单位长度为 $0.00762m$,用长方体代替,横截面为正方形,达到等效岩心圆形横截面的结果。应用黑油模型,不考虑长期水驱过程中极性物质的吸附解吸过程,将多条相渗曲线插值过程用一条长期水驱相渗曲线替换,采用黑油模块完成数值模拟分析。

一条长期水驱的相渗曲线可以反映整个驱替过程，只是等渗点位置反映出的性质是驱替前储层岩石的物性，不能随时间随驱替倍数的不同反映岩石物性的变化。也就不能反映每一个吸附解吸时间节点储层物性的特点。那么直接调用一条长期水驱相渗曲线的数值模拟结果，仍有待研究。基于前面提出的问题进行更进一步的探讨，将调用一条长期水驱的相渗曲线与调用三条相渗曲线的数值模拟结果进行比较（图2-1-13）。

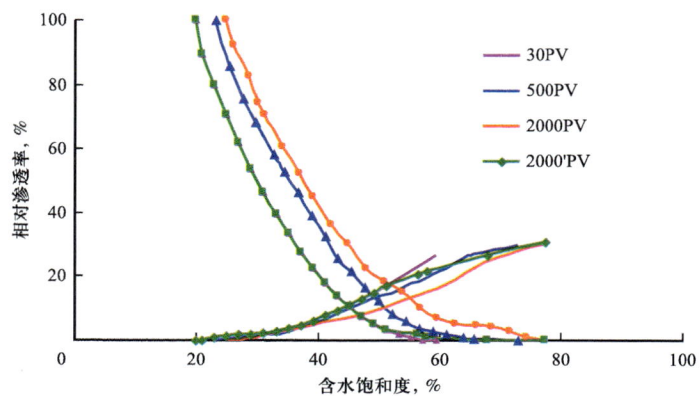

图2-1-13　一条长期水驱的相渗曲线与三条反映不同物性不同驱替倍数的相渗曲线

从结果中可以对比分析得到：应用商业软件实现多条相渗曲线调用的相渗曲线插值过程，一条长期水驱相渗曲线与三条不同驱替倍数的相渗曲线两种方案的剩余油饱和度场分布基本相同；在模拟过程中可以发现多条相渗曲线插值的应用在调用计算时运算速度更慢；在模拟时间相同的条件下，调用一条相渗曲线含水上升速度更快。

从不同的时间步的数值模拟结果可以看出，驱替进行到无论什么阶段调用一条长期水驱相渗曲线的含水饱和度上升速度都比调用三条长期水驱相渗曲线的含水饱和度上升速度快。在注入井附近区域，过水倍数相对较高，远注入井（近采油井）区域过水倍数相对较低，所以含水饱和度从近注入井端到远注入井端依次降低。

同样可以从结果中看出在注入井口附近极性物质含量较少。与一维理论模型极性物质分布规律相同，从注入井到生产井过水倍数逐渐减小，冲刷强度也逐渐减弱，生产井端的极性物质含量分布相对较多，二维模型的波及系数虽然小于一，但是驱替过程极性物质的分布规律与一维理论模型相同。从注入井到生产井极性物质含量分布依次增加。通过以上的研究可以总结长期水驱后储层物性变化的趋势：过水倍数越高，极性物质含量越少，储层润湿性由亲油向亲水转变，亲水性更强，如果岩石物性表现的亲水性更强，油的流动性就更强，更容易被驱替出来，驱油效率也有所提高。

调用一条长期水驱的相渗曲线和调用三条相渗曲线，两种数值模拟方法最终的采出程度相同（图2-1-14），虽然在数值模拟运算过程中，调用三条相渗曲线方法的反应速度要比调用一条长期水驱相渗速度慢，调用一条长期水驱连续性的相渗曲线，中间过程的采出程度要高些，也可以从油水分布图上看出这一结果。

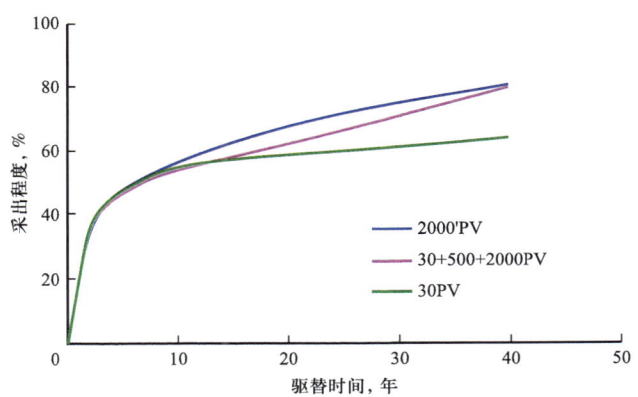

图 2-1-14　调用常规相渗、长期水驱相渗和三条相渗的采出程度

2）高倍数水驱相渗数模

利用黑油模型调用常规相渗和调用长期水驱相渗的数值模拟结果也不同，基于相同的理论模型，建立底水油藏，在油藏顶部设置水平生产井，调用物理模拟实验中驱替 30PV 和 2000PV 的相渗，驱替时间设置为 40 年，初始含油饱和度 80%，孔隙度是 0.25，渗透率是 2000mD（图 2-1-15 至图 2-1-17）。基本参数的设定不能与实际油藏相一致，但是可以依据物理模拟实验中的岩心参数进行设定。

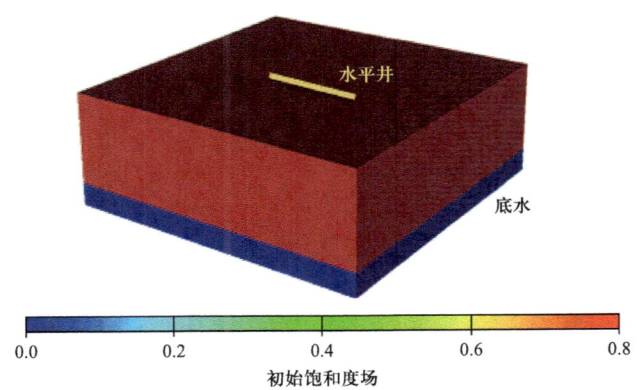

图 2-1-15　三维理论模型初始含油饱和度场

长期水驱的相渗曲线形态是在常规驱替的基础上进行延伸，由物理模拟实验可知，通常情况下驱替的前 30 个 PV 等渗点已经产生，常规驱替油水运动规律在前 30PV 就已经体现出来了，相渗曲线的基本形态也已经确定，如果是长期水驱，继续驱替也可以理解为是残余油饱和度点和水相相渗曲线的继续延伸，在保证相对渗透率曲线前期相渗曲线形态走向基本不变的条件下，油水相渗曲线有一个后续的延伸。之前的大量物理模拟实验结果也证明了这一过程，在处理方法选取的时候，可能会由于选取方法的不同导致相渗曲线形态在含水饱和度相对较低的前面阶段不能很好地重合，这样的相渗曲线结果形态也是在合理范围内的。

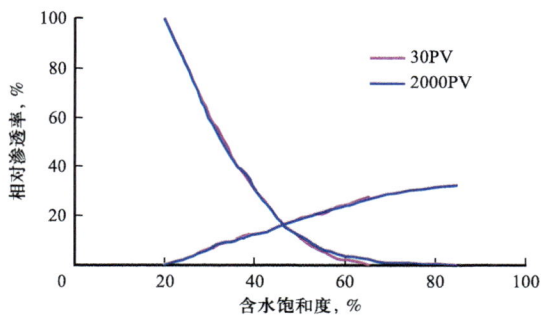
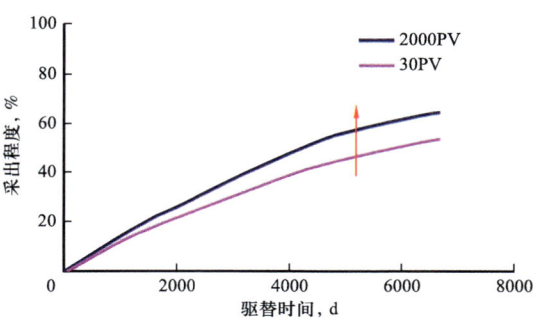

图 2-1-16　驱替 30PV 和 2000PV 两条相渗形态　　图 2-1-17　调用 30PV 和 2000PV 采出程度结果

3）高倍数水驱数值模拟方法

应用商业软件研究相渗曲线插值和 Eclipse 实现一条长期水驱相渗曲线的调用，并将结果对比分析，总结出了规律。通过对不同的油相相渗曲线、水相相渗曲线、不同残余油饱和度条件相渗曲线及不同时刻相渗曲线的调用分析（图 2-1-18），可以总结出在数值模拟过程中，长期水驱相渗曲线形态对驱替的过程有影响，但对极限采收率预测结果影响有限。

为了实现不同时刻的相渗曲线调用，采用多次连续重启的方法。多次连续重启方法，在每一次重启的时候，反映的都是间断的储层物性变化，并不能说明长期水驱的连续性过程，并且这样方法的驱油效率结果曲线跳跃间断得比较明显，为了得到更直观的结果，驱替的前段时间采油 30PV 相渗曲线，然后利用数值模拟软件编写程序实现重启的过程，同时调用 2000PV 的相渗曲线。反映两种物性的相渗曲线如图 2-1-18 所示，重启后和连续数值模拟的采出程度结果如图 2-1-19 所示。

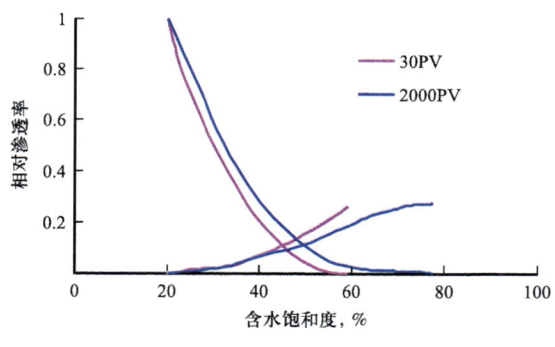
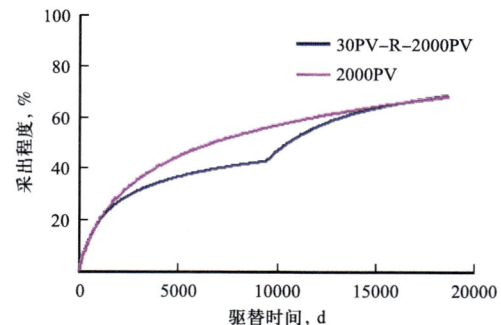

图 2-1-18　反映两种物性的相渗曲线　　图 2-1-19　重启后和连续数值模拟的采出程度结果

图 2-1-19 的分析结果说明驱替不同时期调用不同的相渗是可行的。重启方法的研究结果表明，采用不同 PV 数的重启调用，采出程度曲线存在明显的跃变点，不能保证平滑的结果。

含水饱和度如果变化 0.1，那么过水倍数也会有一定的变化，并且针对不同的单元格，这一过水倍数的变化值是一样的，也就是说用一条长期水驱的相渗曲线可以表达驱替的全过程，所以经过以上研究在三条相渗曲线或是多条相渗曲线与一条长期水驱相渗曲线等效的条件下，考虑采用一条长期水驱相渗曲线进行长期水驱的研究。

3. 理论认识

海相砂岩油田储层在超高倍水驱条件下，岩石表面亲油矿物剥落和迁移，储层润湿性发生反转，孔喉半径中值增加，变异系数减少，相渗曲线发生变化，残余油饱和度降低，驱油效率增加。充分利用海相砂岩油田的有利条件，采取高速开采不但不会降低采收率，反而会提高油田生命期内采收率，高速开发带来高效。

（二）海相砂岩油田高速高效水驱开发模式

强调高速开采，并不意味着笼统地不要稳产。从高速高效开发理念的提出，经过多年的不断实践和完善，逐步形成了一套完整的海相砂岩油田高速高效开发模式。

1. 单个油田实现持续高产

根据海相砂岩油田的地质油藏特征和生产井较少的特点，采用先进的钻完井技术和采油工艺技术，在油田开发初期，针对主力油藏或油藏组合部署井网，采用单井单油藏开采，实现单井高产，主力油藏高速开发，重点开发好主力油藏；在油田开发的中高含水期，对物性相近、原油性质相近、生产能力相近的油藏进行补孔合采，即选择性合采，增加各油藏平面上的井网控制程度，使生产井点在平面上分布较为均匀，减缓边水推进速度和底水锥进速度，提高储量动用程度，并逐步提高油井产液量继续高速开采；在大部分主力层已高含水时，采用补孔换层、封堵上返、侧钻井、大排量泵等手段进行"笼统混采"，即不再区分主力、非主力层及针对性的井网部署，而是针对已开发油藏平面上的剩余油富集区、底水油藏纵向上的潜力部位、初期未动用的低渗透层/薄油层/稠油层等，采用层内逐点接替，少井分阶段多次调整、逐井适时分步强化提液的方式进行全方位的挖潜，进一步维持高速开采。

2. 油田群实现持续稳产

少井高产高速采油的油田开发方式是油田开发方案的创新，使珠江口盆地的油气资源得到充分利用并产生显著的经济效益。另外，由于采油速度高，油田产能递减较快。新区新油田不断投产接替，是实现珠江口盆地（东部）长期高产稳产的重要途径。在单个油田高速开采并采取各种措施维持稳产的基础上，通过创新的边际油田开发模式滚动评价、滚动开发，即区域或油田的接替，保持油田群或海域的稳产和持续发展。

1996—2005年十年间，在生产设施周围实施滚动勘探和滚动评价取得了非常显著的成效。从1996年珠江口盆地砂岩油田年产原油超过$10^7 m^3$起，西江24-1（1997年6月投产）、惠州32-5（1999年2月投产）、惠州26-1北（2000年6月投产）、惠州19-2（2005年1月投产）、陆丰13-2（2005年11月投产）等五个通过实施滚动勘探和滚动评价得以开发的新油田相继先后投产。这五个新投产的油田分别在当年或第二年产油 $12\times10^4\sim135\times10^4\mathrm{m}^3$，成功弥补了老油田产量递减，延续了整个油区的稳产态势，充分说明在生产设施周围实施滚动勘探和滚动评价是实现增储稳产的重要手段。

3. 海相砂岩高速高效开发模式

海相砂岩油田具有高速开发的有利条件，储层均质，渗透率高，原油黏度低，天然能量充足，高速开采不但不会降低采收率，反而会提高平台寿命期内的采收率。通过海相砂岩油田水驱开发理论研究及应用实践，建立了"早期通过水平井定向井相结合高速开发、中期水平井调整、后期大排量电潜泵提液"的海相砂岩高速高效开发模式。在陆丰 13-2 等典型油田进行矿场实践，高峰采油速度达 9.2%，采收率达 70.4%，后推广应用于 45 个海相砂岩油田，其中 25 个主力油田平均高峰采油速度 8.3%，采收率 52.2%，保障了海相砂岩油田持续稳产。

三、地质油藏关键技术

近年来，南海东部根据自身地质油藏特点，针对开发难点进行了攻关和集成创新，不断丰富和发展极具南海东部特色的提高采收率技术体系，实现了海域油田采收率的逐步攀升，近年来，针对海相砂岩油藏持续稳产增产难度大的难题，聚焦油藏提高采收率技术瓶颈，从地球物理、地质、油藏三大方向入手，构建了储层精细描述、剩余油精细表征及挖潜、智能流场调控等提高采收率技术系列。

（一）低幅度构造评价技术

低幅度构造是南海珠江口盆地的主要构造类型之一，珠江口盆地已开发低幅度背斜海相砂岩油田（包括惠州油田群、西江油田群、陆丰油田群、番禺油田群、文昌油田群等）有 20 余个，可采储量约占珠江口盆地已开发油田可采储量的 80%，其特点是：构造完整，形态简单，以低幅度背斜构造为主，构造幅度一般为 20～30m；储层分布范围广，横向连通性好且比较均质，物性好，产能较高；纵向上油层多，层状边水油藏和底水油藏交互存在。珠江口盆地相当一部分低幅度背斜砂岩油田已进入中高含水期，产量递减明显，低幅度构造油田挖潜越来越受到重视，低幅度构造油藏在南海珠江口盆地油气生产中具有举足轻重的作用；同时还有许多低幅度背斜砂岩油田正在建设或刚投产。这些油田大部分已经为三维地震资料所覆盖，这为低幅度构造评价提供了较好的资料基础。

珠江口盆地低幅度构造从构造成因上可以分为两种类型：一种低幅度构造是由于在地质体形成的过程中构造活动相对微弱，没有发生强烈的升降运动而形成的，这类由于构造运动成因形成的低幅度构造通常与断层伴生，在珠江口盆地以滚动背斜构造或逆牵引背斜构造为主，通常在断裂带受到下拉畸变或气烟窗的影响；另一种低幅度构造是在地势较为平缓的古地貌基础上，后期的沉积作用受到差异压实的影响，在古地貌的高点位置上形成，这类由于沉积作用成因形成的低幅度构造通常为披覆背斜构造。

低幅度构造成图是低幅度构造评价的难点，由于低幅度构造幅度较低，反映在地震资料上表现为反射同相轴平直而变化幅度很小，构造不易识别。在进行构造解释和成图的时候，相应地需要采取不同于常规构造解释的一些思路和技术，既要保证有效和准确地识别低幅度构造，又必须保证在解释和成图的过程中不至于产生假构造。这要求有较高的地震分辨率资料，因此首先必须开展以提高地震资料的信噪比、分辨率和精确的地层成像为目的的精细目标处理，因为低幅度构造成图的精度与地震资料采集、处理密切相关，前期工作对后期的资料解释至关重要；其次是地震资料的精细解释，解释中除了对层位标定、波形对比解释外，还要对地层中出现的一些地质沉积现象进行解释，这是提高薄层解释精度的重要手段；再就是利用高分辨率的地震反演方法来提高低幅度构造解释的精度；最后，由于珠江口盆地低幅度构造常常受断层、海底地形、浅层礁体、火成岩体、含气地层、低速层、钙质层分布不均匀等的影响，速度研究方法尤其重要，只有了解影响速度变化的各种因素，掌握速度空间变化的趋势和规律，针对不同影响因素采用适当的研究方法，建立能够反映实际地质情况的时—深转换关系，才不至于因速度参数的不准确而造成假构造，高精度速度场的建立是保证时深转换的重要条件，如何获得准确的时深转换速度是低幅度构造成图技术的关键。叠前 Kirchhoff 偏移技术、地震资料拓频处理技术、三维可视化技术、侧向速度梯度技术、沿层时深经验公式、三维射线追踪沿层速度反演技术和小波边缘分析建模反演技术等已形成了低幅度构造评价技术系列，其在南海珠江口盆地的成功应用确保了低幅度构造评价的精度。侧向速度梯度技术、珠江口经验公式和三维射线追踪双层速度反演技术是南海珠江口盆地低幅度构造评价的创新技术，是推动南海珠江口盆地低幅度构造油田高产稳产的主要关键技术之一。

1. 侧向速度梯度场法

侧向速度梯度场法是在研究南海珠江口盆地西江油田群速度横向变化规律的基础上总结提出的低幅度构造评价方法之一。西江油田群包括西江 24-3、西江 30-2 和西江 24-1 油田，分别于 1994 年、1995 年和 1997 年投产。其中，西江 24-3 构造是在前震旦基岩断块基底上发育起来的一个低幅度披覆背斜构造，背斜形态完整，在构造高部位有两条相向而倾的北西向正断层，断层断距从 H1 到 H4D 都在 5～20m，背斜构造长轴 4～6km，短轴 2～4km，总体构造平缓，南翼相对较陡，地层倾角普遍小于 6°；西江 24-1 构造是一个在主断层控制下的逆牵引背斜构造，该背斜构造形态简单，圈闭面积小，构造幅度低，在油田范围内无断层发育，构造走向北西南东向，长轴 1.10～2.05km，短轴 0.75～1.40km，闭合面积 0.6～2.3km^2，闭合高度 5.0～21.0m，地层倾角 0.7°～3.5°；西江 30-2 构造是一个简单完整的低幅度披覆背斜构造，在油田范围内无断层发育，构造长轴东西向，四翼伸展平缓，构造倾角小于 5°。西江油田群是典型的低幅度构造，油田群开发早期良好的生产动态和生产井钻井结果揭示：早期由于对西江地区速度的横向变化认识不足，油田群原始石油地质储量被低估，深度构造图构造高点与时间构造图高点位置不一致，因此，解决西江地区速度的横向变化，正确评价西江低幅度构造群是客观评价西江油田群储量规模和资源潜力的关键。

1）侧向速度梯度形成机理

西江油田群构造认识的变化推动了低幅度构造评价的速度研究，1998—1999年，通过对西江油田群开展侧向速度研究发现：西江油田群目的层上覆地层层速度存在横向变化，基本变化规律为北低南高：南面靠近断层速度高，北面远离断层速度低，即西江地区的速度存在侧向速度梯度；地震反射原理说明，由于浅层速度侧向（横向）差异，会造成时间构造高点由速度低向速度较高的方向偏移，这是导致时间构造高点偏离真实位置的本质原因。区域研究认为，造成西江地区速度变化的因素具体有以下几个方面：

（1）排水通道（断层/裂缝）是否发育，沉降速率/隆起地形（创造/消除脱水能量）的横向变化，受垂向沉积压实及侧向挤压，靠近断层旁边的泥岩脱水较远处的泥岩有效。

（2）西江地区区域沉积环境（图2-1-20）、砂泥岩百分含量比与空间分布（图2-1-21）表明西江地区砂泥比由南向北逐渐增大，脱水差异性由南向北逐渐降低。

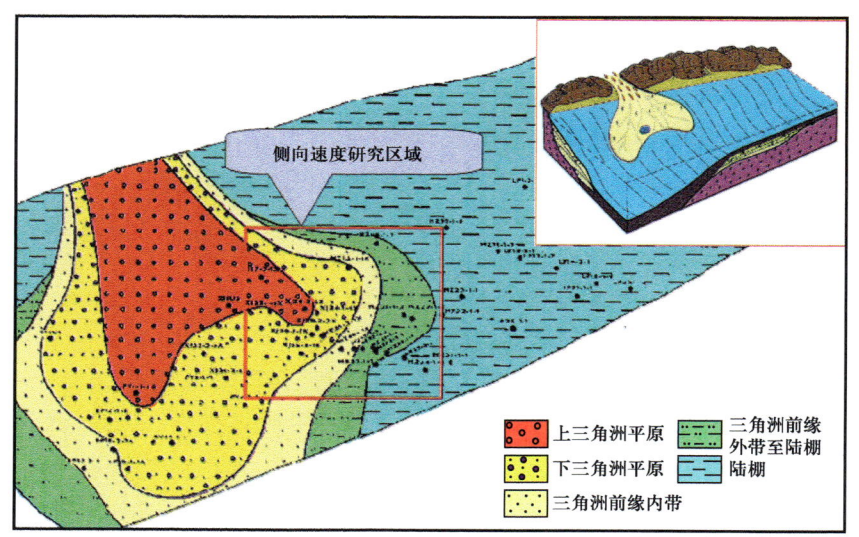

图2-1-20　珠Ⅰ凹陷MFS17Ma～SB16.5Ma沉积相平面图

（3）断层控制下的逆牵引背斜，例如西江24-1构造，由断层所引起的速度梯度变化比其他区域性因素引起的变化要大得多，也是决定深度构造变化的主要因素。

2）侧向速度梯度规律

为了研究西江地区侧向速度梯度规律，在西江地区约4200km²范围内，选用了21口井的VSP资料，对新近系中新统韩江组下部到珠江组中下部地层深度范围1500～3000m的油层段开展侧向速度梯度研究。

由西江地区21口井的时深关系反映出速度的横向变化规律：从区域上，从XJ30-2-1X井到HZ13-2-1X井，距离31km，相同反射时间深度差为119m，速度变化的幅度仅为 3.8m/km；相反，在单个油田内部，从 XJ30-2-1X 井到 XJ30-2-B15 井，距离 0.45km，相同反射时间深度差为 16.5m，速度横向变化的幅度为 36.5m/km。这说明油田群内距离断层越近，速度变化的幅度越大，因此，影响该区侧向速度变化的主要因素应该是断层。

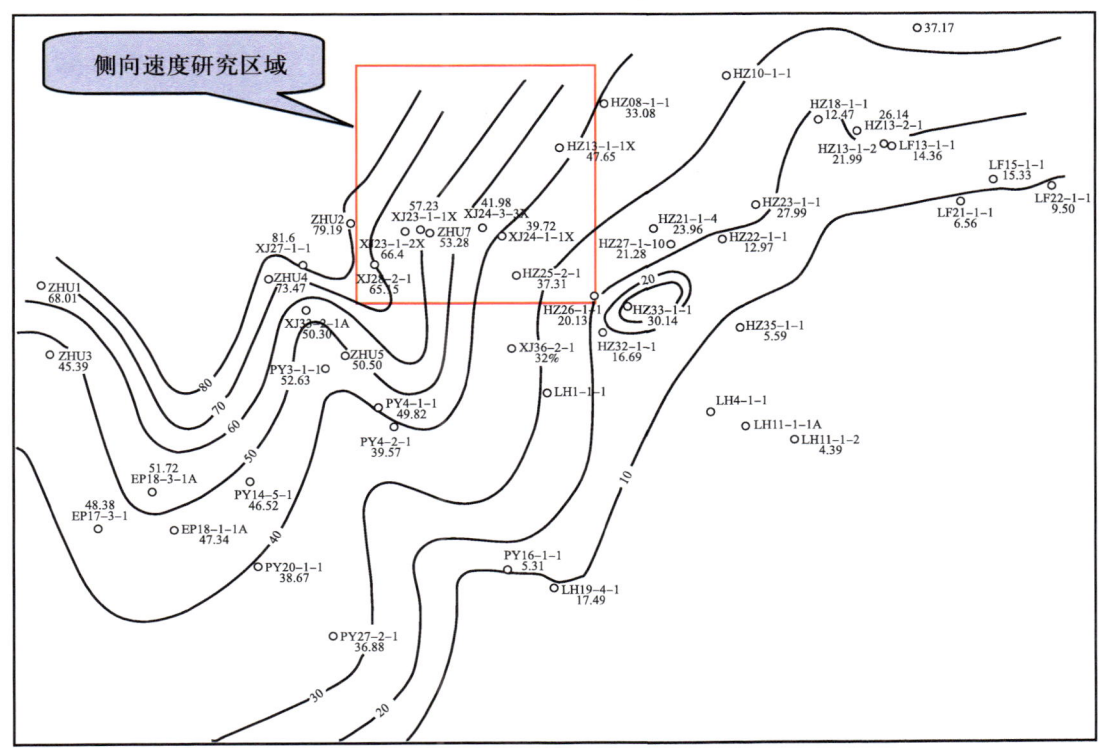

图 2-1-21 珠 I 凹陷 MFS17Ma～SB16.5Ma 砂泥岩含量百分比分布图

西江地区侧向速度梯度场作为速度横向变化的物理响应能被相对地推导出来，可以定量地、合理有效地描述西江油田群速度横向变化的规律，预测未知区域的速度横向变化规律，解决西江油田生产实际中遇到的实际问题。

2. 射线追踪沿层速度反演

射线追踪沿层速度反演及图偏移时深转换技术，是目前速度场求取方法中应用广泛而有效的方法，珠江口盆地文昌油田群和番禺油田群的开发实践证明该方法能提高深度构造图的成图精度。变速成图技术以叠前地震道集数据为依托，利用沿层射线追踪相干反演的方法求取准确的层速度，并以这个速度场进行图偏移时深转换。

1）射线追踪沿层速度反演原理

层速度分析最基本的概念与叠加速度分析相似；用不同的速度预测时距曲线，与实际数据相关，计算相干值（图 2-1-22）。最大相干值对应的速度就是求取的层速度。叠加速度分析与层速度分析最大的差别是时距曲线预测的方式不同。水平层状均匀介质时，地震波旅行时距曲线是双曲线,这时叠加速度就能很好地反映地层的速度。但是当地下地层不是水平时,地震反射时距曲线是非双曲线,这时叠加速度就不能反映地层的速度。只有通过模型射线追踪预测时距曲线,才能客观反映真实的地层速度,因为层速度分析不需要双曲线假设。

　　射线追踪沿层速度分析方法主要有叠后层速度反演和叠前层速度反演两大类方法,其中,叠后层速度反演(图2-1-23)的主要方法是叠加速度反演,叠加速度反演是根据给定的一系列层速度预测时距曲线与由叠加速度预测的双曲线时距曲线比较,从而求取层速度的一种层速度反演方法。叠加速度反演精度相对最低,因为它用了数据的近似值(双曲线)代替了真实的数据(非双曲线),其优点是不需要叠前数据,只需要常规解释的叠加速度即可以求取层速度,特别是面积较大三维层速度反演时,这种优势更为明显。

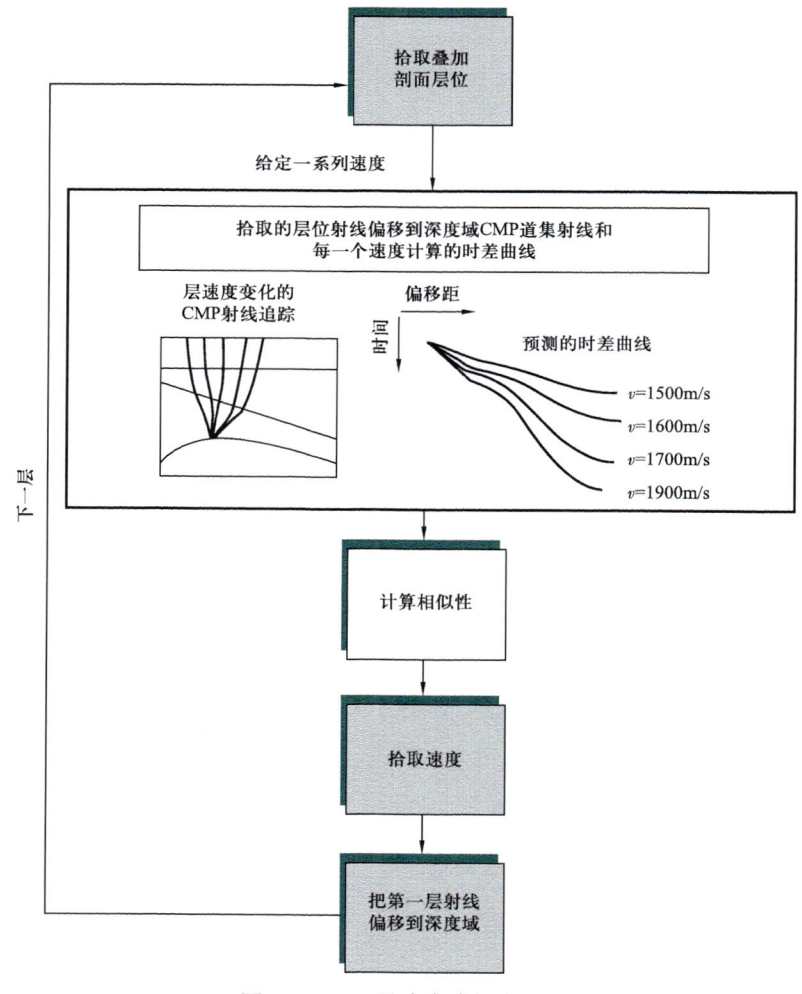

图 2-1-22　层速度分析流程图

叠前层速度反演主要包括旅行时反演和射线追踪沿层相干反演两种方法。

旅行时反演是根据给定的一系列层速度预测时距曲线与在共偏移距剖面上拾取的时距曲线比较，从而求取层速度的一种层速度反演方法（图2-1-24）。旅行时反演的优点是突破了时距曲线为双曲线的假说，缺点是工作量太大。

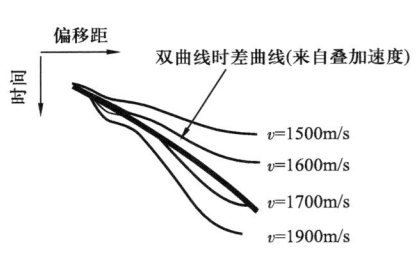

图2-1-23 叠后层速度反演示意图

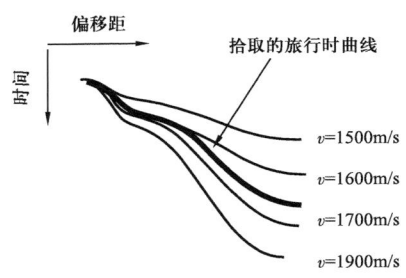

图2-1-24 旅行时反演示意图

射线追踪沿层相干速度反演是在CMP道集数据上，给定一系列的速度按Snell定律作射线追踪速度扫描，计算理论时距曲线，得到各偏移距上的旅行时，沿旅行时计算相干值，以相干值最大为确定速度的准则，也就是与实际CMP道集中时距曲线最佳耦合（相干值最大）所对应的速度即为地震波的真实速度（图2-1-25）。

射线追踪沿层相干速度反演可以对二维和三维地震资料进行层速度反演，其基本假设是在CMP位置很小的范围内速度横向恒定，通过解释分析点之间的速度可以得到横向变化的速度。对于一个给定的界面在要分析的目标层上通过零偏移距射线与界面的交点定义为速度点（图2-1-26），每一个位置的速度分析都是相互独立的，在速度位置下面很小的面积内可以假设速度横向不变化。

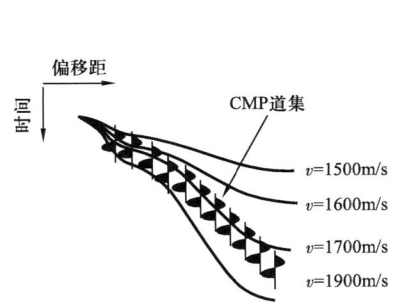

图2-1-25 射线追踪沿层相干速度反演

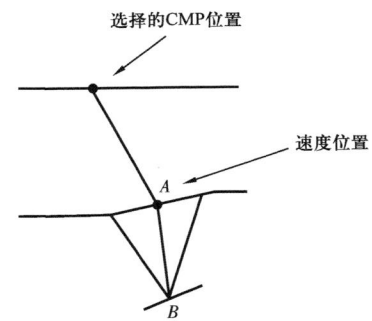

图2-1-26 速度分析点的定义

射线追踪层速度相干反演不需要双曲线时差假设，相干反演输入的数据是CMP道集，速度标准用相干性（在给定的时窗内计算CMP的旅行时与实际道集相关）0和1来衡量，0表示相似性不好，1表示相似性好。

三维射线追踪沿层相干速度反演是三维射线追踪得到的合成旅行时与CMP（面元）组成的实际数据相比较，由于三维地震道是随偏移距和方位角变化的面元，因此三维射线

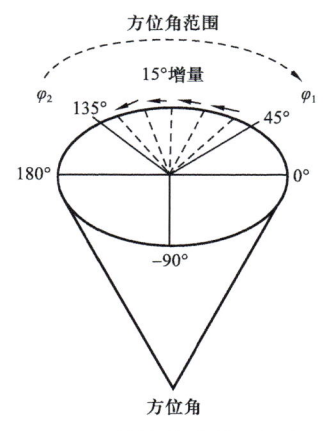

图 2-1-27 射线追踪增量角的确定

追踪是用一系列的偏移距和方位角来完成，射线追踪包括由于速度变化（横向和垂向）引起的弯曲射线和遵循 Snell 定律的折射。

三维射线追踪沿层相干速度反演除考虑偏移距外，还必须考虑到方位角数据，射线追踪限制在指定的方位角范围内。最大偏移距及射线个数由覆盖次数决定。射线追踪的步骤是对于每一个方位角（增量15°），在最大偏移距处发射射线定义发射倾角，发射倾角被覆盖次数分割为射线追踪的增量角（图 2-1-27）。得到旅行时后，通过解释特定偏移距和每一道方位角的射线旅行时，计算每一道的波至时间，从而可以计算每一速度对应的合成旅行时曲线和与实际地震数据符合较好的合成时距曲线。

常规的速度解释网格较稀，一般网格大小是 500m×500m×200ms，而且常规的速度分析方法要求双曲线假设。利用叠前道集进行的沿层速度反演则可以得到网格大小为 200m×50m× 采样率的速度场，比常规速度细致得多，精度大大提高，不需要双曲线假设，速度反演沿层进行，可以较准确地得到速度的横向变化趋势。

射线追踪沿层速度反演的关键参数主要有：速度扫描范围和增量、相干时窗大小、偏移距范围和个数、方位角范围、道集个数、射线步长等。其中影响速度反演的参数最主要有三个，分别是速度扫描的范围和步长、射线追踪的步长和相干时窗的大小。偏移距根据反演层位的时间而选择，原则是偏移距尽量包含有效反射，避开噪声和干扰。反演时窗要包含完整目的反射层，不要太大而含有其他层的反射。信噪比较低的资料可以选用多个 CMP 组成大道集以提高信噪比。

进行射线追踪沿层速度反演前先要进行单点测试和多测线反演测试，对各层都进行精细试验，选择最优的反演参数。为了提高反演速度谱的质量，获得最佳反演参数。

速度扫描的范围和增量直接影响速度反演的时间和精度。速度扫描的范围过大，反演周期长，速度扫描的范围过小，会得不到合适的速度，直接影响到速度的求取。速度增量过大，得不到精细的速度；速度增量过小，反演软件受到限制。例如，番禺油田群油层段平均速度分布范围为 2800~3500m/s，为使速度扫描范围涵盖整个番禺油田群，以及 GEODEPTH 软件对速度扫描点数的限制，速度扫描范围取 2700~3700m/s，速度扫描步长取 10m/s。

番禺油田群相干时窗等于 24ms 时所得到的沿层速度谱连续性与相干系数较高，而 12ms 时窗速度谱因时窗过窄，所得的谱跳动大，相关系数也较小，不同 CDP 点之间速度谱的连续性较差，横向速度谱分布不稳定。时窗大于 36ms 时相干系数并不递增，相反速度谱的连续性变差，相干系数降低，这是因为有其他反射层加入的缘故。相干时窗大小的选择以包含有效地震反射波同相轴的宽度为准则，同时考虑层位的跳动，反演结果的连续性、稳定性，适当增大时窗。因此，番禺油田群速度相干反演以 24ms 时窗得到的速度谱最佳。

通过对番禺油田群射线追踪步长选取 10m、20m、40m、60m、100m 和 200m 不同步长测试结果表明，当射线追踪步长 20m 时，速度谱最大相关值不集中，此时，相关时窗大小对反演速度谱的影响不大；当射线追踪步长 40m 时，速度谱最大相关值比 20m 步长时更为集中，此时，相关时窗大小对反演速度谱有影响，但影响不是很大；当射线追踪步长 60m 时，速度谱最大相关值比 40m 步长时更为集中，此时，相关时窗大小对反演速度谱有影响，但影响仍然不是很大；当射线追踪步长 100m 时，速度谱最大相关值比 60m 步长时更为集中，反演速度谱的质量普遍较好，此时，相关时窗大小对反演速度谱的影响较大，以 24ms 相关时窗时反演速度谱最好；当射线追踪步长 200m 时，速度谱最大相关值比 100m 步长时发散，此时，相关时窗大小对反演速度谱有影响，24ms 相关时窗反演速度谱虽然相对较好，但质量不如 100m 步长时相应相关时窗的反演速度谱，因此，番禺油田速度反演的射线追踪步长等于 100m。

射线追踪沿层速度反演的基本流程如下：

（1）数据整理，工区建立。

（2）数据加载（道集、层位、速度、测井数据等）。

（3）层位检查。

（4）网格化生成时间偏移 Map。

（5）网格化生成偏移速度 Map。

（6）反偏移时间偏移域 Map 到叠加域，即用偏移处理时所用的偏移速度和偏移算法的逆运算将偏移时间域解释层位 T0 图反偏移到零偏移距时间域，得到零偏移距时间域解释层位 T0 图。

（7）编辑时间 Map。

（8）沿层相干反演层速度。

（9）反演速度谱输出到 VoxelGeo 中进行三级维可视化速度拾取。

（10）网格化生成层速度 Map。

（11）编辑层速度 Map。

（12）对层速度 Map 进行标定。

（13）用三维空间射线追踪图形偏移方法，把时间偏移域 Map 图偏移到深度域。

2）单层反演技术推动文昌油田群构造落实

单层反演是指以目标层作为模型的第一层进行层速度反演，速度场反演方法采用叠前道集相干层速度反演方法，以 CMP 道集为输入的反演方法是用一系列的速度按照 Snell 定律做射线追踪计算时距曲线与实际道集的时距曲线比较，二者最接近时所对应的速度即为要求取的速度。参考层位为海平面，这样反演的层速度实际上也是从海平面到反演层之间的平均速度。

文昌 13-1 和文昌 13-2 构造都属于低幅度披覆背斜构造，两翼倾角均下陡上缓，自上而下闭合幅度变大。文昌 13-1 构造分东西两个构造高点；文昌 13-2 构造为单一构造，构造轴向与地震主测线方向一致，为北北西向。至 2004 年底，文昌 13-1 油田采出程度 25.3%，综合含水率 24%；A6 井累计产油 $86.1\times10^4m^3$，采出程度 40.6%，含水率为 0；A11 累计产油 $11.2\times10^4m^3$，含水率为 0。生产动态好于目前构造评价结果，难以进行历史拟合。文昌 13-2 油田钻完 A12 井后，构造局部也有变化。为了解决文昌 13-1 油田 ZJ2-1U、ZJ1-4 油组构造与生产动态间的差异，研究剩余油的分布和指导增产挖潜，需要对整个文昌 13-1/2 油田构造进行更精细的研究，要求更精细速度资料。

原时深转换速度来源于常规速度谱解释的叠加速度用 DIX 公式转换得到平均速度，经过人工编辑，删除局部异常值和条带化异常值，经平滑后得到。由于受到叠加速度解释精度的影响，原速度图难以精细刻划文昌油田群的速度变化特征，而叠前射线追踪单层反演速度场则更为平滑有规律，更为清晰地反映了文昌油田群的速度分布特征。根据叠前射线追踪单层反演速度场经图偏移后得到的新油层顶面深度构造图显示，文昌 13-1 油田的 ZJ1-4M 油组在 A6、A11 井区含油面积增大；ZJ2-1U 油组在 A6、A11 井区含油面积西部增大，东北部减小。文昌 13-2 油田的 ZJ2-1U 油组整体形态变化较小，ZJ1-7L 油组含油范围增大，ZJ1-6、ZJ1-3U、ZJ1-1L 各油组含油范围在局部均有所变化，基本上在 5m 之内，叠前射线追踪单层反演构造图更加符合文昌油田群的真实形态。

（二）海相砂岩油藏开发技术

海相砂岩油藏的开发实践表明，在设计开发井网时，应根据油藏地质特征和流体性质，既要考虑用少量的井最大限度控制油藏的地质储量，又要考虑单井产油量，以满足油田的经济效益，还要考虑到中后期的调整；在总井数较少的情况下初期应尽可能采用较大的井网密度，有利于底水较均匀地托进。并实施合理的射孔政策；把射孔井段或水平井段放置在低渗透夹层之上，充分发挥其遮挡底水的作用。油藏进入中高含水期后，根据剩余储量的分布进行补孔或侧钻加密，调整井网密度。

实践证明，只要有充分的天然水驱能量补给，只要有大排量人工举升工艺，只要实施科学合理的开发技术政策和措施，底水油藏实施高速开采同样可以取得好的开发效果。

1. 合理产量确定

在开发设计中，合理产量是确定油田建设规模中是一项很重要的指标，它取决于许多因素，譬如受油藏的产油能力、含油面积的大小、油层埋藏的深度、所采用的开发系统和采油工艺先进程度，以及油井产油能力的提高程度等因素有关。下面主要就油藏参数本身对合理产量的确定进行研究分析。

从前面分析可知，高速开发对最终采收率没有不利影响，但考虑油井的出砂带来的躺井等问题，必须控制好生产压差。在油田前期方案设计中，一般使用经验法进行出砂预测，常用的经验法包括声波时差法、出砂指数法、斯伦贝谢出砂指数法和单轴抗压强度法，经研究珠江口盆地砂岩储层的临界生产压差在 0.8~2.4MPa，结合油井的先进防砂工艺，一般油井设计生产压差控制在 1.5~3.5MPa 或者更高一些。

珠江口砂岩油层测试的采油指数 3.4~2075m³/（d·MPa），主要集中在 100~300m³/（d·MPa）之间，平均采油指数 513m³/（d·MPa）。油藏的采油指数与地层流动系数 KH/μ 没有明显的线性关系。结合合理生产压差，一般定向井的合理产量取值在 240~480m³/d 之间，水平井取值在 480~950m³/d 之间。

2. 开发策略研究

珠江口盆地的特点是储层物性好、底水能量充足，部分油层内部有明显的相对低渗透夹层。在设计开发井网时，应根据油藏地质特征和流体性质，既要考虑用少量的井最大限度控制油藏的地质储量，又要考虑单井产油量，以满足油田的经济效益，还要考虑到中、后期井网的调整。

1）井型选择

在井型选择上，经过多年的实践和油藏模拟研究，无论在胶结程度高的砂岩储层，或是疏松砂岩油藏，都证实水平井是底水油藏的理想井型，它在保证产能、提高采油速度和控制底水锥进方面起到良好效果。在水平井段的轨迹方面尽可能控制靠近油藏的顶部盖层，增加生产井段与油水界面的距离，同时在完井方面上尽可能采用均压控锥工艺，如加入中心管、ICD 等。

多数油田在纵向存在多套油层，在早期因受钻井技术和平台规模的限制，需要采用定向井、直井开发。为有效控制底水锥进，需要加强对底水油藏避射高度的研究，经过多年的实践和油藏模拟研究，底水油藏的射开程度应控制在 30%~60% 之间，而边部井与正韵律地层井的射开程度相对较低，同时要充分利用层内的致密夹层，尽可能使射孔井段位于夹层之上，以遮挡底水，避免底水锥进过快。

2）水平井长度

油藏数值模拟研究表明，在底水油藏含油范围内布井，油藏的开发效果随水平井长度增加而变好。但在实际油田开发中，影响开发效果的影响较多，需要结合钻完井的技术水平。例如，XJ23-1 油田储层胶结过于疏松，水平井段超过 500m 时，钻井质量控制难度和钻井风险明显增大，井轨迹质量呈下降趋势，反倒对开发效果不利，因此对于疏松砂岩底水油藏，水平井段一般不宜过长，根据实际开发经验，一般 500m 左右为宜。

3）井控储量

从井网密度优化研究结果看：井控储量越大，单井累产越大，但油藏一次井网的采收率越低；井控储量越小，单井产量越小，但油藏一次井网采收率越高。如果水平井采用 500m，则井间距控制在 300~500m 左右为宜，具体可以根据油田的实际情况进行选择。后期可以根据该油藏的开发效果，进行酌情加密措施井。

通过多年的实际生产，探索出海相砂岩油藏开发的基本策略：（1）要有一套完整的开发井网，一次性布井，油井在差不多的时间内投入生产，在平面上控制底水较为均匀上升。（2）充分利用层内的致密夹层，尽可能使射孔井段位于夹层之上，以遮挡底水，避免底水锥进过快，留有一定避射高度确保油井的较长无水采油期，满足油田产量的需要。（3）在生产中动静结合，深入研究井间的剩余油分布特征，利用调整井的领眼实钻结合数模研究认识，在一次井网间有效侧钻水平井挖潜，进一步提高储量动用程度，使油藏、油田保持高速高效开采。

3. 开发调整技术

南海海相砂岩油田在开发方案研究阶段及开发初期，都秉持高速开发的理念，通过技术创新，在储层物性好、流体性质好及天然水体能量充足等有利地质油藏条件的基础上，针对不同油田底水油藏的地质特点，采用不同层系组合及开采策略实现了油田的高速高效开发。

1）多油层油田分层系开发，优先动用主力高产底水油层

为实现多油层油田的高速高效开发，根据各油田及油田内油层间的地质特征，采用了不同的储量动用策略。

（1）早期细分层开采：

早期细分层开采就是在油田开发的早期对多油层油田依据油藏类型不同划分开发层系，对不同开发层系实行单井单层单采，目的是充分认识各个油层的产能、原油性质、压力系统、天然水驱能量大小等。

珠江口盆地1991年投产的惠州26-1油田，纵向有14个油层，自下而上分为M、L和K三套油层。下部M12、M10为块状底水油藏；中部L油层以层状油藏为主；上部K油层分布井段长，探井评价井钻遇率低，原油性质和油层物性比M和L油层差。

在编制总体开发方案时，根据其油藏地质特点首选五个分布广、储量大的主力油藏（自下而上是M12、M10、L50、L40、L30）划分两套层系开发：储量最大的底水油藏M10为一套（占全油田储量43%），其余四层划为另一套；K层和其他发育差的油层待钻完生产井取得足够资料后再作决定。

其中M10层为厚层块状底水油藏，早期采用定向井开发，单井单层开采，或层系内先期大段合采，利用滑套进行选择性生产或封堵，调节层间矛盾。这一阶段的开采策略是强化边部、保护顶部，以延缓高速开采下内部油井的见水时间，并在力求各层均衡生产的前提下强化主力底水油藏的开采，充分发挥主力油层的高产作用，实现少井高产。

通过早期细分层开采，认识到天然水驱能量大，因此取消原方案的注水设计，采用天然水驱开采；丰富和完善了油区内砂岩油层的射孔政策，对不同沉积韵律、不同油藏类型以及油井位于不同构造部位油层，都提出了具体射孔界限。

（2）后期通过层系互补实现产量接替：

海上油田开发由于受井槽数限制，因此一次井网重点动用主力油藏，但"少井高产"

的结果必定会因为初期井网的不完善而导致油藏平面上流体分布特征更为复杂，甚至影响油藏最终采出程度。为此经过精心设计提出通过利用已钻开发井增加/互换开采井点，协调开发过程中底水油藏出现的平面和纵向差异，挖掘平面和纵向上的剩余油潜力，这就是"底水油藏产量接替开发策略"。

开发进入中后期时，为继续保持高产稳产，通过生产测井确定油井出水层位，利用滑套关闭水层；上返补孔改层系生产，通过井网加密和选择性补孔、互换生产层位等手段完善主力层井网，并进一步通过侧钻和补孔强采主力层及提高非主力层的动用程度，在强化主力层开采的同时，改善分层系的开发效果，从而保证各层的高速高效开发。选择补孔井或补孔层和高含水井侧钻要根据早期细分层开采对油层特征，特别是油水分布状况的认识具体分析决定。例如在优化 M10 层井位时，既考虑该层井位能被其他开发层系利用，又考虑其他层系的井位能用来补充/改善 M10 开发效果。

惠州 26-1 油田平台设计井槽数为 20 个，开采底水油藏 M10 的井点数曾经达到 12 个。预计采收率 56.7%，接近层状油藏 L30 和 L50。

2）单油层底水油藏用水平井整体开发

陆丰 22-1 和陆丰 13-2 油田均为块状底水油藏，油层较厚，储层物性好，为高孔、高渗储层。利用水平井整体开发既可做到少井高产，又能减缓底水锥进，从而改善底水油藏的开发效果。

陆丰 22-1 油田地质储量较大，但所在海域水深达 330m，海况较恶劣、钻井难度高，运用常规井型难以高效开发。据此采用 5 口水平井整体开发，不仅做到了少井高产，而且减缓了底水锥进，提高了油田开发经济效益。5 口水平井中有 3 口井水平段长度超过 1400m，其中 LF22-1-6 井水平段长 2060m，创当时国内钻完井纪录。油田开发进入中后期，根据开发动态和剩余油分布，利用老井侧钻水平井以进一步改善油田开发效果，提高采收率。

综上所述，不同地质特点的油田开发技术政策不同，同一油田在不同开发阶段的动态特点也不相同，相应的技术政策、调整原则和主要措施就会有所不同。在油田开发井完钻和投产以后，新的认识、新的情况会不断出现；随着生产时间的推移，地下油水关系变得更加复杂；随着钻井资料和生产动态资料的补充，对油层产能的认识逐渐加深；既有随着先进工艺技术的应用，油田的生产效果得以改善，也有随着联合开发的实施，油田（群）经济效益越来越好。珠江口盆地针对各种不同情况实施不同的技术政策，有效改善了开发效果，实现了油区高产稳产。

（三）海相砂岩剩余油分布研究技术

海相砂岩油田单井产量高、采油速度大，油田全面投产后产量进入递减不可避免。为了保持海相砂岩油田的持续高产稳产，必须开展剩余油分布研究。

描述宏观及微观非均质性储层中水驱后剩余油分布规律是业界迄今尚未得到完全解决

的问题，也是地质、地球物理和油藏工程等不同领域的长期研究课题。在珠江口盆地海相砂岩油田开发实践中，对此进行了深入的研究并取得了新的突破。

1. 剩余油分布主控因素研究

影响剩余油分布的因素很多，通常划分为两类：地质因素和开发因素。地质因素主要包括构造、油藏非均质性、流动单元特征、沉积韵律等。开发因素主要包括井网完善程度、开发方式等。

根据海相砂岩油藏地质特征的不同，通过动、静态相结合的方法从构造因素、层间非均质性、流动单元划分、沉积韵律特征、井网完善程度等几个方面分析了海相砂岩油藏剩余油的主要控制因素。

1）构造因素

由于存在平衡条件，大部分位于高部位的油未被动用，因此在高部位和局部高点会形成剩余油富集区。

2）层间非均质性

层间非均质性主要是由隔夹层的影响造成。隔夹层零星或成片的分布于储层中。隔夹层影响油水运动规律，减缓底水推进速度。当隔夹层位于油水界面以上时，对底水锥进有较好的控制作用，而当其位于油水界面以下时则难以起控制作用。局部连片的隔夹层易形成剩余油富集区。隔夹层的分布主要影响纵向剩余油的分布。

3）流动单元划分

Ⅰ类流动单元区域储层物性好，储量大，产能高，是开发早期主力产层；Ⅱ类和Ⅲ类流动单元区域储层物性中等，储量中等，是油田开发后期主要挖潜对象；Ⅳ类流动单元区域储层物性差，储量小，是边际油藏。由于流动单元的引入，使得剩余油分布的定位更加精确。

4）渗透率韵律特征

剩余油主要分布在正韵律层中上部，而剩余油在复合韵律层内的分布较为复杂，一般呈多段富集。反韵律层油藏中剩余油多分布于井网控制较差的相对低渗处。

5）井网完善程度

受海上平台井槽数限制，单井控制区域相对较大，因而在井间相对低渗区剩余油富集。

6）其他因素

其他因素主要指的是造成开发不均匀的因素，包括射孔位置、井型选择及工作制度等。

剩余油分布主控因素研究表明：海相砂岩油田在高速开采情况下影响剩余油分布主控因素主要是储层非均质性、井网完善程度、沉积韵律特征等。

通过对区块的静态和动态资料进行系统分析，结合油藏工程方法和数值模拟计算结果，对层间非均性和平面非均质性及边水和底水推进的非均匀性进行研究，并建立三维、定量的油藏地质模型，对油藏的构造、储层属性及其内部流体性质进行三维空间定量描述和综合研究，进而确定剩余油分布特征。特别值得提出的是精细的剩余油分布研究和挖潜甚至找到原始油水界面以上和动态油水界面10m以下的一类特殊剩余油——"屋檐油"，从而使珠江口盆地剩余油分布研究水平达到国际领先。

2. 油藏数值模拟技术

油藏数值模拟技术随着在油田开发和生产中的不断应用，并根据油藏工程研究的需求，不断向精细化和多学科结合发展。在海相砂岩油田的油藏研究中针对本区油田的特点形成了一套具有特色的精细地质建模、数值模拟应用技术，为油田的持续高速高效开发提供了大量的有效措施建议和整体调整部署方案。

1) 水平井及多底井设计与模拟技术

水平井、多底井是珠江口盆地在砂岩油田开发中后期挖潜主要的井型，水平井在油区高产稳产中发挥十分重要的作用，尤其是新投产的油田，几乎都采用水平井开采技术，取得了理想的开发效果。因此，利用油藏数值模拟技术进行水平井的设计、优化和动态预测是提高油田管理研究水平的一项重要手段。

由于水平井的井段较长，因此在油藏数值模拟中，如果采用传统井模型模拟水平井，则会在压力损失、井轨迹描述等方面与实际情况出入较大，甚至会影响到油田动态预测和开发决策。水平井、多分支井以及包含有复杂流动控制装置的复杂结构井的使用，对油藏模拟中的井模型提出了更高的要求，即能允许流体混合物性质如压力、流动速率和组成可以随着在井筒的位置变化，并且允许不同的流体在分支的混合处可以混合。为此，开展了复杂结构井（包括水平井）的多方面的研究：（1）复杂结构井模拟的合理实现方法研究。（2）复杂结构井测试资料数模历史拟合研究。（3）不同形态地层、不同完井方式复杂结构井产能计算方法和软件研究。（4）复杂结构井实际产能与计算产能对比、差别原因分析及方法完善。（5）分支水平井不稳定渗流模型及压力解释方法探讨研究。

研究成果具有以下创新点：（1）建立了不同油藏类型（边水、底水、断层），不同完井方式（裸眼、射孔、割缝衬管等）下的复杂结构井产能评价半解析模型，其精度高于传统方法。（2）得到了较前人更简便的压力计算公式，以及复杂结构井井底压力快速算法，缩短了试井解释所用的时间。（3）研发了具有著作权的复杂结构井产能评价软件系统。（4）复杂结构井准确的数模实现方法。从而有效地指导了复杂结构井的数值模拟。

2) 精细油藏数值模拟技术

在数值模拟模型完善中，常规采用有限的实测资料（测压资料、PLT、RST等资料）校正数值模型（以"点"校"体"），现发展到采用动、静结合的油藏工程分析结果（油藏水驱模式识别和来水方向诊断等技术）指导、校正数值模型（以"点""线""面"校"体"），实现了地质模型、数值模型和油藏工程分析相辅相成、相互验证的有机结合，从而使油藏数值模型更接近地质实际和符合生产动态规律。在此基础上，结合实际动态和油藏工程分析结果，进一步研究剩余油分布规律和优化提高采收率的措施。

与老模式相比，新模式在历史拟合过程中对模型校正的考虑更加周全细致。老模式对模型的校正是采用有限的实测资料（测压资料、PLT 产层产液比例关系、测井井点饱和度、RST 饱和度）校正模型，但海上油田为保持较高的生产时效，实测资料比较有限，是若干个离散无规律"点"集，而数值模型是一个庞大的"体"，以"点"校"体"不能完全提高模型的精度，若单点实测资料存在问题，那么模型也会存在一定问题。而新模式是采用实测资料和油藏工程分析相结合的方式，根据已有动、静资料进行油藏工程分析，其分析结果经实测资料检验为可靠、正确的，连同实测资料一起指导、校正模型，这样处理后，模型校正资料更丰富、更有实际动态规律性，是"点""线""面"校"体"，校正后的模型也更具有地质意义、符合生产动态规律，油藏动态模型的精度会大大提高。

3. 剩余油分布模式

珠江口盆地剩余油分布研究已由单学科分析向多学科综合研究方向发展，在综合应用岩心、地质、地震、测井、动态、监测等资料基础上，以小层划分与对比、储层沉积微相、储层非均质性、储层微观特征研究为基础，开展流动单元研究，建立油藏三维地质模型；综合开发动态和监测资料，开展油藏数值模拟研究，总结各批次剩余油分布特征和规律，探讨剩余油形成机理及主控因素，描述油水运动规律，分析不同阶段动用规律及开发特征，指出进一步挖潜措施和建议。进而总结出一系列该类油田剩余油分布新模式，为同类油田挖潜提供指导作用。

1）剩余油分布模式

（1）以构造为主控因素的剩余油分布模式：

该模式下剩余油在构造高点富集，水线沿构造线包络。储层物性好，底水平托，边水平扫，整体动用少，顶部剩余多。主要采取顶部加密的挖潜对策。

（2）以夹层为主控因素的剩余油分布模式——屋檐油/屋顶油：

该模式下夹层上下剩余油富集。存在夹层的遮挡，底水波及不到的情况。主要采取小排液量挖潜夹层下剩余油的挖潜对策。

（3）以井网为主控因素的剩余油分布模式：

该模式下井间剩余油较多，井点处较低。存在储层物性差，单井产量较高，井网密度小的特征。主要采取井间加密的挖潜对策。

（4）以低渗为主控因素的剩余油分布模式——三明治剩余油：

由于一定的渗透率级差，高渗区动用多，低渗区基本未动用，因此存在低渗区富集的情况。主要采取引水补能，后期堵高补低的对策。

2）被上覆致密层捕集的"屋檐油"研究

（1）"屋檐油"的发现：

在重建地质模型时，由于对非渗透钙质层和泥岩的描述非常精细，从而在原始油水界面以上和当时油水界面 10m 以下发现了一类特殊剩余油——"屋檐油"。"屋檐油"是在构造相对高部位发育具有一定分布面积、一定厚度的非渗透（低渗透）致密层覆盖下，其下部在该油层邻近范围内未动用而滞留的剩余油。

图 2-1-28 显示，在地质模型显示出 SL-19 小层存在大量的剩余油。1999 年邻近的 12 井 RST 测试资料从侧面证实了"屋檐油"的存在。

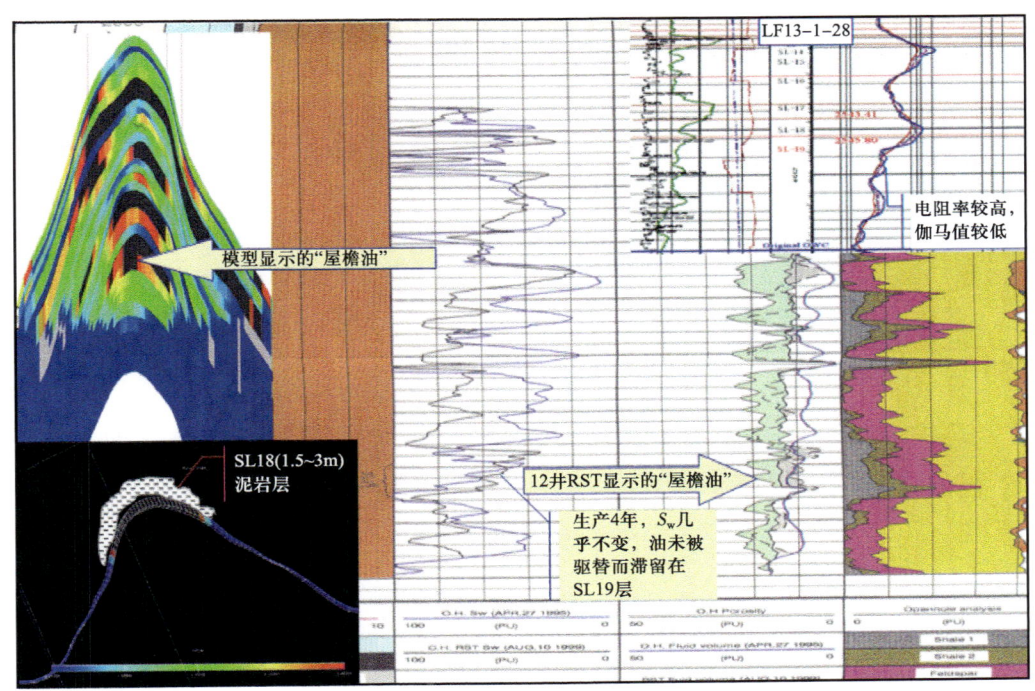

图 2-1-28　陆丰 13-1 油田"屋檐油"示意图

（2）"屋檐油"形成机理研究：

利用油藏数值模拟手段从夹层分布范围和沉积韵律两方面研究对剩余油分布的影响。

分别设计了 150×150、350×350、550×550、750×750、1050×1050、1450×1450 等 6 种规模的夹层，定义夹层无因次面积＝夹层面积/单井控制面积。得到了不同方案下含水率 98% 时采收率及剩余油分布形态。

以含水率为 98% 时为标准计算的采收率随无因次夹层面积关系曲线表明，无论夹层位于距顶部 1/3 处或 2/3 处时，无因次夹层面积小于 3.5 时，夹层对油田开发影响较小，但当无因次面积大于 3.5 时，随着面积的增加，受夹层控制的剩余油逐渐增加，油藏整体采收率大幅下降，此时夹层无因次面积的临界点为 3.5。

随着夹层规模的扩大，水驱规律可分为 3 个阶段：

当夹层位于距顶部 1/3 处时（图 2-1-29）：无因次面积增加到 0.8 时，夹层控制剩余油量少，采收率增加，为抑制水锥阶段；0.8＜无因次面积＜6.9 时，夹层控制储量逐渐增加、油藏采收率急剧降低，为夹层控制剩余油富集阶段；无因次面积＞6.9 后水驱波及体积增加幅度大于夹层控制储量增加幅度，油藏开发效果略为变好。

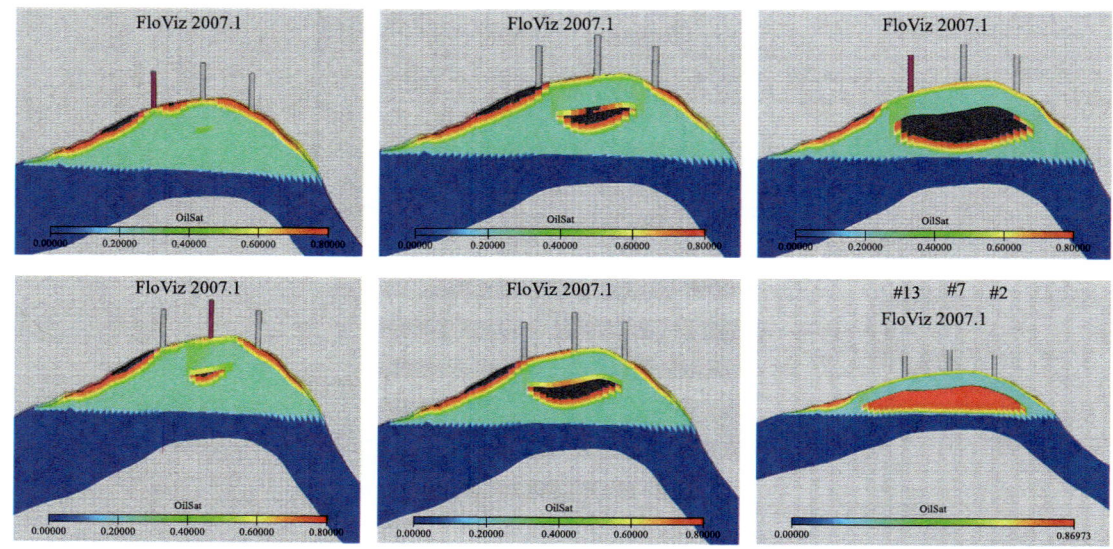

图 2-1-29　1/3 处夹层对剩余油控制作用

当夹层位于距顶部 2/3 处时（图 2-1-30）：无因次面积增加到 0.8 时，夹层控制剩余油量少，采收率增加，为抑制水锥阶段；0.8＜无因次面积＜3.5 时，夹层控制储量逐渐增加油藏采收率降低，为夹层控制剩余油富集阶段；无因次面积＞3.5 后，由于夹层位于油藏底部控制储量相对较少，水驱波及体积增加幅度远大于夹层控制储量增加幅度，油藏采收率逐渐增加。

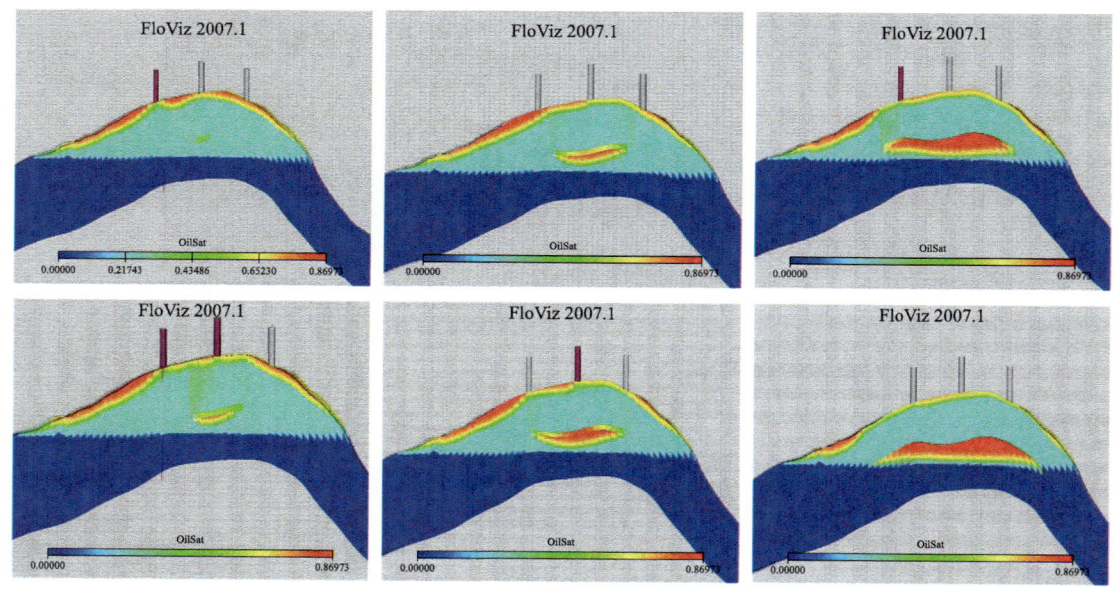

图 2-1-30　2/3 处夹层对剩余油控制作用

鉴于LF13-1油田储层沉积特征以反韵律沉积为主，专门设计了反韵律沉积条件下不同夹层位置及不同夹层规模条件下含水率为98%时采收率数值模拟研究，计算结果如图2-1-31所示。

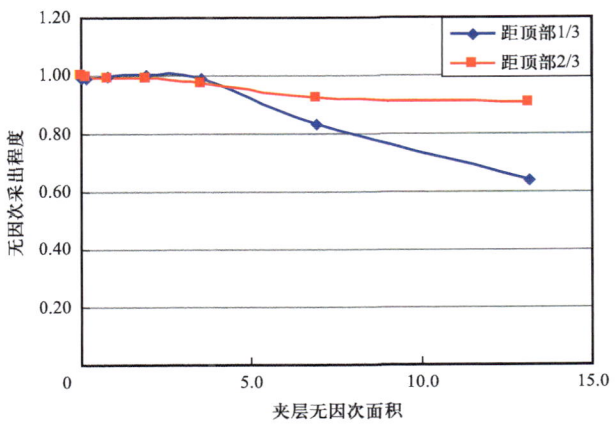

图2-1-31　反韵律条件下采出程度随夹层面积关系

图2-1-31为反韵律条件下采出程度随夹层面积关系。两种位置条件下，随着夹层面积变大，当无因次面积大于3.5后油藏采收率逐渐降低，夹层位于上部时采收率递减幅度大于位于底部时。因此当无因次夹层面积小于3.5时，对油藏开发影响不大。反韵律条件下1/3处夹层对剩余油控制图如图2-1-32所示。

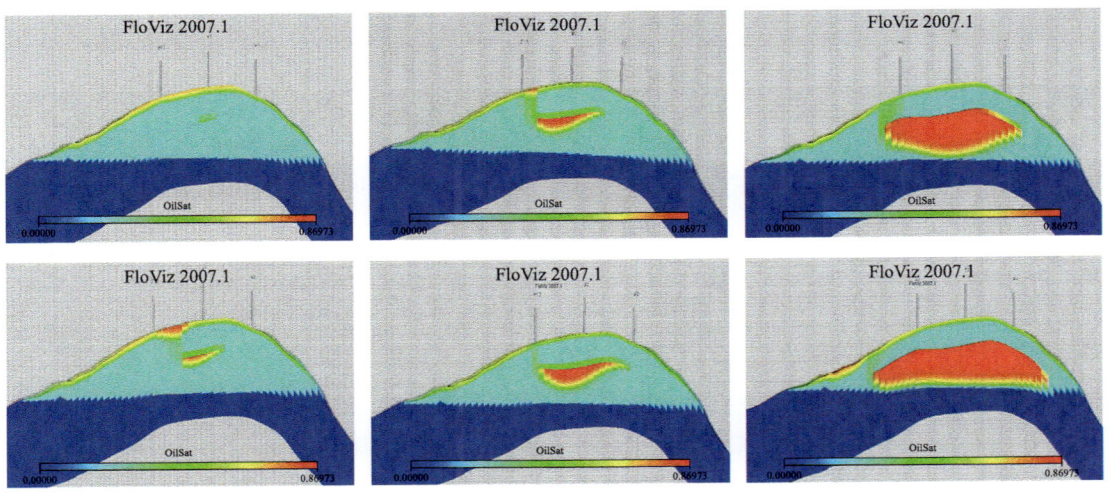

图2-1-32　反韵律条件下1/3处夹层对剩余油控制图

（四）海相砂岩剩余油精细挖潜技术

在弄清剩余油分布规律和潜力大小后，集成、创新各种先进的工艺技术，在老油田内部不断挖潜，努力减缓油田产量递减，并逐步动用一批经济效益边际和无独立开发经济价值的油田或构造,实现油区的产量接替,从而保证了油区产量的连续高产。

1. 水平井在开发中的应用

在珠江口盆地,水平井一方面用于整体开发新油田(特别是采用常规井无经济效益的油田),另一方面用于油田开发中后期的挖潜增产。

陆丰 22-1 油田、陆丰 13-2 油田和西江 23-1 油田是先后全部用水平井开发的砂岩油田。这些油田,在开发评价阶段,设计用常规井开发时均无经济效益。而设计采取用水平井开发时,提高了油井产能,减缓了含水上升,延长了油井和油田的生产寿命,改善了油田的开发效果;节省了井槽数,减少了开发投资,提高了油田的经济效益。这三个油田通过水平井成功地实现了开发。

另外,在惠州 32-5 油田、番禺 4-2 油田和番禺 5-1 油田的开发方案设计中,也采用了相当多的水平井进行开发,实现高速开采,并改善油田开发效果。惠州 32-5 油田开发方案设计 3 口开发井,其中有 2 口为水平井,水平井产能占全油田的 89%;番禺 4-2 油田开发方案设计 14 口开发井,其中有 6 口为水平井,水平井产能占全油田的 59%;油田开发方案设计 12 口开发井,其中有 9 口为水平井,水平井产能约占全油田的 93%。

在珠江口盆地,侧钻水平井是老油田挖潜的最重要手段之一,主要应用于主力油藏的井网加密,此外水平井也广泛地应用于动用相对低渗透层(段)、开发薄油层以及开采稠油油藏。

1)主力油藏井网加密

随着对油藏动态认识的不断深入,发现 ODP 设计井网存在不完善之处,所动用的油藏均在不同程度上存在一定的剩余油或"死油区",必须进行开发调整和井网加密。多数油田早期采用常规井进行开发,中后期挖潜增产时如果继续采用常规井加密则会存在两个问题:第一,增产幅度低,不利于高速开采;第二,剩余油富集区一般存在底水,常规井开发的效果不理想,含水上升快。因此,在南海海域,除含油仍然全充满的层状油藏的剩余油富集区外,一般都采用水平井进行挖潜增产。

2)相对低渗层(段)储量动用

在珠江口盆地的海相砂岩油田中,储层物性一般较好,渗透率中等到高,产能高,有实现高速开采的基础条件。但是,即使在海相砂岩中,也会发育一些低渗层和相对低渗层;在物性较好的主力产层中,也会分布一些低渗段或相对低渗段。相对低渗层(段)是指其渗透率仍高于国家行业标准所定义的低渗层的渗透率高限值。无论是低渗层(段)还是相对低渗层(段),在高速开采原则下,这些层(段)都比较难动用。在南海海域早期投产的油田中,特别是多油层的油田中,几乎普遍地采用常规的直井进行开发,对低渗层(段)或相对低渗层(段)无论是采用单采还是合采,其产量贡献都甚微甚至完全无产量贡献。因此,当时在开发方案设计阶段,这些层(段)均未纳入开发方案的动用储量之内。

然而，随着水平井技术的不断发展和成熟，采用水平井单采可以有效地开发这类储层，使油井达到较高的产能。同时，也随着对低渗储层的认识的不断深入，发现相对低渗层（段）是油区剩余油挖潜的主要对象之一，是产量接替和维持油区高速开采的重要贡献者。

3）薄油层开发

薄油层也是油区剩余油挖潜的主要对象之一，是产量接替的重要贡献者。这些层由于储量小，采用常规井合采时无产量贡献，因而一般在ODP设计时未考虑动用。随着水平井技术的高速发展，水平井段轨迹可以容易地控制在有效储层1～2m内，使得薄层动用已不再成为难题。

在珠江口，薄层一般定义为油层厚度小于3m的层状边水油层，其主要特点是储层物性非均质程度高、储量丰度低、产能相对较低。

开发薄层主要存在两个方面的技术难点：

一方面，评价方法不确定性。首先泥岩的存在对电阻率测井结果影响很大，减少了电阻率测井方法对油气探测的灵敏度，薄层产生地层电阻率宏观各向异性，可导致电阻率测井测出不同的平均值；另外薄层的存在使估算孔隙度测井方法时的不确定性增加，常规测井分析方法，包括传统的砂泥岩分析法，一般低估薄层中油气体积达30%以上。

另一方面，薄层中水平井钻井的地质导向要求高。薄油层的开发对于轨迹控制的要求很高，随钻地质跟踪人员必须24h密切跟踪钻井测井曲线的变化，及时对轨迹作出调整，保证油井轨迹控制在油层中的最好位置。

在开发薄层中主要采用了下列4项技术和措施，以保证水平井的成功实施：(1)近钻头随钻测井曲线的应用，可在最短时间内发现轨迹的偏离，及时进行纠正。(2)旋转导向工具（Powerdriver等造、降斜敏感的地质导向工具）的应用，方便及时调整钻头方向，使轨迹沿着油层顶面进行钻进。(3)油基钻井液的使用，可减少钻井液对产层的污染，保证油井的产能。(4)随钻地质导向技术，用于评估已钻油井轨迹位置，预测地层构造变化，及时调整轨迹。

4）稠油油藏开采

在珠江口盆地的海相砂岩的浅层（海拔1500m左右）发育了一些稠油油层，主要分布在西江30-2油田、番禺4-2油田和番禺5-1油田，其地质储量还占据一定的比例。因此如何开采好这些稠油油藏，对全面提高油田采收率、实现高速开采的产量接替有着十分重要的意义。

但是这些稠油油层的原油物性较差，黏度、密度大，采油指数低（一般只有下部中质油和轻质油的3%～11%）。例如，番禺4-2油田稠油油藏的地下原油黏度为46.8～132cP，原油相对密度大于0.92，比采油指数为3.3～16.6m^3/(d·m·MPa)[下部中质油和轻质油比采油指数为49.8～153.6m^3/(d·m·MPa)]；番禺5-1油田稠油油藏的地下原油黏度大于31.7cP，原油相对密度大于0.92，比采油指数为0.54～4.35m^3/(d·m·MPa)，中质油和轻质油比采油指数为：20.04～21.34m^3/(d·m·MPa)。西江30-2油田稠油油藏的地下原油黏度为 15.6～16.6cP，原油相对密度为 0.92～0.95，比采油指数为 3.96～5.10m³/（d·m·MPa）。因此，其生产特征与稀油油藏截然不同，产能相对较低，含水上升快，产量递减快，开发效果极差，采用常规井开采效果均不理想。在开发方案设计阶段，限于当时的技术条件，这些储量基本上未计划动用。

随着水平井开发技术的进步，从 2004 年起，逐步尝试采用水平井来开采这些稠油油层，使相当一部分储量得到动用，取得了较好的增产挖潜效果，并为稠油油藏进一步的动用积累了经验。

2. 大位移井在开发中的应用

在珠江口盆地，大位移井主要用于开发动用卫星油田和主力油田的周边含油构造。这些小油田储量规模小，本身无独立开发价值，但由于距主力油田及其设施比较近，可以采用大位移井来进行开发，使其地质储量得以动用。

在珠江口盆地，XJ24-3-A14 井是第一口投入使用的大位移井（投产于 1996 年 6 月 10 日）。当时，设计采用该井开采动用西江 24-1 构造；后来随着地质认识的不断深入，发现油田潜力巨大，又陆续利用剩余井槽钻了 6 口大位移井及对老井眼开窗侧钻了 10 口大位移井。

1）大位移井的定义

大位移井是大位移延伸井的简称，新编《海洋钻井手册》"大位移井技术"章节中规定：以泥线为基线，水平位移与垂直深度之比大于或等于 2 且测量深度大于 3000m，称为海洋大位移井；以泥线为基线，水平位移与垂直深度之比大于或等于 3 且测量深度大于 3000m，称为海洋高水垂比大位移井。

2）大位移井技术的特点和难点

大位移井与其他类型井不同，存在着以下一些明显的特点和难点：扭矩大、存在轴向摩阻、可能发生管柱弯曲、井眼清洁困难、循环当量钻井液密度的控制在大位移井十分关键、需要更高的仪器测量精度、测井质量受到影响、井壁不稳定性强、套管磨损严重、钻机能力要求高、井控难度大。

3）大位移延伸井的钻前技术准备

大位移井由于大角度长稳斜段和超长水平位移的特点，导致井眼清洁困难、摩阻扭矩大，并进而影响钻进及套管下入，而且一旦发生复杂情况，较普通井难以处理，经济损失也将高很多，因此钻一口大位移井，不论在作业施工或前期准备都要高度重视，尤其钻前技术准备要充分，包括前期地质调查研究、技术方案论证、设备配置升级等，这将有助于大位移井钻井成功。

必须对大位移延伸井进行充分的准备工作和科学论证。技术准备主要收集周边井的详细资料，与预钻井的资料进行分析对比研究，是进行钻井预设计和可行性研究重要依据。可行性研究从技术、钻井设备、经济上进行分析，研究内容如下：（1）岩石力学与井壁稳定性研究。（2）基于钻完井预先设计进行的扭矩与摩阻计算、水力计算。（3）钻机设备满足程度分析。(4)基于钻完井预先设计的施工时间预算和费用预算进行的经济评价。

针对具体井要进行具体的风险分析,并提出预防预案及备用方案,尽量在前期设计准备阶段考虑周详。后勤支持与应急计划也应做风险分析,任何钻井作业,都离不开后勤支持和应急计划。根据海上大位移井特点,风险分析的内容包括但不限于以下几点:(1)三用工作船和直升机配置和协调研究,三用船特别要求配备储运油基钻井液液舱与配套安全措施及处理溢油分散能力。(2)制订台风应急撤离计划及措施(包括停工期间井下复杂情况预防)。(3)卡钻处理与调整井眼的侧钻计划。(4)钻遇浅层气应急计划。(5)井控应急计划。(6)使用油基钻井液/合成基油基钻井液的环保控制。

3. 油藏生产一体化流场调控技术

基于大量的岩心实验,系统研究了驱油效率、波及系数及润湿性等随驱替倍数和驱替速度的变化规律,形成了富有特色的海相砂岩油田高速高效开发水驱油理论。形成了由单井提液到油藏流场调控再到油田产液结构调整的技术体系,推动了油田井筒及地面设施适应性改造,为减缓在生产油田产量递减、提高油田采收率起到了重要作用。

1)油藏流场调控潜力定量表征技术

通过系统研究,明确了井间干扰、隔夹层等5种流场潜力类型及重构措施,创新基于流场调控的海相砂岩油田高速开采下的提液技术,创建液通量、丰度系数、油速比等流场特性参数,定量反映了流场调控潜力,形成了流场调控定量评价方法,解决了以往主要凭经验进行产液结构优化的问题。根据流场强度特征,将流场划分为5类(图2-1-33),提出了对应的提降液调整方向和幅度,并应用均值聚类方法在油藏数值模型中实现可视化直观表征,为油田提、降液调控流场提供了指导。

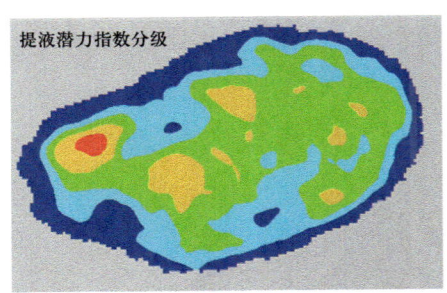

潜力分级	调整方向	提液效果
Ⅰ类	大幅强化水驱	绝对有效、高效区
Ⅱ类	强化水驱	有效、高效区
Ⅲ类	保持当前强度	低效区
Ⅳ类	弱化水驱	无效区
Ⅴ类	大幅弱化水驱	绝对无效区

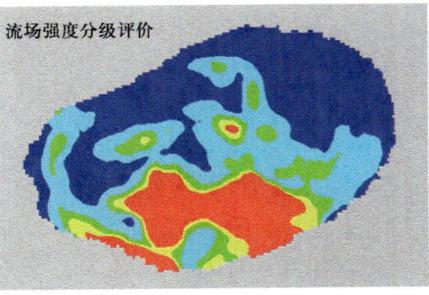

级别	流场类型
Ⅰ类	绝对优势流场
Ⅱ类	优势流场
Ⅲ类	正常流场
Ⅳ类	弱势流场
Ⅴ类	绝对弱势流场

图2-1-33 油藏流场调控潜力定量表征

2）"四位一体"流场调控优化技术

针对地下供液能力、电泵举升能力、地面管网适应能力的耦合协同问题，构建"油藏—井筒—管网—上模"高精度的"四位一体"资产模型，综合考虑油藏特征、双电潜泵机采井采油工艺、水下管汇系统及上部油气水处理模块，以油田当前生产工况及精细模型为基础，建设一体化生产管理体系，并以流花16-2油田群为示范靶区进行应用（图2-1-34）。实现了油田从油藏模型到油气处理动态全过程的总体规划调整，调控油藏流线开展控水稳油，推动及实现了"先边后底、平定交替、气量联动"三维优化。油井电潜泵运行工况及自动预警监测、电潜泵异常工况诊断、见水自喷井停喷时间预测、海管运行工况监测、海管蜡沉积监测、油井配产方案自动优化、措施性减碳节能。真正实现了"油藏—井筒—管网—上模"生产管理的无缝衔接管理流程，为打造我国首个深水智能油田群示范工程奠定了坚实基础。

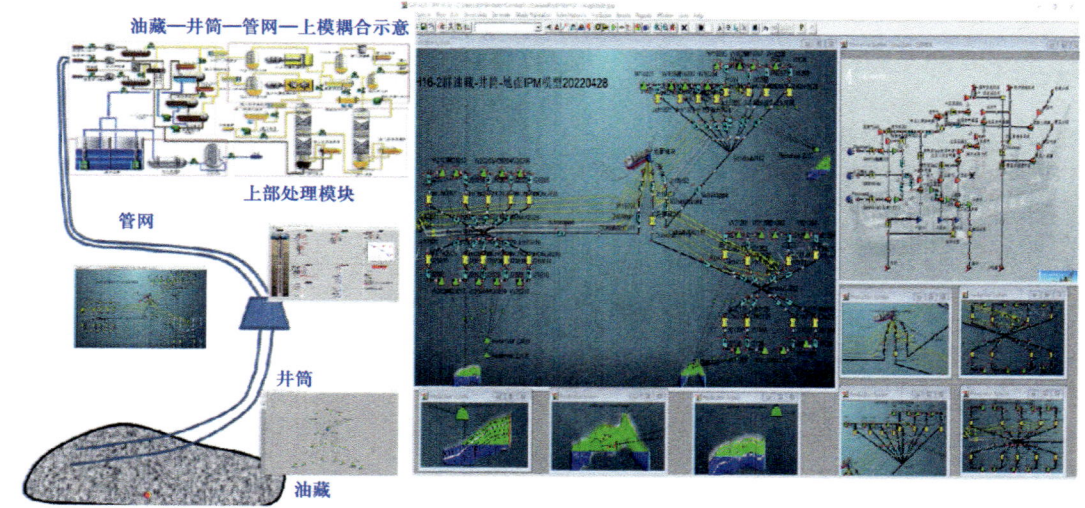

图2-1-34　流花16-2油田群油气生产一体化模拟与优化智能流场调控系统

3）基于设施扩容改造的产能释放技术

针对油田开发中后期流场调控面临的地面设施油气水处理、井槽资源不足、海管流动性、井下电泵远距离控制等问题，在夯实地下油藏潜力的基础上，通过设施内外挂井槽带动油气水处理系统扩容改造，以设施隐患治理带动海管和设施升级，攻关高含蜡原油远距离通球技术保障海管流动，攻克中压变频世界最远距离供电技术，实现水下井口电潜泵稳定运行，探索多种方式实现地面设备处理能力匹配地下油藏产能，全面释放地下油藏潜力。近三年，累计完成6个设施水处理系统改造，新增19套水处理系统，水处理能力由$7.7 \times 10^4 m^3$增加到$9.9 \times 10^4 m^3$，提高采收率1.1%；实现流花16-2油田8口水下井口及电潜泵远距离精准控制、超远距离海管通球累计清蜡量超过3t（单次最高390kg），累产油超过$205 \times 10^4 t$（表2-1-4）。

表 2-1-4　近 3 年平台扩容改造项目一览表

项目	新增设施设备情况	提升能力		提高采收率 %
		水处理能力 m³/d	液处理能力 m³/d	
HZ25-8 扩容改造	新增 5 套水处理系统	7200	11109	1.4
XJ24-3B 扩容改造	新增 3 套水处理系统	6122	6122	0.7
EP24-2 扩容改造	新增 2 套水处理系统	24000	21000	1.6
EP23-1 扩容改造	新增 1 套水处理系统	8400	4900	1.7
PY4-2-B 平台增加水处理系统	新增 5 套水处理系统	39808	39808	0.9
HZ32-5DPP 平台适应性改造	新增 3 套水处理系统	15600	16159	0.5
合计		77130	99098	1.1

四、配套工艺技术

目前，南海东部海域多数油田都已进入油田开发后期，面临采出程度高、单井含水率高、稳产难度大等现实问题，经过"探索、试验、创新、实践"，南海东部逐步形成 MRC 储层改造、T 型井、水平井控堵水、自源闭式注水开发等配套工艺关键技术。

（一）大排量电潜泵技术

1. 换大泵技术特点

该技术适用于天然能量比较充足的边底水油藏，中高含水时期提液增油，更换大排量的泵。

选择使用合适的大排量电泵对于高效和可靠的运行是十分重要的，选泵设计程序依据井况和抽取的井液不同而不同，详细可靠的完井数据，贮油情况和油井的生产历史情况是十分重要的，不完整或错误的数据经常会导致选择不合适的电泵，并增加不必要的运行费用。另外电泵未在推荐的合理运行区间以外工作将造成电机欠载或过载，在特别严重时可能造成电泵系统的损坏。电潜泵的选型着重综合考虑油藏的特性，井筒的设计，需要的产量及平台的供电能力。具体的参数包括：油气水的密度，含水率，气液比，油藏静压，油藏温度，产液指数，泡点压力，套管的大小，下泵深度，射孔段的位置，井口要求的压力和温度，目标产量，平台可供电压，是否要求防腐材质等要素。

电潜泵的设计：油藏特性结合目标产量及所需最小井口压力可计算出电潜泵所需的扬程，根据流量范围可进一步选出电泵的型号和级数。

电机的设计：电潜泵确定后，根据其所需功率确定电机型号，额定电压和电流，同时确定合适的保护器型号规格。

电缆选择：根据有关资料，最经济地选择电缆型号和规格，并计算出电缆压降。

选择控制柜和变压器，核算电机启动能力。确定地面电压和地面电源容量，选择合适的控制柜和变压器。

设计优化：根据实际生产的中的参数变化，电泵的设计也要随之变化。常见的情况就是随着含水的上升，和油藏产液值升高，所需的产液量加大。这就要求电潜泵要从小排量泵优化为大排量泵，以使电潜泵在高效平稳的范围内运转。

2. 大排量电潜泵特点

1）大部分的大排量电潜泵为全压式电泵结构

可将下止推力转移到保护器的止推轴承上去，从而避免了叶轮的磨损，扩大了电泵的适用范围，延长电泵的寿命，保证了高效运转。南海东部油田的大排量机组最高排量可达到 $4200m^3/d$。

2）采取防腐设计应用

大部分大排量电潜泵全套机组外壳材料材质为含 Cr/Mo 的高级防腐蚀材料，可防止 CO_2，H_2S 的腐蚀，提高了泵的运行寿命。南海东部油田的大排量电泵机组外壳材料为 9Cr1Mo，已成熟应用多年。

3）耐磨轴承的应用

考虑到油井出砂，采用的机组采用耐磨轴承设计，以增加机组的可靠性。南海东部油田常用的耐磨轴承和叶轮的配置比为 1:3。针对出砂比较严重的油田，采用耐磨轴承和叶轮的配置比为 1:1 的电泵。

4）高性能电机的应用

电机采用高性能电机，最大功率可到 600HP。电缆电压等级为 5000V，耐温可达 400°F。

5）采用双保护器配置

保护器选用双胶囊串接迷宫式的配置，同时采用双保护器串联配置，提高了电潜泵系统的冗余性，从而提高电泵的电泵运行寿命。胶囊材质及橡胶密封材料选用 Aflas，抗腐蚀，耐温可达 400°F。

6）多功能传感器

数字井下传感器，精度高，可以通过电缆将监测到的电泵运转参数、泵吸入口、泵排出口的压力等参数传输到地面系统，根据上述的数据判断电潜泵运行工况及油藏的变化。这对实现电潜泵和油井的监控，延长电潜泵的寿命，减少检泵和修井次数起到了极大的积极作用。

3. 换大泵措施的实施效果

截至 2023 年底，南海东部海域换大泵技术已应用 18 个油田（恩平 23-1、恩平 23-2、恩平 18-1、恩平 24-2、惠州 26-1、惠州 19-3，惠州 21-1，惠州 25-3，惠州 32-2，番禺 4-2A，番禺 5-1A，番禺 4-2B，番禺 5-1B，惠州 25-8，陆丰 13-1，陆丰 7-2，西江 24-3、西江 30-2），累积 76 井次，平均单井增油 30m³/d，累计贡献增油 $24.2×10^4$t。该技术已成为南海东部海域重要的油井增油措施手段。

（二）MRC 储层改造技术

1. MRC 技术特点

在生产井 MRC 储层改造技术是在现有生产井井筒内，从井眼合适位置，通过悬空划槽的方式，派生若干分支位移井眼即可完成增加产油量的增产措施技术。通过 MRC 位移分支深入濒临废弃的老井眼周围，最大限度地增加泄流面积，平衡油水流动，实现天然水驱范围的立体延伸，从而降低单井含水，延缓含水上升速度，提高特高含水老井井控范围剩余油资源利用程度。

该项技术自 2012 年在 LF13-1-29H1 井开展先导试验获得成功后，目前已经历了从单分支井筒的位移分支改造向双分支井筒位移分支改造、从三位移分支井眼改造向四位移分支井眼改造，以及从中低渗裸眼改造向中高渗或稠油保留防砂控水完井下改造的发展过程，并在生产老井产层油藏精细描述、MRC 产能评价、划槽工具选择、储层保护、位移分支延伸轨迹优化、MRC 井筒与防砂工艺等方面发展出系列技术创新，使技术得到了不断发展和完善。该项技术通过大修增产措施实现降水增油，通过对原井井控范围剩余资源最大限度挖潜，极大地延长了低产油井寿命，同时"短、平、快"上产的特点已使该项技术在老油田挖潜领域初步形成生产力。

2. MRC 实施效果

截至 2023 年底，南海东部海域 MRC 储层改造技术已应用 11 个油田，共计 31 井次，主要在以陆丰 13-1 为代表的中低渗储层、以番禺 5-1 为代表的中高渗稠油以及其他老井周边滞留的小规模零星剩余油的挖潜，措施后平均日增油 60m³/d，产液指数平均提升 2.8 倍，含水率降低 15%，可采储量提升 1.2 倍，累计增油 $84.5×10^4$t，该技术已成为南海东部海域老井治理、零星剩余油挖潜重要的手段。

（三）T 型位移井技术

1. T 型井技术特点

T 型位移井技术是指曲率半径比常规短半径更短的一种水平井，就是在垂直井眼的径向上钻出曲率半径在 1.5~3.6m 之间的水平井眼。T 型井最大的优点是根据油田开发需要，可以任意方向钻进，根据"提质增效"的挖潜需要，可在同一油层或不同油层内实现多分支开发，且井眼轨迹同油层的走向基本一致，且在目的层内维持一定长度的水平或近水平井段。使该技术适用海上在生产油田，一方面，可不改变原井筒整体结构，突破近井污染带，连通分隔的富集剩余油区，增加储层接触面积和渗流孔道，改善油藏的连通性，挖潜常规手段技术难以动用的剩余油潜力；另一方面，T 型井技术为薄层、低渗透、超低渗透油气田的开采提供了一种经济、快捷的途径，大量薄层或低渗井，用直井方式开发生产不经济，加密井成本太高，T 型钻井辐射水平井眼，增加泄油面积，减小渗流阻力，减少加密井网成本，提高单井产能，达到增产增效的目的。目前该技术在薄差层识别测井精细评价、柔性钻具定向轨迹控制、定向储层改造配套防砂完井等方面实现技术升级。

2. T 型井实施效果

自 2019 年南海东部海域 EP23-2-A1 井首次实施 T 型井储层改造，截至 2023 年底，南海东部海域 T 型井技术已应用 7 个油田（恩平 23-1、恩平 23-2、恩平 18-1、恩平 24-2、惠州 26-1、西江 24-3、西江 30-2），累积 7 井次，平均单井增油 76m³/d，累计贡献增油 $10.5×10^4$t。该技术已成为南海东部海域重要的油井措施手段。

（四）水平井井筒控水类技术

1. 水平井井筒控水类技术特点

针对油藏特点，探索开展了中心管、ICD、AICD、微粒充填、C-AICD 等控水技术应用，形成了南海东部特色的海相砂岩自适应机械控水技术。ICD 控水技术是通过结合 ICD 阀的数量和尺寸来调整不同产液段的流压，使低含水段进入井筒阻力低，实现均衡生产，达到延缓和控制底水锥进的效果。AICD 技术是根据伯努利原理，依靠油水黏度差实现自动选择性通过，当相对黏度较高的油流经阀体时，碟片处于开启状态，当相对黏度较低的水或气流经阀体时，碟片因黏度变化引起的压降自动"关闭"，当从而达到控水、控气、增油的目的；C-AICD 是集成 AICD 和 ICD 的新型控水工具，具有前期均衡产液剖面、中后期抑制水淹段的作用。环空流体流入工具时，先经过 ICD，再经过 AICD，通过全寿命的管理实现更好的控水效果。连续封隔体是一种人工合成的低密度陶粒，填充在裸眼井环空处，增大环空轴向流动阻力，迫使流体径直流向油管，起到封隔器的轴向限流作用。连续封隔体也可通过表面改性，使陶粒疏水亲油，增大水相流动阻力，起到控水的作用。

2. 水平井筒实施效果

目前，ICD、AICD、C-AICD、控水颗粒充填等水平井井筒控水技术累计在南海东部各油田应用 224 口井，其中主要包括 138 井次 ICD 控水，有效率 82%，46 井次控水颗粒充填 +ICD 控水，有效率 91%，累计增油超 $80×10^4$m³，减少产水超 $6600×10^4$m³，控水效果显著，已经成为南海东部主要的控水增油措施。

(五)自源闭式注水开发技术

1. 自源闭式注水开发技术特点

在无地面注水设备和空间的条件下,南海东部海域开展了自流注水、助流注水、共享水源笼统注水、共享水源分层注水、同井抽注等多种闭式注水工艺创新和应用(图2-1-35),形成自源闭式人工注水技术,并考虑井筒热损失少的特点,充分利用深层的高温地层水对稠油油藏实现自源闭式地热水驱,在恩平18-1浅层稠油油田取得了良好的开发效果。截至2023年底,累计实施自源闭式注水12口,实现平台短平快注水驱油补能,发展成熟4种注水模式,实现恩平18-1油田产量翻番、惠州25-8持续稳产,有力支撑了两个中大型油田的高效开发。

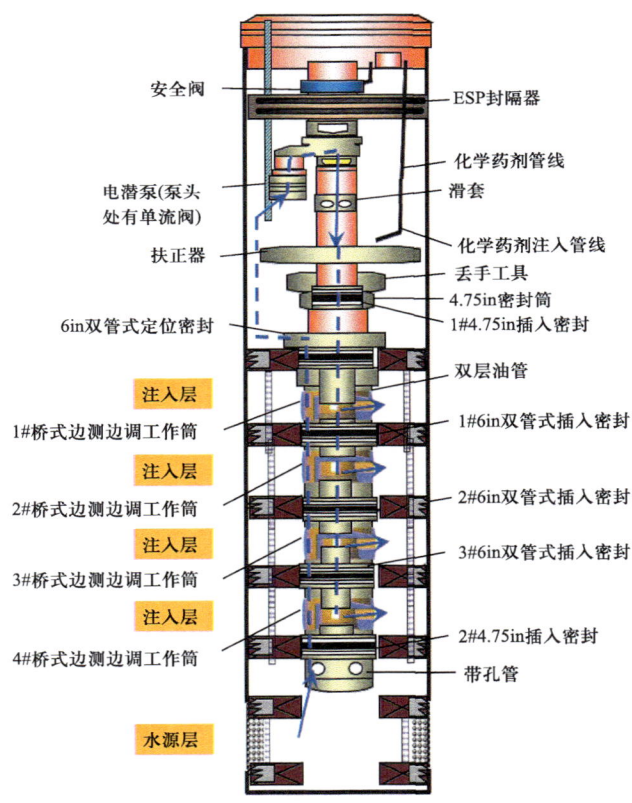

图2-1-35 EP18-1-A20井分注管柱图

2. 自源闭式注水技术实施效果

从2016年至今,南海东部发展形成了4种注水模式,在7个油田累计实施自源闭式注水14井次,年注水量达$500 \times 10^4 m^3$,满足了油田没有地面注水设备又急需快速注水驱油补能的需求,使惠州25-8油田实现了持续稳产、恩平18-1油田产量翻番,有力支撑了南海东部海域两个中大型油田的高效开发。

五、矿场实例

（一）西江 24-3 油田

西江 24-3 油田作为典型海相砂岩油田，其储层物性、流体性质均较好，并且水体能量充足，油田采用天然能量开采。在油田生产开发前期，采收率的提高主要通过提高储量动用，增加水驱波及范围，提高波及系数；开发中后期，采收率的提高主要以强水驱提高驱油效率。大液量强化开采是保持西江 24-3 油田减缓递减的最经济有效手段。通过大排量电潜泵增大生产压差，平台扩容改造以进一步提高生产液处理能力。同时基于大量的岩心实验，揭示了驱油效率、残余油饱、波及系数及润湿性等随驱替倍数和驱替速度的变化规律，形成了富有南海东部特色的海相砂岩油田高速高效开发水驱油理论，有效指导西江 24-3 油田产液结构优化和油藏流场调控。

1. 地质油藏情况

西江 24-3 油田位于中国南海珠江口盆地北部坳陷带惠州凹陷南缘，距香港东南方向 123km，水深约为 99m，图 2-1-36 为油田主力油藏构造图。西江 24-3 油田区是由古近系基岩断块背景上发育起来的披覆背斜，自浅至深构造高点与基底基本保持一致，具有较好的继承性；油藏主要受构造控制，油区主体范围内分布有两条雁行式走向北西西的正断层，延伸长度大于 2km，断距 5~20m，因断层影响，形成南北两个高点。构造幅度较缓，由深至浅，构造幅度逐渐减小；总体上，圈闭面积自深至浅呈减小趋势。

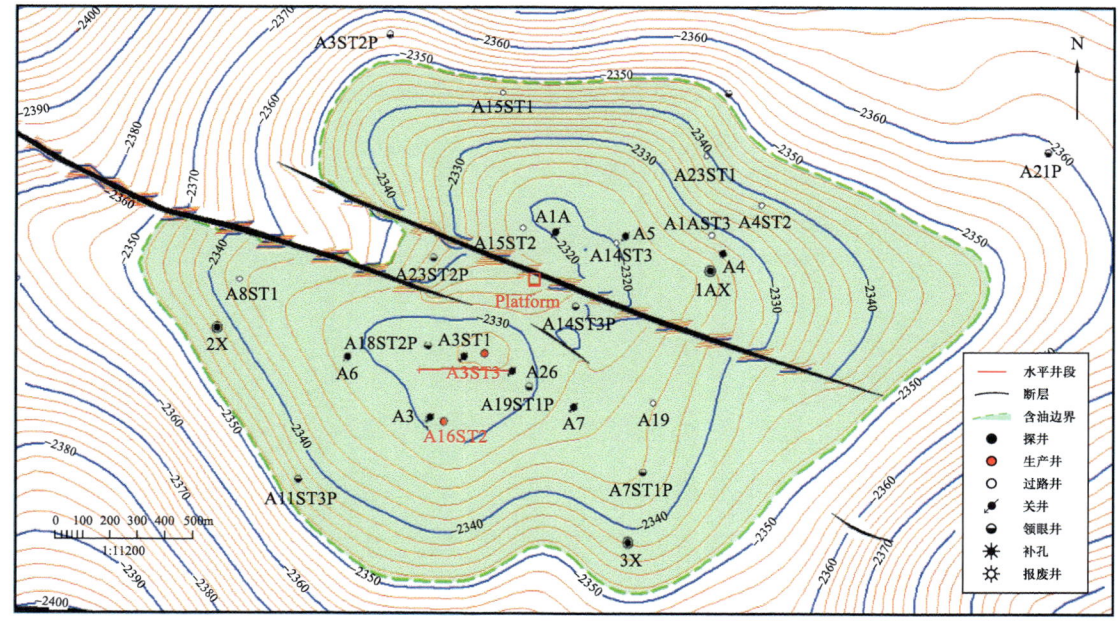

图 2-1-36　西江 24-3 油田主力油藏构造图

西江24-3油田主要油层分布在新近系中新统韩江组和珠江组，埋藏深度1759.5～2711.6m，含油层段长952.1m，平面分布稳定，连通性好。储层主要为海相三角洲前缘相的河口坝、远砂坝及三角洲平原相的分流河道砂岩沉积。油田储层物性较好，有效孔隙度16.3%～26.6%，渗透率37.7～5991.7mD，以中—高孔、中—特高渗储层为主。主要油层段原始地层压力为18.84～23.29MPa，地层温度为76.1～93.9℃。油层地饱压差较大，分布范围为17.84～22.57MPa。研究区压力系数为1.015，压力梯度为0.995MPa/100m，地温梯度为3.35℃/100m，属正常温度、压力系统；地面原油密度0.825～0.892g/cm³，地层原油黏度4.8～32.5mPa·s，地层水相对密度1.043～1.067。

西江24-3油田的水体能量充足，利用天然能量开采。油藏驱动类型为边水驱动和底水驱动。油藏共17个，其中边水油藏11个、底水油藏6个。油田油水分布主要受构造控制，主要为背斜构造油藏。

2. 油田开发历程

西江24-3油田自1994年11月投产以来，总体可以划分为以下三个开采阶段：

1）ODP实施阶段（1994—1998年）

ODP设计的16口开发井全部投产。考虑构造、储层存在一定不确定性，采取少井高产的策略，分层系开发，以定向井合采为主，水平井开发试验，优先动用储量相对集中的优质储层，边实施边调整。该阶段油田在经历了产量高峰阶段的同时，开始进入产量递减阶段，预测采收率50.3%，较ODP设计新增技术可采883.00×10⁴m³，采收率提高19.7%。

2）加密补充阶段（1999年8月—2009年）

ODP实施后储量增大，开发井网不完善，开始补充加密井网，井型由前期定向井合采为主转为水平井单采为主，并开展多底井、分支井开采试验，共实施32口调整井。该阶段采用非均匀加密调整井，同时大力实施补孔、酸化、提液等多种增产措施，有效降低了油田递减率。该阶段预测采收率64.8%，较上一阶段新增技术可采514.53×10⁴m³，采收率提高14.6%。

3）调整井精细挖潜阶段（2010年至今）

油田进入开发后期，剩余油分布零散，利用水平井单采，兼顾非主力层和主力层挖潜，2010年新增6个井槽正式投入使用，共实施25口调整井，其中13口挖潜动用薄油层剩余油，动用最小有效厚度达到1.1m。同时辅以提液、补孔、MRC、堵水、防砂等增产措施，有效减缓了油田产量递减。该阶段预测采收率73.1%，较上一阶段新增技术可采731.10×10⁴m³，采收率提高8.3%。

截至2023年底，西江24-3油田历史生产井73口，在生产井30口，开井26口，日产油量724m³/d，综合含水98.3%，累积生产原油2894.47×10⁴m³，采出程度70.1%。

3. 提高采收率举措及成效

1）ODP 实施阶段（1994—1998 年）

油田处于开发初期，为了落实构造、储层，以及实现产量最大化，基于"少井高产"的策略，分三套层系开发，定向井先行，陆续实施了 15 口开发井，其中包括 12 口定向井和 3 口水平井。

开发井钻后，加深了对油田构造、储层的认识。由于构造变化引起含油面积变化及井点增多引起油层厚度、含油饱和度、有效孔隙度等储量参数变化，由 ODP 设计阶段的 $2909.70\times10^4m^3$ 增加至 $3529.00\times10^4m^3$。油田投产后，高峰年产油达 $228.12\times10^4m^3$，较 ODP 设计的 $158.01\times10^4m^3$ 多 $70.11\times10^4m^3$。至 1998 年底，累产油 $854.78\times10^4m^3$，采出程度 20.7%。与 ODP 设计相比，该阶段新增技术可采 $883.00\times10^4m^3$，采收率提高 19.7%。

2）加密补充阶段（1999—2009 年）

ODP 实施后油田储量增大，井控程度较低，现有井网无法满足高速开发的需求。同时，由于定向井多层合采导致层间矛盾突出、剩余油分散。此外，在产井筒完整性问题突出，油井出砂严重，产能无法充分释放。基于此，一方面通过实施补充井、大量侧钻水平调整井完善井网，进一步提高储量动用，增加水驱波及范围；另一方面采取最大化生产的策略，通过实施补孔改层、酸化、防砂等增产措施以及提液，通过强水驱提高驱油效率，提高单井产能。

1999—2009 年期间，西江 24-3 油田共实施了 33 口调整井，其中包括 28 口水平井和 5 口定向井，主力油藏井网密度由 ODP 实施阶段的 0.4～1.1 口 /km^2 逐步增加到 1.2～2.7 口 /km^2，平均单井新增技术可采 $28.25\times10^4m^3$；实施补孔改层、酸化和防砂措施累计 29 井次，措施有效率 55%，平均单井累增油 $1.03\times10^4m^3$；产液结构优化累计 662 井次，提液有效率 74%，平均单井累增油 $0.28\times10^4m^3$。至 2009 年底，累产油 $2267.57\times10^4m^3$，采出程度 54.9%。与 ODP 实施阶段相比，该阶段新增技术可采 $514.53\times10^4m^3$，采收率提高 14.6%。

3）调整井精细挖潜阶段（2010 年至今）

经过多年的高速开采，油田进入高采出程度、特高含水阶段的开发后期，稳产形势严峻。这一阶段主要面临如下问题：（1）新增大量钻井后，进一步加深了地质油藏认识，现有井槽无法满足新一轮加密井网的需求。（2）随着油藏动用程度的提高和水淹程度的加深，剩余油分布零散，挖潜风险高。（3）最大化生产造成的井筒完整性问题依旧突出，油井出砂、油套管冲蚀等问题频发，产能受限。

油藏人员转变挖潜方向，聚焦薄层边水、底水油藏和主力油藏井间剩余油，持续推进油田深度挖潜。针对剩余油富集区，实施调整井局部加密、深度挖潜。2010—2023 年期间，通过新增 6 个井槽和老井侧钻，西江 24-3 油田共实施 25 口调整井，其中包括 20 口水平井和 5 口定向井，平均单井新增技术可采 $15.77\times10^4m^3$。针对剩余潜力较小、实施调整井不具有经济性的，通过补孔、二次完井、酸化或 MRC 等增产措施，最大限度发挥老井潜力；同时合理提液、控液，发挥老井现开采层段的潜力。至 2023 年底，油田动用储量 $4130.34 \times 10^4 m^3$，油藏井网密度达到 1.1～8.3 口 /km²（平均 5.5 口 /km²），累产油 $2894.47 \times 10^4 m^3$，采出程度 70.1%，标定采收率为 73.1%。与加密补充阶段相比，该阶段新增技术可采 $731.10 \times 10^4 m^3$，采收率提高 8.3%。

目前，西江 24-3 油田处于"双特高"开发阶段，剩余油高度分散，潜力有限，调整井生产效果逐年下降。主力油藏多为底水、次生底水、薄层、非均质性强油藏，油水关系复杂，潜力井位越来越少，产量递减快，挖潜风险越来越高，后续挖潜对储层、剩余油预测精度要求越来越高。未来进一步提高采收率主要面临薄差层砂体和隔夹层精细刻画难度大、零星剩余油定量表征及挖潜难度大等问题。

西江 24-3 油田未来挖潜方向主要集中在薄层边水油藏、底水油藏和主力油藏井间剩余油，通过选择关键油藏针对关键问题，开展油藏精细描述研究，通过精细剩余油挖潜、攻关动用薄差层、探索性开发试验等路径，进一步提高海相砂岩油田的采收率，保障高效开发。

根据南海东部油田提高采收率经验、后续剩余潜力及提高采收率的方向，西江 24-3 油田 2024—2030 年预计通过井网完善、稳油控水措施等手段提高油藏采收率 1.1%，预测油田最终采收率可达 74.2%。具体工作部署如下：

2024—2030 年期间，计划实施 3 口调整井，提高采收率 0.4%；针对调整井周边剩余油，潜力不足以支撑调整井作业的近井筒零星剩余油，实施 MRC/T 型井、井筒治理、控堵水、调层补孔、换泵等增产措施 22 井次，累计提高采收率 0.6%；通过实施流场调控 100 井次 / 年以上，增加技术可采 $2.56 \times 10^4 t$，提高采收率 0.1%。最终，实现油田采收率由 73.1% 提高至 74.2%。

（二）恩平 18-1 油田

恩平 18-1 油田投产后因储层物性差且非均质性强、流度低等因素导致储层传导性差，边水能量供给慢，导致油藏中高部位能量不足，大多数开发井初期产量较高，但产量递减快，稳定产量低，油井能量不足，难以提液，油田最低日产油仅 550m³/d。针对油田能量不足的问题，在复合能量驱注水开发技术指导下，基于恩平 18-1 油田油藏能量分区特点，通过"天然水驱＋人工注水驱"的复合能量驱注水开发，并采用"低部位天然水驱＋中部位环状切割注水＋高部位点状注水"的注水方式，极大改善了油田整体开发效果。

1. 油田基本地质油藏情况

恩平 18-1 油田距中国香港西南约 195km，位于珠江口盆地北部坳陷带西南缘恩平凹陷南部，所在海域水深约 91m，是发育在基底隆起上的低幅度断背斜构造。

油田油层位于新近系中新统韩江组四段—韩江组六段，埋深 1100～1460m，主要为三角洲前缘水下河道—河口坝—席状砂—远砂坝沉积（图2-1-37），储层岩性细，以细砂岩、粉砂岩为主，泥质含量高、胶结疏松。油田储层的测井解释孔隙度21.6%～30.9%，平均25.3%；泥质含量9.2%～24.7%，平均17.6%；渗透率54～832mD，平均247mD，储层物性相对较差。油田原油具有高密度、低含硫的特点，属于重质油，地面原油密度0.941～0.959g/cm³（20℃），地层原油黏度110～277mPa·s。

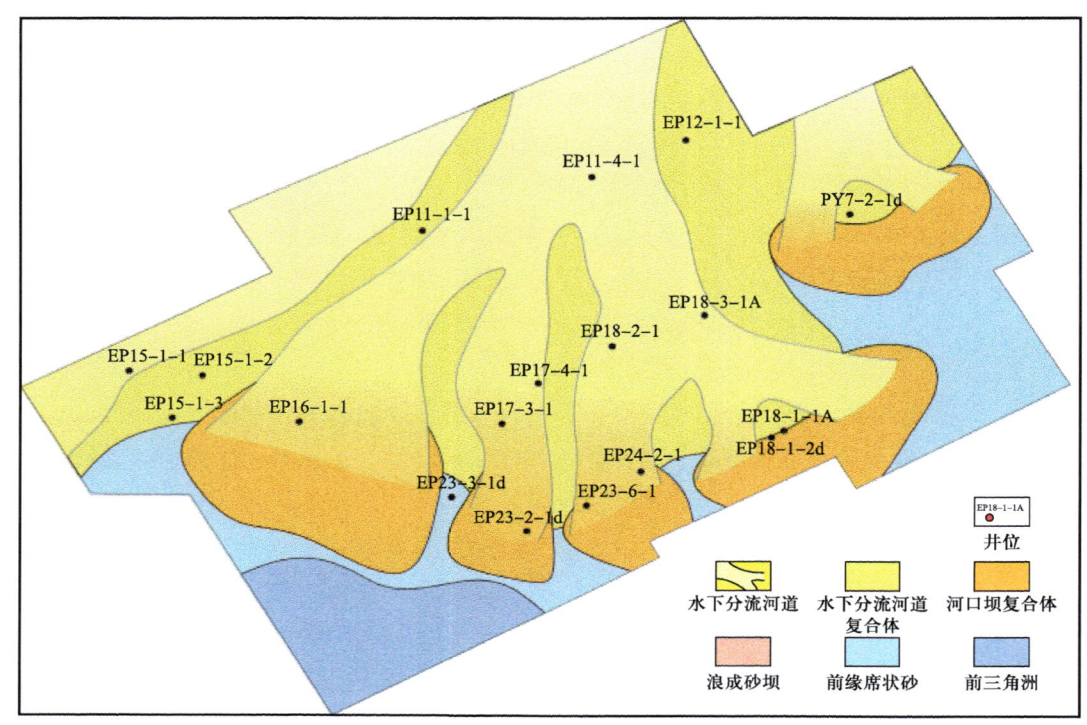

图2-1-37 恩平18-1油田韩江组四段—六段沉积相

恩平18-1油田平面上为三个井区：2D井区、3d井区和A15P1井区；纵向上共27个油藏，其中构造油藏13个，发育岩性构造油藏8个和岩性油藏6个。驱动类型以边水驱动为主，发育底水驱动。

2. 油田开发历程

恩平18-1油田自2016年9月投产以来，主要经历2个开发阶段ODP及补充开发井实施阶段和注水开发调整阶段，通过注水试验和注水开发调整，油田产能在2018年底翻番，在2021年底在翻番的基础上再提升50%，产量实现"三级跳"（图2-1-38）。

1）ODP及补充开发井实施阶段（2016—2018年11月）

ODP方案设计13口井实施后，油田由于构造变缓，含油面积大幅增加（叠合含油面积增加7.04km²），储量增幅83%。但因开发井距离边水远，储层物性差且非均质性强、流度低等因素综合导致储层传导性差，边水能量供给慢，导致油藏中高部位能量不足，大多是开发井初期产量较高,但产量递减快,稳定产量低,油井能量不足,难以提液。油田最低日产油仅550m³/d,急需改善开发效果。

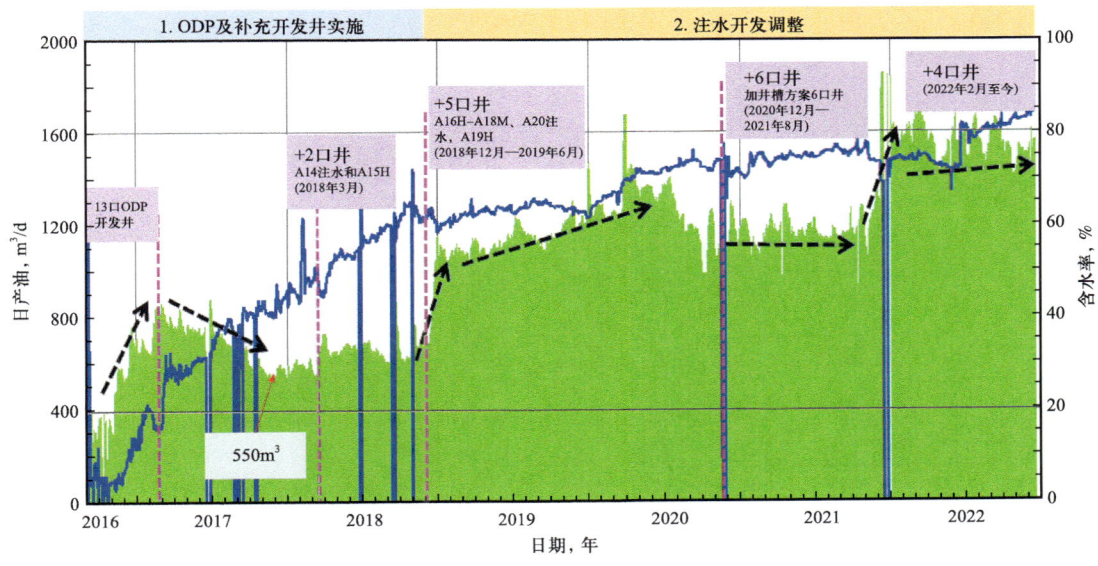

图2-1-38 恩平18-1油田生产动态曲线

该阶段实施13口开发井和2口补充开发井(含1口注水试验井),油田最低日产油仅550m³/d,2018年预测油田累产油255.47×10⁴m³,预测采收率14.0%,增加技术可采34×10⁴m³。

2)注水开发调整阶段(2018年12月至今)

针对ODP实施后油田注采井网不完善和油藏能量不足的问题,在油田整体注水开发调整方案研究的同时,利用老平台剩余井槽实施调整井。在2018年12月至2019年6月实施5口调整井(含1口注水井),完善油藏边部井网及高部位的注采井网,使得2018年底油田在实现产能翻番,2019年油田采油速度提高近1倍。

基于恩平18-1油田油藏能量分区特点,创新提出在能量不足区布置平行于能量充足界限的环状注水井排,以形成平面上均衡能量供给和水线推进,同时在油藏更高部位的能量不足区进行点状注水的设计思路,最终优化为"低部位天然水驱+中部位环状切割注水+高部位点状注水"的注水方式(图2-1-39),该注采井网设计思路从油藏整体能量分区特征出发,在井槽受限无法采用面积注水的情况下,利用较少注水井实现了的油田的整体注采井网设计。

在复合能量驱注水开发技术指导下完成恩平18-1油田综合调整地质油藏方案通过有限审查,方案设计14口井(含2口注水井)新增技术可采260×10⁴m³,采收率提高14%。截至2023年底,油田共动用2D和3D区9个油藏,油田综合含水率84.7%,累产油234.78×10⁴m³。

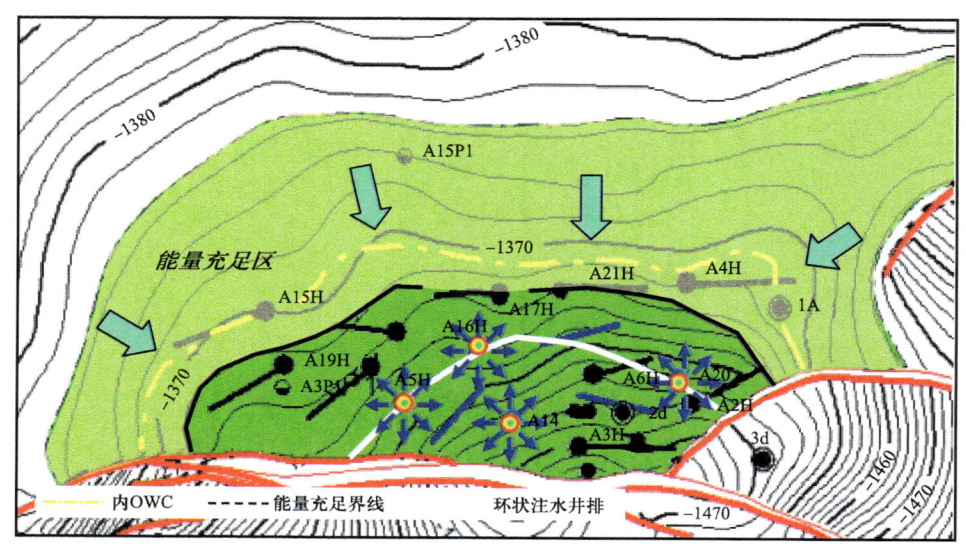

图 2-1-39　恩平 18-1 油田恩平 18-1 油田 HJ580 油藏整体注采井网设计

3. 提高采收率举措成效

恩平 18-1 油田 ODP 实施后油田地质储量大幅增加，高部位井产量递减快、稳定产量低，井底流压低，难提液。通过矿场试验，明确油田调整方向：（1）油藏高部位能量不足，需注水补能。（2）油藏边部天然能量充足，应优先完善油藏边部采油井网。利用剩余井槽，实施一口注水井 A14 及一口生产井 A15H。A14 在高部位试验注水，效果显著，注水后受效井 A3H 受效显著，井底流压最高上升 1MPa，日产油最高达 120m³/d，增幅 200%，注水后有 100d 无水期；A6H 受效中等，井底流压增加 0.03MPa，日产油增加 15m³/d。

同时 ODP 实施阶段，由于恩平 18-1 油田储层岩性细、泥质含量高，常规筛管防砂不适用，油井出泥沙躺井，影响正常生产。对此，针对新井和老井提出不同的防砂策略，新井采用砾石充填完井；老井采用二次完井，砾石充填防砂 + 水力喷砂射孔。12 口老井已完成二次完井防砂，成功恢复单井产能。

注水开发调整阶段，利用剩余井槽完善注采井网，优先完善油藏边部采油井网，实施 5 口油井；实施高部位 1 口注水井（合注 4 层），注水增能；油田在 2018 年底实现产能翻番，2019 年采油速度提高近 1 倍。通过调整井实施，目前主力油藏 HJ580 注采井网基本完善，已形成油藏边部天然水驱与油藏中高部人工水驱的复合能量驱注水开发模式，主力油藏开发效果较好。该阶段油田开发存在三类问题。一是主力油藏中部油井既受边水也受注入水作用，同一井组内油水井间因水平井的完井层位及砂体平面展布存在差异，使得油井受效程度差异大；二是除主力油藏外，剩余八个已动用油藏的注采井网仍不完善；三是岩性、岩性构造油藏动用程度低。

针对油井受效程度差异大的问题，开展注采结构调整研究，在复合能量驱下，基于注水动态、流线模型等确定油井驱替类型，针对不同边水强度和注入水作用大小提出"一类一策"。边水驱为主油井，以提液为主；边水和注入水共同作用油井，在发挥边水作用基础上，逐步提液，引导水线，提高注入水驱替作用；注水驱为主油井，在提液发挥注水效果前提下，提一结合，避免过早水窜及见水后的含水快速上升。2023年度完成注采结构调整164次，合计初增油994m³/d，完成4井次注水井作业及1井次分支轮采作业，主力油藏HJ580通过加强复合能量区的流线密度，保持高部位能量不足的流线密度，HJ580油藏2023年的综合递减率8.6%，含水上升率0.54%，控水稳油效果明显。2024年度计划实施地面注水项目，新增6个注水层位，实施2井次注水井酸化、2井次注水井复合驱，1井次分舱控水，2井次分支轮采作业及100井次注采结构调整，调整油藏流场，控制含水上升率，2024年预计地层压力水平92.5%，自然递减率18.4%，含水上升率1.45%。

八个已动用油藏的注采井网仍不完善，其中HJ450/522/540/612因含油面积大，现有井网仅一口注水井或者无注水井，无法进行有效的能量补充，油藏能量不足；HJ520为弹性驱，天然能量有限，且暂无注水井，油藏能量也不足。此外，闭式井下注水管柱结构复杂，故障率高，不仅影响精细注水和有效注水，还影响注水井补孔完善注采井网。考虑到纵向上部分油藏井网相对不完善，存在能量不足情况。相较于闭式井下注水方式，地面注水管柱简单，注水摩阻小，可提高注水量，有利于补孔注水完善注采井网及精细注水。地面注水完成后将新增7个注水井点，实施后6个主力油藏将均注水，预测增加可采$14 \times 10^4 m^3$。

目前恩平18-1油田储量动用程度85%，其中构造油藏储量动用程度95.6%。岩性、岩性构造油藏储量规模大，但因岩性、岩性构造油藏的地层厚度多小于5m，有效厚度薄，层内非均质强，储层平面变化快，天然能量不足，油藏动用难度大，目前仅动用岩性油藏HJ520和岩性构造油藏HJ612，岩性、岩性构造油藏的储量动用程度分别为50.2%和7.3%，需提高该类油藏的储量动用程度。计划针对储量规模大的岩性、岩性构造油藏，开展储层物性及展布、能量状况、储量风险评估，进行岩性、岩性构造稠油油藏注水开发潜力分析，优选HJ440进行注水方案研究，择机开展岩性注水试验。HJ440油藏设计形成1口水平井采油与1定向井注水的注采井网模式，预测累产$5.3 \times 10^4 m^3$，采收率16.7%。

恩平18-1油田通过创新采用"天然水驱+人工注水驱"的复合能量驱注水开发调整以来，油田力系数从2018年的0.87一直上升到0.92，保障了油田的近年来的持续稳产和上产。油田采收率从ODP实施后的14.0%，提高到注水开发调整后的26.0%，通过后续不断完善注采井网、攻关复合能量驱油藏注采调整和岩性注水开发后，预测油田采收率将提升至35.5%，其中主力油藏采收将达到45%。

第二节　海上陆相整装油田水驱提高采收率技术

一、概述

陆相整装油田主要分布在渤海湾盆地，受郯庐断裂活动的影响，表现为构造破碎、断裂系统复杂、含油层系多等特点。沉积类型多样，主要发育曲流河、辫状河、辫状河三角洲、扇三角洲、混积滩坝等，具有"含油层段跨度大，油藏类型多，构造复杂，储层纵横向变化快，原油性质变化大"的特点。陆相整装油田储层物性以特高孔特高渗、中高渗为主，占95%，流体性质以常规稠油为主。整体上看，陆相整装油田天然能量不足，约87%的油田采用注水开发，主要采用水驱开发。在生产油田43个，动用储量标定采收率31.0%，采油速度1.3%，综合含水率85.5%，整体已处于高含水开发阶段。渤海油田以"稳定老油田、加快新油田、突破低边稠"为指引，聚焦水驱陆相整装油田提高采收率技术瓶颈，从地质油藏基础研究、开发开采方式、配套工艺技术三大方向进行攻关，提出了陆相整装油田提高采收率理论并构建了陆相整装油田高效水驱开发模式，形成了陆相整装油田水驱提高采收率技术系列，支撑陆相整装油田水驱采收率由27%提高至32%。

海上油田井槽资源有限，大井距模式下，少井高产是海上油田提高采收率的唯一途径。不同于陆上调整挖潜模式，海上油田在主力油田第一轮综合调整阶段，便引入了水平井作为井网调整的重要开发方式。经过十多年的应用，水平井已经成为海上常规稠油油田开发的主要方式，目前主力常规稠油油田的水平井占比已经超过了50%。渤海油田针对水平井的高效开发模式，做了大量的基础研究工作，基于核磁实验、CT、岩心驱替、微流控等多种实验手段，研究了渤海油田典型岩心微观剩余油的赋存状态和动用机制，总结了水平井提高压力梯度下提高采收率的核心机理，形成了一套陆相整装油藏提高采收率理论，构建了从机理表征、剩余油刻画到开发模式优化的全套技术体系，并成功在渤海油田进行了工业化应用。

海上油田调整投资大、整体加密调整没有先例。受到稀井网及资料录取程度影响，高精度剩余油定量描述难度大，井网、层系调整一次成型要求高。同时，丛式井网加密井防碰难度大（"扫把"里面插"扫把"）、多层复杂压力系统储层保护难度大。2010年，以绥中36-1油田Ⅰ期为靶区，以高含水期精细油藏描述成果为基础，结合理论研究和矿场试验，将中高含水阶段的"油井排井间加密、水井排油井转注，动富集，避水淹"的加密调整模式转变为"水平井细分层系、矢量化重构流场、组合井网、均衡驱替"的加密调整新模式，渤海油田实施了世界范围内首例海上油田整体加密调整并获得成功。自此以后，渤海启动了所有主力油田加密调整工作，持续对已有技术开展深入攻关，丰富并创新理论、方法、技术，推动渤海高含水油田加密调整、深入挖潜。十年来，逐步形成渤海陆相沉积砂岩油藏综合调整模式、常规测井水淹层定量解释技术、高含水期剩余油分布规律及模式、高含水期精细挖潜及注采调控技术等一批特色技术。在丛式井网加密调整与深入挖潜技术体系指导下，渤海油田持续推动16个在生产油田开展综合调整，新增开发井936口，调整后主力油田采收率提高6%～15%。

针对海上油田分层排量需求大、井斜大的特点，研发海上油田大排量智能分注技术，在大排量、大井斜、先期防砂完井方式、增产增注适应性等方面实现突破，实现井下数据实时在线监测和测调，渤海油田智能分注技术覆盖率达到82%，初步实现井下调配与动态监测的数字化、智能化。

通过控水稳油及精细注水技术的实施，渤海在生产油田水驱效果显著提高，关键指标持续向好，注水井分注率达到 99.3%、层段合格率达到 75.5%、分注井测试率达到 82.2%，含水上升率下降至 2.0%，自然递减率下降至 9.9%。

二、陆相整装油田水驱高效开发理论与模式

（一）陆相整装油田提高采收率理论

1. 微观剩余油动用机理

基于渤海典型油田地质特点和开发特点，建立水驱剩余油微观可视化实验装置，通过微观刻蚀模型驱替实验，研究不同条件下剩余油分布特征、波及规律，明确剩余油微观赋存控制因素，为剩余油差异化分布及动用界限研究奠定了基础。

图 2-2-1 所示为典型驱替后剩余油分布图，高含水期剩余油分布形式多种多样，根据所占孔隙空间的大小，可以将剩余油分为两大类：一类是占较多孔隙的连片状剩余油，它分为水波及域外的连片状剩余油和水波及域内的簇状剩余油；另一类是占据较少孔隙的分散型剩余油，以喉道剩余油为主。

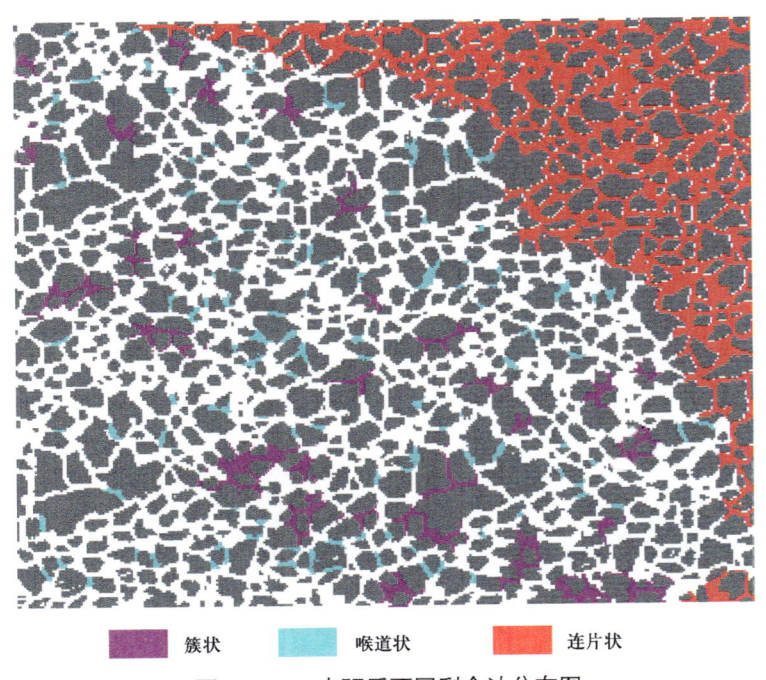

图 2-2-1 水驱后不同剩余油分布图

提高驱替速度，可以在一定程度上克服毛细管阻力，提高中—低孔隙的动用程度；先低速—后高速的开采方式可一定程度上提高波及系数，见表 2-2-1。

表 2-2-1　不同驱替阶段剩余油分布变化对比

类别	注入倍数 0.2PV	注入倍数 0.5PV	注入倍数 0.7PV	注入倍数 0.75PV	后期—注入倍数 0.85PV
低速驱替					低速驱替至水淹形态不变时，开始提高驱替速度，然后至水驱结束
先低→后高				低速转高速	
高速驱替					

驱替条件：直井注采，原油黏度 78.0mPa·s，（1）低速——0.1μL/m；（2）变速——0.1～0.5μL/m；（3）高速——0.5μL/m。

2. 强化水驱岩心驱替实验

理论分析及矿场实践均在一定程度上表明驱替压力梯度与油田开发效果是正相关的，但通过持续提高驱替压力梯度来获得较高采收率也是存在合理界限的。陆地部分油田已经开展了驱替压力梯度与驱油效率的关系研究，研究表明陆上油田储层渗透率低，原油流动驱替压力梯度较高（数量级 10^{-1}MPa/m），提高驱替压力梯度后驱油效率提升幅度并不明显。海上油田以高孔高渗储层为主，原油流动驱替压力梯度相对较低（数量级 10^{-3}MPa/m），该数量级范围内的驱替压力梯度对驱油效率的影响研究较少，为进一步明确上述关系，开展强化水驱实验研究。

核磁在线驱替实验中的 T_2 时间，反映了不同尺寸孔隙中流体的动用程度，根据图 2-2-2、图 2-2-3 的核磁共振 T_2 谱可以看出：随着注入倍数和驱替压力梯度的增大，驱油效率增大，剩余油减少。但是注入倍数和驱替压力梯度的作用机制不同，驱油效率随注入倍数增大的过程中，动用岩心的孔喉级别没有发生变化，而增大驱替压力，可以有效动用小孔喉中的剩余油，降低孔隙中的剩余油饱和度，但不同尺寸孔隙中剩余油的动用界限不同，当驱替压力比较小时（<0.237MPa），主要是大尺寸孔隙中的剩余油发生流动，随着驱替压力的不断增大，小尺寸孔隙剩余油贡献占比不断增大。

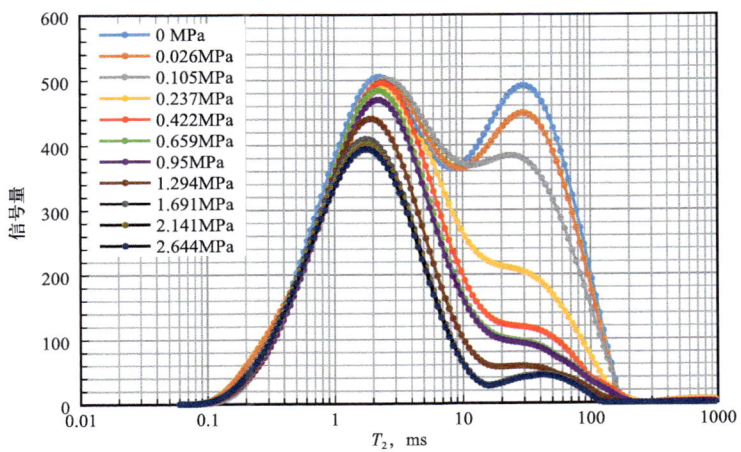

图 2-2-2　不同压力梯度下岩心核磁 T_2 谱驱替曲线

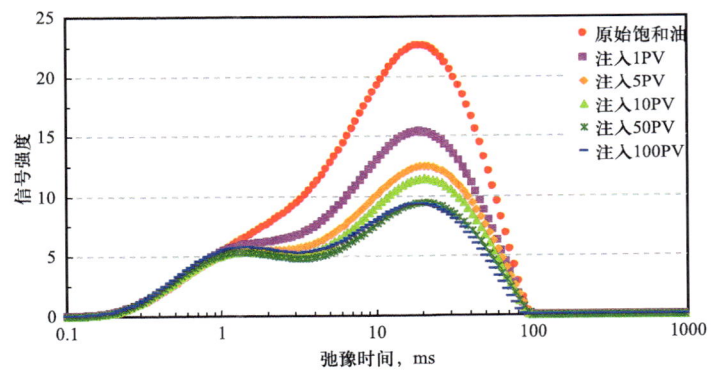

图 2-2-3　不同 PV 数下岩心核磁 T_2 谱驱替曲线

通过物理实验研究驱替压力梯度对于采收率影响，根据现阶段的驱替压力梯度水平设定 21 组岩心驱替实验，用以模拟驱替压力梯度场的提高带来的采收率潜力。

图 2-2-4 为提高驱替压力梯度后驱油效率变化曲线，实验结果表明：保持驱替压力不变，随着水驱进行，驱油效率逐渐升高，当驱油效率基本趋于稳定后，再提高驱替压力梯度，驱油效率会大幅提升，对于稠油油藏而言，驱替压力梯度在 0～10kPa/m 范围内对驱油效率影响较大，常规稠油主要在高含水阶段被采出，需要注大量水，采出大量液，换取少量油。增加驱替压力梯度，一方面，能够克服细小孔喉中的毛管力，水可以进入到原先不能进入的小孔隙中将其中的原油驱替出来，增加微观上的波及范围，有效动用细小孔喉中的剩余油，使模型动用程度增加。这一点从表 2-2-2 中的统计数据可以看出，随驱替压力梯度的增加，被驱替的孔喉所占比例也随之增加。另一方面，由于孔喉结构的复杂性，流动通道中的毛细管力会因为喉道的突然收缩而增大，降低流动速度，流体出现了跳跃前进的现象。增加驱替压力梯度可以克服因为喉道突然收缩产生的贾敏效应，更有效地驱替原油流动。

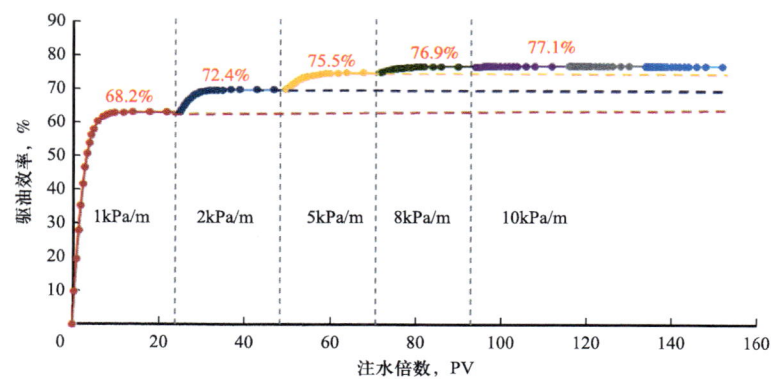

图 2-2-4　不同压力梯度下驱油效率实验曲线

表 2-2-2　驱替压力梯度对驱替孔喉数目的影响

驱替压力梯度 MPa/cm	孔隙驱替机制			喉道驱替机制			驱替所占比例
	未驱替	孔隙体填充	活塞式驱替	未驱替	卡断	活塞式驱替	
0.002	413	458	129	475	601	1357	74.7%
0.004	344	479	177	400	625	1408	78.3%
0.006	263	503	234	313	649	1471	83.2%

3. 陆相整装油藏提高采收率机理

根据上述研究，提高驱替压力梯度，能够有效提高油田采收率，根据达西定律，提高注采压差或者缩小井距是提高驱替压力梯度的有效途径，但海上油田实际生产中，受到安全等因素影响，不可能无限制地提高注采压差，受到经济因素影响，也不可能无限制地降低井距，需要结合井型、井网等因素，寻找其他能够有效提高驱替压力梯度的途径。基于复势理论，结合镜像反映和保角变换等数学方法，可求解定向井网和水平井网的水动力学渗流场，对势函数求导变换可得到驱替压力梯度场。对排状井网条件下不同井型的驱替压力梯度场进行研究，考虑水平井与定向井的采液强度比约为 2.5∶1，定向井网、联合井网与水平井井网的驱替压力梯度场如图 2-2-5 所示。

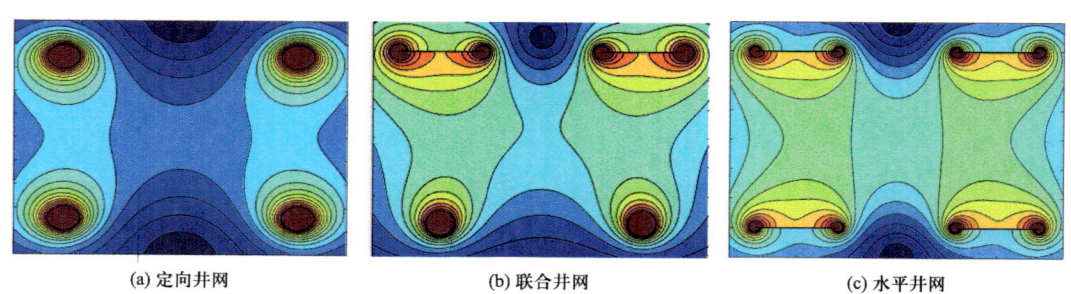

(a) 定向井网　　　　　　　　(b) 联合井网　　　　　　　　(c) 水平井网

图 2-2-5　不同井型条件下驱替压力梯度等值线图（含水率 80%）（图例色标）

从图 2-2-5 中可以看出，定向井网与水平井网压力梯度场有明显区别：（1）相比水平井，定向井周边压力梯度变化更为剧烈，这表明了定向井近井区域的能量损失更多。（2）油藏相同位置处的驱替压力梯度关系为：水平井网＞联合井网＞定向井网。（3）对比相同含水阶段三种井网条件下的平均驱替压力梯度和驱替压力梯度变异系数，如表 2-2-3 所示，水平井网平均驱替压力梯度最高、驱替压力梯度变异系数最小，说明了水平井网动用强度最高，动用范围最为均匀。

表 2-2-3　不同井型条件下平均驱替压力梯度和驱替压力梯度变异系数对比

井网类型	含水率，%	平均驱替压力梯度，kPa/m	驱替压力梯度变异系数（无因次）
定向井网排状	80	0.79	0.69
联合井网排状	80	1.19	0.65
水平井网排状	80	1.56	0.59

基于上述分析，同样井距、压差下，相比于直井井网，水平井网驱替压力梯度得到大幅提高（1.5～2.0 倍），从而提高驱油效率 5%～10%，水平井网水驱波及系数较定向井网显著提高（8%～10%）。水平井网较定向井网驱替压力梯度场有明显的改善，这对于采用大井距稀井网开发的海上油田至关重要，尤其油田进入高含水阶段后，采用水平井的调整模式是海上油田提高采收率的重要方向。

（二）陆相整装油田高效开发模式

陆相整装油田从 20 世纪 90 年代开始开发，经历了试验区、大规模上产、综合治理、整体加密、立体矢量井网精细挖潜等五个开发阶段（图 2-2-6）。经过三十多年的探索实

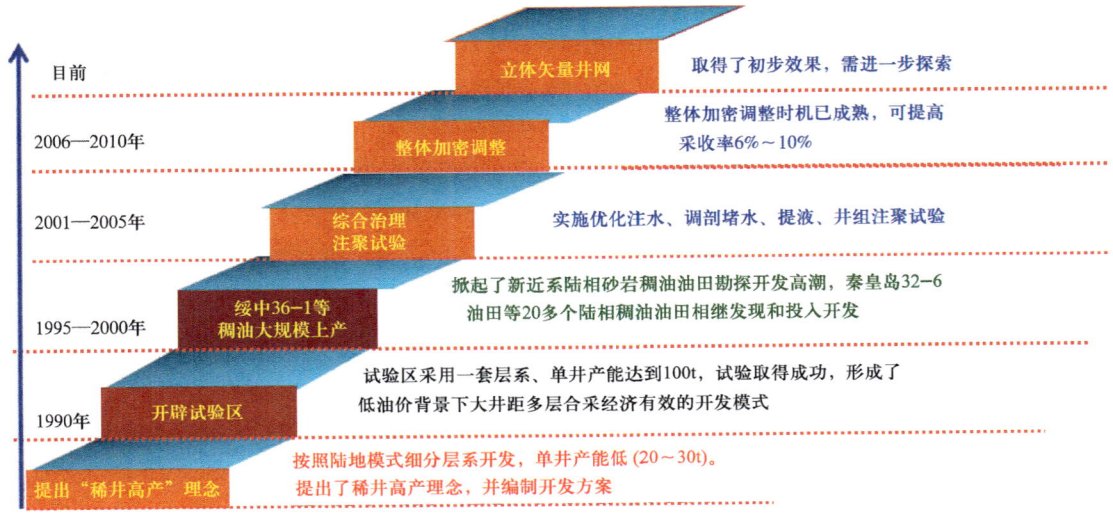

图 2-2-6　陆相整装油田水驱开发历程

践，陆相整装油田逐渐建立了"早期定向井开发，稀井高产；中期整体加密，定向井水平井联合开发；后期水平井分采、定向井智能分注，立体矢量井网、矢量流场调控精准挖潜"的水驱高效开发模式，支撑陆相整装油田水驱年产稳定在 1300×10^4t 水平，近十年累产达 1.4×10^8t。

1. 海上陆相整装油田开发初期稀井高产模式

绥中 36-1 油田是海上早期投入开发的典型陆相整装油田。该油田天然能量低，胶结疏松，易出砂，地下原油黏度 30～400mPa·s，属于陆相常规稠油油藏。绥中 36-1 油田开发初期，缺乏相关经验，借鉴陆地油田常用的细分层系开发模式。根据陆上油田经验，如果按照细分层系模式开发，绥中 36-1 油田平均单井日产能仅 20～30m³，在海上开发投资高、技术要求高的条件下毫无经济效益。为此，提出了海上油田"稀井高产"理念，并在绥中 36-1 油田开辟生产试验区，拟通过试验区开发，达到了解油层分布形态、开发层系的划分与组合、油井合理产能、井网对油层的适应性、油井先期防砂和机械采油方式等目的。

试验区采用一套层系、单井产能达到 100t，试验取得成功。试验区开发方案采用大井距、一套层系反九点面积注水开发，井距 350m，全部采用定向井，单井设计产能 80～90t。试验区投产后单井日产油平均在 100t 以上，开发取得良好效果，达到试验目的，为陆相整装油田开发提供了经验，为编制油田整体开发方案提供了依据，形成了低油价背景下海上大井距多层合采—稀井高产的经济有效开发模式。在此模式指导下，先后顺利完成了绥中 36-1 油田（图 2-2-7）J 区和二期开发建设，从而掀起了陆相整装油田大规模水驱开发的序幕。

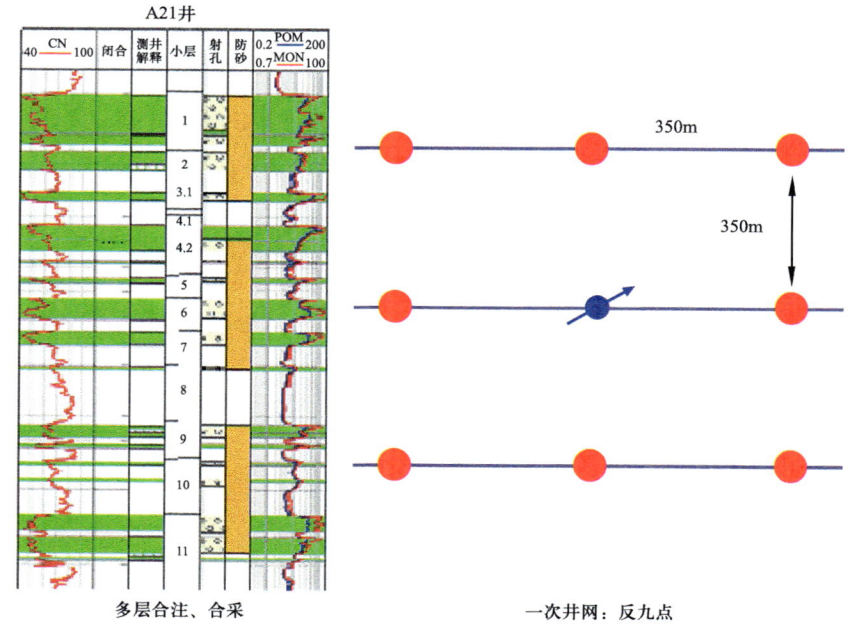

图 2-2-7　绥中 36-1 油田基础井网、层系示意图

2. 陆相整装油田水驱中—后期加密调整模式

陆相整装油田进入开发中后期，根据储层类型特点，逐渐形成了以绥中 36-1 油田为代表的三角洲相油田联合井网调整和以秦皇岛 32-6 油田为代表的河流相油田水平井网调整两大类加密调整模式，实现了持续高效开发。

1）三角洲相油田联合井网调整模式

（1）中高含水阶段以平面井网调整为主，实施井间加密：

第一次调整挖潜阶段，绥中 36-1 油田为了减小井控储量，改善油田平面非均质性，提出了油井间—平行构造线加密，反九点转变为行列的井网调整模式，通过综合调整，改善了油田的开发效果，提高了油田的采油速度，如图 2-2-8 所示。

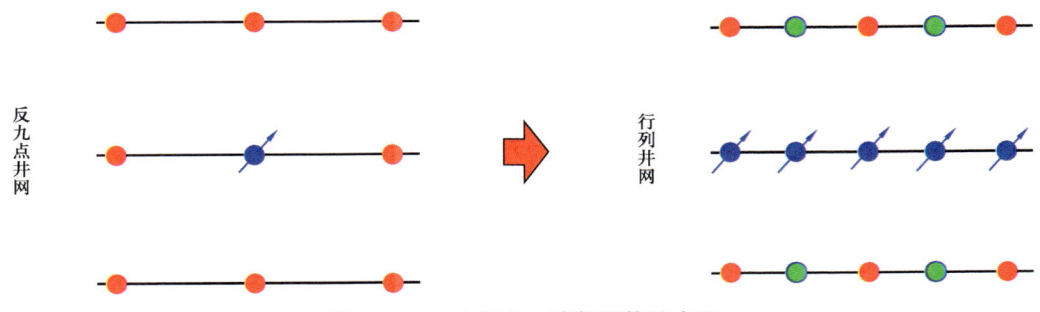

图 2-2-8　中高含水阶段调整模式图

（2）高含水阶段空间立体调整，建立组合井网：

高含水阶段，纵向动用非均质性增强，调整井实钻揭示主力层内部剩余油分布严重不均，层内矛盾已成主要矛盾，部署水平井是解决层内动用不均衡、不充分的有力手段。2010 年至今已累计实施 100 余口，随着油田开发阶段的深入及油藏精细描述水平的提升，水平井挖潜模式不断拓展，形成了一套具有海上特色的高含水期水平井挖潜技术体系，如图 2-2-9 所示。

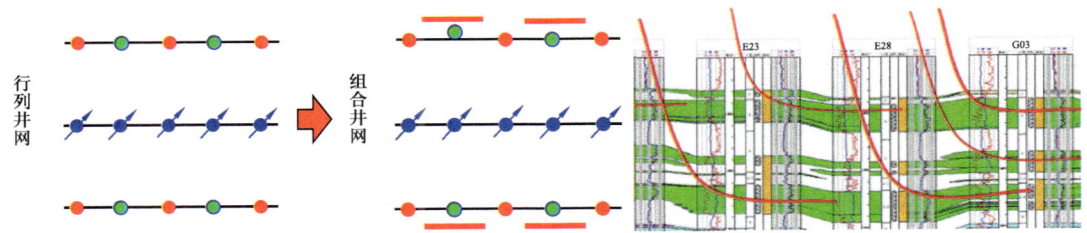

图 2-2-9　高含水阶段水平井立体挖潜模式图

① 水平井挖潜模式一：主力厚层挖潜策略。

海上油田一般多层合采且井距较大，受韵律性和重力作用影响，高含水期稠油油藏厚油层层内水淹规律复杂，部分砂体水淹程度很低，而另一部分砂体水淹程度很高，且强水淹砂体分布位置各异，导致层内存在大量剩余油无法采出。

在构型研究的基础上,绥中 36-1 油田形成了不同水淹类型砂体水平井挖潜模式,包括底部强水淹砂体水平井挖潜顶部剩余油模式、顶部强水淹砂体水平井挖潜底部剩余油模式、顶底强水淹砂体水平井挖潜中部剩余油模式,如图 2-2-10 所示。

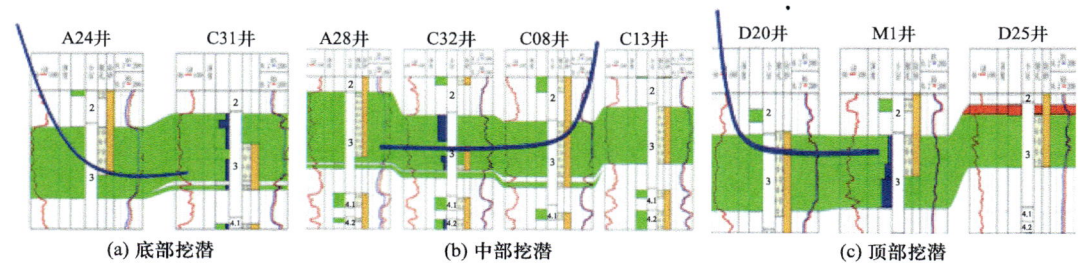

图 2-2-10 绥中 36-1 油田水平井挖潜模式

② 水平井挖潜模式二:非主力薄层挖潜策略。

通过上述剩余油分析,油田进入高含水期后,厚度较薄,物性较差的坝缘相带内部依然富集大量剩余油。以 E14H1 井为例(图 2-2-11),该井部署于厚度只有 4m,渗透率为 900mD 的坝缘砂体处,投产后生产效果较好,产量维持在 $40m^3/d$,且含水较低。该井的成功实施证明了薄层的开发将是油田后续剩余油挖潜的新方向。

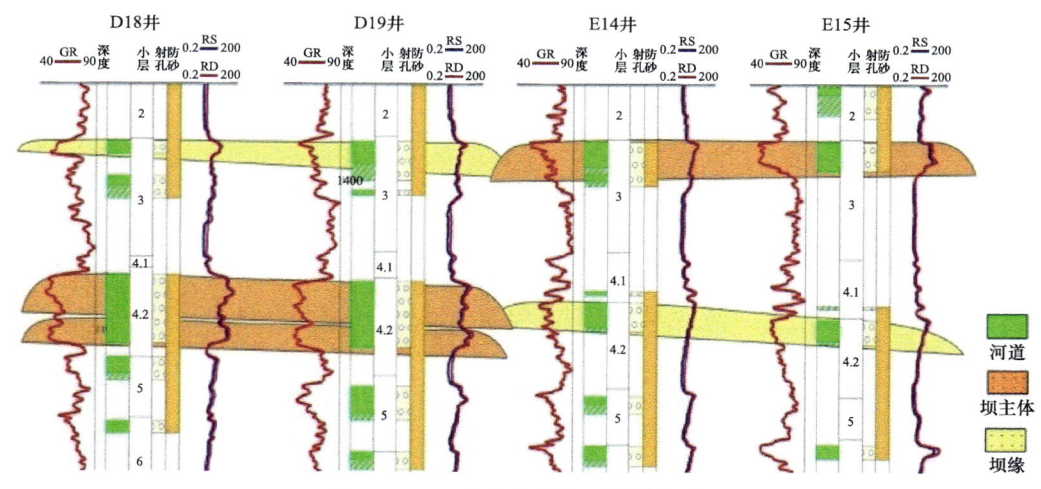

图 2-2-11 高含水期薄层挖潜实践图

③ 水平井挖潜模式三:注采不完善挖潜策略。

通过开展储层精细刻画,物性较差的坝缘微相进一步细分为Ⅰ、Ⅱ类坝缘,其中Ⅱ类坝缘物性差,位于沉积相带边部,注采连通关系较差,剩余油富集。依据砂体展布、储层品质及注采井网匹配情况,井间存在单向注采不连通和双向注采弱连通两类剩余油富集模式(图 2-2-12)。

④ 水平井挖潜模式四:水平井平面挖潜策略。

由于稠油存在启动压力梯度和剪切稀释性,呈现出平面波及范围小,且波及范围内驱油效率高的开发特点。基于对稠油非线性渗流规律系统研究，绥中36-1油田总结了不同原油黏度下，水平井的有效动用范围图版，如图2-2-13所示，根据此图版，绥中36-1油田对高含水井区的水平井挖潜井距进行了优化部署。2021年，E51H出砂关停后，根据图版优化侧钻井距，在距离原井眼50m位置部署E51H1调整井，成功在高含水水平井周边部署了高产未含水调整井，如图2-2-13所示。水平井生产曲线如图2-2-14所示。

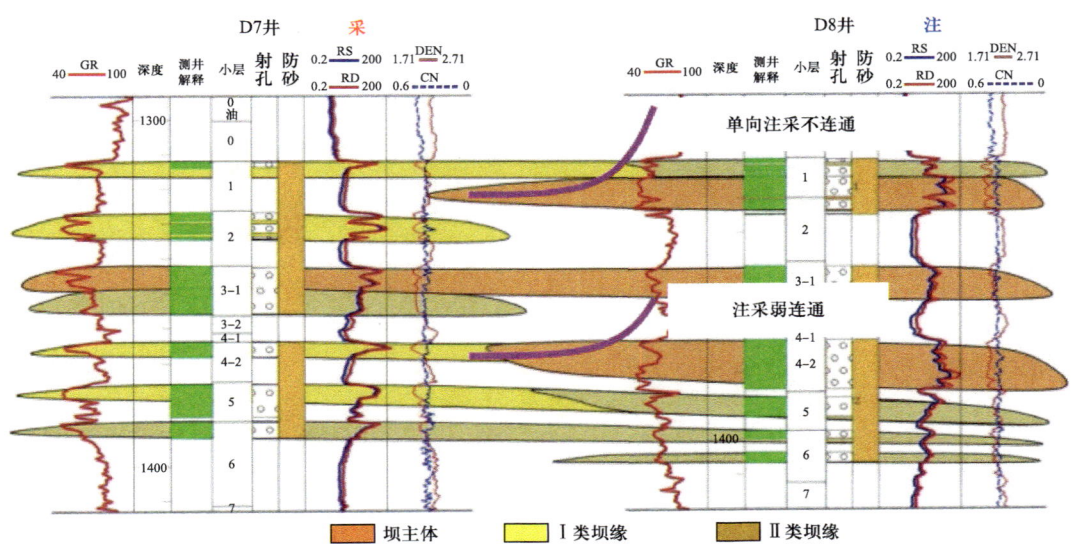

图2-2-12 井间注采不完善类型剩余油模式图

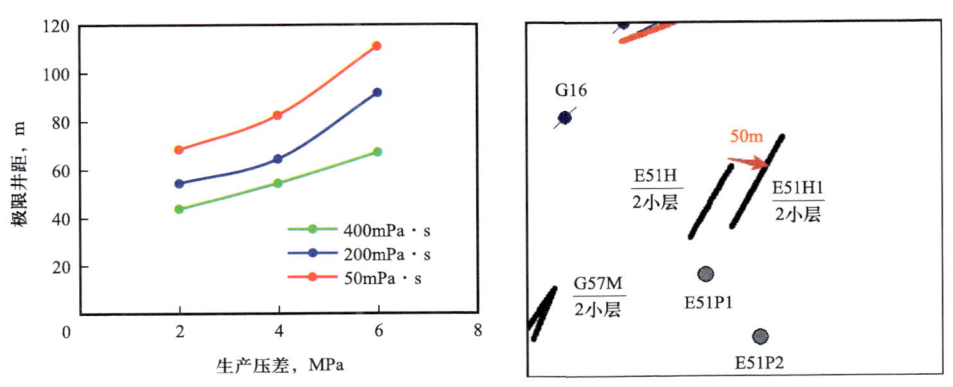

图2-2-13 E51H1水平井侧钻实例

2）河流相油田水平井网调整模式

（1）高含水期采用纵向上分层系、平面上变井网，实施综合调整：

秦皇岛32-6油田早期采用一套层系反九点井网开发，边底水油藏大段合采、流体性质差异大的边水合采以及定向井开采底水油藏。秦皇岛32-6油田高含水期层间矛盾突出，为了解决油田层间矛盾，提出了层系细分调整原则：边底水油藏分层开采，原油黏度极差大于3的边水油藏分采，稠油底水油藏采用水平井开发，如图2-2-15所示。

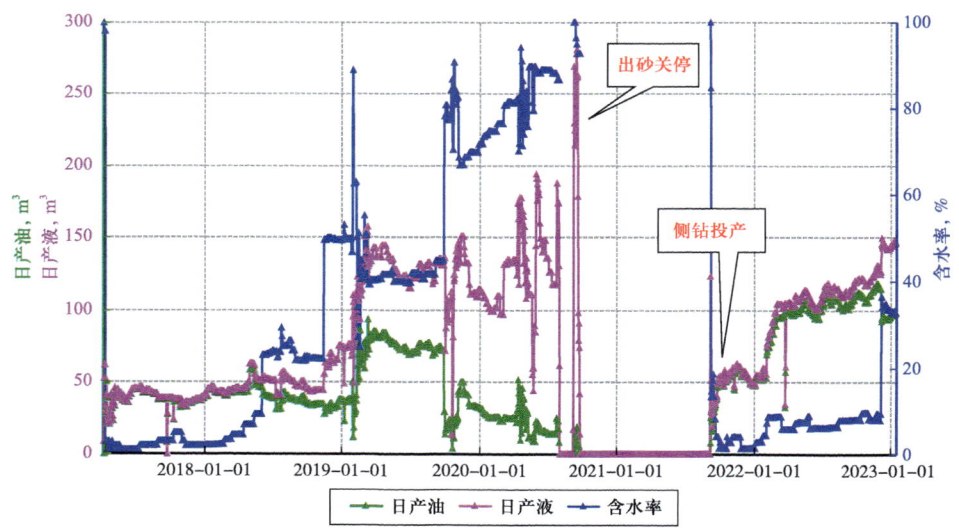

图 2-2-14 E51H1 水平井生产曲线

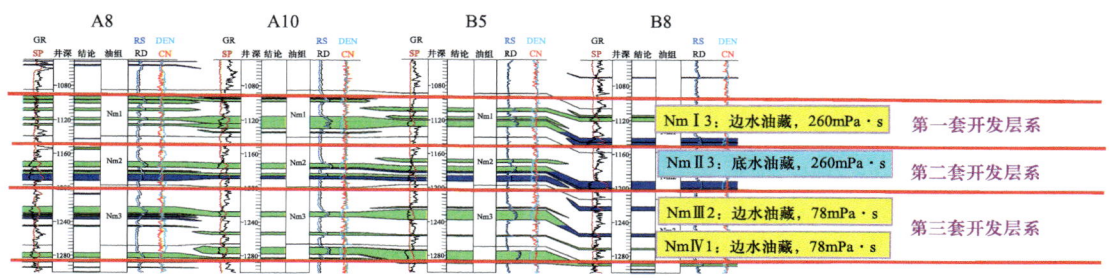

图 2-2-15 秦皇岛 32-6 油田水平井细分模式

综合调整利用水平井加密,纵向上将一套层系细分为三套,平面上由原来的反九点井网转为五点联合井网,如图 2-2-16 所示。秦皇岛 32-6 油田 2013—2015 年实施综合调整,共实施 123 口调整井,主力油层细分层系加密调整后各油层采油速度提高 2.5 倍,采收率提高 12.8%,改善了油田的开发效果。

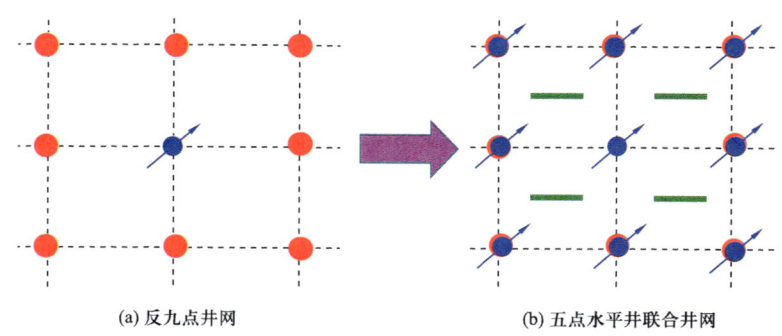

图 2-2-16 秦皇岛 32-6 油田南区主力砂体注采井网调整模式图

（2）特高含水期水平井深度挖潜：

综合调整后，解决了油田层间矛盾，各主力砂体实现单砂体开发。进入特高含水期后，单砂体内部各井组含水率差异大，过路井实钻水淹差异大，平面矛盾和层内矛盾逐渐成为制约油田开发的主要矛盾。通过地质精细刻画、精细数值模拟及剩余油再认识，结合不同砂体油藏类型及开发规律，形成了海上复杂河流相储层特高含水期挖潜技术体系。

① 水平井挖潜模式一：边水油藏点坝内完善注采井网。

综合调整后，以北区为代表的边水油藏平面上注采受效不均，水淹差异大。通过对复合曲流带砂体内部构型解剖研究，建立相应的4种不同单一曲流带间的切割模式，提出了基于复杂曲流带的水平井挖潜模式，见表2-2-4。

表2-2-4 秦皇岛32-6油田边水油藏复杂曲流带水平井挖潜模式

类型	单期		多期	
	大井距无遮挡	注采井间有遮挡	单期河道边部有注无采	单期有遮挡
存在问题	有采无注，流线固化，顶部剩余油富集	注采分割，井网不完善	单期河道有注无采	单期河道注采不连通
储层切割模式				
挖潜策略	加密+转注	加密沟通点坝+转注	加密水平井完善井网	加密水平井完善井网

② 水平井挖潜模式二：稠油弱底水油藏分区分类挖潜策略。

综合调整后，以西区为代表的稠油底水油藏，表现出同一砂体不同区域井组含水上升规律差异大、产液强度差异大以及注水受效情况差异大，针对不同井组的生产差异，通过砂体解剖，以及动态特征，将单砂体划分为强底水区、弱底水区及类边水区，制定了分井区分类别的挖潜策略。强底水区域开发策略由五点注采井网优化为无须注水、加密井距至130m，弱底水区采用依托局部夹层强化注水、提液稳油的开发策略，类边水区沿用综合调整方案，见表2-2-5。

③ 水平井挖潜模式三：刚性底水油藏小井距挖潜模式。

馆陶组刚性底水油藏综合调整加密后井距缩小至170m，过路井证实距老井150m水淹仅10%，基于高倍数水驱油规律认识，通过精细油藏数值模拟技术，将馆陶组刚性底水油藏开发模式由"大波及、弱驱替"转变为"小波及、强驱替"，井距缩小至130m，如图2-2-17所示。

④ 水平井挖潜模式四：岩性砂体水平井挖潜模式。

秦皇岛32-6油田岩性含油砂体以单期次曲流河沉积为主，具有数量多、储量丰度差

表2-2-5 秦皇岛32-6油田弱底水油藏分区分类开发策略

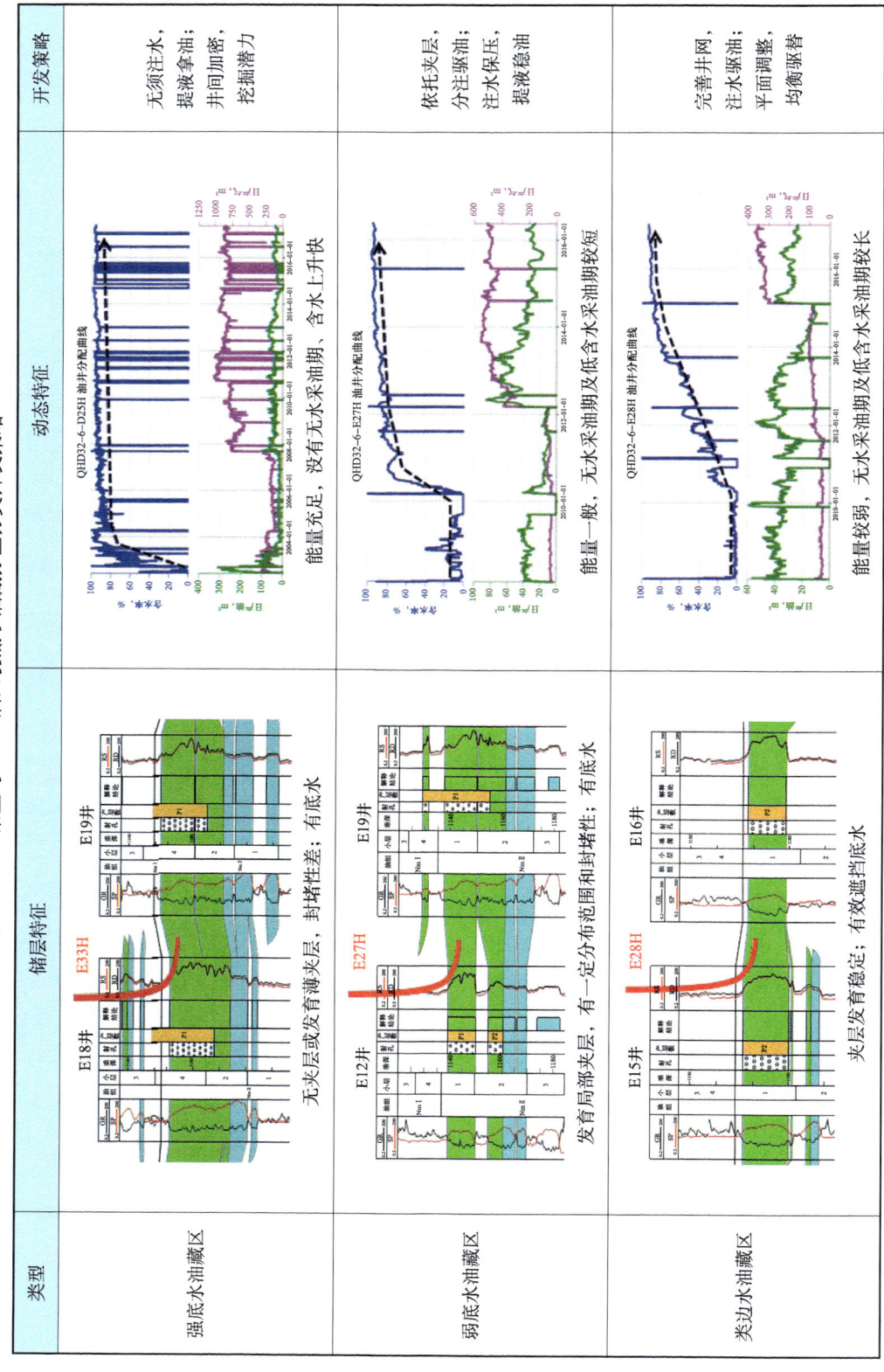

异大、动用难度大、动用程度小的特点。针对单期次薄层砂体，利用基于频谱滤波的高分辨率成像技术，对地震资料进行提频处理，完成了单期窄河道岩性砂体的刻画，寻找可布井甜点区。另外，针对多期叠置的片状岩性砂体，利用基于井控等时切片的储层构型解剖技术，完成对不同期次砂体的构型刻画，识别出非渗透条带，判别叠置砂体连通性，指导同一点坝砂体内部优势布井区实施调整井。

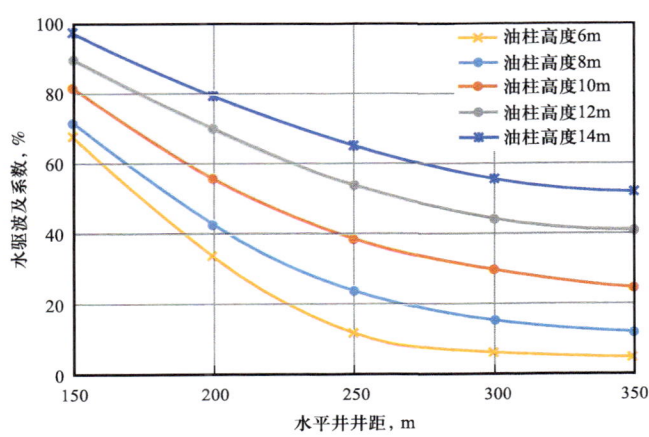

图 2-2-17　刚性底数油藏水平井井间波及系数评价图版

三、陆相整装油田水驱提高采收率地质油藏关键技术

（一）储层精细描述技术

1. 海上地震资料采集与处理关键技术

1）海底电缆高密度地震资料采集技术

高密度采集技术是通过提高空间采样率来提高地震资料品质，其思想主要源于1988年Ongkiehong提出的"无约束采集"。2000年，WesternGeco公司提出了"Q"技术，2004年，CGG公司提出了"EYE-D"技术，推动高密度地震资料采集技术逐渐走向成熟。国内陆地高密度采集技术已经较为完善，在我国东部油田、西部油田和四川盆地等都进行了大量试验和应用，并取得较好效果。但是国内海上油田高密度地震采集技术还处在初期阶段。

2015年渤中34-1油田应用海底电缆高密度地震资料采集技术，采集面元为12.5m×12.5m。新资料信噪比和分辨率显著提高，储层响应特征更加清晰，如图2-2-18所示。

2）常规储层90°相移技术

90°相移技术国内最早由曾洪流等于2005年提出，其认为该技术在当前技术条件下是实现常规地震资料岩性标定最经济有效的方法。90°相移技术是将地震相位旋转90°，对储层双界面来说，90°相位子波对应的反射波形相对于界面对称，通过相位旋转将反射波主瓣提到薄层中心，使地震反射同相轴与地质地层对应，地震同相轴具有了岩性地层意义。实践证明，地震90°相移技术简便易行，可成为常规地震反演方法的有益补充。

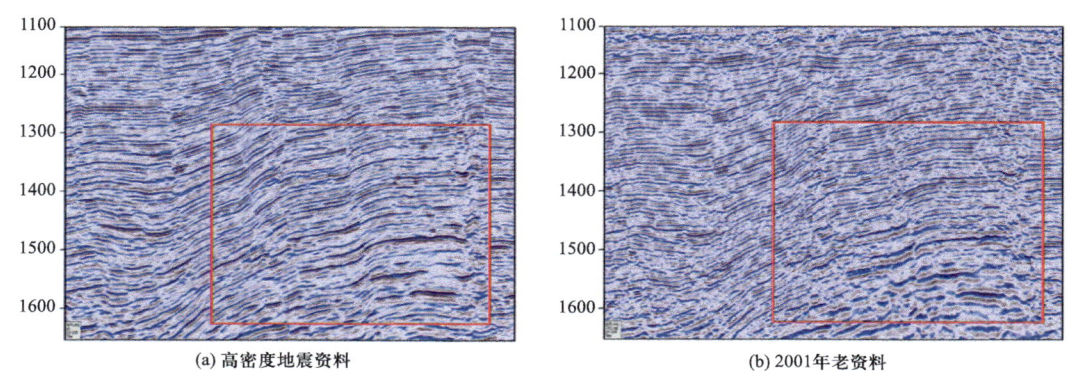

图 2-2-18　高密度地震资料与老资料对比

秦皇岛 23-6 油田为较为典型"泥包砂"地层结构，对比 90°相移剖面和叠后波阻抗反演剖面，可知 90°相移剖面对常规储层具有良好解释能力，但是厚储层效果略差，如图 2-2-19 所示。

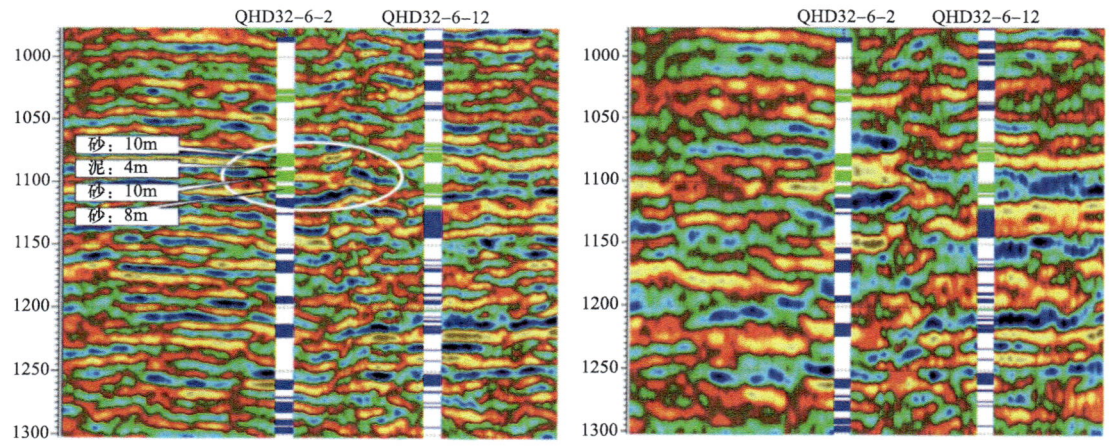

图 2-2-19　90°相移剖面（左）和叠后波阻抗反演剖面（右）对比

3）薄储层压缩感知的频带拓展技术

薄储层压缩感知的频带拓展技术利用地震反射系数稀疏特性，结合压缩感知和稀疏反演理论，在频率域通过有限带宽恢复全带宽能量，提高地震分辨率。基于褶积模型，地震记录在频率域可以表示为

$$S=WR+N=WFr+N \tag{2-2-1}$$

其中，S、W、R、N 分别是地震记录、地震子波、地下反射系数及随机噪声的傅里叶变换，F 是傅里叶变换矩阵。地震反射系数 r 是稀疏的，求解式（2-2-1）过程满足压缩

感知理论。与传统压缩感知方法不同,这里采样矩阵 W 不是完全随机函数。所以只能在一定程度上恢复全带宽能量 S,不能完全恢复整个频带能量。

求解式(2-2-1)可以描述为一个有误差的L2范数和解 r 的L1范数共同约束的成本函数:

$$J = \frac{1}{2}\|WR - S\|_2^2 + \lambda\|r\|_1 = \frac{1}{2}\|WFr - S\|_2^2 + \lambda\|r\|_1 \tag{2-2-2}$$

其中,$\|\cdot\|_2^2$ 和 $\|\cdot\|_1$ 分别为L2范数和L1范数,λ 是L1范数权重调节因子,λ 越大,L1范数权重越大。为了使成本函数最小,对 J 相对于 r 求导,由式(2-2-2)得到目标函数:

$$\nabla J(r) = (WF)^H WFr - \frac{1}{2}(WF)^H S - \frac{1}{2}S^H(WF) + \lambda\operatorname{sign}(r) = 0 \tag{2-2-3}$$

式(2-2-3)可以通过基追踪(BP)法或基追踪去噪算法求解,例如FISTA、In-Crowd等。

蓬莱油田群薄储层发育,厚度小于6m储层占比超过90%。地震90°相移方法和薄储层压缩感知的频带拓展技术结果对比如图2-2-20所示,薄储层压缩感知的频带拓展技术的反演结果薄储层分辨能力明显提高,储层响应特征与开发井吻合更好,储层展布范围和连通性认识更加可靠。

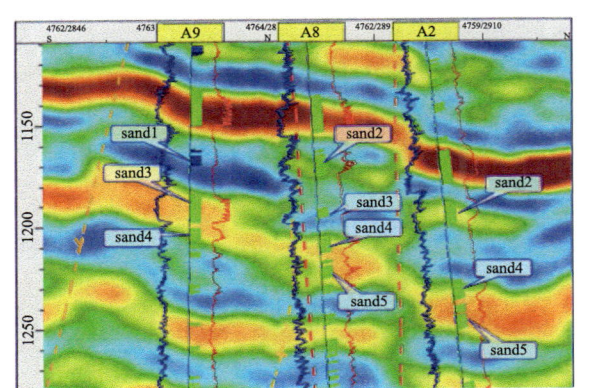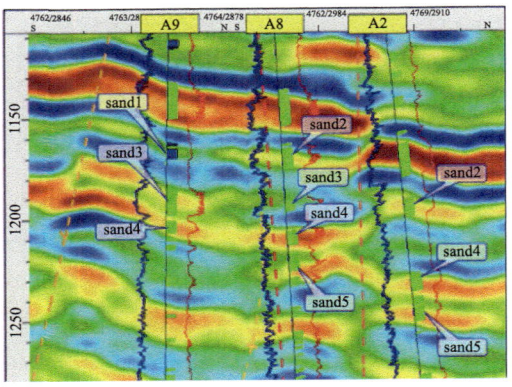

图 2-2-20 原始地震90°相移结果(左)与频带拓展方法的反演结果(右)对比

2. 常规三角洲相油藏储层精细描述技术体系

常规三角洲相砂体叠置连片、内部界面分布复杂,以绥中36-1油田为靶区,攻关形成了包括地震储层刻画、三角洲相储层构型精细解剖、剩余油精细刻画及驱替程度表征等关键技术的常规三角洲相油藏精细描述技术体系。研究精度由砂层组、复合砂体到目前的单一成因砂体,指导油田二次调整,不断提升开发效果。

1）基于高分辨率层序地层的精细等时格架建立

（1）基于井震结合的层序地层研究：

依据地震反射终止关系和地震反射波组特点，进行了区域地震层序划分。对三级层序界面进行识别，并通过层位标定，综合测井响应和地震反射特征，依据沉积旋回，进行长期、中期基准面旋回（图 2-2-21）划分，识别湖泛面、上超面等基准面转换面。

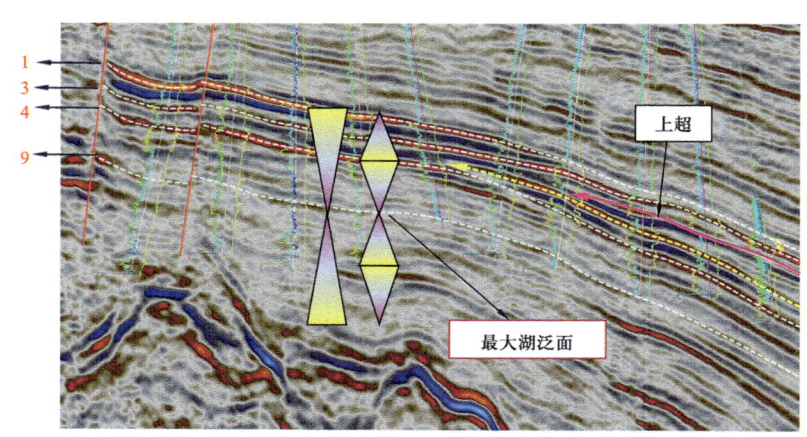

图 2-2-21　绥中 36-1 油田层序地层划分图

地震资料中上超式地层为四级层序的开始，前积式地层代表着四级层序的结束。据此开展四级层序的划分。随后结合岩心和旋回分析，开展准层序的划分（图 2-2-22）。

（2）基于层序标志的小层级别地层发育模式分析：

依据研究区钻井岩心和测井曲线的旋回分析，通过系统的井震结合，分析各准层序内部的地震层序标志（图 2-2-23），从而明确小层内部地层的发育模式。

① 超覆式地层：地层表现在地层沿着斜坡向上超覆，分布范围向上扩大，各层在于盆地斜坡交界处变薄并尖灭，地震剖面中同相轴发育上超现象。

② 前积式地层：地层与水平层面斜交，多发育在三角洲前缘斜坡。地震同相轴发育顶超现象。

③ 加积式地层：厚度在横向上呈比例增大或减小，即横向上厚度可有差别，但各层厚度比例是一致的。地震同相轴为平行或近平行反射结构。

（3）基于不等厚倾斜旋回对比的单层级别等时地层格架建立：

三角洲朵叶体超覆前积，各向厚度差异大，单砂体等时对比难。针对海上油田少井的难点，充分利用地震资料，以地震相、层序地层、正演模拟等技术为手段，按照高分辨率层序地层学理论，分析可容纳空间与地层叠加模式（侵蚀、路过、沉积、超覆、前积）间的耦合关系，根据不同方向（顺/切物源）、不同位置（边/内部）叠加模式进行地层对比，形成一套基于井震结合的三角洲相不等厚倾斜旋回对比技术（图 2-2-24、图 2-2-25），为单层及单砂体构型解剖奠定基础。

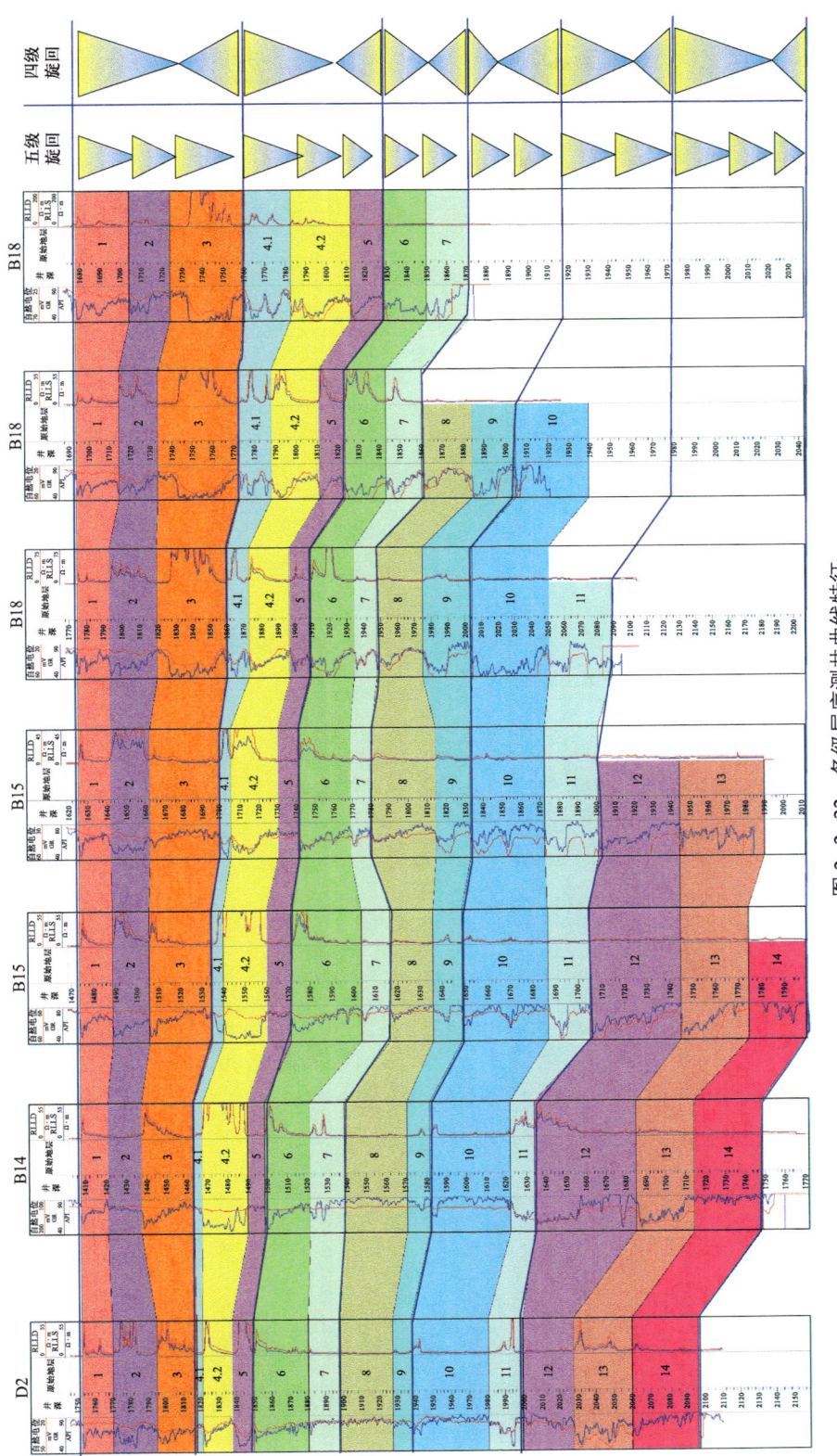

图 2-2-22 各级层序测井曲线特征

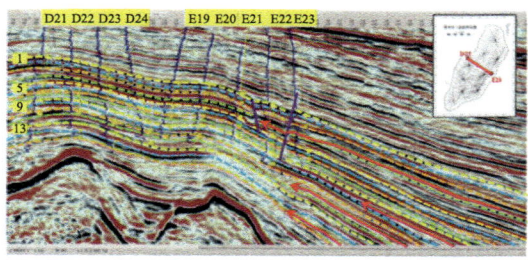 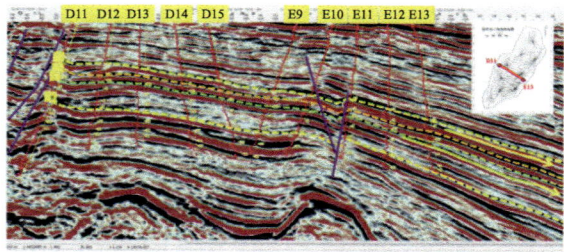

图 2-2-23　地震剖面上超、顶超反射层序标志识别

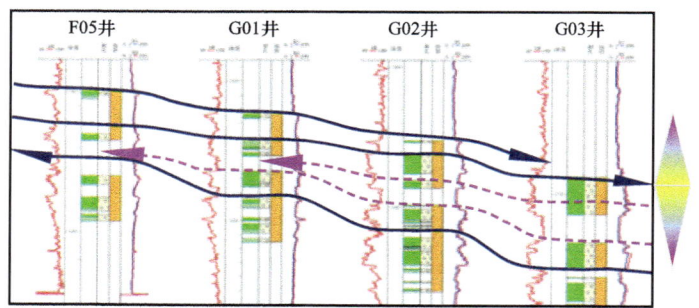

图 2-2-24　油田低部位顺物源上超对比模式

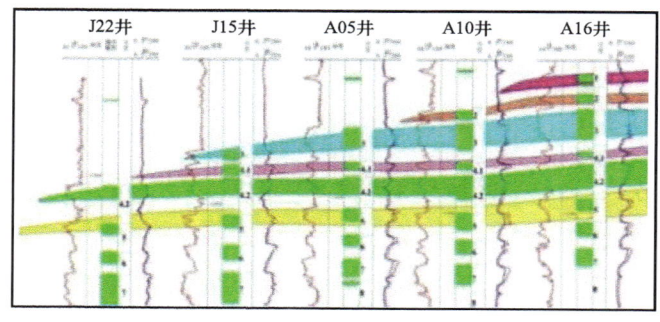

图 2-2-25　油田边部垂直物源退积对比模式

2）三角洲相储层构型精细刻画技术

（1）基于"GR 回返率"的构型界面定量识别技术：

① 构型界面层次划分：

针对三角洲相储层的沉积特点，通过取心井夹层岩电标定，按照构型研究的层次性原则，对隔夹层进行 5～3 级层次构型界面的划分（图 2-2-26）。明确各级次界面岩性特征。

② 构型界面定量识别：

结合岩心各级构型界面测井响应特征，通过引入 GR 回返率的概念，建立了不同级次构型界面夹层的定量识别标准（图 2-2-27）。

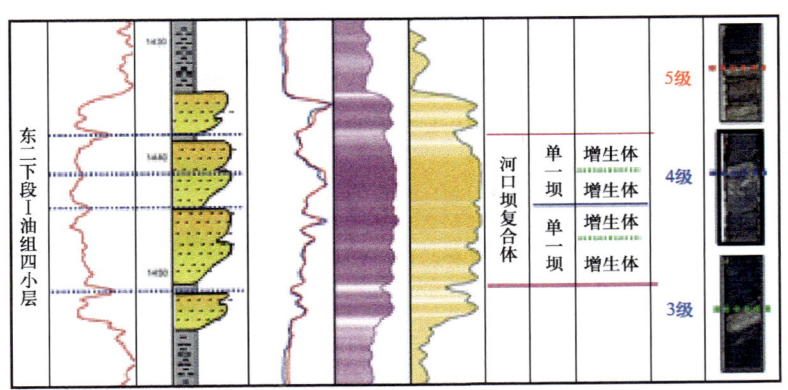

图 2-2-26　不同级次构型界面划分图

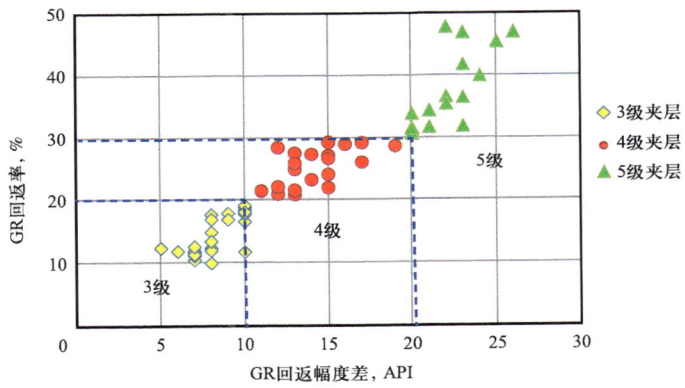

图 2-2-27　不同级次构型界面定量识别图版

$$A = \frac{\left(\dfrac{H_1 + H_2}{2} - B\right) \times 100}{(H_1 + H_2)/2} \qquad (2\text{-}2\text{-}4)$$

$$C = \frac{H_1 + H_2}{2} - B \qquad (2\text{-}2\text{-}5)$$

式中　A——伽马曲线回返率，%；

　　　C——伽马曲线回返幅度差，API；

　　　H_1——夹层上部砂岩伽马曲线值；

　　　H_2——夹层下部砂岩伽马曲线值；

　　　B——夹层伽马曲线值。

（2）复合河口坝构型边界定量刻画（5级）：

在纵向构型界面识别的基础上，针对海上大井距的特点，引入地震资料，提出一套"地震相刻画朵体形态"的平面预测方法，实现了5级朵叶体平面边界的准确刻画（图 2-2-28）。

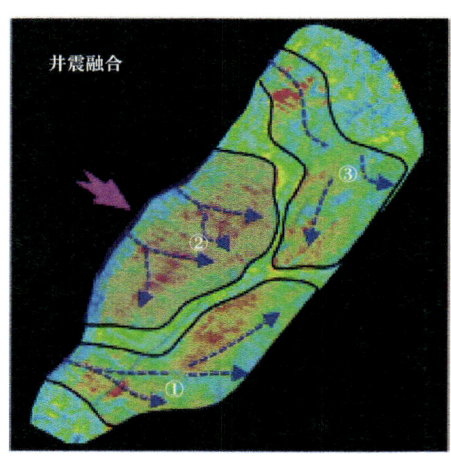 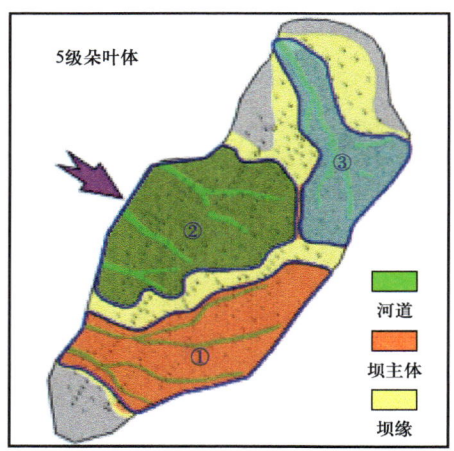

图 2-2-28 复合河口坝朵叶体边界定量刻画

（3）单一河口坝构型边界定量刻画（4级）：

① 构型单元刻画：

在对单井识别各成因砂体类型及剖面上合理配置的基础上，采用"侧向划界"的方法，总结单一河口坝边界识别标志，侧向上对单一微相进行识别（图2-3-29）。

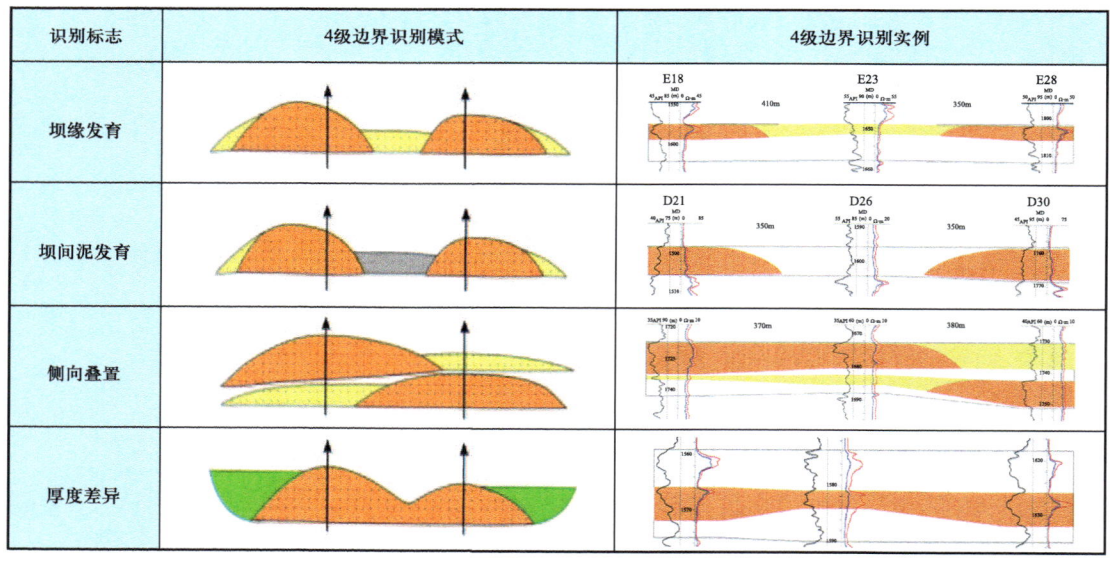

图 2-2-29 单一河口坝侧向边界识别标志图

充分利用海上丰富的水平井资料，识别主力相带与非主力相带的平面边界，利用水平段钻遇的夹层信息，明确层内构型界面的前积倾角、空间几何特征及定量规模（图 2-2-30）。

② 夹层分布：

河口坝内部泥质夹层形成于河口坝的多期次的间歇期泥质披覆沉积时期，单一泥质夹层的形态与河口坝顶面形态相似,在切物源和顺物源方向上表现为不同的样式(图2-2-31)。

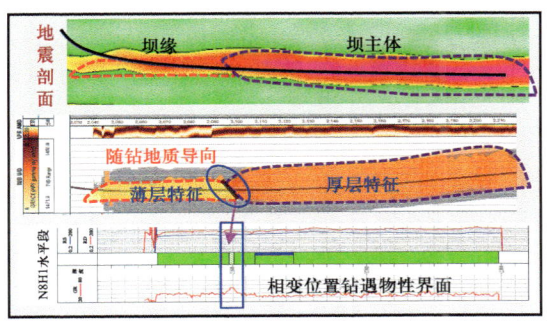
(a) 利用水平井刻画相带边界

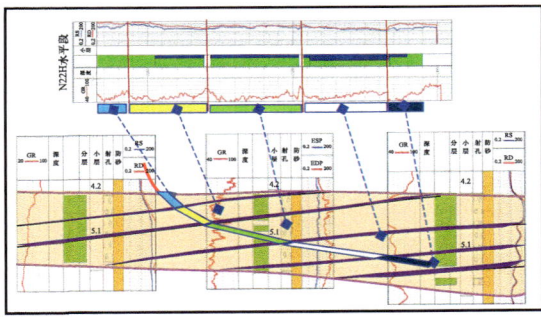
(b) 利用水平井刻画层内界面

图2-2-30　基于水平井刻画平面构型边界示意图

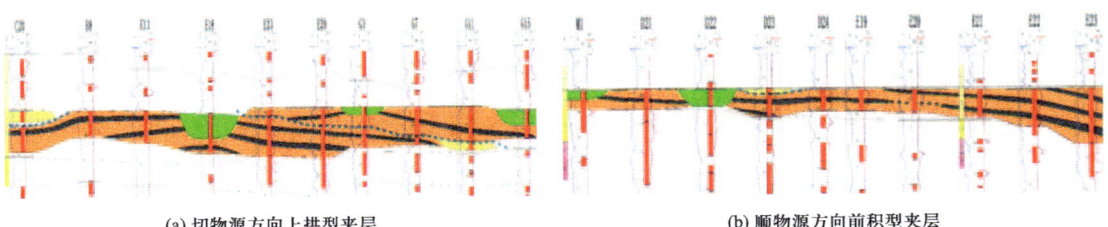

(a) 切物源方向上拱型夹层　　　　　　　(b) 顺物源方向前积型夹层

图2-2-31　河口坝内部构型界面分布模式图

切物源方向：叠置型水平夹层,分流河道向前"伸展"的趋势较强,河口坝倾向于垂向加积,夹层位于河道两侧近对称分布,因而泥质夹层往往表现为上拱式,多发育不完整。

顺物源方向：斜交型前积夹层,受河口坝不断向前推移而形成了一系列向湖盆方向前积的构型界面。一般而言,水下分流河道向前伸展的程度越大,前积夹层的倾角越陡。

（4）海上大型三角洲定量地质知识库构建：

基于构型成果,开展单层河口坝砂体的统计学分析,明确不同构型要素的平面/剖面形态、平面延伸规模及前积倾角等,建立了海上大型三角洲相储层地质知识库(表2-2-6)。

表2-2-6　绥中36-1油田4级构型单元定量知识库

构型要素	平面形态	剖面特征	横向规模, m	延伸规模, m	厚度, m
单一河口坝	朵状或带状	底平顶凸	800~2000	800~4000	5~8
单一水下分流河道	条带状	顶平底凸	100~300		3~6
单一坝缘沉积	带状	底平顶凸	300~700		1~4

3）基于构型单元的高含水期剩余油赋存模式刻画

（1）"双高"阶段剩余油控制因素：

通过对储层构型的精细解剖，以加密井水淹资料为基础，开展注采对应关系、储层质量差异、夹层、重力、韵律等方面的研究，总结了油田进入高含水期后的剩余油控制因素。

① 平面剩余油控制因素：

开发后期控制平面剩余油分布的根本因素则是不同构型单元之间的注采关系不同。依据相关注水井与采油井在平面的相带接触关系总共可划分为三类（图2-2-32）。

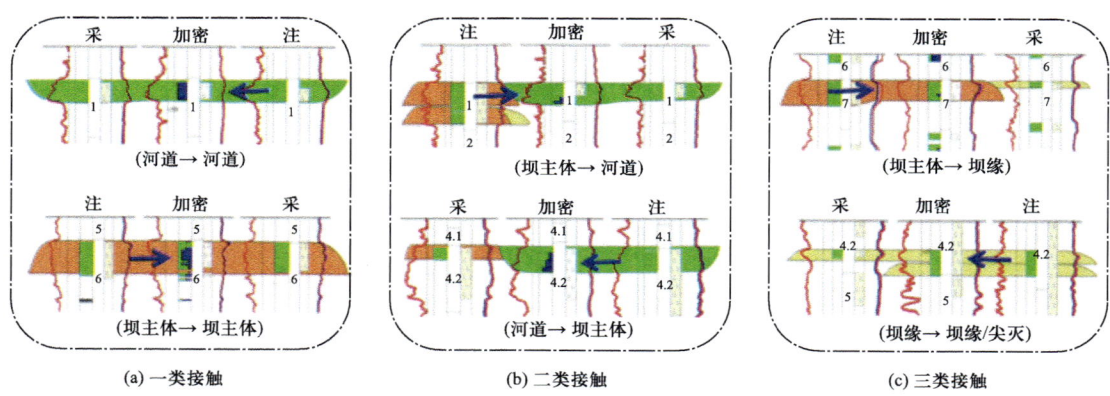

图 2-2-32　不同构型要素平面接触模式

一类接触：注采井位于同一主相带内，注采对应关系好，加密井水淹程度较高。

二类接触：注采井位于不同主相带内，注采关系较好，加密井水淹程度较一类减弱。

三类接触：注采井分别位于主体及边缘等不同相带内，注采对应关系较差，加密井水淹程度较低。注采井间，三类接触单砂体剩余油最富集，二类接触单砂体剩余油相对富集。此外，断层附近、边部等区域局部注采关系较差，平面剩余油富集。

② 层间剩余油控制因素：

受三角洲相储层沉积的影响点，各构型单元储层质量有所差异。多层合采条件下，注入水优先进入厚度较大的高渗层，即主体相带动用程度较高，坝缘等非主体相带剩余油富集。

③ 层内剩余油控制因素：

开发后期，层内夹层在垂向上能够对注入水起到较好的遮挡作用。结合水淹资料，对不同类型构型界面的遮挡能力进行精细刻画。水平夹层易造成厚层内部分段底部水淹，顶部剩余油相对富集；前积夹层造成厚层内部分单砂体注采不受效，剩余油相对富集（图2-2-33）。

（2）剩余油赋存模式研究：

通过分析，从平面、层间、层内三大矛盾出发，明确了平面、层间、层内剩余油分布的控制因素及剩余油的赋存模式（表2-2-7）。① 平面：主体相带水淹严重，相带边部、断层附近等注采关系较差区域剩余油富集。② 层间：主力油层局部水淹严重、非主力油层剩余油较为富集。③ 层内：在重力、韵律影响下，均质韵律、正韵律、级差小于5的反韵律储层，呈底部水淹，顶部剩余油富集。复合砂体内部受夹层遮挡及注采受效差等影响局部剩余油富集。

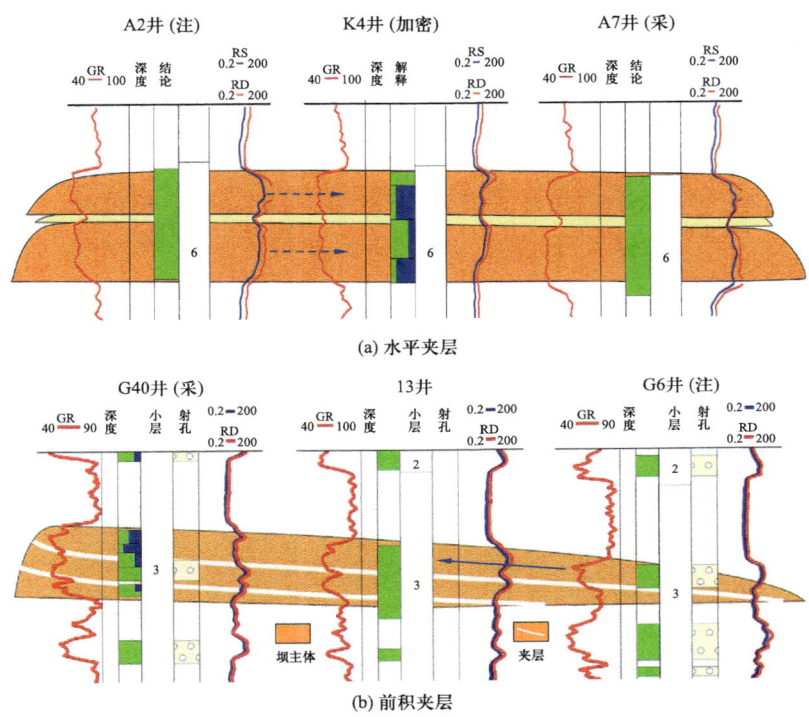

图2-2-33　层内不同产状夹层对油水运动的控制

（3）挖潜实践：

通过精细油藏描述，有效指导油田滚动扩边及高效开发调整。油田产量持续稳产在$400 \times 10^4 m^3$以上规模，采收率从23.8%提升至43.4%，成功指导绥中36-1、旅大5-2油田率先开展渤海首个大规模二次调整方案研究，预计项目投产后高峰年增油$157.9 \times 10^4 t$，提高调整区域采收率5.6%，将为渤海油田上产$4000 \times 10^4 t$提供有力支撑。

3. 浅水三角洲相油藏储层精细描述技术体系

浅水三角洲相储层砂体类型多样，可见枝状、条带状和连片朵叶状砂体，发育分流河道、砂坝等主力成因单元。储层非均质性强、内部结构复杂。以渤中28-2南油田为靶区，地震、地质、测井、油藏紧密结合，持续攻关形成一套包含精细等时地层格架建立、构型表征、剩余油精细描述等关键技术在内的浅水三角洲相油藏精细描述技术体系。研究精度由复合河道砂、单期河道砂到目前的单期河道砂内流动单元，有效指导油田高效开发

表 2-2-7 绥中 36-1 油田剩余油赋存模式及挖潜方式

分类		剩余油主要类型		主控因素	主要分布区域	挖潜方式
平面		注采关系不完善		砂体注采对应关系	Ⅱ期构造低部位	水平井挖潜注采关系差的砂体
层间剩余油		① 集中分布		储层纵向非均质主力层动用程度较高非主力层动用程度较低	B区，AⅡ区，DD区（纵向层数多，层间非均质强）	定向井细分层系
		② 零散分布			主要分布在Ⅰ期的局部小层	水平井挖潜细分层系
层内		① 顶部富集		重力、韵律	① Ⅰ期、Ⅱ期低部位（河口坝）② Ⅱ期高部位（水下分流河道）	水平井挖潜厚油层顶部
		② 复合砂体内部剩余油富集		夹层、生产制度等多因素	C区3小层等厚度较大的层位	水平井挖潜动用程度低的砂体

及调整。

1）井震约束的蔓延式等高程等时地层格架精细划分与对比技术

基于河流相等高程和旋回划分原理，海上油田在地震资料约束下，以等高程为标尺，以任意井为起始点向一个方向或一个扇面的井进行蔓延，逐井对比、相互交织、点线面闭合，使各井地层界限达到统一，形成海上地震约束的浅水三角洲储层等高程对比技术。

对于复合砂体，在上述地震约束的等高程对比方法建立的地层格架基础上，进行划分与对比：（1）依据夹层和旋回完成单砂层劈分。（2）以复合砂体旋回顶部泥岩为标准层，作为等高程基准线。（3）以单期次的旋回画等时界面即等高程线，纵向上划分不同的沉积时间单元（图2-2-34）。

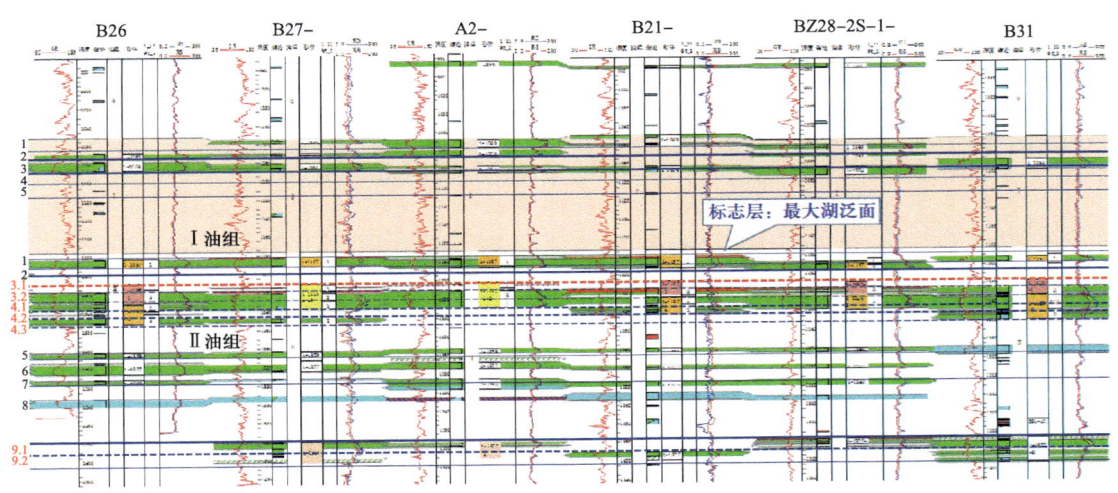

图2-2-34 渤中28-2南油田精细小层对比格架剖面图

2）多属性融合的构型定量化表征技术

针对复杂性储层，平剖结合，建立单一河道识别模板；利用地震沉积学方法，刻画单一河道；依据砂坝沉积模型计算边界位置，相互校正提高分流河道切叠界面的识别精度。

（1）单一河道砂体的识别方法：

河道边界的准确识别是识别单河道的关键。在地震约束的等高程对比成果基础上，根据河道砂体间的层位差异、河间沉积物、河边变薄（变差带）、河道砂体间发育程度的差异为标志进行单河道的识别和研究（图2-2-35）。

（2）多属性加权融合的分流河道边缘检测技术：

油田开发中后期，为了精细刻画砂体内部不同沉积体叠置边界，提出了基于三维振幅梯度边缘检测方法，能有效解决小尺度信息精细刻画。

① 设计 X、Y、Z 三个方向的卷积算子（图2-2-36），利用卷积算法求取三个方向的变化梯度，然后按照一定的比例因子求取均方根，将得到的值作为窗口中心值，滑动卷积窗口，直到将整个数据体计算完，得到一个变化梯度数据体。

② 设计一种三维数据体局部梯度增强算法，实现对步骤①中得到的梯度数据体进行局部梯度较弱的细节增强。

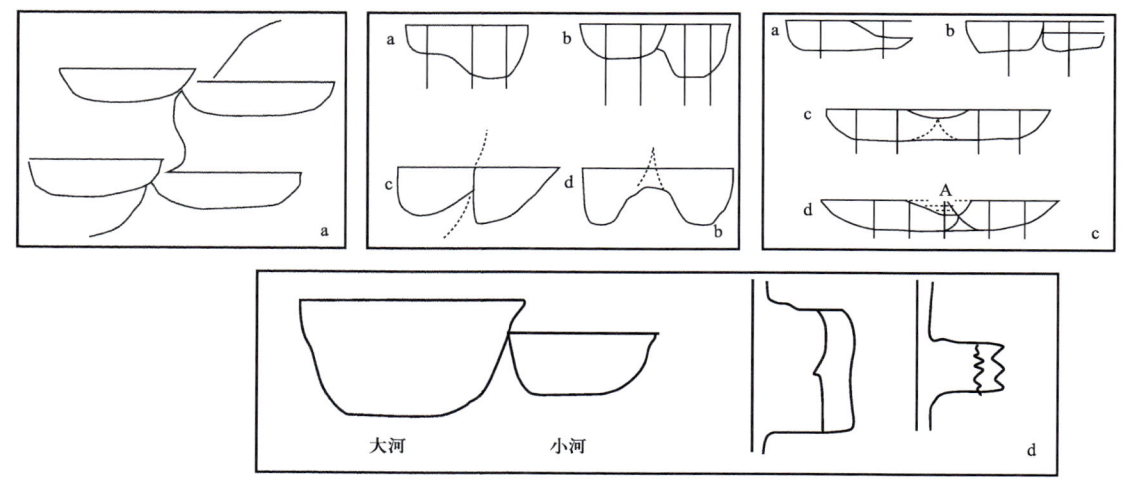

图 2-2-35　浅水三角洲储层单一河道识别标志示意图

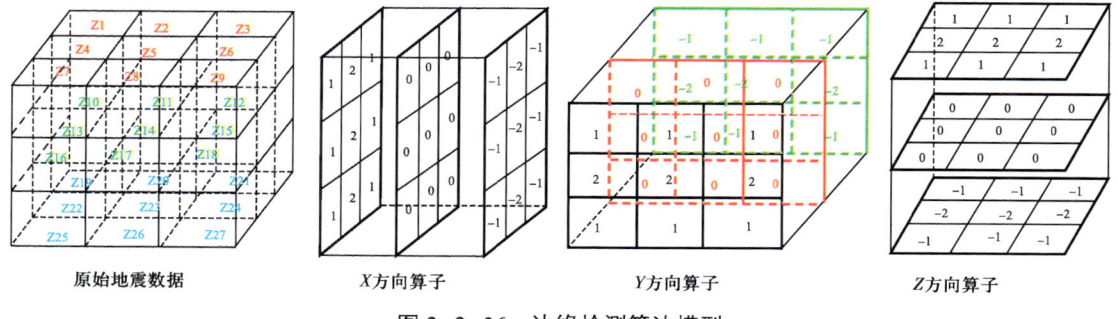

图 2-2-36　边缘检测算法模型

利用基于三维振幅梯度边缘检测方法，加强变化点，突出变化边界。结合地质认识，检测边界结果，能够反映砂体内部弱连通、不连通的界限，也可以突出不同期沉积体的叠置位置（图 2-2-37）。

（3）分流沙坝内部构成定量化刻画：

考虑到地震资料的不连续信息在地质体的解释过程中具有重要地位，引入属性融合对单一构型单元的侧向边界进行刻画。针对不同单一构型单元的接触关系设计了 3 组地震正演模型来优选所融合的属性。正演模拟结果表明：总体上相对于传统的振幅类属性，振幅变化率能够更好地追踪单一构型单元侧向接触点，指示单一构型单元的侧向接触位置（图 2-2-38）。

同时考虑到振幅属性能够较好地指示储层宏观横向变化，将振幅和振幅变化率进行属性融合，属性融合之后单一构型单元的侧向边界更为清晰，据此能确定单一构型单元侧向边界的大致位置，实现了从地震现象到地质意义的转变（图2-2-39）。

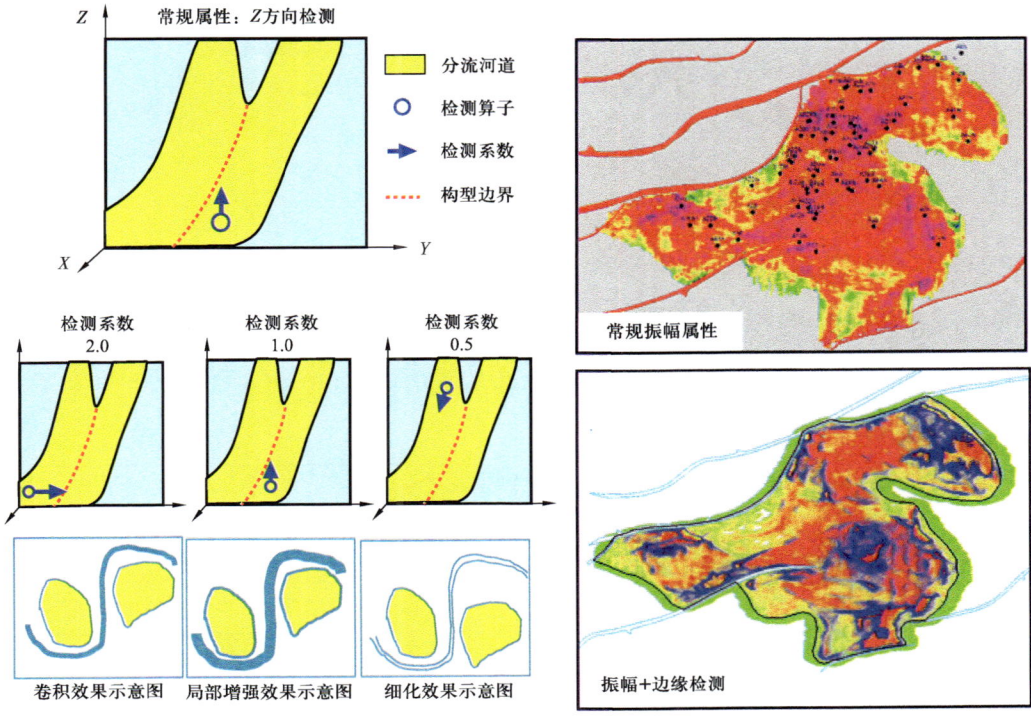

图 2-2-37　边缘检测算法效果图

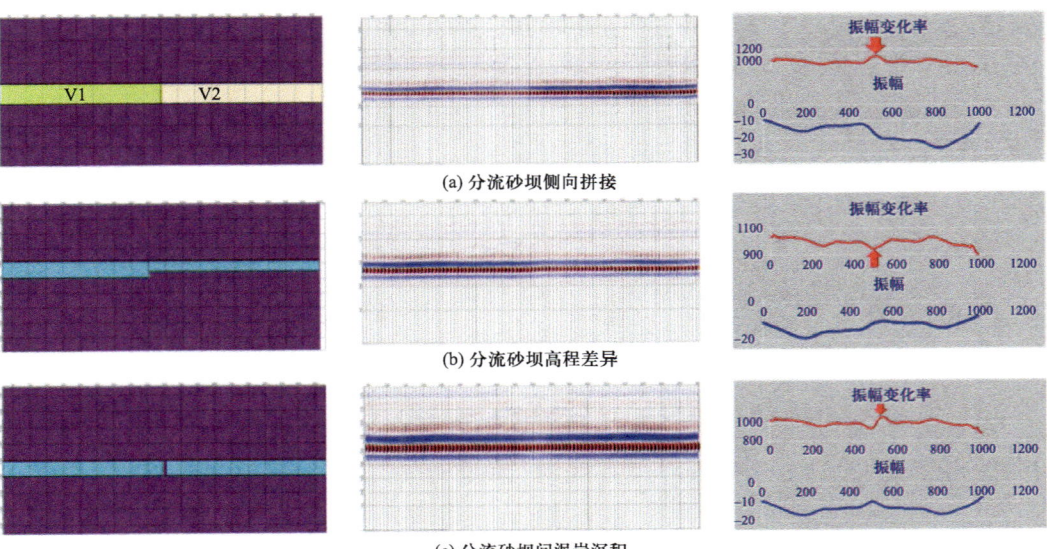

图 2-2-38　地震正演模拟

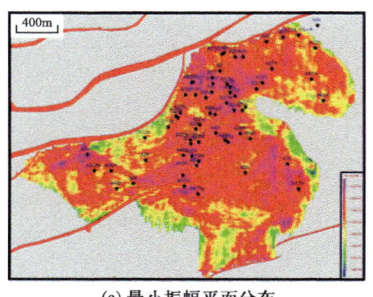
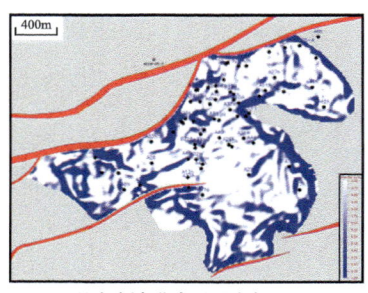
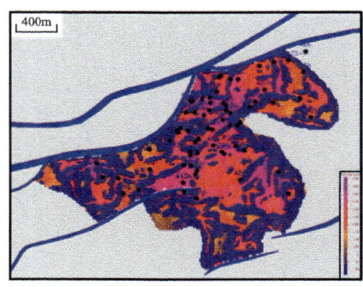

(a) 最小振幅平面分布　　　　(b) 振幅变化率平面分布　　　　(c) 属性融合平面分布

图 2-2-39　最小振幅、振幅变化率及属性融合平面分布

为了提高识别精度，利用实钻井资料定量计算井点所钻遇单一构型单元的倾角，根据实钻井的井轨迹和所钻遇构型单元的倾角抽象出理论模型（图 2-2-40），利用该模型定量计算构型单元尖灭点，即构型单元边界。

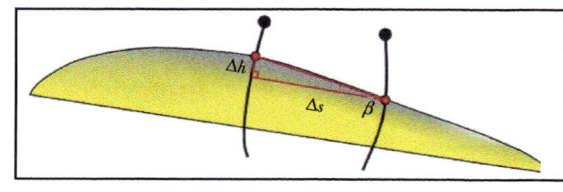
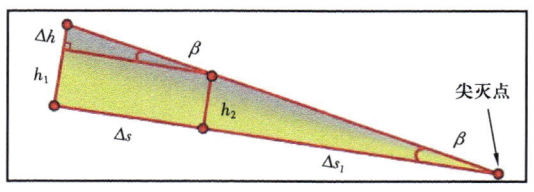

(a) 定向井井轨迹钻遇分流砂坝示意图　　　　(b) 分流砂坝尖灭位置示意图

图 2-2-40　理论计算模型

$$\beta = \arctan(\Delta h / \Delta s) \qquad (2\text{-}2\text{-}6)$$

$$\Delta s_1 = h_2 / \tan\beta = h_2 \times \Delta s / \Delta h \qquad (2\text{-}2\text{-}7)$$

式中　β——前积倾角，(°)；

　　　Δs_1——外推尖灭距离，m；

　　　Δh——同一期砂体在 2 口井上的垂距，m；

　　　Δs——2 口井的间距，m；

　　　h_2——井点钻遇的垂深，m。

地震多属性融合协同实钻井理论模型计算提高了单一构型单元识别精度（图 2-2-41）。

3）水平井网下构型与渗流通道双重控制的剩余油表征技术

渤中 28-2 南油田为水平井单砂体注水开发，储层以正韵律沉积为主，具有油水密度差大的特征，受重力及韵律作用影响流线下沉，导致层内剩余油分布规律复杂、认识难度大。基于已有布井模式首次提出了渤海浅水三角洲相油田构型约束下剩余油分布模式，提出了三维渗流场表征与储层构型双约束下剩余油预测技术。

（1）构型约束下剩余油分布模式：

在储层构型分析及优势通道研究的基础上，统计水淹规律与井网的分布关系，建立了渤中 28-2 南油田储层构型及优势通道约束下的剩余油差异富集模式，明确单砂体构型样式对剩余油的控制机理，建立浅水三角洲河道与砂坝的叠置样式主控的剩余油地质知识库（表2-2-8）。

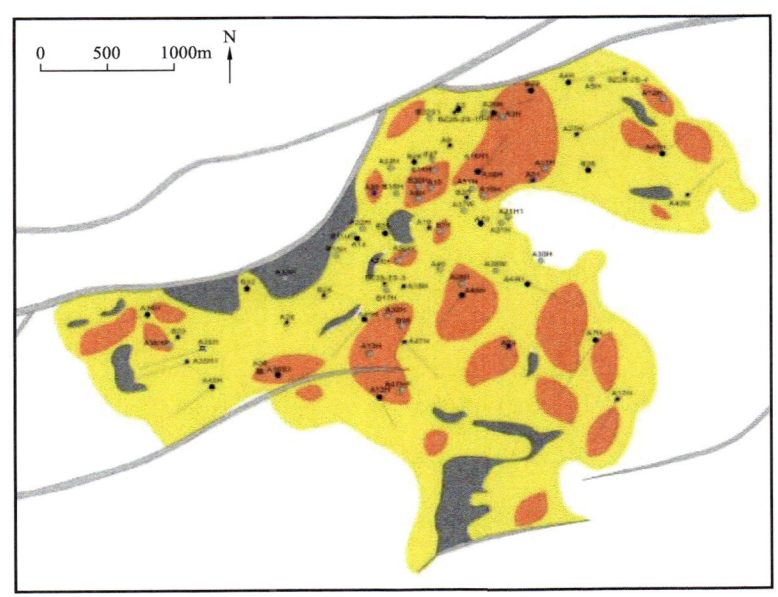

图2-2-41　渤中28-2南油田1-1167砂体4级构型单元平面分布

表2-2-8　浅水三角洲单砂体控制下的剩余油差异富集模式

接触样式	构型单元分布	优势通道分布	剩余油分布	挖潜实例	剩余油分布
砂坝—砂坝侧向叠置					连通性好顶部少量富集
河道—砂坝侧向叠置					连通性好顶部少量富集
河道垂向叠置					连通性好垂向顶部富集
河道侧向拼接					连通性差大量富集
河道侧向分离					连通性差大量富集

（2）水平井三维渗流场表征及剩余油预测：

将油藏砂体抽象为顶底封闭的板状物理模型（图2-2-42），假设油层厚度为h，水

平井垂向位置为 z_w，水平井距离顶底界面的距离分别为 L_1、L_2，为方便计算，水平井在此可视为 N 个点源的叠加，每个点源的强度为 q_i，离散点源的空间坐标可表示为（x_{wi}，y_{wi}，z_{wi}）。

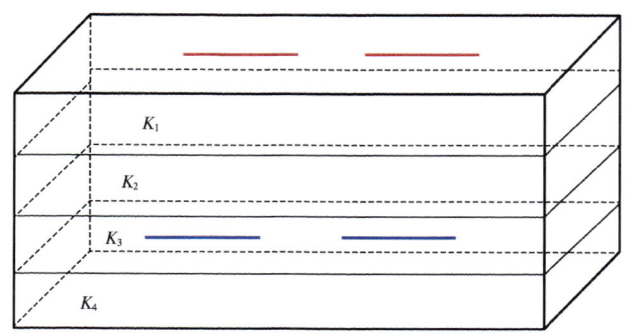

图 2-2-42　实际油藏简化为顶底封闭板状油藏模型

根据镜像反应叠加原理，得到顶底封闭板状油藏势场分布：

$$\Phi_{i(x,y,z)} = \sum_{i=1}^{N} \frac{q_i}{4\pi} \left\{ \frac{1}{r_i} + \sum_{j=1}^{\infty} \left[\frac{1}{r_{wu(j)}} + \frac{1}{r_{wd(j)}} \right] \right\} \quad (2-2-8)$$

式中　$\Phi_{i(x,y,z)}$——任意点源在三维无限大空间内的势函数；

r_i——任意空间位置距点源距离，m；

$r_{wu(j)}$，$r_{wd(j)}$——储层上部和下部第 j 次映射的垂向距离，m。

对式（2-2-8）求导，即可得到顶底封闭的板状油藏的三维空间速度场分布，见

$$v_x = \frac{k_h}{u}\frac{d\phi_{(x,y,z)}}{dx},\quad v_y = \frac{k_h}{u}\frac{d\phi_{(x,y,z)}}{dy},\quad v_z = \frac{k_h}{u}\frac{d\phi_{(x,y,z)}}{dz} \quad (2-2-9)$$

考虑油水密度差及重力分异作用影响，引入垂向分异速度，对纵向速度 v_g 进行修正，见式（2-2-10）。

$$v_g = 1.73\times 10^{-4}\frac{\alpha \cdot k_v}{u}\cdot \Delta\rho \cdot g,\quad v_{zg} = v_z + v_g \quad (2-2-10)$$

式中　α——储层韵律系数，无因次；

u——流体黏度，mPa·s；

$\Delta\rho$——油水密度差，g/cm³；

g——重力加速度，取 10.0m/s²；

v_{zg}——修正后的纵向速度，m/s。

Pollock 流线追踪方法研究从注水井发出并收敛于生产井的流体质点在空间的运动轨迹来确定流线。其基本假设是：在无点源或者点汇的网格内，流体真实速度在各个坐标方向上的分量在网格内是线性变化且与该网格内其他方向上的速度无关。考虑三维笛卡尔网格

系统阐明 Pollock 流线追踪具体方法，根据基本假设，网格（i, j, k）内任意一点（x, y, z）上的流体真实速度在 x, y, z 方向上速度分别为

$$v_x = v_{x,0} + m_x(x - x_0)$$
$$v_y = v_{y,0} + m_y(y - y_0)$$
$$v_z = v_{z,0} + m_z(z - z_0)$$
（2-2-11）

式中，
$$m_x = (v_{x,\Delta x} - v_{x,0})/\Delta x$$
$$m_y = (v_{y,\Delta y} - v_{y,0})/\Delta y$$
$$m_z = (v_{y,\Delta z} - v_{z,0})/\Delta z$$
（2-2-12）

假设某一条流线从（i, j）内任意一点（x_i, y_i）进入该网格，从（x_e, y_e）位置穿出该网格。

由速度定义式：

$$v_x = \mathrm{d}x/\mathrm{d}t$$
（2-2-13）

流体质点从井口界面到达 x 方向右、左出口界面所需时间为

$$\Delta t_{e,x_1} = \frac{1}{m_x}\ln\left[\frac{v_{x,0} + m_x(x_e - x_0)}{v_{x,0} + m_x(x_i - x_0)}\right], \quad \Delta t_{e,x_2} = \frac{1}{m_x}\ln\left[\frac{v_{x,0}}{v_{x,0} + m_x(x_i - x_0)}\right]$$
（2-2-14）

同理，因 y 方向和 z 方向流体质点从底面进入，只能从顶面流出，所以流体质点从 y 及 z 方向达到出口界面所需时间分别见式（2-2-15）：

$$\Delta t_{e,y} = \frac{1}{m_y}\ln\left[\frac{v_{y,0} + m_y(y_e - y_0)}{v_{y,0} + m_y(y_i - y_0)}\right], \quad \Delta t_{e,z} = \frac{1}{m_z}\ln\left(\frac{v_{z,0} + m_z(z_e - z_0)}{v_{z,0} + m_z(z_i - z_0)}\right)$$
（2-2-15）

流体实际出口界面就是时间最短所确定的出口界面，即穿梭该网格所需时间为

$$\Delta t_e = \min(\Delta t_{e,x_1}, \Delta t_{e,x_2}, \Delta t_{e,y}, \Delta t_{e,z})$$
（2-2-16）

根据穿梭时间 Δt_e 即可进一步确定流体质点出口位置（x_e, y_e, z_e）为

$$x_e = x_0 + (1/m_x)\left[v_{x,i} \cdot \exp(m_x \cdot \Delta t_e) - v_{x,0}\right]$$
$$y_e = y_0 + (1/m_y)\left[v_{y,i} \cdot \exp(m_y \cdot \Delta t_e) - v_{y,0}\right]$$
$$z_e = z_0 + (1/m_z)\left[v_{z,i} \cdot \exp(m_z \cdot \Delta t_e) - v_{z,0}\right]$$
（2-2-17）

通过上述方法，可以确定若干个（x_e, y_e, z_e）点，用平滑曲线连接发出流体质点的注水井坐标、所有计算的（x_e, y_e, z_e）点和流体质点到达生产井坐标就可以近似地表达出一条流线。

联立式（2-2-16）、式（2-2-17），采用 Pollock 流线追踪方法即可得到水平井网的

三维水动力学场图（图 2-2-43），进而可绘制未水淹厚度图（图 2-2-44），对相对均质储层条件水平井网剩余油进行预测。

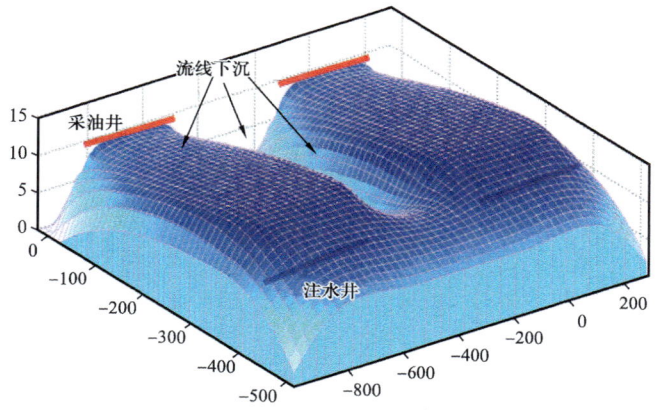

图 2-2-43　水平井平行井网三维流场分布图

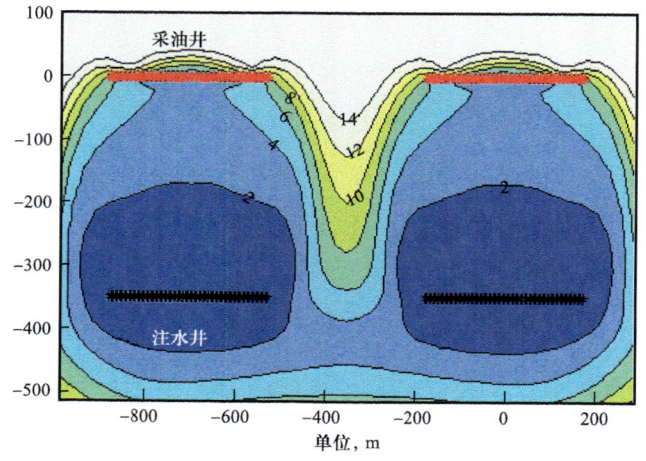

图 2-2-44　水平井平行井网未水淹厚度图

渤中 28-2 南油田浅水三角洲相储层以正韵律为主，油水密度差小，受重力及韵律影响，流线下沉，注入水主要在主流线油层底部流动，控制着剩余油的形成和分布模式，主流线剩余油呈"水上飘"型分布 [图 2-2-45（a）]，非主流线呈"U"字形分布 [图 2-2-45（b）]，同种类水平井间流场波及较差，特别是采油井间，储层上部流场波及较差。

4. 曲流河相油藏储层精细描述技术体系

曲流河相储层空间结构复杂、横向变化快，以秦皇岛 32-6 油田为靶区，地震、地质、油藏紧密结合，持续攻关形成了一套包含曲流带储层精细对比、切叠界面精细刻画、点坝内部构型定量表征等关键技术在内的曲流河相油藏储层精细描述技术体系，研究精度由复合砂体、单一曲流河及点坝砂体到目前的点坝砂体内部侧积层，油田开发效果得到不断提升。

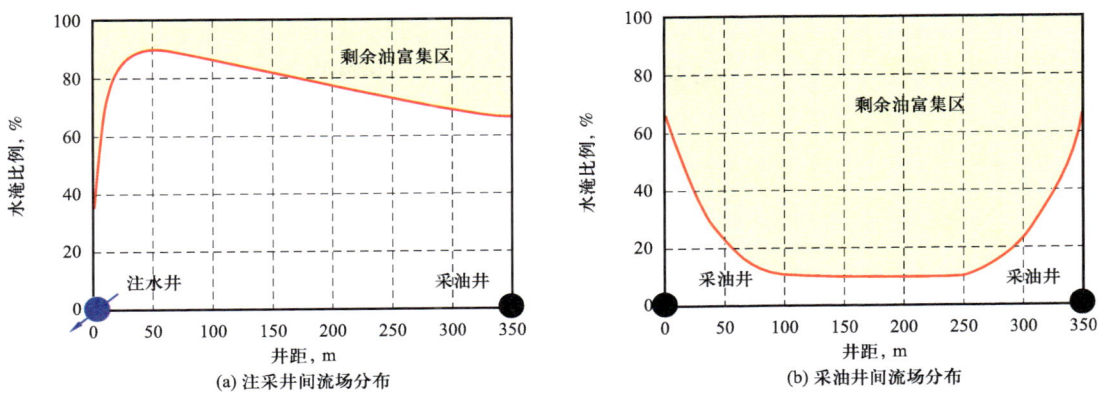

图 2-2-45 水平井平行井网三维流场分布图

1)复杂曲流带储层精细对比技术

曲流河储层横向变化大，平面形态特征复杂，因此地层划分与对比时必须采用标志层对比、地层旋回对比、等高程对比、测井标定后的地震反射对比等多种方法才能解决地层对比问题。但传统二维储层对比技术在对比过程中存在着容易串层、穿时和对比结果不闭合的问题，且对比结果仅是二维剖面，无法直观反映储层空间构型。同时，海上油田井数少、井距大，陆地密井网对比技术无法直接借鉴。为解决上述问题，研发了一种储层三维空间井震融合的人机互动精细对比技术，该技术允许地质人员直接在三维空间中进行井间对比，因此可以避免对比过程中出现串层和不闭合问题（图 2-2-46）。同时该技术可以在对比中直接建立储层三维等时格架模型，反映构型单元的三维展布。基于该技术研发了配

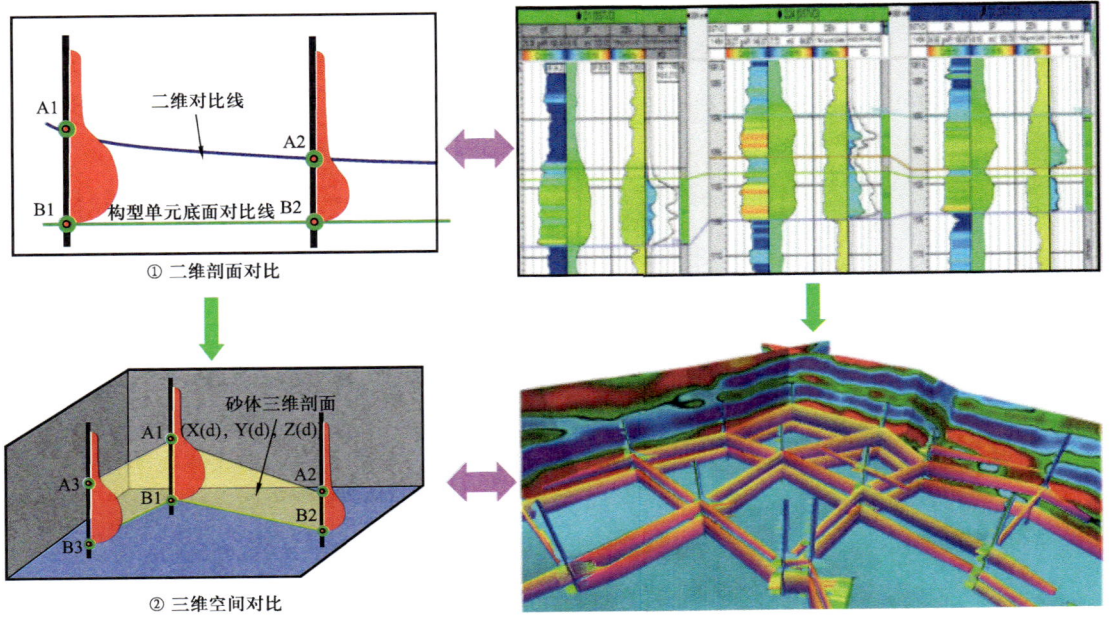

图 2-2-46 井震联合人机互动储层三维对比实施流程图

套的三维空间精细对比软件,满足了广大地质人员的工具需求,并成功应用在渤海多个油田的储层精细对比工作中,为油田精细注采结构调整,剩余油再认识,调整井部署奠定了基础。

采用上述对比方法和模式,对秦皇岛32-6油田的明下段连续进行单砂层对比(图2-2-47)。其中O油组视厚度为150~170m,划分为8个小层,15个单砂层;Ⅰ油组视厚度为50~60m,划分为4个小层,7个单砂层;Ⅱ油组视厚度为50~58m,划分为4个小层,8个单砂层;Ⅲ油组视厚度为90~120m,划分为4个小层,9个单砂层;Ⅳ油组视厚度为70~90m,划分为4个小层,9个单砂层;Ⅴ油组视厚度为100~120m,划分为5个小层,9个单砂层。

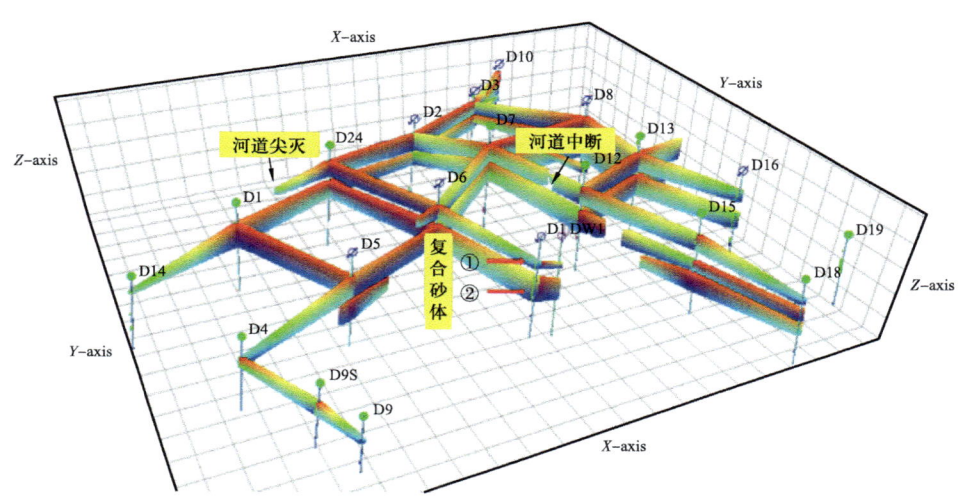

图 2-2-47　秦皇岛 32-6 油田 NmI3 小层单砂体对比成果

2)曲流河储层切叠界面精细刻画方法

单一曲流带内部主要包括两个部分,分别为末期曲流河沉积(末期沉积)和早期废弃曲流河沉积(早期沉积),准确识别两者边界实际上就是对单一曲流带构型边界的精细刻画,而两者边界主要是由废弃河道、点坝边界及两者切叠界面组成。废弃河道、点坝边界其沉积砂体厚度、岩性、物性均与主体点坝砂具有明显的不同,因此在测井曲线形态、地震波形等方面具有明显的差异,较易识别;切叠界面识别相对复杂,由两者之间的切叠模式主要有:末期河道切叠早期点坝、末期点坝切叠早期点坝、末期河道切叠早期废弃河道、末期点坝切叠早期废弃河道等。在海上大井距条件下,对于这种切割关系的判断及切叠界面平面位置的识别比较困难。据此,提出对单一曲流带内不同的切叠模式进行正演模拟,找到不同切叠模式在地震波形、反演剖面上的差异响应特征,从而实现大井距条件下,对单一曲流带内不同河流间切叠模式及其切叠界面准确识别的目的。

在井间单一曲流带期次划分基础上,开展剖面相分析工作,结合曲流河沉积模式,根据河道发育规模、切叠情况等,总结出目标砂体内部共存在5种单一曲流带切叠模式,包括相似规模的末期河道切叠早期废弃点坝、不同规模的末期河道切叠早期废弃点坝、末期点坝切叠早期废弃点坝、不同末期河道相切叠、同一河道内不同点坝间的切叠。根据正演模拟结果，发现不同的切叠模式，其地震响应有较大差异，但均具有振幅变弱特征。对切叠界面处进行构型界面识别，即识别废弃河道或点坝边界（表2-2-9）。

表2-2-9 基于地震的曲流河储层边界识别及刻画方法

沉积关系	平面切叠模式	纵向切叠模式	井上切叠模式	正演地质模型
相似规模的末期河道切叠早期点坝				
相似规模的末期点坝切叠早期点坝				
不同规模的末期河道切叠早期点坝				
相似规模的末期河道切叠末期河道				
同一河流相邻的点坝间				

在单砂体刻画基础上，通过对曲流带内部废弃河道及点坝边界的识别，完成了对油田单一曲流带砂体平面展布规模的刻画（图2-2-48至图2-2-50）。

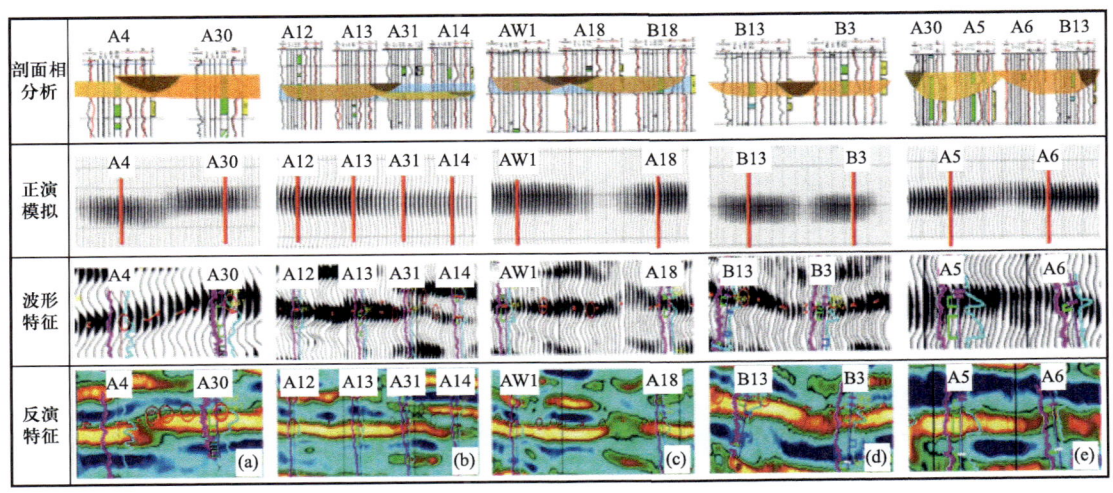

图2-2-48 单一曲流带不同切叠模式及界面的识别

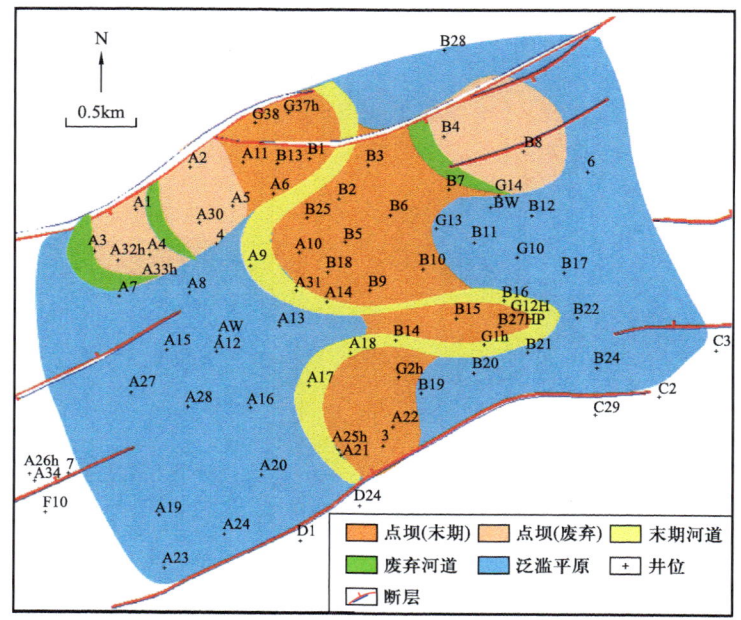

图 2-2-49 曲流带 1 识别结果

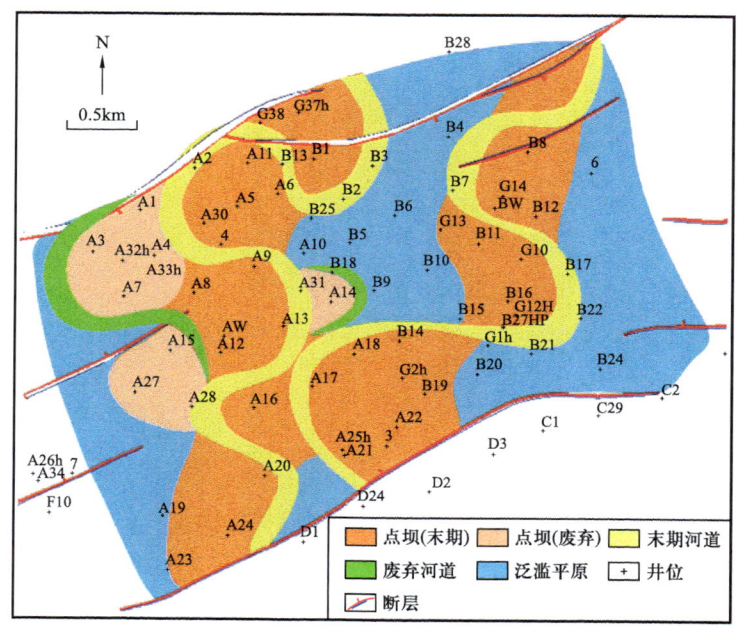

图 2-2-50 曲流带 2、3 识别结果

3）储层不连续界限预测与表征技术

随着主力油田进入油气开发的中后期，注采矛盾日益突出，剩余油分布越来越复杂，碎屑岩油气储层内部不连续性研究直接影响到油气藏开发效果。砂岩储层内部的横向不连续性结构，通常是指沉积过程中砂体尖灭、同期砂体侧向接触、多期砂体纵向叠置等导致

的岩性、物性变化特征，以及由于构造运动导致的微小断层等。这种不连续性结构的存在是导致油田开发注采不受效、储量采出程度低和局部剩余油富集的重要原因。

通过对渤海油田明下段河流相砂体、鄂尔多斯盆地南部野外露头、海拉尔河和潮白河现代沉积地质雷达探测与探槽研究及机理模型正演模拟等多方面综合研究，以河流相沉积模式和复合砂体构型理论为指导，以预测和表征储层内部渗流屏障为目的，以地震技术主导、井震联合为主要预测手段，提出了适用于海上油田的开发地质新概念——储层不连续界限。同时构建了河流相储层不连续界限的沉积成因、预测与表征方法、生产动态响应特征、在油田开发中的应用等系统性技术体系。目前，储层不连续界限技术与复合砂体构型理论相辅相成，已经逐渐成为海上油田开发的重要技术方法与理念。

（1）河流相储集层不连续界限模式（表2-2-10）：

复合砂体构型是单砂体及其组合在空间上的沉积样式及叠置关系的总称，既反映单砂体内部三维体制特征，也强调砂体间的接触关系；而河流相储集层沉积类型复杂，不同级次的构型单元界面不同，连通能力不同。河流相沉积类型主要包括河道或点坝、溢岸、废弃河道、侧积层等沉积类型。

表2-2-10 河流相储集层不连续界限模式及连通性认识

级次	亚类	界线两侧		界线规模		立体模式	剖面模式 小←——高程差——→大				连通认识
				纵向	横向						
复合河道带级	河道溢岸（Ⅰ-CO）	河道砂	河道间沉积	1~2m	0.1~0.5km						不连通或局部连通
	河道废弃（Ⅰ-CA）	河道砂	废弃河道、河道间沉积	2~3m	<0.1km						不连通
	河道叠置（Ⅰ-CC）	河道砂	河道、河道间沉积	—	1~5km						受叠置关系具有不同连通能力
单河道带级	河道废弃（Ⅱ-CA）	复合点坝砂	废弃河道泥	1~2m	0.01~0.15km						部分连通
	点坝叠置（Ⅱ-PP）	复合点坝砂	复合点坝砂	—	0.5~2.5km						受叠置关系具有不同连通能力
复合点坝级	河道废弃（Ⅲ-CA）	单点坝砂	单点坝砂	<2m	0.01~0.1km						底部接触连通
单点坝级	侧积泥（Ⅳ-LL）	侧积砂	侧积砂	<1.5m	<10m						底部接触连通

复合河道带级的不连续界线主要包括河道溢岸、河道废弃和河道叠置三种模型，界面两侧河道发育规模、高程不同，不连续界线的物性特征和接触模式也不同。一般来说，废弃河道沉积一般泥质含量高，物性差，基本不连通；河道溢岸沉积通常为决口扇或天然堤等，其连通能力由溢岸沉积物性决定，一般接触面积小，厚度薄，连通能力弱。河道叠置主要受两侧复合河道接触关系影响，表现出孤立、接触、叠置的三种模式，砂体叠置存在连通，连通能力受叠置厚度和物性影响。

单河道带级的不连续界线界限主要是河道废弃和点坝叠置两种类型，界面两侧发育砂体类型和沉积模式不同，不连续界限的物性特征和接触模式也不同。河道废弃型主要表现复合点坝砂和废弃河道间的不连续界限，但在单河道带级的不连续界面由于底部受点坝砂体叠置接触影响，存在部分连通的特征，与复合河道带级略有不同。点坝叠置型两侧为复合点坝砂的叠置模式，砂体叠置存在连通，连通能力主要受两侧复合点坝接触厚度和物性的影响。

复合点坝级的不连续界限则是单点沙坝内的废弃河道，由于此级别时主要是单点沙坝结束形成的不连续界限，规模较小，复合点坝底部仍是接触连通。最小沉积单元的侧积层是由洪水活动憩息期沉积的细粒沉积物形成，多为含泥质的粉砂质、细砂质沉积，是点坝内部各侧积体之间的非渗透体，但纵向发育小，一般只发育在点坝的中上部，侧积层底部同样是接触连通。

（2）河流相储集层不连续界限地震响应分析：

储层不连续界限是针对海上油气田储层非均质性提出的，是由于沉积作用、成岩改造及构造运动等因素，在储层中形成的岩性尖灭、砂体叠置、物性变化及小断层等对流体流动产生影响的各类界限统称。通常在油气田开发阶段，对于小断层等地震响应特向相对明显，可以利用相干体等技术进行刻画，本文主要针对储层内部砂体叠置等形成的界限，该类界限地震振幅和波形的微弱变化或地震同相轴的扭曲等，通过常规地震反演或属性分析方法进行检测的难度较大。

对于河流相储层不连续界限包括4个级次（图2-2-51）：① 复合河道带级界限：沉积河谷内，多期单一曲流河道彼此复合叠置时，各单河道之间形成的影响渗流的不连续界限。② 单河道带级界限：曲流带的历史摆动范围内，单一曲流河道沉积活动时期，在河道内部形成的、复合点坝体之间的各种影响流体渗流的不连续界线。③ 复合点坝级界限：单一曲流活动河道历史摆动范围内，点坝复合体内部发育的不连续界线。④ 单点坝级界限：单一点坝内部发育的不连续界限，以侧积层，或侧积泥型为主，该类界限地震无法识别。

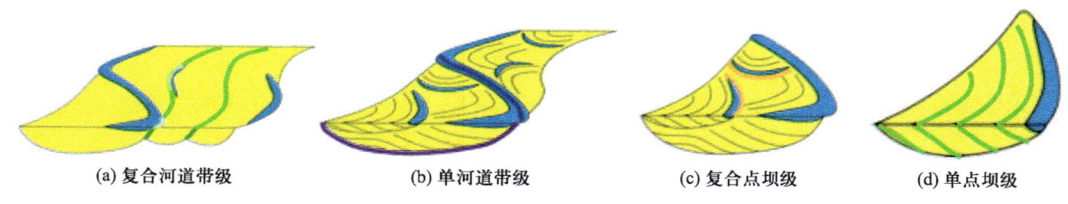

(a) 复合河道带级　　(b) 单河道带级　　(c) 复合点坝级　　(d) 单点坝级

图2-2-51　河流相储层不连续界限分级

为了建立储层内部结构变化、界限特征与地震响应的关系，根据我国东部渤海明下段储层的地质特征和地震采集条件开展正演模拟（图2-2-52、图2-2-53）。正演模型根据曲流河复合砂体结构特征设计，垂向上两期砂体叠置，砂体接触关系包括孤立、侧向叠置和垂向切叠，设计河道砂体宽300～50m、厚6～8m，河间砂体宽500～800m、厚2～3m；

河道砂速度2450m/s,密度2.1g/cm³;河间砂速度2520m/s,密度2.15g/cm³,泥岩速度2650m/s,密度2.25g/cm³;采样间隔为1ms,使用35Hz雷克子波激发,得到地震记录及地震属性如图2-2-52所示。地震振幅类属性主要反映储层厚度变化,厚度越大,振幅越强,对单期砂体和两期或多期叠置的特征变化比较敏感;频率类属性对两期或多期砂体叠置的夹层发育比较敏感,夹层发育频率降低;波形类属性对于两期或多期砂体的相对期次厚度较为敏感,可用于刻画夹层在储层中的相对位置。因此,对于储层不连续界限预测,可用岩性反演类属性或振幅类属性刻画储层厚度变化界限信息,利用局部结构熵等波形类属性刻画砂体叠置高程变化信息,利用频率类属性反映夹层变化的储层结构特征。

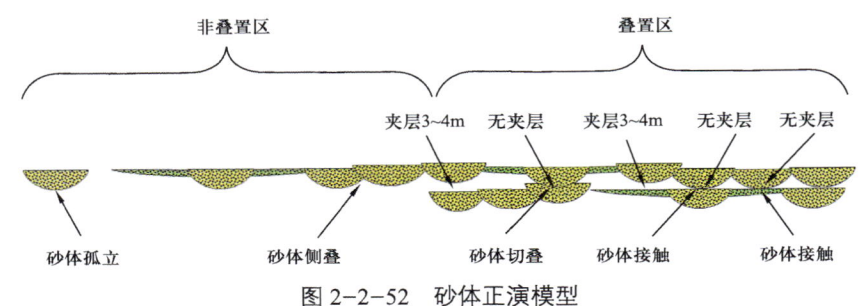

图2-2-52 砂体正演模型

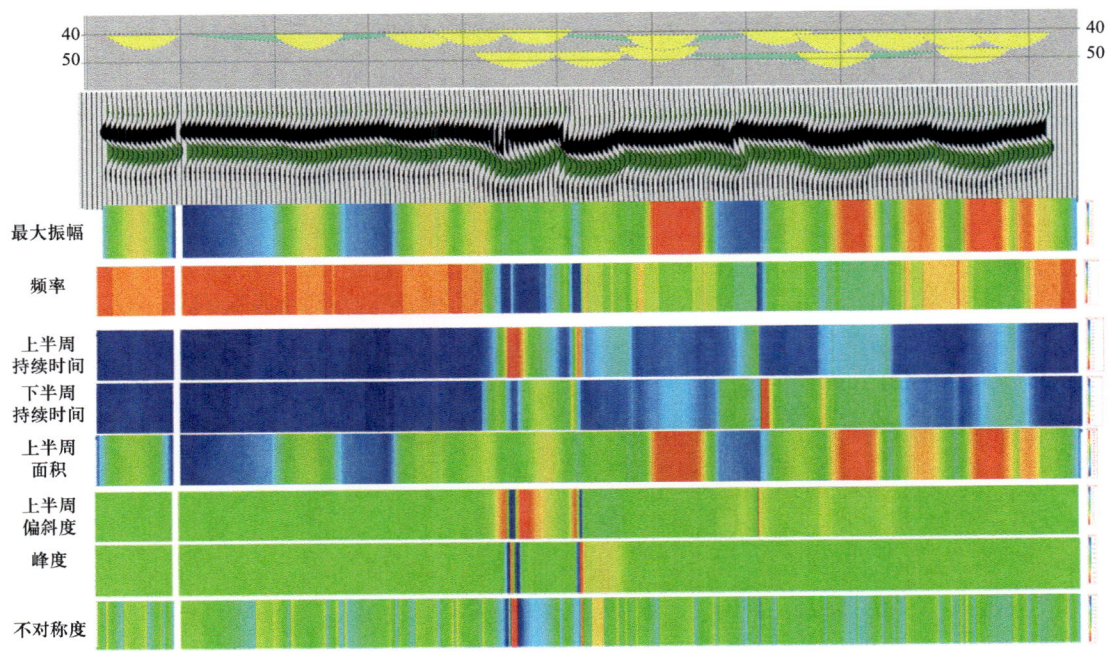

图2-2-53 河流相储层不连续界限模型正演分析

(3)河流相储层不连续界限预测与应用:

在实际应用中,河流相储层不连续界限预测主要包括以下步骤(图2-2-54):

① 地震资料解释性处理。利用边缘保持滤波处理方法,提高资料信噪比,能够更好

地保持反映储层横向边缘结构的不连续信息，如图2-2-55所示。

② 储层不连续界限提取。利用振幅类属性或局部结构熵等刻画波形类变化的算法提取储层不连续界限。

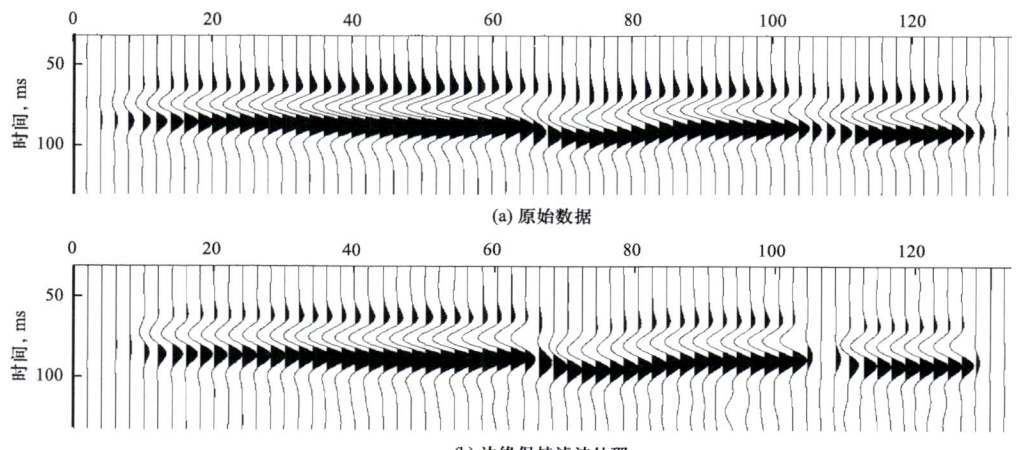

图 2-2-54 滤波处理效果对比

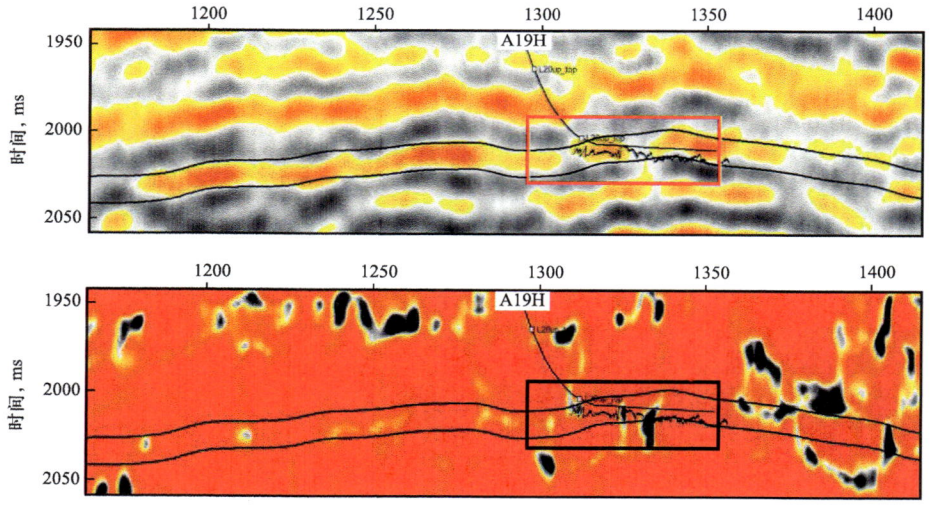

图 2-2-55 过井地震剖面和储层不连续界限剖面对比

③ 平面表征及优化。提取储层不连续界限平面属性，通过蚁群算法对平面属性进行增强处理，如图2-2-56所示。

④ 成果验证及应用。利用已钻井信息验证检测结果的可靠程度，确保可靠基础上应用于储层构型研究及油田注采分析等相关工作，如图2-2-57所示。

4）曲流河储层点坝内部构型精细刻画方法

曲流河点坝内部主要发育河流侧积形成的侧积体和侧积层，国内学者将这一侧积模式归纳为三种类型,即水平斜列式、阶梯斜列式和波浪式。其中,水平斜列式一般发育于小型河流或潮湿环境,阶梯斜列式一般发育于大型河流或干旱环境,波浪式为二者的过渡类型。秦皇岛 32-6 油田(图 2-2-58)单一河道宽度平均在 110m 左右,属于小型河流,由于明化镇组沉积时期为潮湿环境,所以侧积模式多为水平斜列式,且侧积层主要分布在中上部,其延伸长度为河流满岸深度的 2/3。

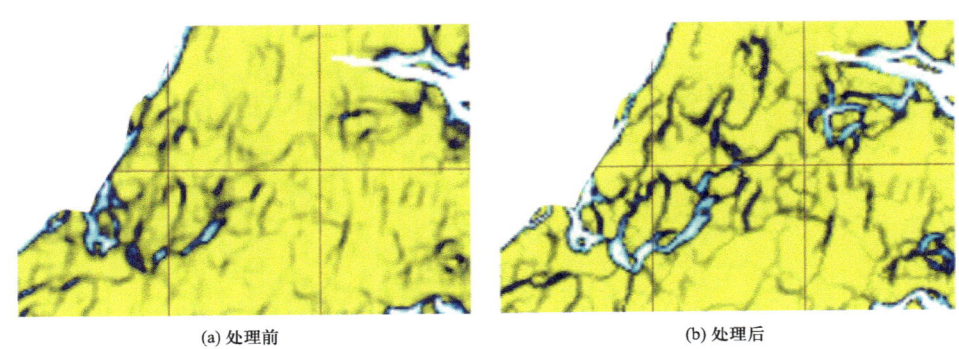

图 2-2-56 蚂蚁追踪增强处理效果

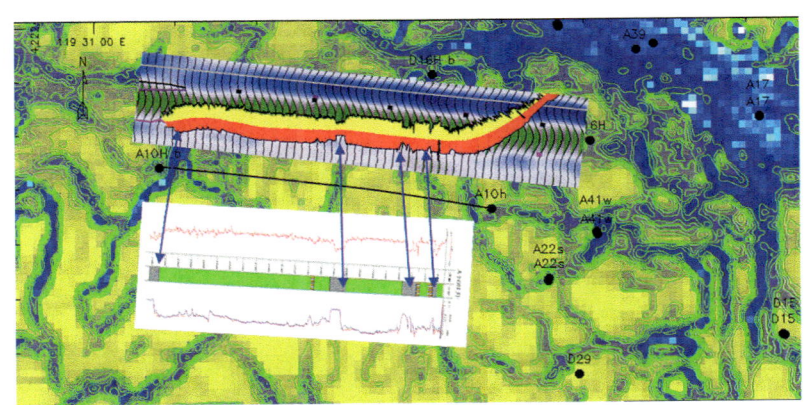

图 2-2-57 储层不连续界限水平井验证

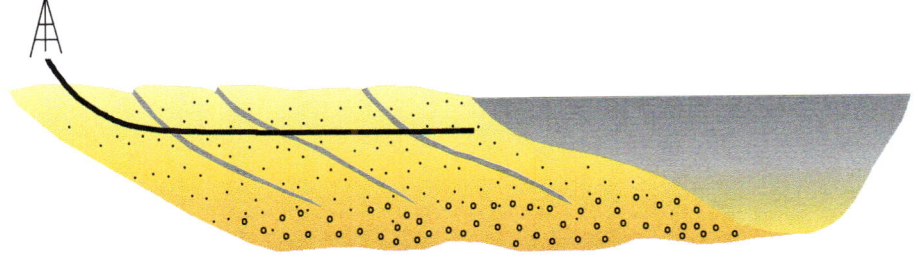

图 2-2-58 秦皇岛 32-6 油田点坝内部构型模式(剖面)

点坝内部侧积体参数主要包括侧积体厚度、侧积体水平宽度、侧积体水平间距。水平井的优势在于能够一次穿过多个侧积体并对其进行定量评价。侧积体厚度近似等于河流满岸深度，侧积体水平宽度一般为河流满岸宽度的 2/3，侧积体水平间距为在垂直废弃河道方向上水平段在两个侧积夹层间钻遇的砂岩长度。图 2-2-59 为侧积体参数计算方法示意图。

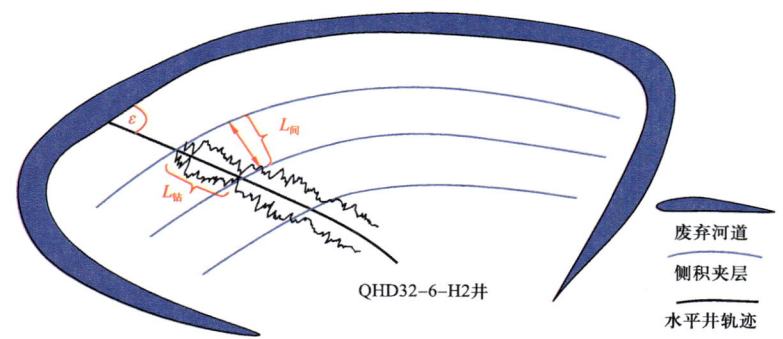

图 2-2-59 侧积体参数计算方法示意图

根据 199 口水平井实钻结果统计，井孔直径一般为 0.3～0.35m，水平段井斜角一般为 88°～90°，AB 段长度一般为 0.6～16.3m，据此计算出侧积层倾角在 3.9°～6.0°，平均为 4.8°，计算出侧积层厚度为 0.1～1.1m，侧积体水平间距在 40～100m，据此建立了秦皇岛 32-6 油田曲流河储集层构型定量地质知识库（表 2-2-11），为油藏精细描述提供地质依据。

表 2-2-11 秦皇岛 32-6 油田曲流河储层构型知识库

单期河道（四级构型）				侧积构型（三级构型）					
满岸深度（单砂层厚度）m	废弃河道宽度 m	点坝长度 m	单一曲流带宽度 m	侧积层倾角（°）	侧积体水平间距 m	单一侧积体宽度 m	单一侧积体垂厚 m	单一侧积夹层垂厚 m
4.0～8.7	57～189	92～1170	674～1394	3.9～6.0	40～100	38～126	2.7～10.5	0.1～1.1

基于构型知识库，在精细描述基础上，以地震解释的河道顶、底界面建立层位格架模型，根据侧积层面的大小，对层位模型内部进行网格化。网格化后，先将点坝范围内的网格值赋予点坝相，然后将侧积层面经过的网格值修改为侧积层，废弃河道矢量模型占据的网格值修改为废弃河道，最终建立网格化的构型模型（图 2-2-60）。

5. 辫状河相油藏储层精细描述技术体系

厚层状辫状河相储层垂向上厚度大、多期发育、砂地比高，平面上非均质性强，油藏类型以底水油藏为主。以曹妃甸 11-1 油田馆陶组为靶区，开展厚层状辫状河相底水油藏精细描述研究，形成了微构造研究、辫状河沉积模拟及构型精细表征等关键技术。研究精度由辫流带油组尺度到目前的心滩、辫状河道小层尺度，有效提高了底水油藏的开发效果。

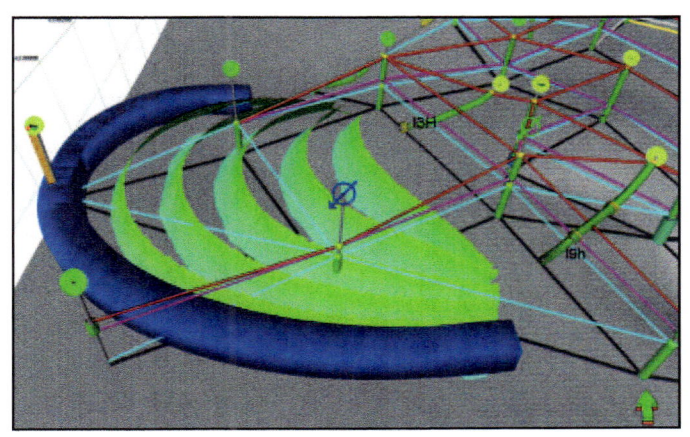

图 2-2-60　三维点坝内部构型模型

1）低幅底水厚层辫状河油藏微构造表征技术

处于开发中后期的低幅度底水油藏，挖潜区域油柱高度接近布井下限，对构造深度变化极为敏感，针对低幅度底水油藏构造深度预测难题，开展微构造精细研究。利用叠前深度域标定克服横向变速问题，纵向上通过声波时差校正，实现开发井低频速度和高频声波融合，横向上充分利用探边资料，进行构造趋势控制，实现了低幅度底水油藏高精度深度预测。

成像数据按深度域入射角排列生成角道集，射线路径可以唯一确定（图 2-2-61）。因此，从深度域成像数据中输出的角道集不会受低速异常体影响，从而提高层速度场求取精度。

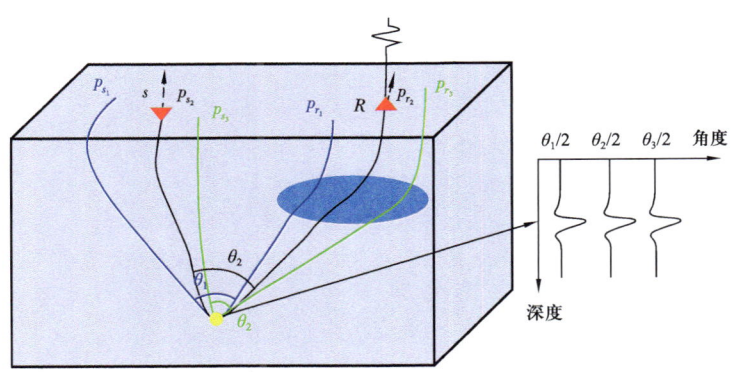

图 2-2-61　角度域地震波传播示意图

基于上述研究，开展地质知识库约束的微构造快速定量识别。通过滤波降噪技术去除噪点数据；根据预设区域振幅区间、坐标及地震极性，沿中心发散式路径逐道追踪；废弃河道处，根据预设宽度进行追踪；砂体叠置处，统计单期次河道砂体厚度，依据砂体下切情况进行追踪（图 2-2-62）。结果表明，平均误差为 1.4m，为精准挖潜调整提供有力保障。

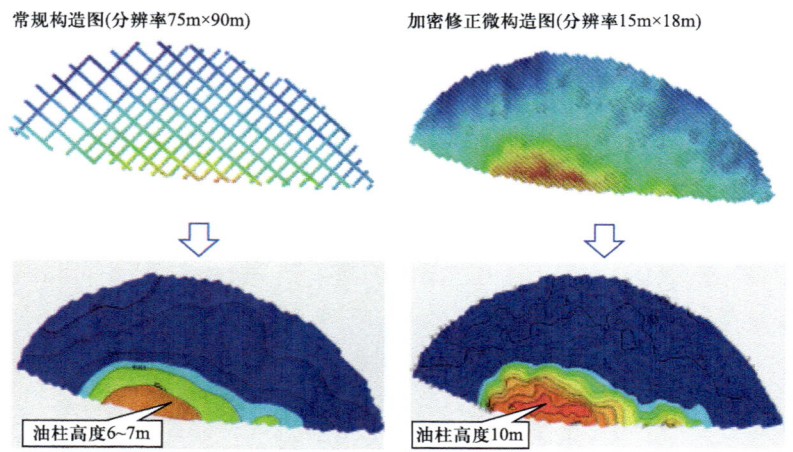

图 2-2-62　微构造追踪与人工追踪对比

2）基于沉积模拟的厚层辫状河储层定量解剖技术

辫状河砂体精细解剖对剩余油分布具有重要意义，砂体叠置关系形成过程是精细解剖的重要一环。为进一步研究辫状水道与心滩坝之间的相互作用，确定心滩坝的动态演化过程和地质体规模，采用 Delft3D 沉积数值模拟软件模拟砂质辫状河发育过程。

辫状河形成受多种因素控制，分析地形条件、物源供给、水体能量、基准面升降等因素，经过调研及多组模型测试，本次模拟实验将底形设计为宽阔的平地，其后地形起伏由模拟过程自然调整。通过数值模拟，观察辫状河沉积的动态演化过程，总结各沉积要素随时间的变化规律，建立心滩坝发育演化过程（图 2-2-63）。

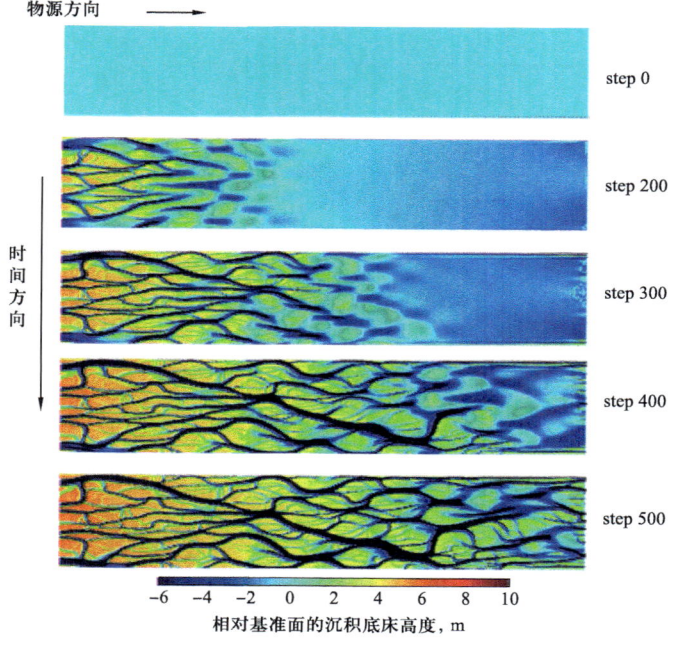

图 2-2-63　典型时间切片地貌演化

当辫状水道完全越过心滩坝后，辫状水道流速降低，在心滩坝头部及主水道一侧侵蚀的沉积物在心滩坝尾部卸载，发育"坝尾沉积"。主水道水动力及输砂能力较强，"坝尾沉积"的不断延长，复合心滩坝形成（图2-2-64）。选取模型典型时刻，对心滩坝发育规模进行定量分析（图2-2-65、图2-2-66），建立目标工区的心滩储层地质知识库，指导后续储层精细刻画。

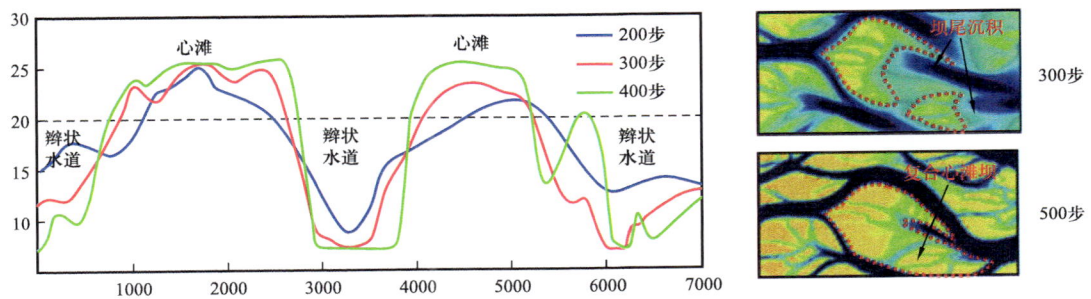

图2-2-64 心滩与辫状水道垂向切叠关系及复合心滩形成演化

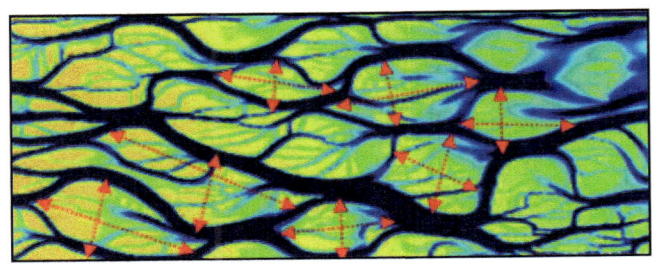

图2-2-65 典型时刻500步心滩样式及长宽测量范围

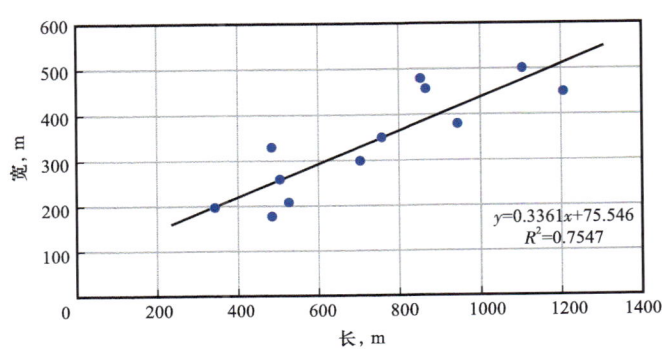

图2-2-66 心滩坝长宽交会图

3）井震结合的厚层辫状河储层构型精细刻画技术

依靠井信息的储层构型研究存在较大不确定性，地震资料对三级储层构型研究分辨率较低，亟须开展井震结合的储层构型研究工作。通过嵌入卷积算法的三维边缘检测技术进行岩性边界刻画，结合分频RGB融合属性，刻画复杂河流相储层构型，形成海上油田稀井网条件下的储层预测特色技术，为油田井位部署及优化提供直接的地质依据。

通过嵌入卷积算法的三维小尺度末期河道检测技术，精细刻画砂体内部末期河道、废弃河道、心滩。实钻井证实，井点数据与井点在属性平面位置反应的地质要素吻合率达到90%以上，证明该技术刻画的砂体内部小尺度地质信息可靠。分频RGB融合属性对砂体形态和期次具有很好的显示，不同厚度或期次的砂体用不同颜色显示，在平面属性上具有很大的可识别性（图2-2-67）。根据目标砂体的储层结构和厚度，结合不同高、中、低频率体，优选出最佳展示砂体期次、边界和切割关系的RGB融合属性组合，与小尺度边缘检测属性融合显示，得到同时展示砂体沉积与河道发育演化过程的属性图。通过地层切片动态研究河道发育过程。结合辫状河沉积模式、地震剖面、实钻井数据，划分馆陶组河道发育期次，编绘砂体沉积微相图。

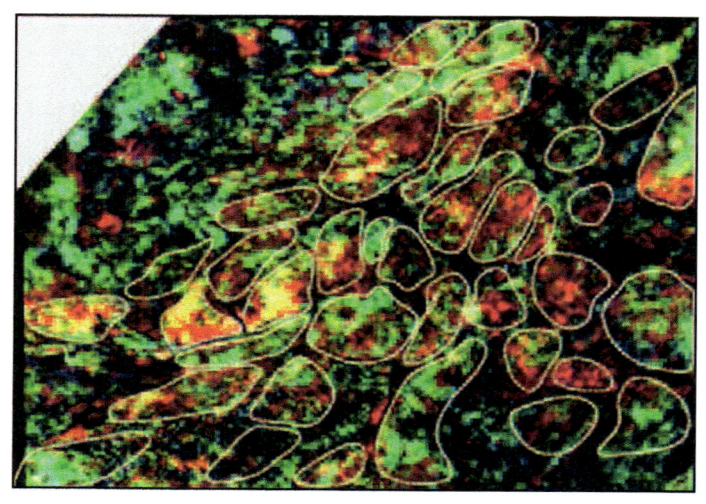

图2-2-67　馆Ⅲ下1小层分频RGB融合

4）厚薄交互辫状河一体化储层展布及沉积微相研究技术

针对蓬莱油田群含油面积大、含油层段长、薄互储层发育、沉积相变快、区块之间资料特征差异大等诸多特点，提出了一体化储层展布及沉积微相研究技术，该方法以Petrel为综合研究平台，建立以多资料综合小层划分与对比为基础的一体化研究流程（图2-2-68），突出各种研究成果之间的配合，从精细小层对比数据出发形成并不断更新地质油藏图件，最后得到各个区块或井组的精细研究成果，并以此为基础开展沉积微相研究、地质建模研究等相关工作。

在一体化油藏描述中，多资料综合小层划分与对比是整个流程的枢纽，前期的工作是利用一切资料完善对比工作，后期的工作重心则转到基于精细对比的储层研究和拓展应用上。该技术体系在蓬莱油田精细地质油藏研究中起到了提质增效的目的，蓬莱19-3油田1/3/8/9区综合调整ODP实施项目中，新井储层预测精度提高了10%，工作效率提高了2~5倍。

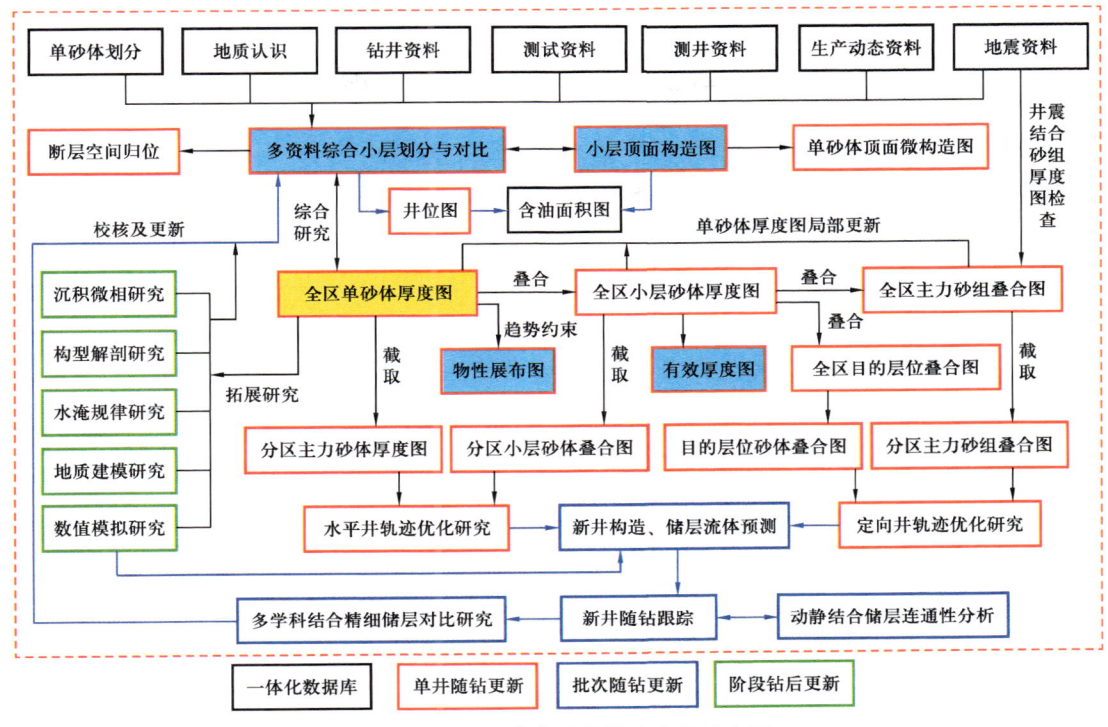

图 2-2-68 一体化油藏描述流程示意图

5) 基于不连续边界分析的辫状河储层构型解剖技术

蓬莱油田中西部及核心区为辫状河沉积,针对这类储层面积大,切割关系复杂,构型研究难度大的问题,创新提出了基于两级不连续边界分析的辫状河储层构型解剖技术,该技术包含 4 个关键点:(1) 基于地震蚂蚁体累积能量的储层不连续边界分析,通过提取目标储层地震蚂蚁体累积能量的不连续边界,确定规模较大的辫状河储层复合心滩边界,依据构型分级思想,该构型界面属于 5 级构型界面。(2) 基于均方根振幅最小曲率的储层不连续边界分析,依据小曲率表示面属性的变化拐点的特征,通过提取目标储层的均方根振幅最小曲率不连续边界,可实现对辫状河复合心滩的内部细分。(3) 正演模拟的边界河道成因归位及定量判别标准,结合露头、岩心、现代沉积和沉积模拟地质知识库,将辫状河储层不连续边界划分为边界河道、内部主河道和内部次河道,并通过正演模拟对不同级次的边界河道进行成因归位,并建立各级河道的定量判别标准。(4) 模式约束、动静验证形成构型解剖成果,综合上述两级不连续边界分析成果和动静态资料及地质知识库建立包含 4 级单元 (局部可达 3 级) 的沉积微相图。该技术极大提高了辫状河储层构型解剖的成果质量和研究效率,2019 年至 2021 年新钻井储层解剖符合率提高 15%,研究效率提高 2~3 倍。

6) 基于波形指示模拟的薄储层展布研究技术

薄互层作为蓬莱 19-3 油田后续上产的重点,但由于地震分辨率通常难以达到薄互层的预测需求，薄互层的精细预测一直是国内外研究的难点，通过常规地震预测方法难以开展，开发井在实施阶段钻井资料又相对较少，对储层预测及开发井后期的实施优化造成较大困难。针对溢岸沉积薄层，其厚度远小于地震资料分辨率，提出波形指示模拟思路，在井上充分利用曲线高频信息，井间采用地震波形横向变化反映储层空间变化，完成大于 2m 的薄层刻画。在实施过程中，通过筛选对砂泥岩识别较好的自然伽马曲线，再采用小波变换，获取 GR 曲线中可以反映岩性的中低频信息。再分析同一层位、同一沉积微相储层的地震波形、伽马曲线共性特征，建立井点处沉积微相、地震波形、GR 曲线数据库。最后，对原始三维地震体逐道模拟，对比地震库相关性最高的样本组，通过伽马曲线相关性加权平均，获得初始模型。然后在贝叶斯理论指导下进行迭代反演，得到最终的反演结果，完成溢岸薄层刻画。其结果显示该方法反演资料井震匹配关系较好，且对断层附近储层表征较好，储层表征率约 83%，符合率高达 82%（图 2-2-69、图 2-2-70）。

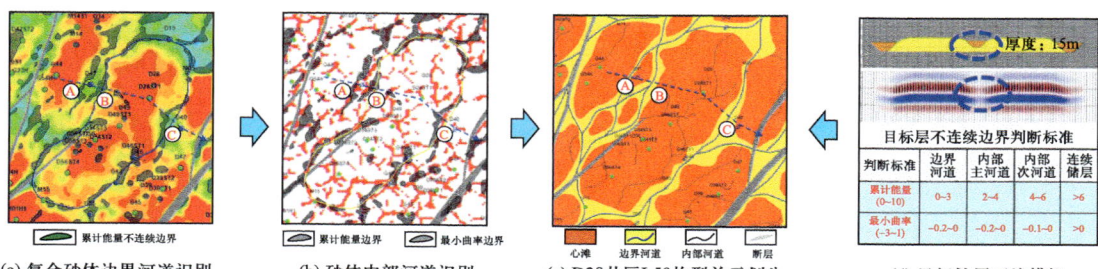

图 2-2-69　蓬莱 19-3 油田中西部和核心区辫状河储层解剖方法

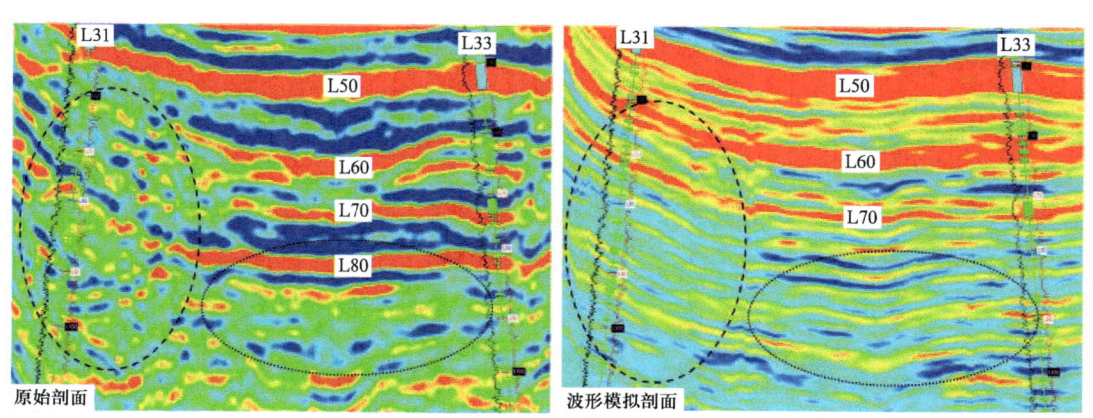

图 2-2-70　基于波形指示模拟的薄层展布研究效果对比图

7）多源变尺度薄互储层精细表征技术

针对蓬莱油田各区块、各层位储层和资料特征复杂的现实特点，将不同来源资料和不同研究精度的多种研究成果分为油田级别、砂体级别和构型级别，提出了多源变尺度储层精细表征技术。该技术的核心思想包括两点：（1）应用不同的资料建立不同的相模型。（2）应用模型融合方法将多个相模型组合在一起，形成复合相模型，并以此为基础开展后续建模工作。

基于多资料融合地质建模原则，应用分区过滤替换的方法将三个地质模型融合到一个模型当中，形成新的三维地质模型。如图2-2-71所示，在三维融合模型中，有地震砂描或构型解剖成果的区域应用确定性强的地震砂描模型或构型解剖模型，没有这些资料的区域则应用基于单砂体的三维基础模型，使三维模型更准确灵活地反映地下地质认识。

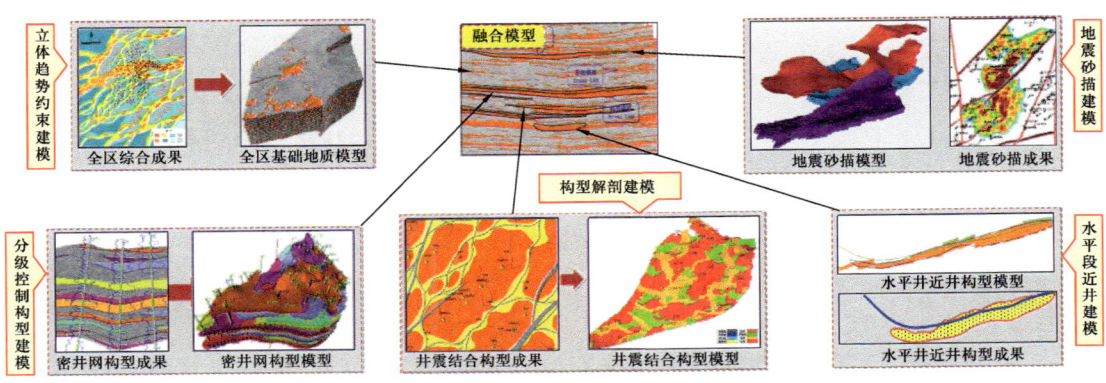

图2-2-71 多模型融合技术流程图

该技术提高了储层精细研究成果的模型转化率，蓬莱19-3油田钻前井位优化储层研究成果模型转化率达到95%，地质模型精度提高了10%，三维融合模型历史拟合精度提高了10%。

6. 陆相整装油田储层三维定量表征技术

储层表征作为油藏精细描述的关键一环，贯穿于油气藏评价、开发初期和中后期等各阶段。因不同阶段资料丰富程度、地质认识深度、生产任务、研究关注尺度均不同，储层表征面临的问题、表征的内容和研究精度也不同。针对不同阶段油藏描述精度需要和研究难题，持续攻关，逐步形成适用于不同阶段碎屑岩储层表征的技术体系和企业标准。

1）不同开发阶段储层三维定量表征内容

（1）油气藏开发评价阶段：

该阶段处于油田开发前期，仅有少量探井、评价井的岩心、测井、测试资料，井数较少，井距较大，对地下储层的认识存在诸多不确定性，储层表征面临资料、方法有限，成果不确定性的问题，基于地质模型的风险及潜力定量表征是表征重点，主要是在地层对比和构造研究的基础上，表征储集体的分布、储层参数及可能的裂缝发育带的分布。

（2）油气藏开发早期阶段：

该阶段已完成开发基础井网，井距一般300~500m，新增了开发井的测井、岩心、试采及部分生产动态资料，刻画油藏内部的非均质性是该阶段储层表征的重点。主要是在小层精细对比基础上，表征沉积微相、小层或复合砂体和隔层的分布、储层物性非均质性（层间和平面）、大尺度裂缝及优势裂缝发育带的分布。

（3）油气藏开发中后期阶段：

随着井网密度变大，动静态资料逐步丰富和开发不断深入，该阶段油田开发矛盾逐渐突出，剩余油分布日益复杂，油藏描述精度要求越来越高，构型三维定量刻画和小尺度构型精细表征是重要表征内容。主要是应用静、动态资料，深入解剖砂体内部构型单元，研究不同级次储层构型单元的规模、连续性、连通性、各种界面特征及渗流屏障的空间分布特征，在此基础上精细表征单砂体和各种构型间界面的分布、储层物性非均质性（夹层）、大中尺度裂缝及优势裂缝带的分布。

2）储层三维定量表征技术体系

自2000年海上油气田开展三维地质建模研究以来，地质建模技术的进步与推广应用为产量增长提供了技术支撑。特别是"十一五"至"十三五"期间，储层表征技术得到长足发展，逐步形成了一套适用于不同开发阶段、具有不同技术特点的地质建模技术体系，包括相控建模、等效表征建模和地质体原样建模等。

（1）基于地质条件约束的相控建模技术：

针对储层多相分布或复杂储层结构表征难的问题，形成了基于地质条件约束的相控建模技术。"相控建模"（Facies-Controlled Modeling）方法中的相，是广义的相，包括沉积相、微相、成岩相、流动单元、储集相等。相控建模（相控随机建模）首先建立沉积相、储层结构或流动单元模型，然后以不同沉积相（岩相类型或流动单元）的储层参数定量分布规律作为边界约束条件，分相（砂体类型或流动单元）进行井间插值或随机模拟，建立储层参数（孔隙度、渗透率、含油饱和度）分布模型。通过实践，该方法与所研究的地质现象吻合性较好，能更好地反映储层内部不同地质体呈现的储层物性非均质性，是符合地质规律的、行之有效的储层参数建模思路。

（2）基于等效表征的小尺度构型建模技术：

① 小尺度地质界面等效表征技术：

"十二五"以来，随着油气田开发的进行，开发矛盾逐渐显现，常规相控方法建立的地质模型难以满足油藏精细研究需要，小尺度地质体界面（河流相侧积夹层、三角洲微相界面等）对油藏内部流体流动具有重要影响，其精细表征面临挑战，为此，渤海油田提出一种小尺度地质界面等效表征技术。该技术通过网格界面传导率的方法，将一些几何参数难以精细反映到地质模型中的复杂地质体界面直接表征到油藏数模模型中，以反映地质界面对流体渗流的影响，解决模型精度与效率难以兼顾的问题，提高油藏数值模拟成果质量和剩余油预测精度。

② 四位一体双模迭代技术：

对于开发阶段油田，如何将地震、测井、地质、油藏不同专业资料和成果认识有效融合到数字化油藏模型中，是储层精细表征一直追求的核心目标，也是不断提高研究精度的关键，这一目标的实现需要动静一体化的双向工作流支撑。渤海油田提出通过整合地震、密井网、井组动态分析及模型动态响应资料等多种信息约束的建模思路，利用动态认识与地质模型耦合迭代技术优化、更新模型，形成井震静动四位一体双模迭代技术。归纳起来即为"井点信息标定，地震横向约束，井间动态指导，数模响应拟合"。

（3）基于嵌入式表征的地质体原样建模技术：

"十三五"以来，油气田开发复杂程度不断增加、数字化程度不断提高，对复杂储层表征的定量化和精细化提出更高要求。海油地质建模团队以开发问题和精细化目标为导向，重点从深化地质规律认识、创新表征技术方法两方面入手，开拓思路、改进方法，创新形成构型包络面无网格建模技术、构型单元界面嵌入式表征技术，攻克业界碎屑岩储层构型精细表征难题。

① 构型包络面无网格建模技术：

储层表征模型精细程度对构型预测成果的定量化依赖性较强，但其定量预测面临空间形态预测难、多维互动研究难、缺乏井间定量预测方法等挑战。针对以上难点，提出并攻关了构型包络面无网格建模思路与方法。利用工程自由曲面技术构建地质原型模型，在此约束下，基于井震结合多维交互构型研究方法，以包络面形式重构各级构型单元三维形态。该技术为碎屑岩三维构型定量预测提供了有效方法和实现抓手。

② 构型单元界面嵌入式表征技术：

受网格尺度、正交性及模拟算法的影响，目前储层构型单元精细表征仍面临小尺度地质体几何形态刻画难、其界面和渗流差异性精细表征难等挑战，面对难题，突破传统地质建模角点网格限制，创新嵌入式表征模式，形成构型单元界面嵌入式表征技术。主要内容包括：提出并创新基于嵌入式非结构化网格的构型界面表征方法，实现小尺度构型单元三维模型原样表征；创新地质模型与构型界面耦合表征方法，精细刻画构型渗流差异性，实现碎屑岩储层构型原样表征。

（4）基于复合砂体构型的砂岩储层建模技术：

根据储层不连续界限，针对复合砂体构型进行解剖，分砂体期次进行约束建模。界限表征的关键在于界限物性的合理赋值。较为准确的表征方式是利用钻遇界限的实钻井等第一手资料，将界限物性数据粗化进入网格，然后据此模拟模型内所有界限属性。在缺乏实钻资料的情况下可考虑其他替代手段，如等效表征，在动态标定界限连通能力的基础上，通过控制连通网格数量、模型渗透率及网格面传导率来实现；或类比相似油田物性特征，通过搜集大量相似地质条件的油田钻井资料，建立界限物性的定量知识库，借鉴相关井资料近似表征界限物性。

（二）剩余油定量评价技术

1. 水淹层定量解释技术

针对海上油田密闭取心和动态监测资料少，充分利用海上测井系列齐全、井间一致性好、注入水矿化度高、水淹层电阻率降低明显（核实代表性）的特点，创新建立了基于岩石物理相的"双饱和度"水淹层定量解释技术路线和方法（图2-2-72）。提出了基于岩石物理相的水淹层地层原始参数反演、密闭取芯饱和度校正、水淹层地层水（混合水）电阻率计算、测井参数与生产动态参数转换等多项新技术，建立了较为完善的基于岩石物理相的"双饱和度"水淹层定量解释技术方法。

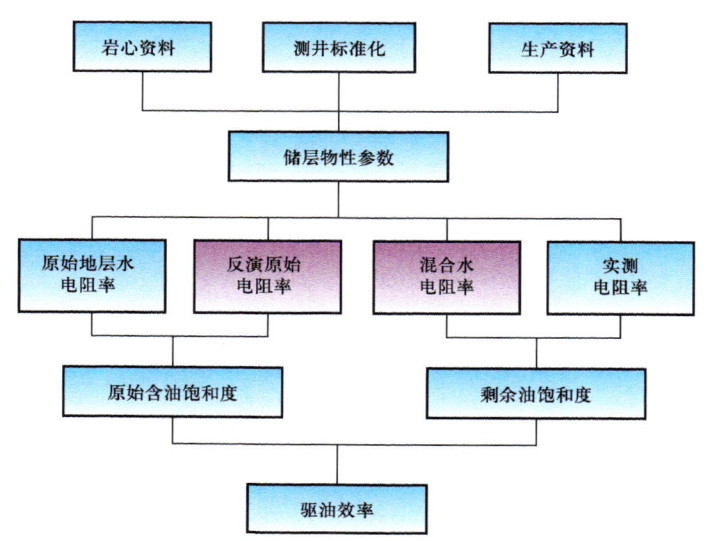

图2-2-72　基于岩石物理相的"双饱和度"水淹层定量解释技术路线

对于井间对比较好的三角洲相储层，通过"点上层约束、面上井约束"的立体约束式原始电阻率反演法，分层及分井区建立的储层物性参数与原始电阻率关系相关性好，原始电阻率反演精度高。对于储层非均质性强、沉积相变化快、油水关系复杂的河流相及扇三角洲油藏，储层岩性、物性变化大导致了储层物性和地层原始电阻率关系不好，传统方法计算的油层原始参数精度不高。在交会图分析技术基础上，通过建立基于测井特征区分程度的综合指示指数，提出了利用聚类分析技术进行岩石物理相划分的新方法，克服了利用流动带指数进行岩石物理相划分依赖大量岩心资料的缺陷，并提高了划分结果的可靠度。在岩石物理相划分基础上，提出了用物性参数反演油层水淹前原始地层电阻率及用拟毛管压力曲线评价油层原始含油饱和度技术，与传统计算束缚水饱和度代替油层原始含油饱和度相比，计算结果更准确。

储层具有相似的岩性及物性特征时，储层的水淹规律等具有相似的特征，因此，引入岩石物理相来进行储层评价。目前业界岩石物理相划分方法主要通过计算流动带指数（FZI）进行储层的分类，但是该方法主要依赖于常规岩心分析数据等，由于海上取心资料少，不利于学习到非取心井段或非取心井中去。基于图论多分辨聚类法的岩石物理相划分方法主要对取心段连续的测井曲线进行划分，运用邻近指数NI（Neighboring Index）和寻找核心代表指数KRI（Kernel Representative Index）拐点进行岩石物理相的划分，该算法参数较少且运行结果稳定，划分结果易学习到非取心井段和非取心井中去，克服了业界利用流动带指数（FZI）进行测井相划分的缺陷。

在岩石物理相划分基础上，可以对各岩石物理相的实验数据作分析，从而获得各岩石物理相的渗透率模型及岩电参数值，提高了渗透率及剩余油饱和度测井解释精度。同时，在岩石物理相划分基础上，通过分类反演电阻率等方法，可以获得精度更高的原始电阻率反演结果（图2-2-73）。

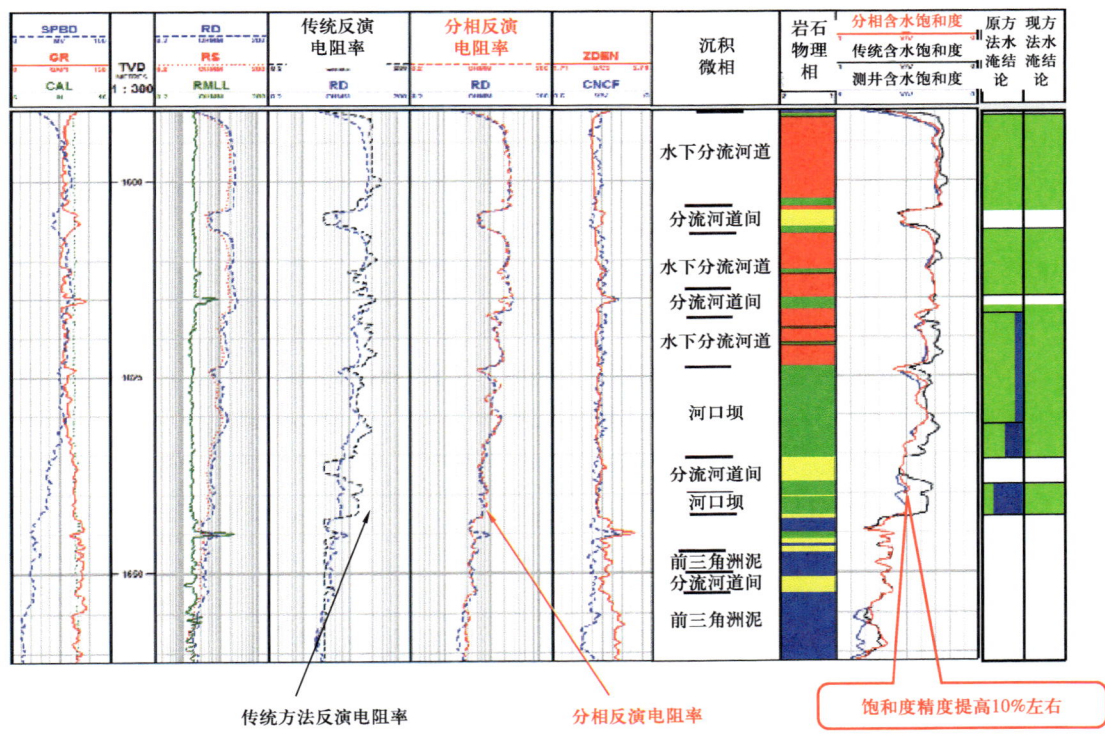

图2-2-73 基于岩石物理相的油层原始电阻率反演结果

渤海油田注入水有处理后生产水、海水、水源井水等，油田注水开发过程或者不同的注水开发阶段，注入水的矿化度与原始地层水往往存在差异，因此油层水淹后地层水电阻率也相应发生变化，准确计算油层水淹后的地层水电阻率对正确评价剩余油饱和度、定量评价水淹层至关重要。

针对注入水矿化度变化对剩余油饱和度计算带来的技术难题，提出了水淹层地层水电阻率动态反演技术，采用地层等效体积模型并联导电方程，以及改进的印度尼西亚饱和度模型联合迭代反演技术，提出了求取水淹后地层水电阻率新方法，提高了注水开发水淹后测井计算饱和度参数精度。

未水淹泥质砂岩体积物理模型通常由油气、砂岩毛管束缚水、泥质束缚水、砂岩和泥岩组成，经典泥质砂岩饱和度模型中认为砂岩毛管束缚水与地层自由水矿化度相当，而与泥质束缚水矿化度不同，并分别考虑了二者对岩石导电性的影响。注水开发的泥质砂岩油气层可等效为由油气、注入水、砂岩毛管束缚水、泥质束缚水、砂岩和泥岩组成的体积模型，其中油气、注入水、砂岩毛管束缚水组成了有效孔隙部分。

根据上述的注水开发的泥质砂岩水淹层体积模型，将地层混合液定义为两部分，即注入水和砂岩毛管束缚水。基于混合液离子平衡原理和混合液电阻率实验数据建立了岩石有效孔隙度导电模型［式（2-2-18）、式（2-2-19）］，与该油田适用的饱和度公式［式（2-2-20）］建立联立方程组，对混合液电阻率、当前含水饱和度进行迭代求解。

$$C_{wz} = \frac{S_{wi}}{S_{wz}} \cdot C_{wi} + \frac{S_{wz} - S_{wi}}{S_{wz}} \cdot C_{wj} \quad （2-2-18）$$

$$R_{wz} = \frac{5.6 C_{wz}^{-0.95}}{1 + 0.025(t - 18)} \quad （2-2-19）$$

$$\frac{1}{R_t} = \frac{\phi^m \cdot S_{wz}^n}{a \cdot R_{wz}} + \frac{V_{sh} \cdot S_{wz}}{R_{sh}} \quad （2-2-20）$$

式中 C_{wz}，C_{wi}，C_{wj}——混合液、束缚水、注入水矿化度，mg/L；

S_{wz}，S_{wi}——当前含水、原始束缚水饱和度，f；

ϕ——测井解释孔隙度，f；

R_t——测井深电阻率，$\Omega \cdot m$；

R_{sh}——泥岩电阻率，$\Omega \cdot m$；

V_{sh}——测井解释泥质含量，f；

m，n——孔隙胶结指数及饱和度指数；

a——岩性系数。

同时通过建立基于岩石物理相划分的水淹层测井评价参数与生产动态参数转换模型，实现了水淹层水淹级别定量划分。水淹层测井定量解释技术在绥中36-1、秦皇岛32-6等油田经生产测试资料证实，符合率达90%以上，为油田高含水期剩余油挖潜及射孔方案的编制建立了技术基础。

2. 考虑驱替压力梯度的相渗时变数值模拟技术

高倍水驱后仍有大量剩余油以簇状或油膜形式残留在孔隙中，提高驱替速度，可有效动用簇状和油膜状剩余油，提高极限驱油效率。黏滞力是水驱油的动力，毛管力是水驱油的阻力，提高黏滞力、减小毛管力有利于提高极限驱油效率；毛管数表征了黏滞力与毛管力的相对大小，毛管数越大，代表黏滞力的作用越强，极限驱油效率越高，残余油饱和度越低，如图2-2-74所示。

$$C_a = \frac{v_w \times \mu_w}{\sigma} \quad （2-2-21）$$

式中　C_a——毛管数；

v_w——驱替相流速，m/s；

μ_w——驱替相黏度，mPa·s；

σ——界面张力，N/m。

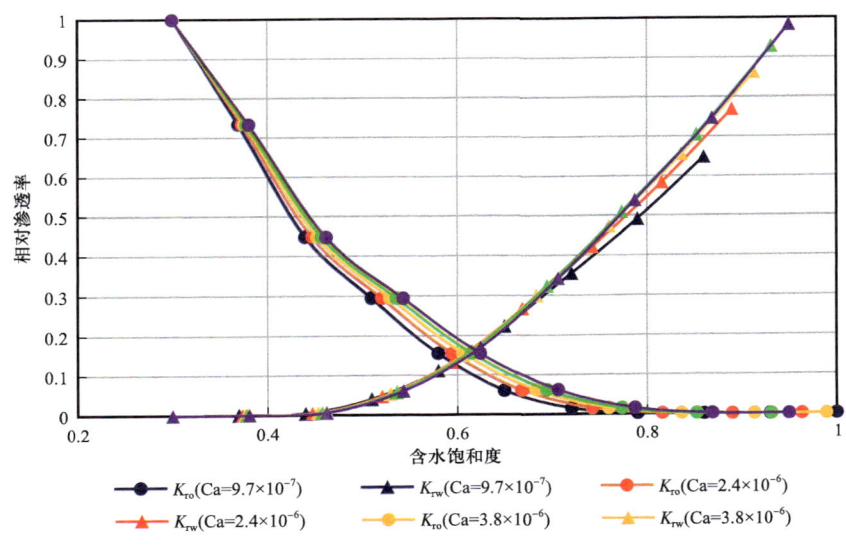

图 2-2-74　不同毛管数下相渗曲线对比图

提出以毛管数表征瞬时冲刷强度，将传统的基于驱替通量的相渗时变技术进行革新，结合先进的毛管数残余油动态演化方法，构建跨尺度耦合的相渗时变油藏数值模拟技术，实现差异注采条件下剩余油精细预测，预测精度提高 10%；以构型解剖成果及剩余油精准预测为指导，建立稠油油藏联合井网开发模式下水平井高效挖潜技术，高含水后期稠油油田采收率提高 5%，如图 2-2-75 所示。

$$S_{or} = S_{init} + \left[S_{init} - \frac{S_{ormax} - S_{ormin}}{1 + e^{(C_a - C_{a0})/dC_a}} - S_{ormin} \right] \times \varepsilon^M \qquad (2-2-22)$$

式中　S_{or}——残余油饱和度；

S_{init}——初始残余油饱和度；

S_{ormax}——低毛管数下最大残余油饱和度；

S_{ormin}——高毛管数下最小残余油饱和度；

C_{a0}——毛管数拟合中值；

dC_a——毛管数曲线拟合参数；

ε——时变拟合参数；

M——驱替通量，m。

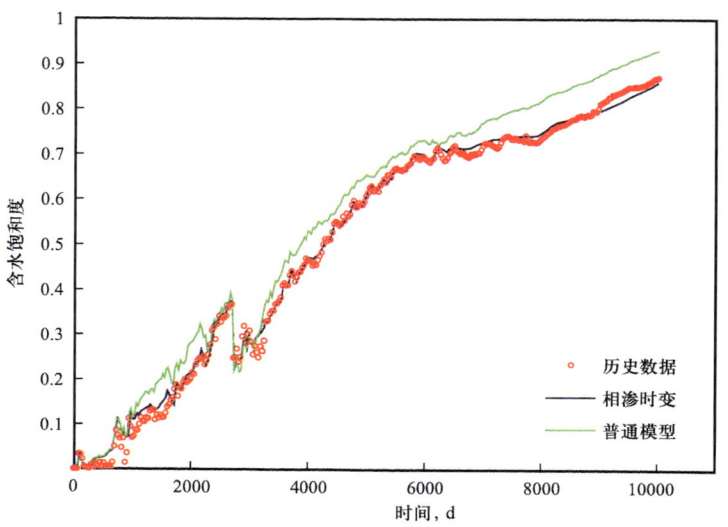

图 2-2-75　绥中 36-1 油田不同数值模型含水率对比图

（三）井网、层系调整技术

1. 层系细分与重组

多层合采砂岩油藏在开发过程中，由于层间非均质性强、层间干扰程度大，最终表现为各油层储量动用程度差异大、各层采出程度差异大、油藏采收率低等特点。层间干扰系数是表征多层合采砂岩油藏层间矛盾的重要参数。目前，层间干扰程度的主要研究方法为油井分层产能测试法，该方法的优点是能够得到层间干扰的第一手资料，结果准确可信，缺点是成本高、长时间的测试影响油井生产时率。因此，对于海上油田来说测试资料较少，无法运用大量的分层产能测试资料对层间干扰程度进行认识，且测试本身无法了解干扰的影响因素及其变化规律。另外，对于多层合采砂岩油藏，除物性差异外，随着开发的深入，纵向各层的压力和含水等差异也越来越大，使干扰进一步加剧。而目前对干扰的影响因素、干扰系数的定量表征及其变化规律等方面的理论研究较少，这给海上油田层间干扰的评价和降低干扰开发策略的制定带来了困难。对于多层合采砂岩油藏，纵向各层的物性差异，即储层纵向非均质性是造成层间矛盾的内因，这一点已经取得了广泛的共识。实际上，除物性差异外，随着油田开发的深入，纵向各层的压力和含水等差异也越来越大，并且这些参数相互影响、相互制约，使干扰进一步加剧，进而影响着油井的产能。

1）三角洲相油田层系细分技术与实践

水井分层调配、油井卡层及提液措施仅是从单一因素降低干扰系数，而细分层系开发能够通过油水井开关层作业，实现油水井分注分采，既能降低渗透率级差及纵向各层含水差异，同时还能提高生产压差，更加全面地降低层间干扰。因此，2013 年在绥中 36-1 油田首次实施了海上油田定向井细分层系先导试验。

试验区位于绥中36-1油田构造高部位的B区块，该区块于1995年投产，一直合注合采开发，截至细分层系前，已经开发了20余年，含水达到80%，采出程度为29.5%，进入了高含水、高采出程度的"双高"阶段，共发育14个小层，全区平均渗透率级差为7.73，平均突进系数13.35。试验区于2009—2010年开始实施加密调整，加密调整后井网由反九点井网变为行列注采井网，排距和井距由350m变为排距350m，井距175m。

试验区油井L4井于2013年1月进行了分层产能测试，结果显示，层间压力差别较大，静压最大为14.0MPa，静压最小为11.1MPa，层间含水差异最大值为32%，以采油指数法计算该井干扰系数为0.5（表2-2-12），表明该区域层间矛盾突出，适合进行细分层系开发。

表2-2-12 绥中36-1油田细分层系试验井组干扰系数统计表

井号	井段	渗透率 mD	厚度 m	测试含水率 %	比采油指数 m³/(d·MPa·m)	采油指数 m³/(d·MPa)	干扰系数（采油指数法）
L4	全井段	4408	52.4	73	0.43	22.53	0.50
	第1段	1793	14.5	54	0.87	12.15	
	第2+3段	5453	29.6	78	1.06	31.34	
	第4段	5435	8.3	79	0.17	1.37	

根据试验区的地质油藏特征、开采现状、开发矛盾和剩余油分布规律，进行层系重组，按照1~4小层、5~14小层细分为两套开发层系，采取1~4小层老注新采（老注水井注水，加密油井采油），5~14小层新注老采（加密水井注水，老油井采油）的方式进行分注分采，井网由排距350m，井距175m的行列井网变为两套排距350m，井距350m的交错井网，形成"平面变流线，纵向分层系"的开发模式，如图2-2-76、图2-2-77所示。

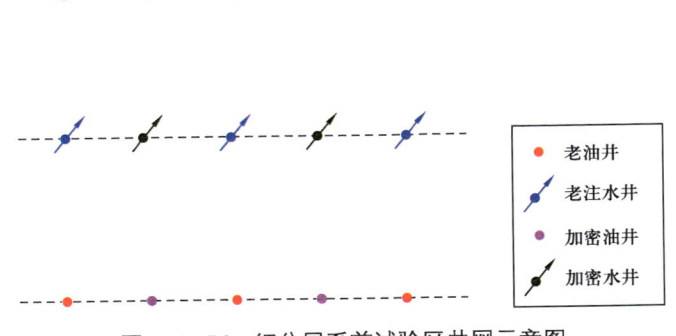

图2-2-76 细分层系前试验区井网示意图

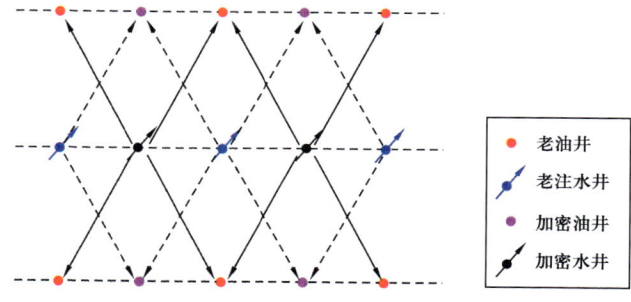

虚线为上套层系井网、实线为下套层系井网

图 2-2-77 细分层系后试验区井网示意图

利用合采生产资料动态反演层间干扰系数的计算公式：

$$\alpha_o = 1 - Q \frac{\ln \frac{R_{ev}}{r_{we}} + S}{542.87(p_e - p_w) \sum_{i=1}^{n} \frac{K_i h_i K_{roi}(f_{wi})}{\mu_{oi} B_{oi}}} \quad (2\text{-}2\text{-}23)$$

从干扰系数公式（2-2-23）可以看出，层间干扰系数是各层渗透率、含水率及合采压差的函数。对于非均质储层，物性差异是引起层间干扰的内因；而油田开发过程中，纵向各层含水差异和合采压力的变化则是加剧层间干扰的外因。由于各层含水及合采压差在不断变化，因此，层间干扰系数也是不断变化的。

绥中 36-1 油田细分层系后，开发效果改善明显，具体体现在：细分层系后，动态干扰系数明显降低。以绥中 36-1 油田细分层系先导试验井组中 B9 井为例，该井 2014 年 3 月实施细分层系开发，细分前生产 1～14 小层，细分后生产 5～14 小层，厚度由 54.9m 降低到 29.8m，渗透率级差由 14.5 降低到 4.8，细分后动态干扰系数和含水明显降低（图 2-2-78），动态干扰系数由 0.54 降低到 0.43，含水率由 83% 降低到 57%，平均日产油由 89m³ 增加到 115m³。

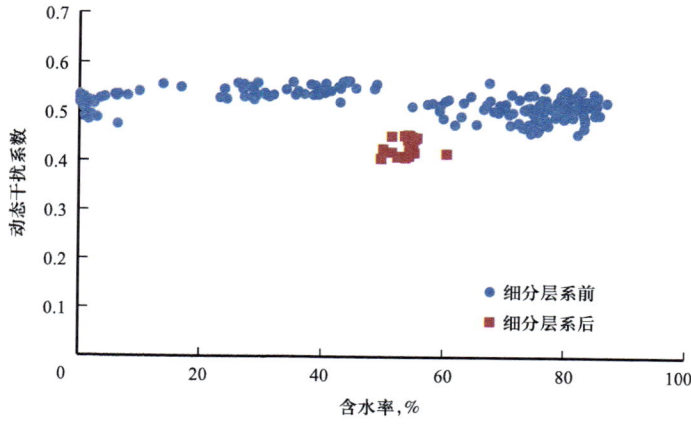

图 2-2-78 绥中 36-1 油田 B9 井细分层系前后动态干扰系数曲线

2）河流相油田层系细分技术与实践

针对秦皇岛32-6油田采用大井距多层段开采方式，各层系之间油藏类型、储层物性和流体性质差异大的特征，分析多层合采过程中不同含水阶段层间干扰对油井产能的影响，建立多层合采层间干扰定量表征理论。

根据油田开发特征，引入干扰系数概念，干扰系数随含水率的变化实际上反映的是多层合采过程中层间干扰对油井整体产油能力的影响程度随含水率的变化情况，干扰系数计算式：

$$\alpha_o = \frac{\sum_{i=1}^{n} J_{di_o} - \sum_{i=1}^{n} J_{hi_o}}{\sum_{i=1}^{n} J_{di_o}} \quad (2-2-24)$$

通过引入干扰系数，对单层的定向井产能公式进行修正，得到定向井多层合采产能计算式：

$$Q = \frac{542.87(1-\alpha_o)\sum_{i=1}^{n}\frac{K_i K_{roi}(p_e - p_w - G_i R_{iDv})}{\mu_{oi} B_{oi}}}{\left(\ln\frac{R_{ev}}{r_{we}} + S_{\theta C} + S\right)} \quad (2-2-25)$$

进一步对式（2-2-25）进行整理，得到层间干扰系数定量表征计算式：

$$\alpha_o = 1 - Q_o \frac{\left(\ln\frac{R_{ev}}{r_{we}} + S_{\theta C}\right)}{542.87\sum_{i=1}^{n}\frac{K_{roi}(f_w) K_i h_i (\Delta p)}{\mu_{oi} B_{oi}}} \quad (2-2-26)$$

利用干扰系数定量表征计算式，分析了秦皇岛32-6油田层间干扰情况，在此基础上，形成了秦皇岛32-6油田干扰系数评价图版（图2-2-79），可以看出：（1）秦皇岛32-6油田多层合采主要存在油藏类型差异、黏度差异、渗透率差异导致的层间干扰。（2）多层合采过程中层间干扰对产油有明显的抑制作用，随着含水率上升抑制作用逐渐增强，高含水期进行分层系开发势在必行。（3）渗透率级差（黏度级差）越大，在相同含水情况下的层间干扰程度越明显。因此，针对渗透率级差（黏度级差）较大的油层进行分层系开发，以减少层间干扰。

在干扰机理、干扰系数和分层系开发技术界限的基础上，把油藏类型、储层物性和流体性质差异大的油层分采，结合各油层地质储量和现有井网情况，进行分层系开发调整，由原来一套开发层系调整为三套开发层系，把不同油藏类型、不同流体性质的油层分采，各油层提高采油速度2.5倍，提高采收率10.3%，明显提高油田开发效果。

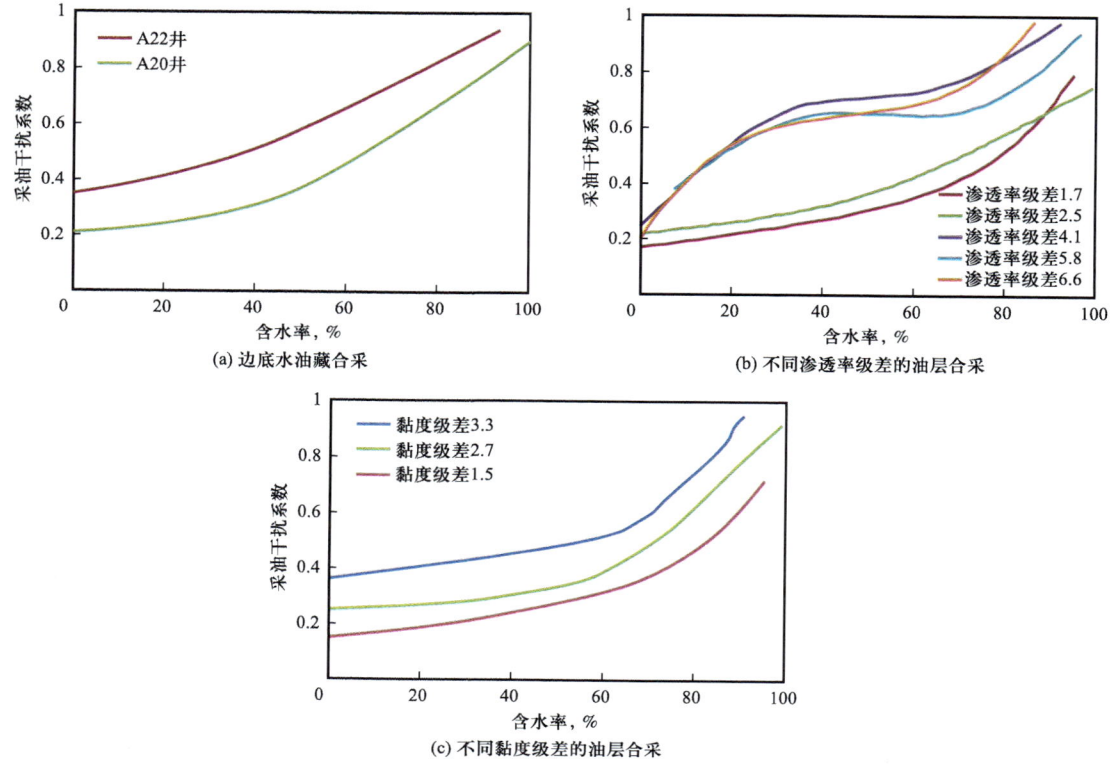

图 2-2-79 秦皇岛 32-6 油田多层合采层间干扰系数评价图板

2. 加密调整技术

1)基于水平井变流线的注采井网加密技术

秦皇岛 32-6 油田河流相储层非均质性强,导致高含水期注采受效不均,水驱波及范围小。利用流管方法和数值模拟方法建立非均质地层下正方形反九点井网面积波及系数计算模型,研究非均质模式下水驱波及系数的变化规律,为注采井网优化提供理论指导。

从油水两相流出发,利用流管法建立均质地层模式下的五点井网和反九点井网平面波及系数评价的理论模型,分析了五点井网、反九点井网平面波及系数与时间、含水率和井网密度的关系:

$$\zeta = \frac{p_h - p_f}{\frac{\mu_o}{k_o} - \frac{\mu_w}{k_w}} \left\{ \frac{\frac{\mu_o}{k_o} \frac{l(\sin\alpha + \sin\beta)}{\sin(\alpha+\beta)}}{p_h - p_f} - \sqrt{\frac{-2\left(\frac{\mu_o}{k_o} - \frac{\mu_w}{k_w}\right)}{p_h - p_f}t + \left[\frac{\frac{\mu_o}{k_o} \frac{l(\sin\alpha + \sin\beta)}{\sin(\alpha+\beta)}}{p_h - p_f}\right]^2} \right\}$$

(2-2-27)

利用油藏数值模拟软件,研究了非均质地层条件下的平面波及系数,与均质地层平面波及系数进行对比,得到非均质修正系数。用非均质修正系数对均质地层理论模型进行修正,分析了非均质条件下五点井网、反九点井网平面波及系数与时间、含水率和井网密度的关系。通过数值模拟方法,确定目标区块的非均质修正系数,对均质模型进行修正,引入非均质修正系数 α 为

$$\alpha = \frac{均质地层波及系数 - 非均质地层波及系数}{均质地层波及系数} \quad (2\text{-}2\text{-}28)$$

在以上非均质模式的基础上,研究五点直井井网、五点水平井网和反九点直井井网在不同井距下的波及系数与含水率的关系。从图 2-2-80 中可以看出:(1)水驱体积波及系数随着渗透率级差增大而减少,储层非均质性越强,体积波及系数越小。(2)对于非均质储层,通过加密井网可以提高体积波及系数。

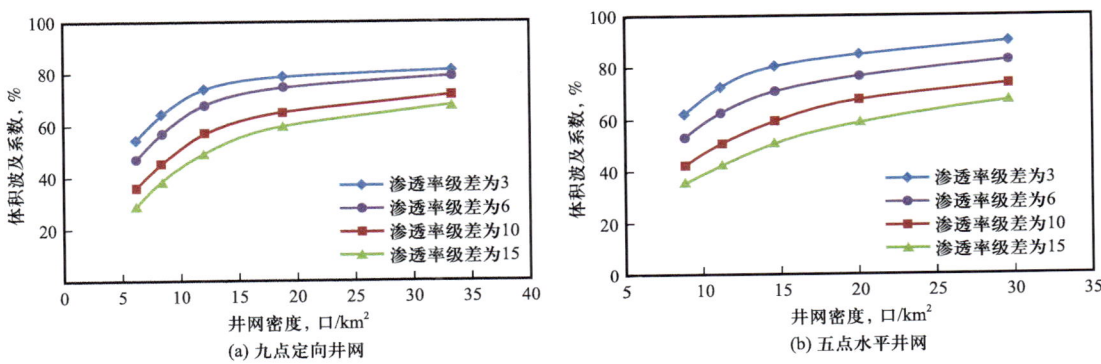

图 2-2-80　秦皇岛 32-6 油田不同非均质储层模式下注采井网加密技术图版

目前秦皇岛 32-6 油田采用反九点定向井网,井距 350m,井网密度 6 口 /km²,体积水驱波及系数为 30%~49%。通过对比两种井网的体积波及系数与井网密度关系(图 2-2-81),提出注采井网调整策略:由现在的反九点定向井井网通过加密水平生产井,调整为五点定向井和水平井混合井网,井距由现在的 350m 调整为 220m,井网密度由现在的 6 口 /km² 调整为 14 口 /km²,体积波及系数提高 22%。通过利用水平井加密调整,油

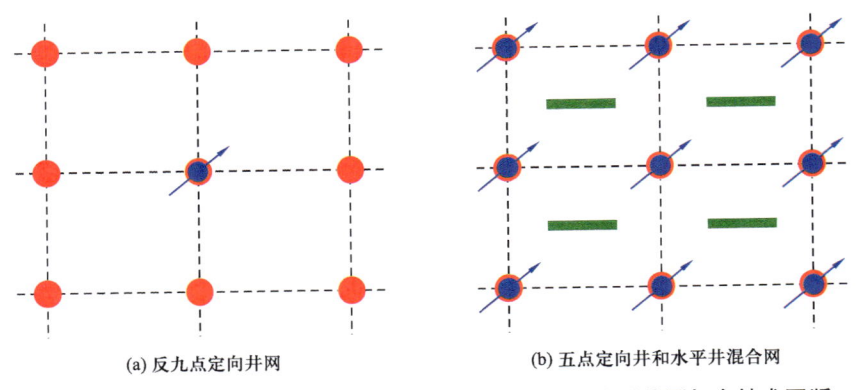

图 2-2-81　秦皇岛 32-6 油田不同非均质储层模式下注采井网加密技术图版

— 117 —

田采油速度提高 2.5 倍，采收率提高 10%。

2）考虑稠油有效动用范围的水平井优化技术

实验发现，稠油在多孔介质中的流动不符合达西渗流规律，当驱替压力梯度大于启动压力梯度后，才开始流动，表现出宾汉流体的特性。稠油启动压力梯度与黏度相关，且油相流度之间存在明显的乘幂关系，随着黏度增加，油相流度减小，启动压力梯度先缓慢变大，当流度减小到临界流度时，启动压力梯度迅速增加，评价稠油流动时可用流度的乘幂关系处理启动压力梯度（图 2-2-82）。

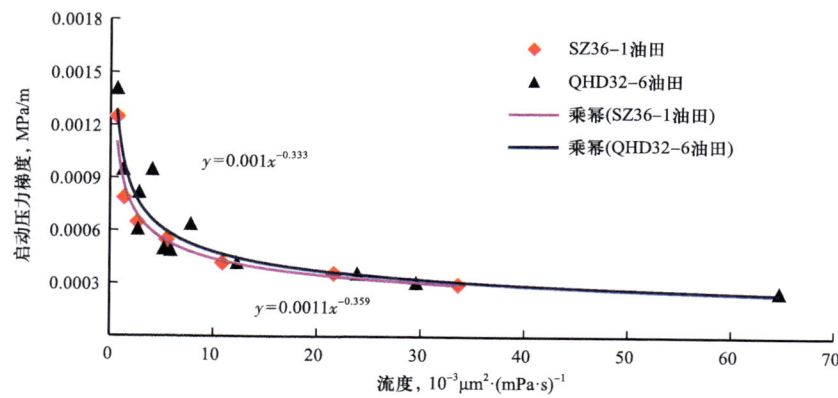

图 2-2-82　绥中 36-1 油田稠油启动压力梯度与流度的关系

基于油相的运动方程并结合启动压力梯度与流度的变化关系曲线，建立稠油启动压力梯度表达式：

$$G = a\left(\frac{KK_{ro}}{\mu_o}\right)^b \quad (2-2-29)$$

创新引入有效驱替压力梯度，准确刻画稠油油藏不同黏度区域真实驱替场，量化联合井网动用范围。

$$p_{eff} = \Delta p - G \quad (2-2-30)$$

式中　G——稠油启动压力梯度，MPa/m；

a，b——拟合因子；

K——渗透率，mD；

K_{ro}——油相相对渗透率；

μ_o——油相黏度，mPa·s；

p_{eff}——有效压力梯度，MPa/m。

基于势的叠加原理，推导出基于稠油非线性渗流特性的油井有效动用范围计算公式，建立稠油油藏定向井、水平井动用范围图版（图 2-2-83），定量预测不同黏度区域油井动用范围，大幅提高平面剩余油预测精度。指导油田高含水后期剩余油挖潜，油田 D 区原油黏度为50mPa·s，根据预测定向井M06动用半径为90m，调整井M06S1井侧钻至距老井M06井100m处挖潜剩余油，投产后含水20%（老井含水92%）；油田E区原油黏度为400mPa·s，根据预测水平井E51H动用半径为50m，调整井M06S1井侧钻至距老井E51H井70m处挖潜剩余油，投产后含水4%（老井含水88%），实现强水淹区高效挖潜（图2-2-84）。

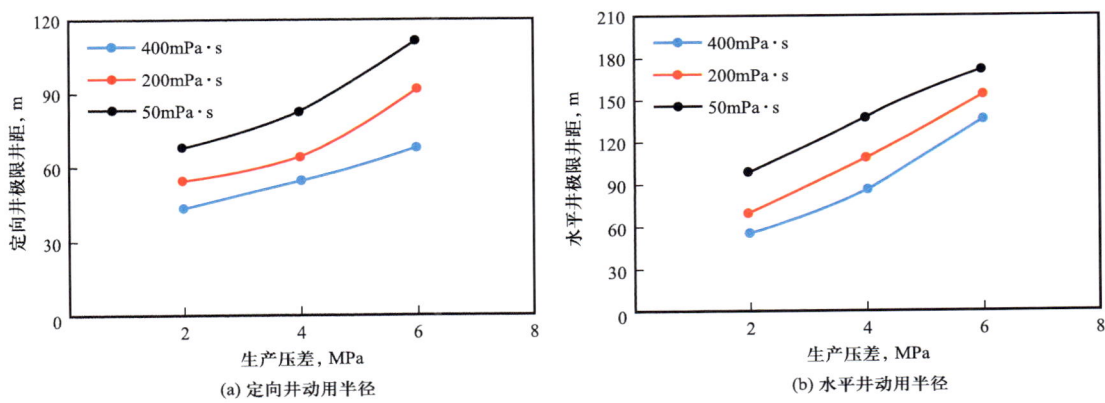

图2-2-83 不同稠油黏度的不同井型有效动用半径

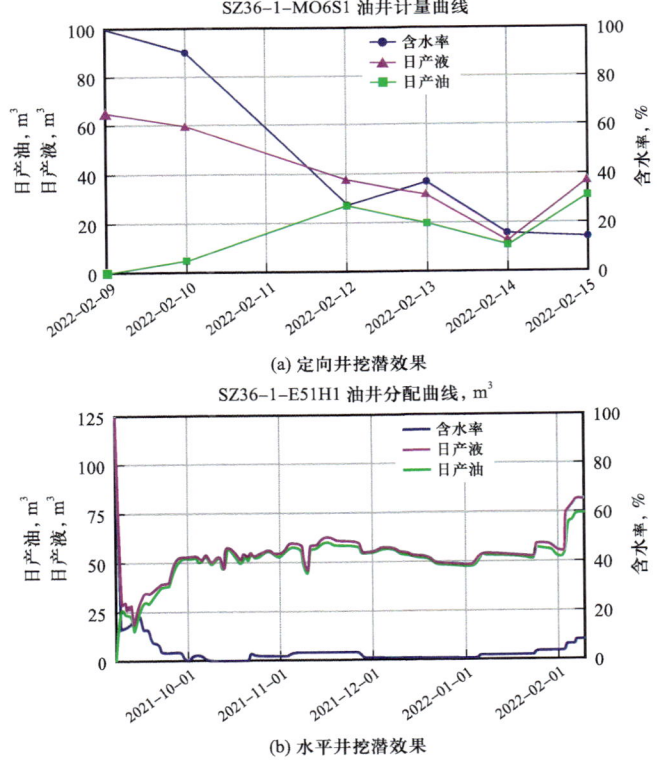

图2-2-84 不同稠油黏度的不同井型有效动用半径

(四)注采调控技术

1. 分层配注技术

1)弱底水油藏提高纵向波及注采调整技术

通过油田 90 多块天然岩心,模拟在不同驱替倍数下储层物性变化规律,回归出驱替倍数 R 与渗透率变化倍数 M_K [式(2-2-31)]。其中驱替倍数 R 是指一维岩心水驱油实验中流过岩心的累积水量与岩心总孔隙体积的比值,渗透率变化倍数 M_K 是指高倍数冲刷后岩心渗透率与冲刷前岩心渗透率比值。

$$\begin{cases} M_K = 1, & R \leqslant 1.5 \\ M_K = 0.9886 R^{0.2877}, & R > 1.5 \end{cases} \quad (2\text{-}2\text{-}31)$$

式中,$R \leqslant 1.5$ 时,表示岩心渗透率在冲刷前后基本不变(图 2-2-85)。注入孔隙体积倍数大于 1.5PV 时,渗透率增大倍数呈幂次方增加。

利用等值渗流阻力法,纵向上沿井筒可以看成若干小层的并联,流体在每个小层平面上的渗流可以看成若干小层的串联,每个网格内的流动分为平面和纵向两个方向渗流的组合。考虑物性时变特征,重新定量刻画了高倍数水驱后定向井及水平井水锥水脊。以油田实际参数,采用考虑物性时变的底水油藏水锥、水脊变化关系式计算得到转注井水锥半径 r_1 与水平井水脊半径 r_2,通过 $r_1 + r_2$ 与井距 L 的关系,以及 r_1 和 r_2 对应水淹高度之间的关系确定井间剩余油的分布规律(图 2-2-86)。

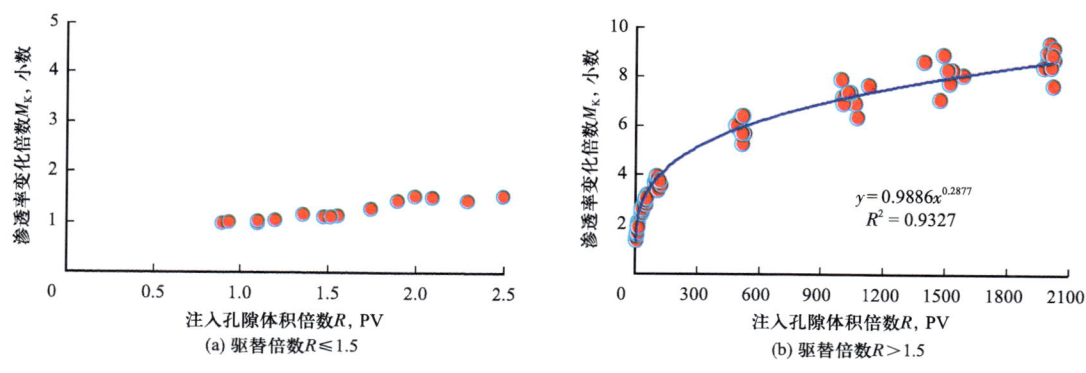

图 2-2-85 渗透率变化倍数与注入孔隙体积倍数关系

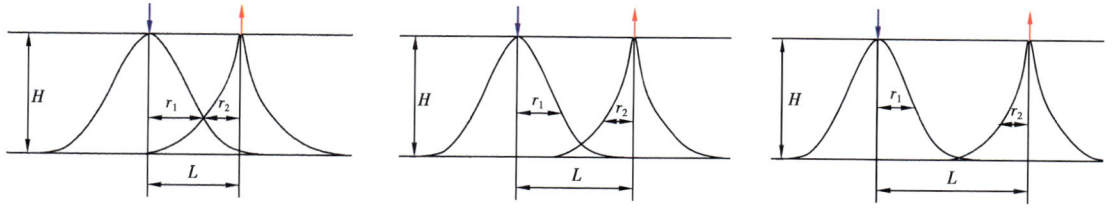

图 2-2-86 秦皇岛 32-6 油田常规稠油油藏不同注采井距条件下水淹状况分类

油藏中不同位置井间剩余油滴受合力（方向、大小）的不同，向生产井运移的条件也不同。通过对井间剩余油滴进行受力分析，得出井间剩余油滴流向生产井井点所需的可动条件 [式（2-2-32）]。

$$v_o = \frac{K_o}{\mu_o} \cdot \frac{\left[(\Delta p_1 + \Delta p_2 \cos\theta - \tau_1 - \tau_2 \cos\theta)^2 + (\Delta p_2 \sin\theta + F_0 - G - \tau_2 \sin\theta)^2\right]^{\frac{1}{2}}}{\left\{(L - x_f)^2 + \left[H - H_p(x_f)\right]^2\right\}^{\frac{1}{2}}} \quad (2-2-32)$$

以油田常规稠油底水油藏为例，利用公式计算得到了注水开发底水油藏井间剩余油动用界限图版（图2-2-87）。以秦皇岛32-6油田常规稠油底水油藏定向井目前的最大注水强度（100m³/m），生产井合理生产压差为3.5MPa时，水淹厚度最大可增加至40%左右。由此可得出，生产井提液+注水井增注，能够有效动用井间剩余油，相比单一增注或提液，井间水淹厚度可增加25%左右。

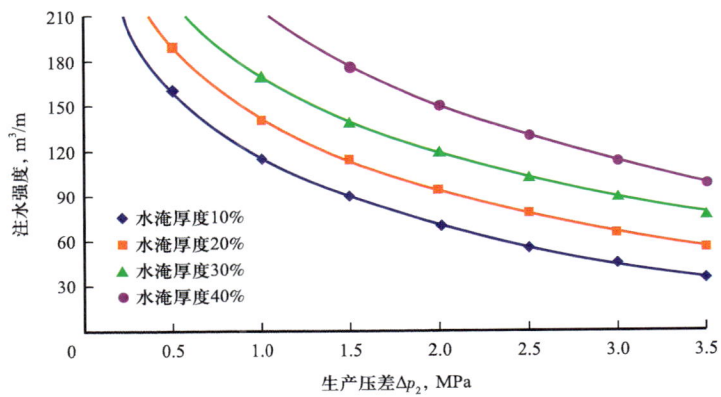

图2-2-87 井间水淹厚度与生产压差和注水强度关系图版

2）基于纵向均衡驱替的分层配注技术

多层合采油藏进入高含水后期之后，由于纵向各层的储层物性存在差异，各层的吸水能力不同，导致驱替不均衡，注水利用率降低。均衡驱替配注思想是指通过调配分层注水井到各小层的注入量，使各层的驱替强度相同，各层均衡开发，最大限度地降低层间干扰，提高注水利用率及油藏采收率。

图2-2-88为多层合采油藏，纵向共有n个小层，各层厚度分别为h_i，渗透率为K_i，孔隙度为ϕ_i，注采井距为L，注水井注水量为q，各层配注量为q_i，总累计注水量为Q，各层累计注水量为Q_i，其中各层累计注水量可由分层调配历史和吸水剖面测试资料计算得到，下标$i=1, 2, \cdots, n-1, n$。

分层调配前各层驱替通量为PA_i，基于均衡驱替思想，进行分层配注量优化调整，调配周期为Δt，调配后各层驱替均衡，驱替通量均为$\overline{PA}$，即

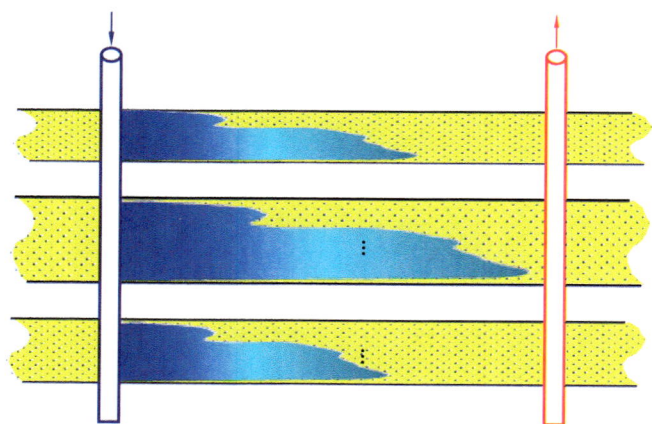

图 2-2-88 多层合采油藏示意图

$$PA_i + \Delta PA_i = \overline{PA} \quad (2\text{-}2\text{-}33)$$

式中 $PA_i = \dfrac{Q_i}{A_{\phi i}}$，$\Delta PA_i = \dfrac{q_i \Delta t}{A_{\phi i}}$。

各层配注量之和等于该井的井口总注水量：

$$q = \sum_{i=1}^{n} q_i \quad (2\text{-}2\text{-}34)$$

由式（2-2-33）和式（2-2-34）可得，分层配注模型：

$$\begin{cases} \dfrac{Q_1}{A_{\phi 1}} + \dfrac{q_1 \Delta t}{A_{\phi 1}} = \overline{PA} \\ \vdots \\ \dfrac{Q_i}{A_{\phi i}} + \dfrac{q_i \Delta t}{A_{\phi i}} = \overline{PA} \\ \vdots \\ \dfrac{Q_n}{A_{\phi n}} + \dfrac{q_n \Delta t}{A_{\phi n}} = \overline{PA} \\ q = \sum_{i=1}^{n} q_i \end{cases} \quad (2\text{-}2\text{-}35)$$

求解上述模型，可得各层配注量为

$$q_k = \dfrac{A_{\phi k}}{\sum\limits_{i=1}^{n} A_{\phi i}} q + \dfrac{1}{\Delta t}\left(\dfrac{A_{\phi k}}{\sum\limits_{i=1}^{n} A_{\phi i}} Q - Q_k \right) \quad (2\text{-}2\text{-}36)$$

驱替断面孔隙面积为

$$A_\phi = 2\pi R \overline{h} \overline{\phi} \qquad (2-2-37)$$

式（2-2-36）可简化为

$$q_k = \frac{\overline{h}_k \overline{\phi}_k}{\sum_{i=1}^{n} \overline{h}_i \overline{\phi}_i} q + \frac{1}{\Delta t}\left(\frac{\overline{h}_k \overline{\phi}_k}{\sum_{i=1}^{n} \overline{h}_i \overline{\phi}_i} Q - Q_k \right) \qquad (2-2-38)$$

即纵向各层的分层配注系数为

$$\eta_k = \frac{\overline{h}_k \overline{\phi}_k}{\sum_{i=1}^{n} \overline{h}_i \overline{\phi}_i} + \frac{1}{q\Delta t}\left(\frac{\overline{h}_k \overline{\phi}_k}{\sum_{i=1}^{n} \overline{h}_i \overline{\phi}_i} Q - Q_k \right) \qquad (2-2-39)$$

从推导建立的分层配注量计算模型可以看出，它主要和储层厚度、孔隙度、注水历史、调控周期以及注入量有关。若各层处于均衡驱替状态，则各层所需的配注量与其孔隙厚度成正比；若各层驱替不均，但各层孔隙厚度相同，则各层配注量差别与层间驱替强度差异大小正相关，同时与调控周期反相关，调控周期越短，则各小层为了达到均衡驱替状态所需调配的水量差别越大。

同时，新的分层配注系数确定方法[式（2-2-39）]简单实用，利用油田基础资料，根据吸水剖面、注水历史及调控周期和注入量即可确定配注系数。

2. 流场表征及调控技术

海上油田地质条件复杂、沉积类型多样、储层变化快，高含水后期开发矛盾突出、剩余油分布复杂，优势渗流通道和剩余潜力难以定量评价，流场评价缺乏基础理论的系统研究。提出了以"油通比"为基础的油田优势渗流场评价方法，和以"动效系数"为基础的油田动用效率评价方法，突破了流场差异化调控政策技术界限的瓶颈，创建均衡流场调整模式，结合储层构型精细解剖成果，有效指导现有井网流场的精细调控工作。

1）基于油通比的优势通道评价方法

从油藏渗流理论出发，理想状态下，注入水将保持一定水驱油效率，将地层中的原油携带出孔隙。然而随着开发的进行，或者高渗通道的影响，注入水利用率降低，油藏中产生对油流没有起到驱替作用的水，即过量水。过量水是导致水平井见水的直接原因，无效水是优势通道中流动的水。

创新提出以油通比来定量识别优势渗流通道。油通比的定义为：单位水通量所改变的网格含油饱和度。油通比的大小，精确刻画了多孔介质中水置换油的效率。

$$F = \frac{S_{oi} - S_o}{M_w} \qquad (2-2-40)$$

式中 F——油通比，m^{-1}；
　　　S_{oi}——原始含油饱和度，无因次；
　　　S_o——含油饱和度，无因次；
　　　M_w——水相驱替通量，m。

根据油通比的三个特征点，将油通比曲线划分为四个级别，各个级别的特征和含义见表 2-2-13。

表 2-2-13 油通比流场分级表

分级	名称	油通比曲线特征	流场特征
Ⅳ	未波及区	无	该区域的含油饱和度等于储层初始含油饱和度，水驱油前缘未到达该区域
Ⅲ	油水前缘区	油通比曲线为线性变化	该区域冲刷强度较弱，但含油饱和度变化较大，基本为无水采油
Ⅱ	过量水区	油通比曲线为指数递减	该区域存在部分注入水与油流一起流动，即该区域为油水共同产出区域
Ⅰ	优势渗流通道区	油通比曲线近似不变	该区域经过长期水冲刷后，含油饱和度已经近似等于残余油饱和度，存在大量无效循环水

绥中 36-1 油田Ⅰ期主力砂体，聚合物驱后呈现出"整体动用，局部优势"的规律，部分井组内部注采矛盾突出，优势渗流条带发育。根据绥中 36-1 油田油通比特征曲线，确定流场分级界限，对应划分 4 级渗流区域分别为：1 级优势渗流通道区，2 级过量水区，3 级油水前缘区，4 级未波及区（图 2-2-89）。优势渗流通道的存在，严重制约了流场的均匀驱替，有效限制油藏中 1 级优势渗流通道区的扩散和发育，实现均衡开发的目的。

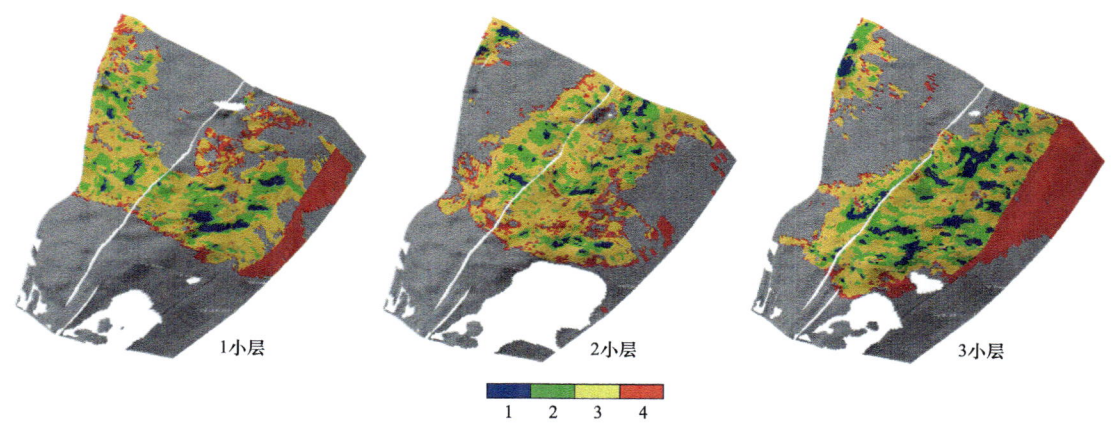

图 2-2-89 绥中 36-1 油田油通比流场分级图

2）基于动效系数的剩余油动用潜力评价方法

在水驱开发流场研究中，由于实际油藏流场普遍存在非均质性，在现有流场评价方法中没有合适的参数能准确表征具备不同水淹程度、不同能量分布、不同开发潜力的储层单元内注入水对原油的实时驱动状况。

定义了储量动效系数用于表征油藏水驱开发的时效性，下文中可简称为动效系数。该参数中，引入含油率来表征油藏网格单元储量的"当前维度理论可动能力上限值"，用归一化的油相输出速度表征用于驱动该网格内储量的"当前客观驱动能量大小"，通过参数乘积表示该驱动能量在该可动能力限制下的有效驱动能量大小，即当前驱动能量分布状态下能有效应用于驱动各个单元内可动储量的能量数值。在流场表征应用中，该参数可有效表征具备不同物理特征的储层单元的实时动用状态。

$$E = f_o \dot{v}_o^{out} = f_o \cdot \sqrt{\left(\dot{v}_{ox}^{out}\right)^2 + \left(\dot{v}_{oy}^{out}\right)^2 + \left(\dot{v}_{oz}^{out}\right)^2} \qquad (2-2-41)$$

式中　E——储量动效系数，无因次；

　　　f_o——含油率，无因次；

　　　$\dot{v}_o^{out}$——归一化的油相输出速度；

　　　$\dot{v}_{ox}^{out}$，$\dot{v}_{oy}^{out}$，$\dot{v}_{oz}^{out}$——归一化的各方向油相输出速度。

以不同含水率临界值对应最大动效系数数值为临界点，将动效系数场由低到高依次划分为无效、特低效、低效、中效、高效、强效6个级别。在富油高效区、中含油中效区开展稳定流场强度操作；在富水低效区、特高含水特低效区开展控制流场强度操作；在剩下区域开展提升流场强度操作，调控优先级依次是：富油特低效区、富油低效区、中含油特低效区、富油中效区、中含油低效区、富水特低效区，如图2-2-90所示。锚定优势潜力

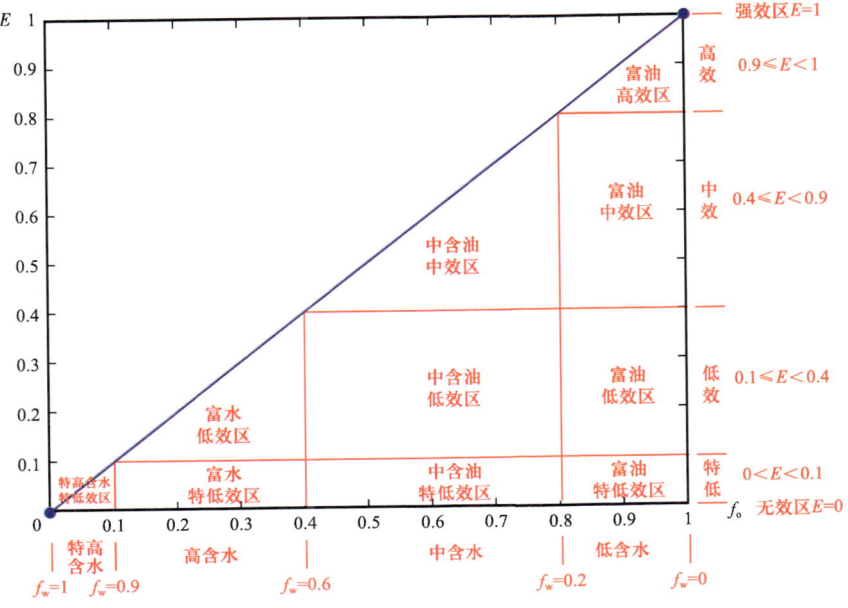

图2-2-90　动效系数6级12区分级界限图

区域，制定流场差异化分级调控政策图版（表2-2-14），创建均衡流场调控技术，实现定量化流场分级调控。

表2-2-14 流场差异化分级调控政策

主要评价指标	存在问题	调控策略	措施方法
动效系数	层间矛盾突出、平面水驱不均	"源汇映射"	注采调整
动效系数	递减率高、含水上升快	"稳油控水"	优化注水
油通比	存在优势渗流通道	"调剖调驱"	调剖堵水
动效系数	储层强水淹	"层系重组"	细分层系

基于流场评价及调控技术，指导绥中36-1油田开展693井次精细注采调控，调控后流场强度均衡提升（图2-2-91），实现油田高含水后期自然递减率低于7%。

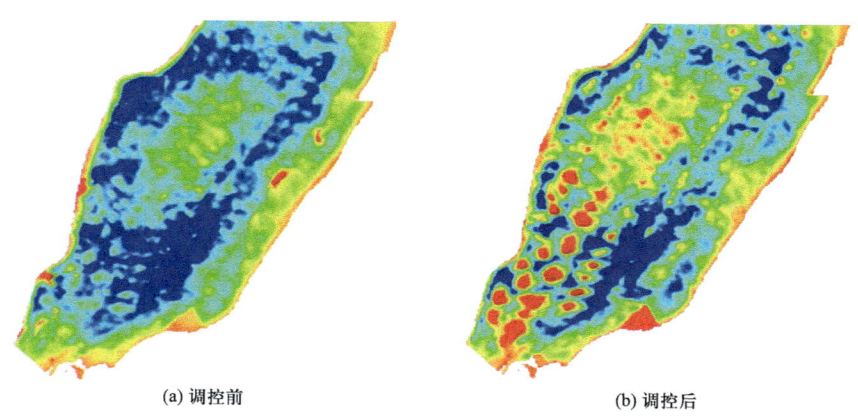

(a) 调控前　　　　　　　　　　(b) 调控后

图2-2-91 调控前后动效系数场对比图

四、陆相整装油田配套工艺

（一）智能分层注采工艺技术

立足海上油田现场高效调配调产需求，结合油水井大井斜、大排量、小通径等特点，通过研发大排量智能注采工作筒、一体化电缆保护工具、地面控制器等关键设备，创新形成了以有缆智能分注、无缆智能分注、有缆智能分采为代表的智能注采技术系列，实现了注采调控模式从手动、半自动到全自动的转变，进一步缓解了海上高含水油田的开发矛盾。

以"先分注后分采，先试点后推广"为技术研发路线，通过优化产品设计、加快产品升级、丰富产品系列等研发措施，形成了以有缆智能分注、无缆智能分注、有缆智能分采为代表的海上特色智能注采技术系列，测调效率大幅提高，为海上油田日益增长的油水井精细调控需求提供了高效技术支撑。

1. 智能分注技术

海上油田智能分注技术主要包括有缆智能分注技术（图2-2-92）、无缆智能分注技术、边测边调分注技术等。

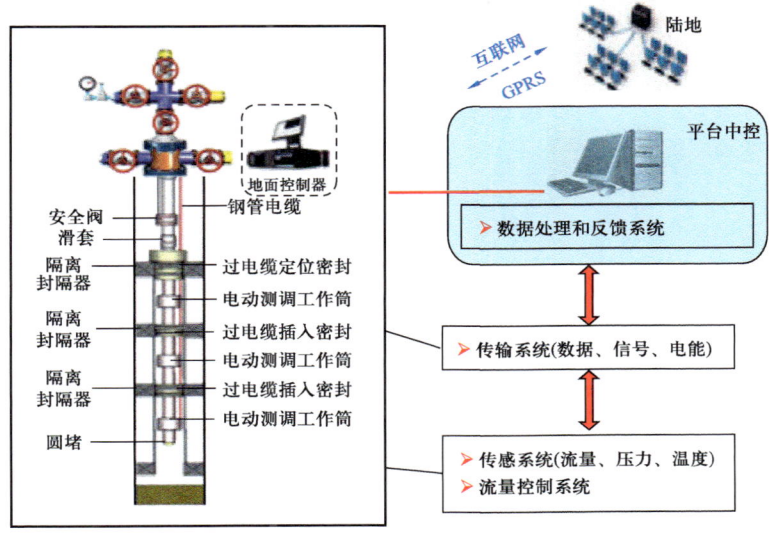

图2-2-92　有缆智能分注技术示意图

有缆智能分注技术通过钢管电缆将地面控制系统与井下有缆智能配水器相连，流量测调时，以电信号为媒介，通过地面控制终端向井下有缆智能配水器发送指令，实现井下流量、压力、温度等参数的实时监测和分层注水量调整。

无缆智能分注技术（图2-2-93）是将无缆智能配水器在无任何线缆连接的情况下随

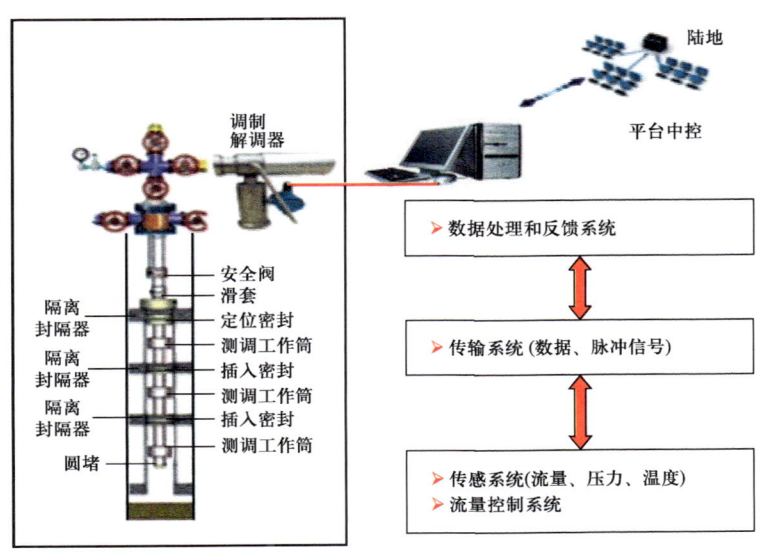

图2-2-93　无缆智能测调技术示意图

管柱下入井内，通过电池组为无缆智能配水器提供电能。流量测试及调配时，通过地面控制终端向地面调制解调器发送电信号指令，由地面调制解调器负责完成电信号与压力脉冲信号、流量脉冲信号间的相互转换，最终以压力脉冲信号和流量脉冲信号为媒介，实现井下流量、压力、温度等参数的在线监测和分层注水量调整。

边测边调分注技术（图 2-2-94）是将边测边调配水器在无线缆连接的情况下随管柱下入井内，流量测试及调配时，以电缆作业方式下入测调仪与井下边测边调配水器进行对接，以电信号为媒介，通过地面控制终端与井下测调仪进行双向通信，实现井下流量、压力、温度等参数的实时监测和分层注水量调整。

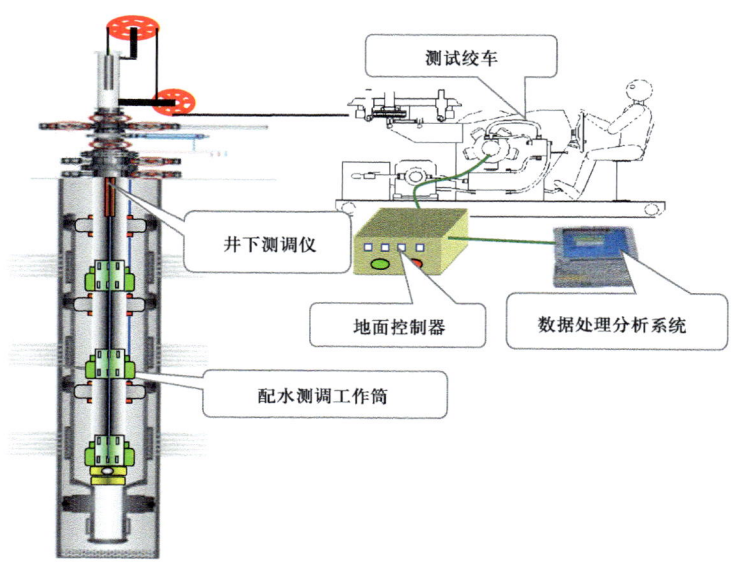

图 2-2-94　边测边调分注技术示意图

2. 智能分采技术

海上油田智能分采技术主要包括有缆智能分采技术（图 2-2-95）和无缆智能分采技术（图 2-2-96）等。

有缆智能分采技术是通过钢管电缆将地面控制系统与井下有缆智能配产器相连，以电信号为媒介，根据生产井实际生产情况，通过地面控制终端向井下有缆智能配产器发送指令，实现井下流量、含水率、压力、温度等参数的实时监测和分层产量在线调整，以达到缓解层间矛盾、稳油控水的目的。

无缆智能分采技术是将无缆智能配产器在无线缆连接的情况下随管柱下入井内，通过电池组为无缆智能配水器提供电能。通过地面控制终端向地面调制解调器发送电信号指令，由地面调制解调器负责完成由电信号向压力脉冲信号、流量脉冲信号的转换，最终以压力脉冲信号和流量脉冲信号为媒介，实现对井下无缆智能配产器油嘴开度的调整，以达到生产井分层产量控制的目的。

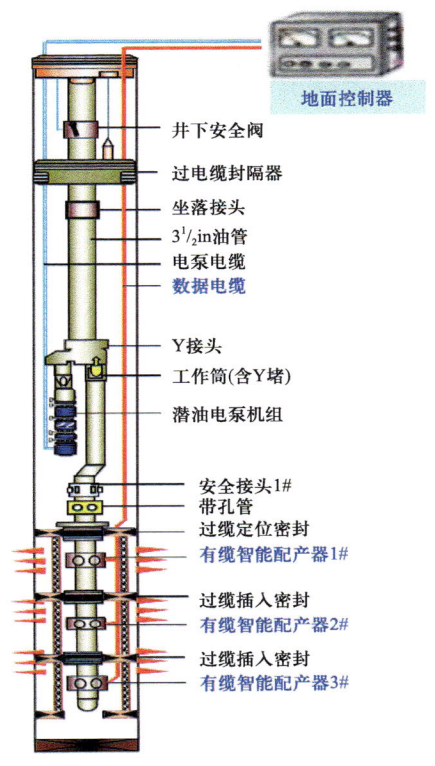

图 2-2-95 有缆智能分采技术示意图

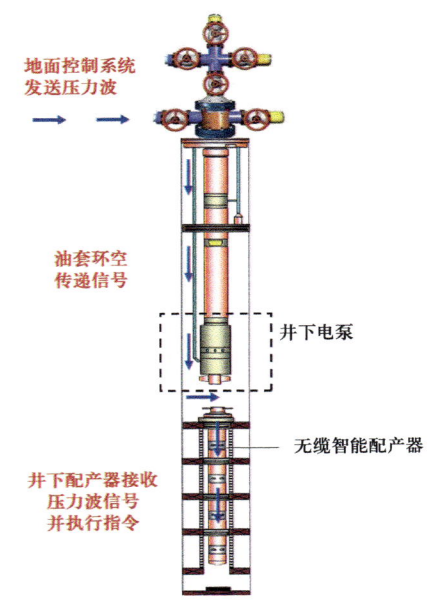

图 2-2-96 无缆智能分采技术原理图

（二）调剖调驱工艺技术

注水井调整吸水剖面的技术简称注水井调剖。广义的调剖是指从注水井进行的封堵高渗透层的措施，可以调整注水层段的吸水剖面工艺技术的统称。注水井调剖有两种途径：主要包括机械调剖和化学调剖。在同一防砂段内储层非均质性很严重的情况下，机械调剖方法很难取得好的效果，并且无法实现深部调剖。随着海上油田含水率的上升和进一步提高采收率的要求，化学调剖已成为注水井调剖的重要手段。化学调剖是在注水井中用注入化学剂的方法，来降低高吸水层段的吸水量，从而相应提高注水压力，达到提高中低渗透层吸水量，改善注水井吸水剖面，提高注入水体积波及系数，改善水驱状况。狭义调剖特指化学调剖，分为近井地带调剖和深部调剖。调剖剂进入高渗透层段半径小于 30m 时一般称为近井地带调剖；调剖剂进入高渗透层段半径大于 30m 的调剖作业，称之为深部调剖。

同时，随着水驱油藏问题越来越复杂，调驱技术应运而生。调驱技术是介于调剖和化学驱之间的改善地层深部液流方向、扩大水驱波及体积的技术，其投入成本远低于化学驱，尤其适合于严重非均质油藏中高含水时期改善水驱开发效果，已成为我国高含水油田稳油控水、改善水驱开发效果、提高采收率的一项重要技术。在海上油田，一般调驱注入量应至少达到 $10^{-3} \sim 10^{-2}$ PV 数量级。

1. 大孔道识别技术

在油田开发过程中注采井间逐渐形成的高渗层、特高渗层称之为大孔道，开发中表现为低效无效水循环。大孔道识别是调剖调驱工作中的关键，海上油田采用的大孔道识别方法主要包括 PI 决策识别大孔道方法、井间示踪方法。

1）PI 决策识别大孔道方法

压力降落指数 PI 定义为注水井关井 t 时间内注水井井底压力下降平均速度。对于同一区块内的两口井，相同时间内的压力降落指数 PI 越大，则地层吸水能力越强，即地层渗透率越高。定义压降指数 PI，其表达式为

$$\mathrm{PI} = \frac{1}{t}\int_0^t p(t)\mathrm{d}t \quad (2\text{-}2\text{-}42)$$

$$\mathrm{PI} = \frac{1}{t}\int_0^t \left[p_\mathrm{i} - \frac{q\mu}{4\pi Kh}\ln\left(\frac{2.25\eta t}{r_\mathrm{w}^2}\right) \right] \mathrm{d}t \quad (2\text{-}2\text{-}43)$$

对于同一开发区块的注水井，在相同时间内压降指数（PI）值与地层渗透率或流动系数反相关，对于注水开发油藏，其注水井压力指数（PI）值是对压力降落的速度和变化幅度的量化，地层渗流特性越好，吸水能力就越强，解释数据中流动系数就越大，PI 值就越小，反之 PI 值就越大。

2）井间示踪方法

井间示踪剂测试技术由于施工工艺简单、占用平台空间小等特点，已成为海上油田井间测试的主要手段。井间示踪剂监测技术从注入井注入示踪剂段塞，然后在周围生产井监测其产出情况，绘出示踪剂产出曲线，不同的地层参数分布和不同的工作制度导致示踪剂产出曲线的形状、浓度高低、到达时间等不一样，示踪剂产出曲线里面包含了井间地层的相关信息。通过处理，不仅可定性地判断地层中高渗透条带（大孔道）、天然裂缝、人工裂缝，而且可定量地求出高渗条带、天然裂缝的高渗层厚度、渗透率等有关地层参数。目前，海上油田主要应用了无机盐类、微量元素类及无本底氟苯甲酸类等 3 类示踪剂。

井间示踪解释主要基于四类方法：统计方法、解析方法、数值方法和半解析方法，解释成果中主要包括水驱驱替的方向、速度，注入流体的波及体积，油层平面、纵向的非均质性，井间大孔道发育状况等。

2. 调剖调驱体系

海上油田常用的调剖调驱体系主要包括以下 3 类。

1）聚合物交联凝胶调剖技术

根据使用的聚合物浓度的不同，可将交联聚合物体系分为三类：第一类，聚合物浓度较大，形成的体系具有整体性、有一定的形状、不能流动的半固体，为本体凝胶（Bulk

Gel，BG）；第二类，聚合物浓度较小，形成的体系没有整体性、没有一定的形状、可以流动的液体，是聚合物胶团在水中的分散体系，称为胶态分散凝胶（Colloidal Dispersion Gel，CDG）；第三类，聚合物浓度介于上述两者之间，形成的体系具有整体性、没有一定的形状、可以流动，为弱凝胶（Weak Gel，WG）。这三类体系聚合物使用的浓度界限和形成条件取决于很多因素，如温度、矿化度、交联剂类型和pH值等。现在较为普遍的弱凝胶定义是：由低浓度的聚合物/交联剂（聚合物浓度通常在800～2000mg/L之间）形成的、以分子间交联为主及分内交联为辅的、黏度在100～3000mPa·s之间、具有三维网络结构的弱交联体系，这样的凝胶体系在后续注入水的驱动下会缓慢地整体向前"漂移"，从而具有深部调剖和驱油的双重作用。

2）聚合物微球调驱技术

微球是一种纳微米级的凝胶颗粒，具有预交联颗粒可膨胀能变形运移的特点，它的合成材料是丙烯酰胺类有机物，聚合物微球在水中可以膨胀，在油中不会膨胀，且膨胀时间可控。将其随注入水注入地层，微球原液在注入水中分散为乳状液，黏度与水相当，初始尺寸只有几十纳米至十几微米，具有良好的注入性能。待微球膨胀后，可增加高渗通道的流动阻力，使注入水更多地进入中、低渗透部位，提高中低渗透部位的动用程度，实现注入水的微观改向。通过控制聚合物微球的成分和结构，控制其在注入水中的膨胀速度（最大可控膨胀时间超过30天），尽可能将微球注入到地层深部，达到深部调驱的目的；通过控制其原始尺寸和有效成分含量，控制其最大膨胀体积，使之与地层孔喉匹配。这样就解决以往调堵材料中存在的注入能力与堵水强度之间的矛盾，也解决了颗粒型调剖剂在水中容易沉淀，不可深入地层，形成地层永久伤害等问题。

3）在线组合调驱技术

针对常规调剖/驱作业存在的设备占用平台空间大、药剂熟化时间长等问题，形成在线注入药剂体系及装备，技术理念方面从单一体系走向组合技术，改变了以往调剖与调驱分开实施模式，将调与驱有机结合，实现复合增效。药剂类型：凝胶包括中低温在线凝胶体系（铬交联类）与中高温在线凝胶体系（酚醛类）；微球包含纳米级、微米级及亚毫米级三大类。在线组合调驱体系及小型化配注工艺，可大幅减少调剖/驱所占平台空间，无需使用调剖泵、熟化罐等大型设备，利用平台注水泵，实现药剂在线注入，降低设备使用能耗50%以上，加速对常规调剖/驱的技术升级，为海上油田规模化推广与应用提供切实可行的技术基础。

（三）酸化解堵工艺技术

陆相常规稠油油田主力油层多属于高孔高渗疏松砂岩储层，流体性质复杂，油水井易受到伤害而影响油田持续高效开发。受限于海上有限的作业空间、时间及特殊的作业环境，常规水力压裂作业难以实施，目前陆相常规稠油油田最重要的增产增注手段仍然以酸化解堵技术为主，在渤海各大油田得到了规模化应用，取得了显著的效果。

从20世纪80年代起，渤海油田开始规模实施酸化技术，取得了较为明显的增产增注效果，渤海油田初期进行酸化增产增注作业需要动管柱完成，动用钻井船支持，作业费用高且周期长。从90年代末开始，酸化技术在渤海油田得到了快速发展及成功应用，突破了海上平台油井酸化技术瓶颈，储备了一系列解堵技术，初步建立了渤海油田酸化技术体系（主要以土酸体系为主），立足于海上平台的作业环境，逐步形成了以不动管柱酸化等为代表的核心技术，应用也取得良好效益。针对渤海油田油藏储层流体性质、岩石胶结疏松、敏感性强，在作业过程中易受伤害、伤害类型复杂等特点，开发出油藏酸化针对性强的氟硼酸、多氢酸等酸液体系，这类酸液体系在满足不动管柱酸化需求的同时，性能进一步提升，形成了新一代的不动管柱酸化新技术。

1. 相继注入酸化工艺

相继注入SHF（Sequential HF Process）酸化工艺是利用黏土的离子交换的性质，交替向地层中注入盐酸和含氟离子溶液，使两种化学剂交替在地层中与黏土接触，其中的H^+和F^-可以在黏土表面不断组合产生HF，达到溶蚀黏土矿物的目的。在砂岩储层中，SHF体系主要溶解黏土而不是砂子，因此其酸化深度超过常规土酸。SHF酸液体系与土酸溶解砂子和黏土矿物的对比实验结果表明，该体系所溶解的黏土与砂子比例最高可达15∶1，而常规土酸这个比例只能达到0.64∶1，说明SHF酸液体系溶解黏土能力比土酸强，而对砂的破坏小。其原因在于黏土是砂岩油层中具有离子交换特性的主要矿物，而砂只有很小的离子交换能力。在受黏土伤害较为严重的储层，该体系有较好的酸化效果。SHF酸化工艺是一种在油层内部生成HF的延迟反应的工艺技术，适用于解除深部油层的黏土损害，但是在现场施工工艺较为复杂，同时必须严格控制NH_4F的pH值为中性或弱碱性，增加施工难度和施工成本，这对现场应用十分不利。

2. 单步法在线酸化工艺

针对常规酸化解堵方式占地面积大、时效低、作业程序复杂等关键问题，通过酸化理论、酸液体系的创新攻关，形成海上油田油水井单步法高效解堵工艺技术，实现了使用一种新型高效单一酸液（称为单步酸）代替传统技术中使用的前置液、处理液、后置液和顶替液四种功能不同的液体，极大地简化酸液配制和施工工序，缩短施工时间，最大程度地降低酸化作业对平台的占用及对其他作业的影响，允许多层集中处理，实现规模化效益（图2-2-97）。同时通过实时监测酸液注入压力和流量，模拟计算表皮系数实时分析酸化改造效果，进而实时调整施工参数、优化注液量，保证最优酸化效果。

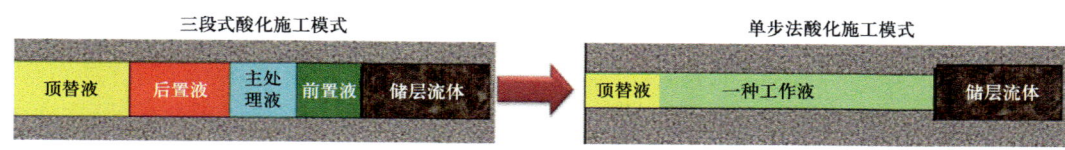

图2-2-97 酸化施工模式对比

3. 液气交替注入深部解堵工艺

针对注聚受效井，常规解堵方法是利用强氧化剂打破聚合物分子结构、氧化破胶解除堵塞伤害，但依然存在解堵液接触面积有限溶解堵塞物不充分，解堵有效期短、效果差等问题。因此，从产液变化规律、现场堵塞物分析等多方面开展分析，根据前期研究成果优化化学驱油田产出端解堵工艺，提出了"注入气体提高酸化效果"配合"多级交替注入"复合解堵工艺—液气交替注入深部解堵工艺。注入气体能有效提高酸化作业的波及范围，充分发挥气体与液体之间的相互作用，以提高酸化效果，国内开展酸化作业过程中借鉴国外的成功经验，多采用CO_2/N_2基形成的泡沫酸开展酸化作业，具有缓速、分流、助排等作用。

4. 酸防一体化解堵增效工艺

针对部分油田油水井受黏土膨胀和微粒运移导致常规酸化有效期短的问题，发现以有机阳离子聚合物的空间网状结构为载体，利用分子间力和氢键力等作用吸附在黏土表面，引入无机盐离子，提高黏土颗粒固结体的固结强度，通过添加表面活性剂，在黏土颗粒固结体上形成"覆膜"，降低黏土水化膨胀和微粒运移的风险。最终形成了一套酸防一体化增效技术，该技术使用新型复合防膨体系与螯合解堵体系配合，可有效解除油水井近井地带污染，恢复地层渗透率，还兼具明显防止储层中黏土矿物水化膨胀和分散运移的作用。施工工艺采用前置黏土防治段塞提高处理半径和处理效果，大幅提升油水井酸化解堵有效期。

5. 自转向酸酸化解堵工艺技术

目前渤海油田酸化井主要针对垂直井或储层厚度不太大的定向井而进行的，其工艺已经相对较成熟，然而酸化的对象还包括大跨度、长井段、物性非均质差异大的储层，这类储层往往具有注采剖面不均衡的特点，酸液在整个处理层段中的有效布置对储层均衡解堵起着非常关键的作用。针对渤海典型疏松砂岩储层特点及完井方式，形成了自转向酸酸化工艺技术。自转向酸酸化工艺技术（图 2-2-98）原理是自转向酸进入地层后，优先进入高渗层位，随着酸岩反应，体系 pH 值升高，同时金属阳离子浓度增加，使得体系黏度急剧升高，达到分流转向的目的，从而实现均衡解堵。

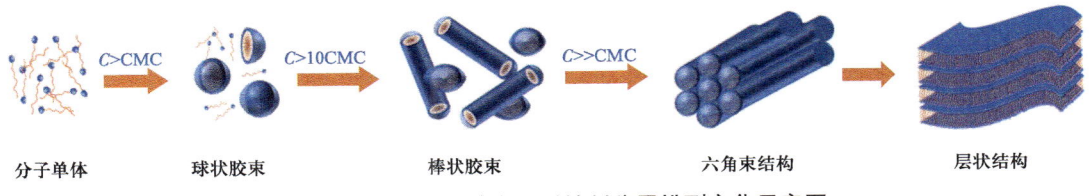

图 2-2-98　自转向酸表面活性剂分子排列变化示意图

五、矿场实例

(一) 绥中 36-1 油田

1. 地质油藏概况

绥中 36-1 油田是 1987 年在渤海海域发现的第一个石油储量过亿吨的大油田,该油田位于渤海辽东湾海域,西北距绥中市 50km,东距秦皇岛市 102km。绥中 36-1 油田是渤海辽东湾海域的大型披覆半背斜稠油油田,产层为古近系东营组二段下亚段(以下简称东二下段)的湖相三角洲砂岩。

油田储层分布比较稳定,油层呈层状分布,油气分布受构造控制,局部区域同时也受岩性的影响。油藏类型属受岩性影响的在纵向上、横向上存在多个油气水系统的层状构造油藏(图 2-2-99)。储层纵向上具有明显的反旋回特征,可见多套砂、泥岩互层,砂层厚度范围达到 40.0~120.0m。储层胶结疏松,物性具有高孔、高渗特征,孔隙度在 27.0%~35.8% 之间,平均 32.0%;渗透率在 100.0~12000.0mD 之间,平均 2815.0mD。孔隙类型以粒间孔为主,其次为溶蚀孔。油层非均质性中等到强,层间渗透率变异系数 0.4~1.7,平面渗透率变异系数 0.5~1.4。油田原油属重质稠油,油田地下原油黏度(原始地层压力下)介于 24.1~452.0mPa·s 之间,油田探明含油面积为 47.45km²。

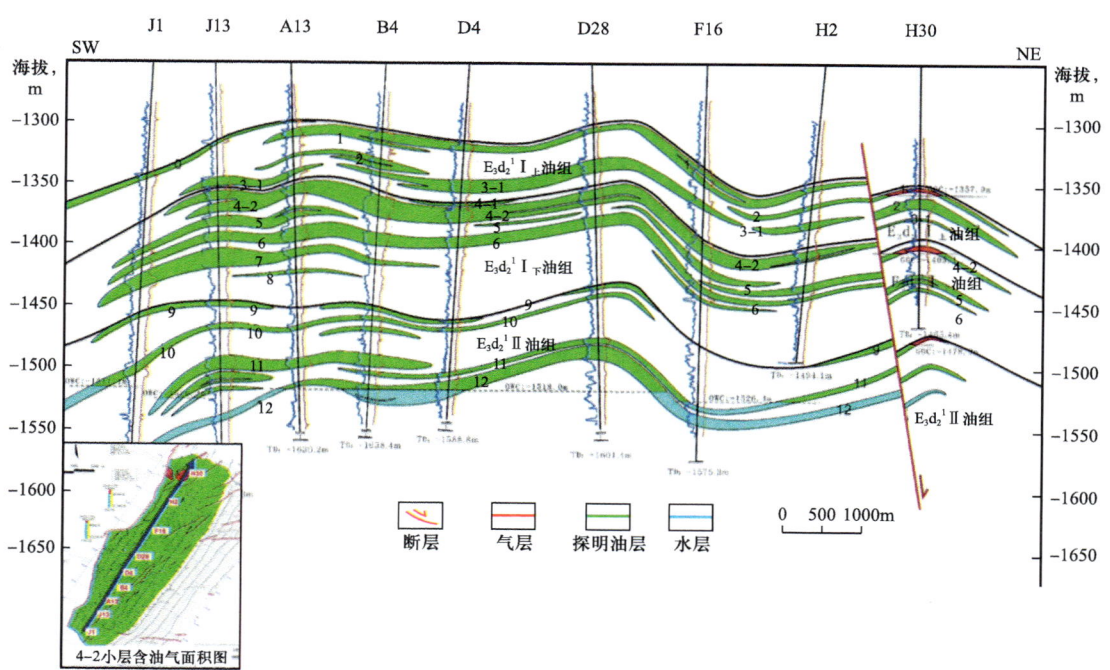

图 2-2-99 绥中 36-1 油田油藏剖面图

2. 开发历程

绥中 36-1 油田 1993 年开始投产，先后经历 I 期、II 期两个建产阶段，2009—2015 年实施整体加密调整，调整后开发效果明显改善；目前处于精细注采、减缓递减阶段。综合开采曲线如图 2-2-100 所示。

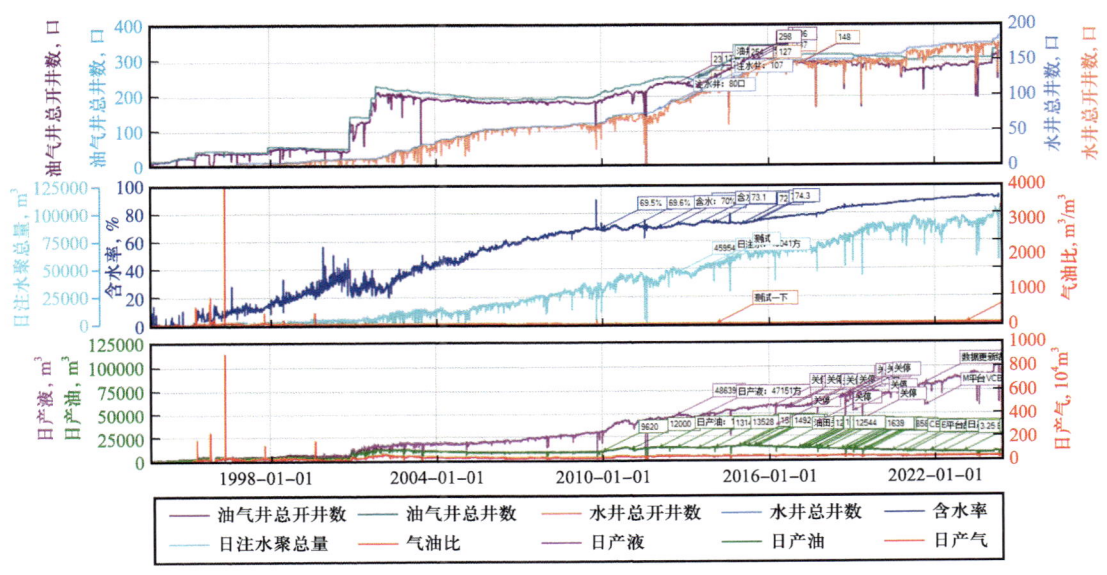

图 2-2-100 绥中 36-1 油田综合开采曲线

2009—2015 年油田实施综合调整"平面分区、纵向分层、立体调整、均衡开发"为核心的综合调整技术体系，高部位以定向井加密为主，形成了行列井网；低部位以水平井加密为主，形成了水平井 + 定向井联合开发井网。通过实施井网调整，绥中 36-1 油田产量大幅上升，2012 年产油量达到 $508 \times 10^4 m^3$，并连续五年维持在 $500 \times 10^4 m^3$。高峰采油速度达到 1.7%，预计通过井网调整可提高采收率 15%，开发效果显著提高。

随着绥中 36-1 油田进入"双高"阶段，油田面临稳产难度持续加大，需根据剩余油状况，实施调整挖潜。持续开展"分区块差异化调整策略"，为了控制注入水突进速度，减小层间矛盾，提高注入水水驱效率，增大水驱储量的动用程度，持续开展注采优化，实施优化注水 450 井次/年，油井措施 60 井次/年，自然递减率由"十二五"的 10% 左右降低到"十四五"的 7% 左右，压力保持水平由 85.0% 增加到 93.6%，含水上升率由 2.5% 降低到 1.5%。

3. 提高采收率举措

1）开发早期

随着开发的进行，油田的产能不断被非主力油层接替后，原井网和注采系统都不能很好地发挥非主力油层的生产能力；原来的注水井数和注水量也难以满足地下注采平衡的需要；注水井的位置也不能适应变化后的平面油水分布情况，出现采油速度和采收率较低、产量递减快等问题。

2009—2015 年油田实施综合调整"平面分区、纵向分层、立体调整、均衡开发"为核心的综合调整技术体系，高部位以定向井加密为主，形成了行列井网；低部位以水平井加密为主，形成了水平井＋定向井联合开发井网。

2）开发中后期

随着加密调整的进行，油田水驱状况明显改善，采收率大幅度提高，同时加密调整井数明显增多，平面不同注采方向及纵向不同层位注采关系更加复杂，动态非均质导致无效循环不断加剧，剩余油高度分散。

（1）井况复杂，精细注水难度大，高含水期注水效果有待进一步提高。

绥中 36-1 油田开发时间长，随着开发的进行，许多注水井出现了管柱损坏、堵塞等问题（图 2-2-101），导致水无法有效注入地层，同时这些问题还造成了井网布局的不完善，精细注水变得更加困难，亟须进一步提升和优化注水技术，以确保油田的持续高效开发和稳定生产。

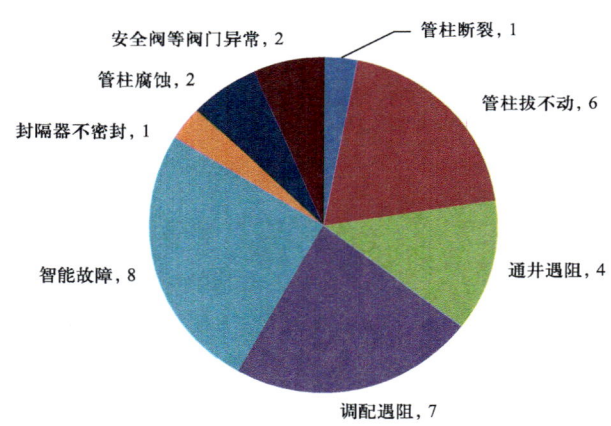

图 2-2-101　绥中 36-1 油田目前注水井存在问题分类

（2）高含水期储层存在优势渗流通道，层间层内矛盾有待进一步改善。

随着长时间的高注入量和高压力注入，受冲刷的影响绥中 36-1 油田的优势渗流通道发育。优势渗流通道的存在导致了见水速度过快，使得水的波及范围变得更小，层间层内矛盾更加突出。同时，优势渗流通道的发育存在一定的不确定性，更增加了油田开发的难度。因此，需要针对这些挑战采取有效的措施，以确保油田的可持续开发和生产。图 2-2-102 为 M11 井和 K29 井测井曲线。

（3）地面处理能力和管输能力存在瓶颈，影响油田潜力的释放。

绥中 36-1 油田目前正处于高含水开发和高采出程度的"双高"开发阶段（图 2-2-103），导致产油量逐渐下降，而产液量和产水量则不断增加。然而，目前调整井基本采用老井侧钻方式实施，老井井槽与地下潜力井位因方位不顺、全程造斜等矛盾在现阶段非常突出，地面处理能力和管输能力方面存在瓶颈,难以满足这一情况下的需求,这影响了油田潜力的充分释放。

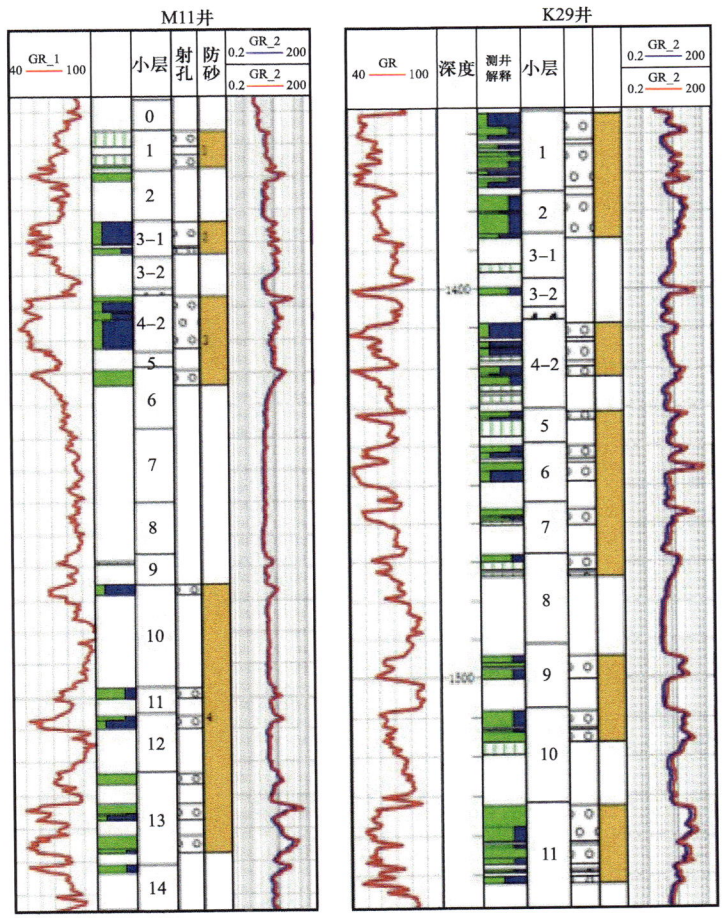

图 2-2-102 M11 井和 K29 井测井曲线

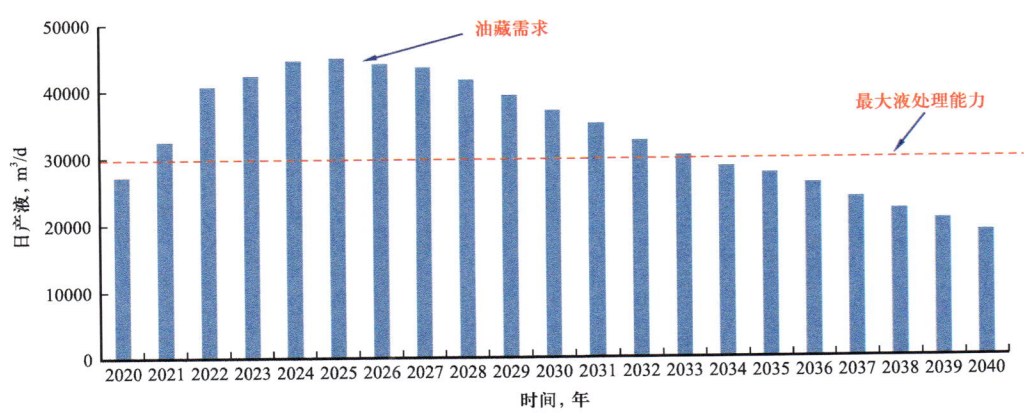

图 2-2-103 地面工程处理能力(绥中 36-1 油田 I 期日产液预测)

（4）高含水期剩余油高度分散，精细挖潜难度大。

剩余油分布受沉积韵律、微构造、断层、夹层及井网完善程度等多因素的影响，绥中36-1油田储层非均质性强、井网井型复杂，且随着开发的不断进行，储层物性参数存在时变现象，造成其剩余油高度分散，一方面局部区域井控处理依然较高，另一方面剩余油分布规律更加复杂（图2-2-104），精细挖潜难度大。

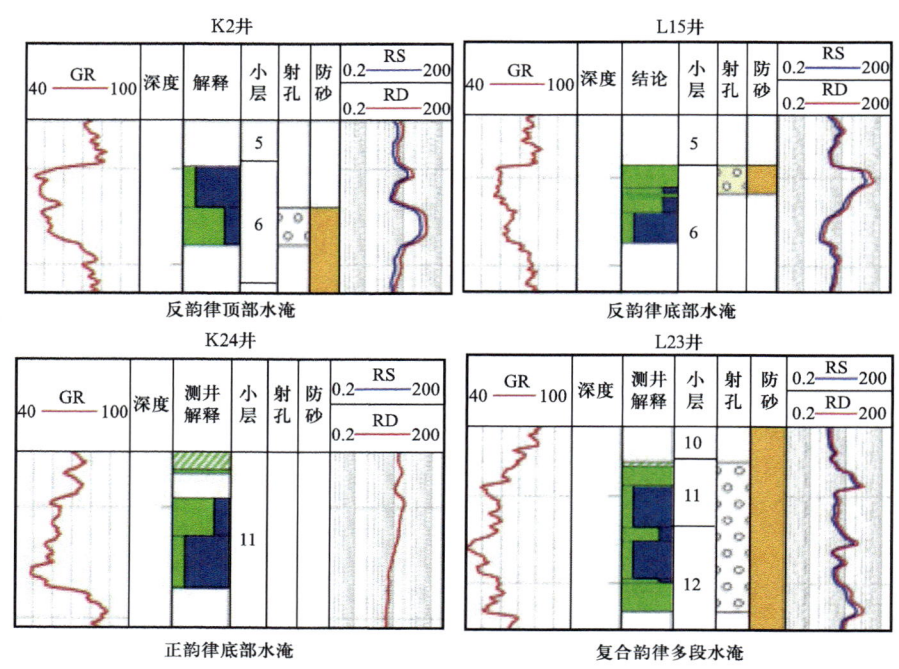

图2-2-104　不同井剩余油分布

针对该阶段问题，主要采取以下措施进一步提高采收率：

（1）改善注水井况，推进精细注水。

一是加大力度改善注水井井况，推动注水井大修计划，通过新型膨胀式密封的研发应用，减少密封失效井大修作业；二是结合注入井吸水剖面、吸水指数测试等资料，分析注入压力高的注水井污染层位，及时采取解堵措施，推进注水井酸化、注水压力优化等增注工艺实施。同时，针对Ⅰ期停注聚后存在含水上升加快，递减加大的风险，重点加强停注聚后优化注水策略研究，推进Ⅰ期调剖、提液措施；针对油田Ⅱ期高部位产吸剖面不均现象，开展纵向产吸剖面调整，针对部署水平井较多的油田Ⅱ期低部位加强注水井分层调配工作，优化分层调配方法，加强智能测调工艺的推广实施（图2-2-105），控制含水上升速度，减缓递减，实现油田"注够水、注好水、精细注水"的目标。

（2）推广工艺实施，实现控水增油。

针对绥中36-1油田生产历史长，流场分布复杂，并且油水井数多的问题，持续攻关智能流场调控策略。针对注水井吸水剖面不均及局部大孔道发育的问题，加强调剖/调驱工艺的推广实施（图2-2-106），缓解纵向层间层内动用不均的矛盾，满足油田精细注水需要。结合油藏研究开展提高采收率新技术试验，如水平井卡堵水技术攻关等，有效提高油田开发效果，控制含水上升。

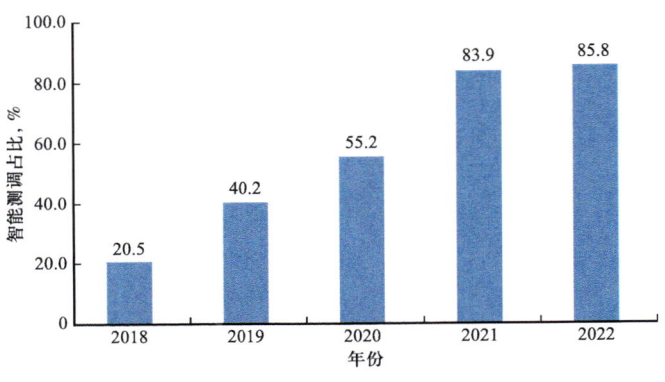

图 2-2-105　智能测调占比

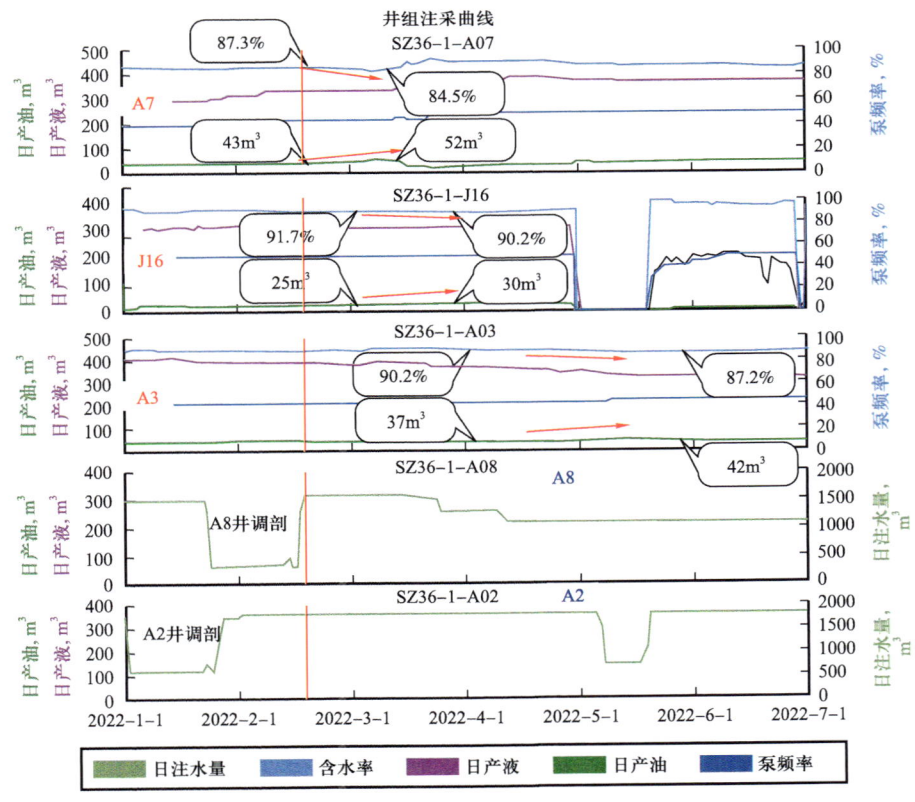

图 2-2-106　调剖作业

（3）深化油田挖潜，提高开发效果。

做好调整井的地质油藏方案研究，通过产液调整、优化注水、重新防砂及侧钻等方式进行综合治理，提高单井产能；另外，将低产低效井治理与调整井实施相结合（图 2-2-107），实施大修、侧钻等措施，充分利用井槽资源。

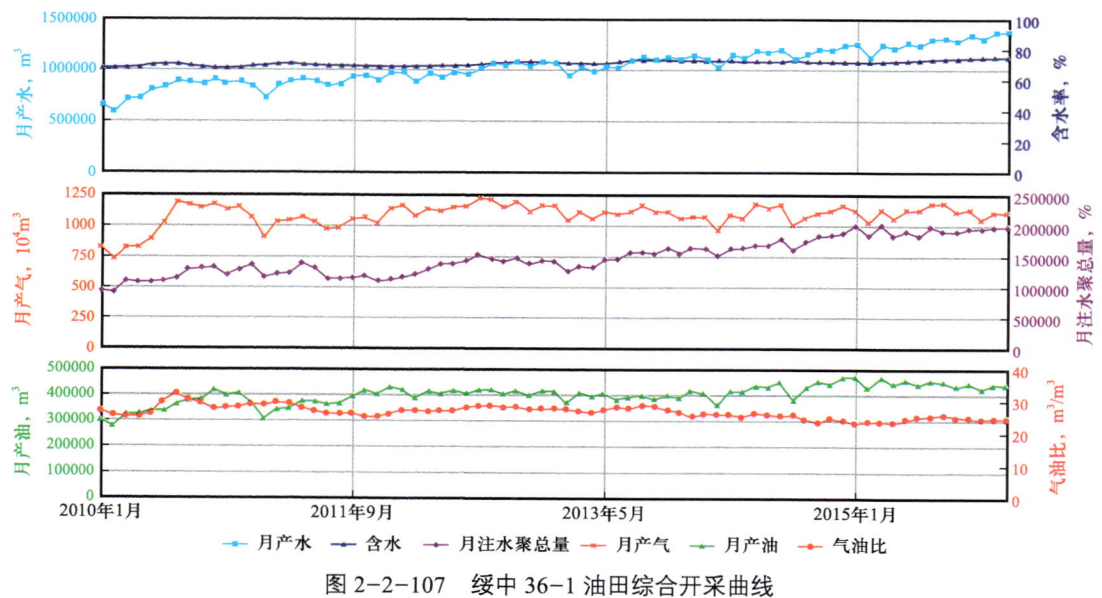

图 2-2-107　绥中 36-1 油田综合开采曲线

2009—2015 年，通过实施井网调整，绥中 36-1 油田产量大幅上升，如图 2-2-107 所示，2012 年产油量达到 $508×10^4m^3$，并连续五年维持在 $500×10^4m^3$。高峰采油速度达到 1.7%，预计通过井网调整可提高采收率 15%，开发效果显著提高。2016 年至今，持续开展"分区块差异化调整策略"，为了控制注入水突进速度，减小层间矛盾，提高注入水水驱效率，增大水驱储量的动用程度，持续开展注采优化，实施优化注水 450 井次/年，油井措施 60 井次/年。绥中 36-1 油田通过一次加密、优化注水、化学驱、局部挖潜措施，自然递减率由"十二五"的 10% 左右降低到"十四五"的 7% 左右，压力保持水平由 85.0% 增加到 93.6%，含水上升率由 2.5% 降低到 1.5%，目前动用储量采收率达到 42.5%。后续持续开展提高采收率技术攻关，通过二次调整及后续深度挖潜、控水稳油、三次采油措施的实施，预计"十五五"末采收率达到 54.9%。

（二）秦皇岛 32-6 油田

1. 地质油藏情况

秦皇岛 32-6 油田位于渤海中部海域，平均水深 20m，西距南堡 35-2 油田 25km，东距秦皇岛 33-1 油田 6km，西北距京塘港约 20km，发育在石臼坨凸起中部，为古隆起之上发育的大型低幅背斜构造，油田含油层位位于新近系明化镇组下段及馆陶组上段，其中馆上段为辫状河沉积，明下段为曲流河沉积，明下段平均孔隙度 31.2%，平均渗透率 2133.0mD，馆上段平均孔隙度 32.3%，平均渗透率 3701.0mD，为高孔、高渗储层。油田原油属重质稠油，地下原油黏度（原始地层压力下）介于 5.0~260.0mPa·s 之间。

根据断层分布及砂体边界，平面上可分为北块、北区、南区、西区，纵向上油组为 Nm0~V、NgⅠ、NgⅡ油组，同时油藏类型多样，明化镇组为岩性油藏、岩性构造边、底水油藏，馆陶主要为构造底水油藏。图 2-2-108 为秦皇岛 32-6 油田 NmⅡ油组顶界构造图。

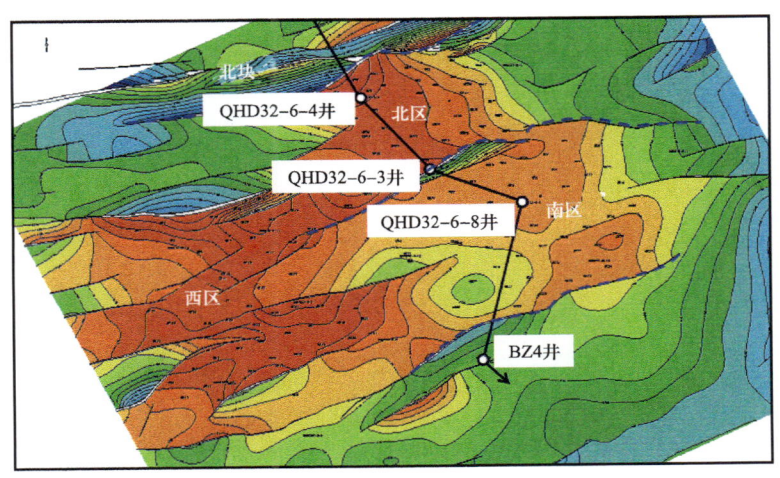

图 2-2-108　秦皇岛 32-6 油田 NmⅡ油组顶界构造图

2. 油田开发历程

秦皇岛 32-6 油田 2001 年投产，采用定向井反九点井网、一套层系合采开发，2001—2012 年经历了建产阶段、递减阶段和综合治理稳产阶段。2013—2015 年为解决层间矛盾、改善开发效果，实施了综合调整，通过大规模加密水平井实现平面井网转为五点联合井网、纵向开发层系分为三套，调整后开发效果明显改善。2016 年至今深化调整挖潜，不断完善注采井网，油田处于持续稳产阶段。图 2-2-109 为秦皇岛 32-6 油田生产动态曲线。

1）ODP 投产阶段（2001—2004 年 1 月）

秦皇岛 32-6 油田早期采用一套开发层系，基础井网为反九点井网，开发井距 350~400m，西区、南区、北区相继投产，进入到高含水期以后，层间干扰加剧，各层系动用程度差异大，产量递减大，采油速度低和采收率低。

2）油田生产及综合治理阶段（2004—2013 年 1 月）

2004—2013 年，油田成功实施了综合治理，通过实施卡水，优化注水，大泵提液，调驱/调剖，调整井等措施减缓产量递减，油田稳产。

3）综合调整实施阶段（2013 年至今）

2013—2015 年油田成功实施了水平井分层系开发调整，共实施调整井 124 口，调整后油田开发效果由Ⅲ类开发水平提高到Ⅰ类，采油速度提高 2.5 倍，采收率由 14.8% 提高至

27.6%，提高 12.8%。秦皇岛 32-6 油田水平井分层系开发模式进一步丰富了海上油田高效开发新模式，有效地指导渤海类似油田的加密调整。

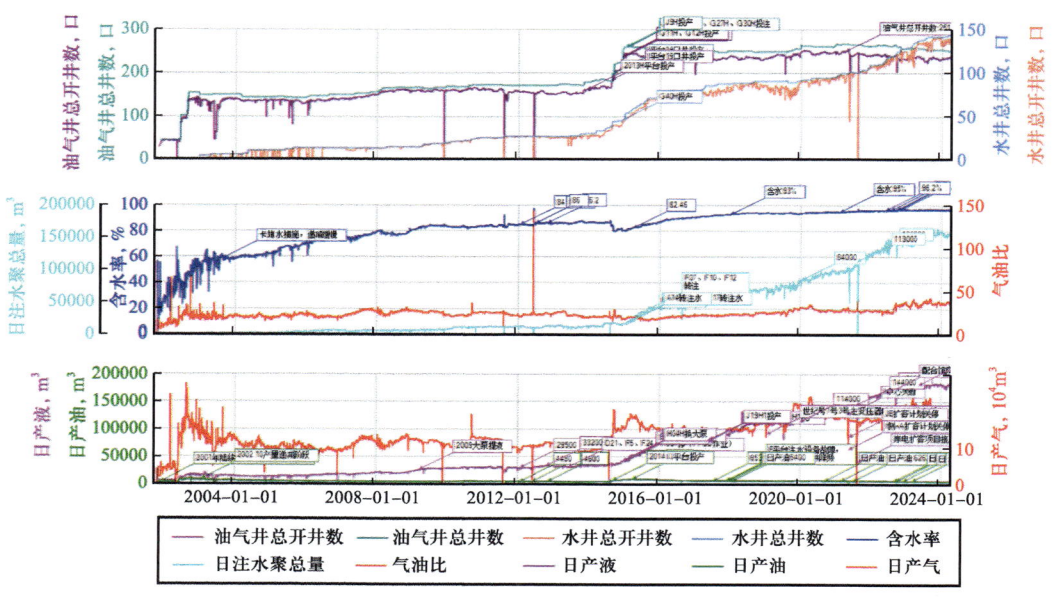

图 2-2-109　秦皇岛 32-6 油田生产动态曲线

3. 提高采收率举措

1）开发早期

在油田的开发方案是以分布面积较大、渗透率较高、储量比较集中的主要油层为对象编制的，由于油层物性在层内、层间和平面的不均匀性及油层砂体形态的差异，导致油田注水开发过程中油层水淹动态的复杂性，虽然产量持续攀升，但是导致开发矛盾在后期突出，因此必须对开发方案进行调整。根据投入开发后的动态反映及产生的新情况和新问题，有针对性地进行油田开发调整，秦皇岛 32-6 油田该阶段含水率上升快，注入水无效循环，层间矛盾突出。该阶段通过实施卡水，优化注水，大泵提液，调驱/调剖，调整井等措施（图 2-2-110）减缓产量递减，油田稳产。

2）开发中后期

进入开发中后期以来，面临以下问题：

（1）主力砂体含水高，注水效率低。

秦皇岛 32-6 油田目前部分油藏注采井网还不完善，水驱波及区域优势通道发育，冲刷强度高，导致注入水无效循环，主力层位在开发过程中出现液量上升速度快、液油比高、注水效率低的问题，因此如何优化注水效果，定期注水管理，优化井网结构，促进液量稳固，同时挖掘未动用油藏注水潜力等是面临的主要问题。图 2-2-111 为秦皇岛 32-6 油田主力砂体含水等值线图。

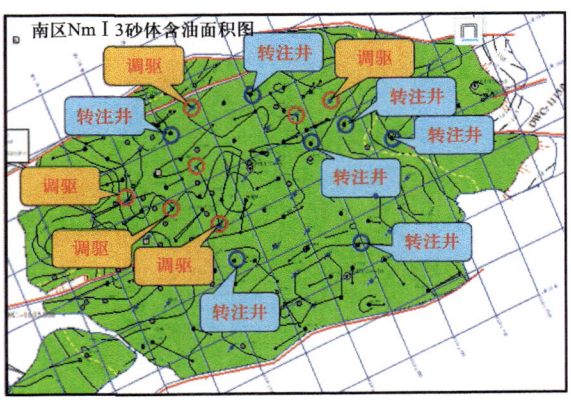

图 2-2-110　秦皇岛 32-6 油田主力层位调控措施

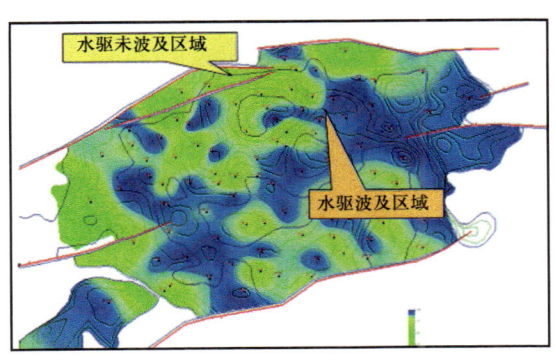
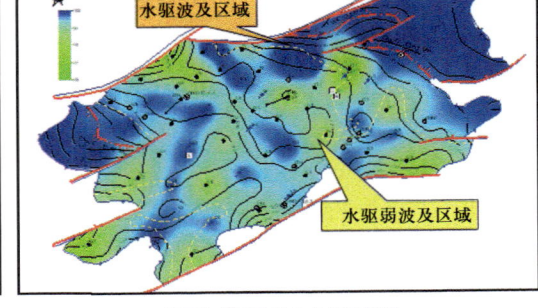

图 2-2-111　秦皇岛 32-6 油田主力砂体含水等值线图

（2）产液结构矛盾突出。

目前秦皇岛 32-6 油田局部井组注采矛盾突出，注水井配套措施没有按计划完成，以及调驱工艺与特高含水期油藏需求不匹配，长期水驱开发下，高液量井采液强度大，形成主流线，注水低效循环导致含水上升快，井区效果差，含水井比例高，部分井限液能力未释放，急需转注完善注采井网（图 2-2-112），持续推进优化注水、调剖调驱工作（图 2-2-113）。

（3）主力砂体局部剩余油富集。

秦皇岛 32-6 油田层间非均质性矛盾突出，部分砂体储量动用程度低，非主力层动用难度大，无法发挥各类油层的潜力，需要通过综合治理，深度挖潜油田，推动工程改造，改善开发效果，进一步动用储量（图 2-2-114）。

针对以上问题，主要采取以下措施进一步提高采收率。

（1）深化调整挖潜，完善了注采井网：针对边水油藏：深化构型研究成果，开展构型界面控制下的剩余油分布研究，认为河道期次、废弃河道遮挡、注采关系是影响边水油藏剩余油分布的主要影响因素。形成了 326 特色的边水油藏挖潜技术体系。

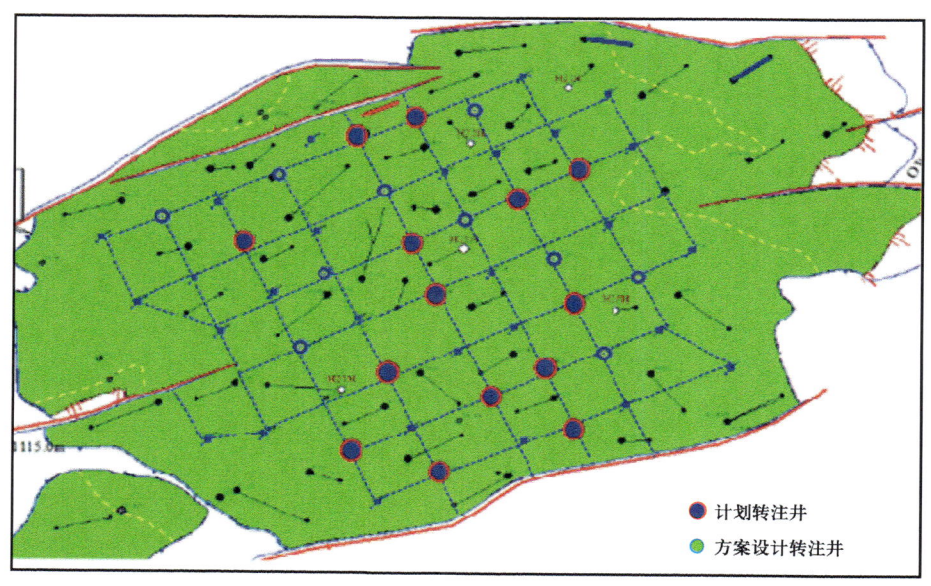

图 2-2-112　秦皇岛 32-6 油田井网调整设计

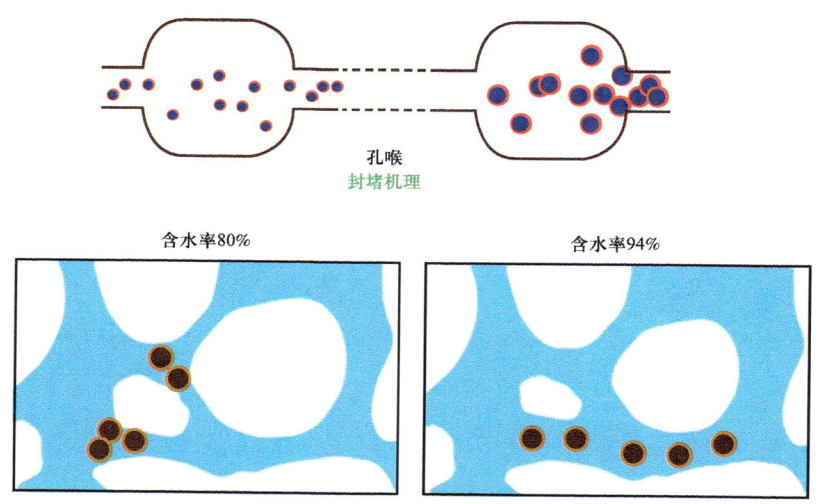

图 2-2-113　调剖调驱孔喉适配性

针对底水油藏：在总结弱底水油藏生产特征、过路层位水淹情况的基础上，开展水脊形态精细刻画，进行剩余油定量预测。强底水油藏通过波及规律、驱替强度再认识，明确布井界限。形成了底水油藏高效挖潜技术体系，综合综实施 113 口调整井，预计提高采收率 3.7%，保障油田连续 8 年稳产 $200×10^4$ t。后续通过持续开展深度挖潜、综合井网优化等工作，预计目标采收率将达到 35.0% 以上。

（2）优化产液结构，实现控水稳油：针对边水油藏平面注采不均，采取优化产液结构，提高波及系数的调控对策。对于底水油藏，基于储层精细研究及生产动态分析，单砂体内部分区、分类型优化产液结构，继续深化产液结构调整（图 2-2-115），提高平面波及系数和纵向波及系数；针对水平井液量大、含水高等问题，开展堵控水技术试验，重点推进水平井分段控水技术，控液控水，降低含水上升率。

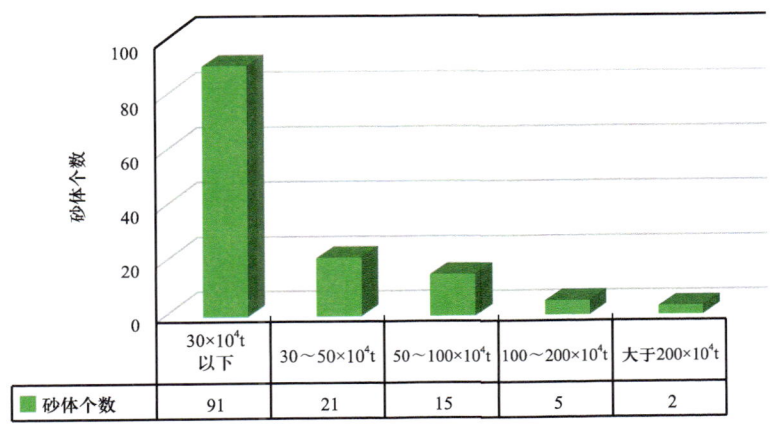

图 2-2-114　秦皇岛 32-6 油田未动用储量梳理

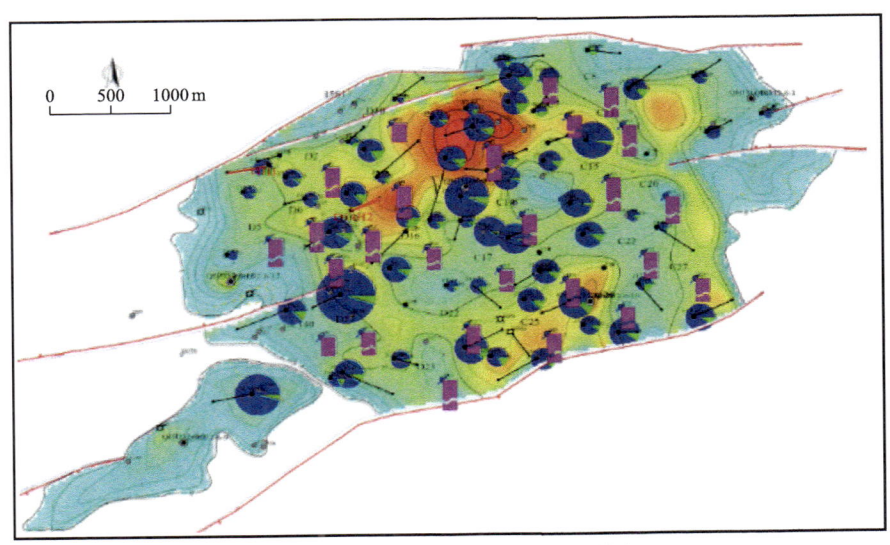

(a) 边水油藏：分级调控，注采联动

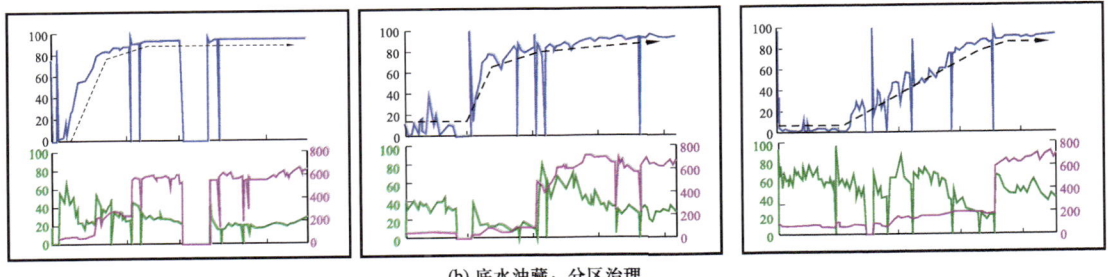

(b) 底水油藏：分区治理

图 2-2-115　秦皇岛 32-6 油田产液结构优化对策

（3）深化油田挖潜，提高开发效果：针对低产低效井，通过产液调整、优化注水、重新防砂及侧钻等方式进行综合治理，提高单井产能；另一方面将低产低效井治理与调整井实施相结合，实施大修、侧钻等措施，充分利用井槽资源。同时，开展岩性单元再认识，探究综合调整井网加密技术。

秦皇岛32-6油田通过"优化产液结构+实施扩容改造+综合井网加密政策"的开发技术政策，实施弱底水油藏分区分类挖潜、刚性底水油藏小井距加密模式以及岩性单元再认识，极大提高非主力砂体储量动用程度，改善了油田整体开发效果，进一步深化调整挖潜，完善了注采井网，综实施110口调整井，采收率由27.6%提高至31.1%，保障油田连续8年稳产200×10^4t。后续通过持续开展深度挖潜、综合井网优化等工作，预计目标采收率将达到35.0%以上。

第三节 海上陆相断块油田水驱提高采收率技术

一、概述

断块油田是现阶段海上油田开发过程中占重要地位的一类开采油田，复杂的断裂系统给油田的精细注水及安全高效开发带来巨大挑战[4-7]。海上复杂断块油田主要分布在北部湾和渤海湾盆地，例如涠洲12-1、涠洲11-2、渤中26-3、渤中29-6、渤中35-2等共32个典型断块油田。

海上复杂断块油田地质油藏基本特征总体可以概括为"1小""3多""5变"（图2-3-1）。其中"1小"是指单个油藏储量规模小。"3多"是指沉积类型多，包括扇三角洲、河流三角洲、重力流、湖底扇；含油层系多，包括古近系涠洲、流沙港组，新近系角尾、下洋组，基底潜山；驱动方式多，包括底水驱、弱边水驱、溶解气驱、气顶驱。"5变"是指断层特征多变，包括断层级别、产状及组合等变化；砂体厚度多变，从厚层箱状变化到薄互层；物性分布多变，渗透率范围从0.6mD到1036mD；储量丰度多变；油层产能多变，米采油指数从$0.02m^3/(MPa\cdot d\cdot m)$增加到$70m^3/(MPa\cdot d\cdot m)$。

结合上述复杂断块油田特点与高速开采的要求，通过多年的勘探开发经验总结形成复杂断块油田"两滚两因"开发模式，"两滚"是包含滚动探开奠基础和滚动调整控递减，"两因"包括因地选驱优效率和因时合分提系数，不断推动油田增储上产，高速高效开发。

通过多年的勘探开发经验，逐步形成复杂断块油田精细油藏描述技术体系，包括复杂断块油藏五维地震解释技术、多级断层优势成像精细识别技术等，加强断层精细识别及储层精细表征；以及形成复杂断块油藏水驱流场精细描述及精细注水开发技术等提高采收率技术体系，以提高水驱范围内采收率。

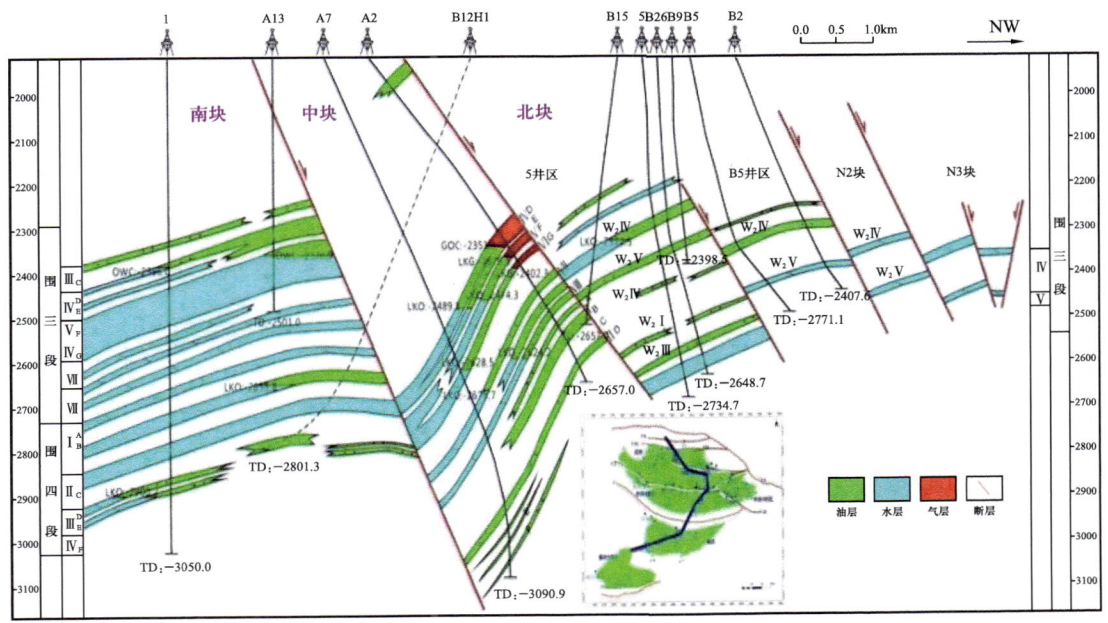

图 2-3-1 复杂断块油田典型剖面图

针对储层温度高、注入水矿化度高、井距大、平台空间小、药剂成本高等条件的限制，形成一系列配套工艺技术，包括高温高盐油藏调剖调驱技术、高效低成本油井产能释放技术、耐高温全尺寸系列化智能分注技术等，系统解决注水井的精细分注和智能测调及储层污染的治理难题，具有较高的推广应用价值。同时，形成阻容原理优势渗流通道识别技术，有效解决注采井间优势通道精准定量识别的难题，为开发中后期油藏的剩余油挖潜提供有效的技术指导。

以南海西部复杂断块油田为例，储量动用率为76.8%，日产油为8160m³/d，综合含水率为60.0%，目前采出程度为22.5%，储采比为5，标定采收率为31.3%（表2-3-1）。其中天然水驱开发油藏储量动用率为80%，日产油为2076m³/d，综合含水率为67.1%，采出程度为28.5%，标定采收率为37.3；注水开发油藏储量动用率为77%，日产油为5502m³/d，综合含水率为55.2%，采出程度为19.5%，标定采收率为27.3；注气开发油藏储量动用率为65%，日产油为584m³/d，综合含水率为26.8%，采出程度为29.8%，标定采收率为48.6%。

表 2-3-1 涠西南复杂断块油田分类开发效果表

开发方式	储量动用率 %	日产油 m³/d	日注水 m³/d	日产液 m³/d	综合含水 %	累产油 10⁴m³	剩余可采 10⁴m³	动用储量采出程度 %	储采比 f	动用储量采收率 %
天然水驱	80	2076		8133	67.1	1590	493	28.5	5	37.3
注水开发	77	5502	14158	11301	55.2	2857.7	1140.8	19.5	5	27.3

续表

开发方式	储量动用率 %	日产油 m³/d	日注水 m³/d	日产液 m³/d	综合含水 %	累产油 10⁴m³	剩余可采 10⁴m³	动用储量采出程度 %	储采比 f	动用储量采收率 %
注气开发	64.9	584		798	26.8	375	237	29.8	8	48.6
合计	76.8	8160	14158	20232	60	4822.8	1870.7	22.5	5	31.3

二、断块油田高效开发模式

结合海上复杂断块油田特点与高速开采的要求，通过多年的勘探开发经验总结形成复杂断块油田"两滚两因"开发模式，不断推动油田增储上产，高速高效开发。

"两滚"是包含滚动探开奠基础和滚动调整控递减。其一则是滚动探开奠基础，根据复杂断块油田的地质油藏，断块多、层系多、单井控制储量小，需要不断采用一体化滚动勘探开发方式，增加储量基础，并且不断优化井网，合理提高动用程度。通过不断滚动勘探开发，奠定油田开发总体规模与设施基础。以南海西部为例，油田探明储量及技术可采储量较ODP阶段增加1倍以上。其二则是滚动调整控递减，由于储层的平面和纵向的非均质性导致波及系数较低，因此通过平面井网加密，不断完善井网，提高储量动用率，纵向调剖调驱，不断优化水驱效率，降低递减，保证了油田整体的稳产增产（图2-3-2）。

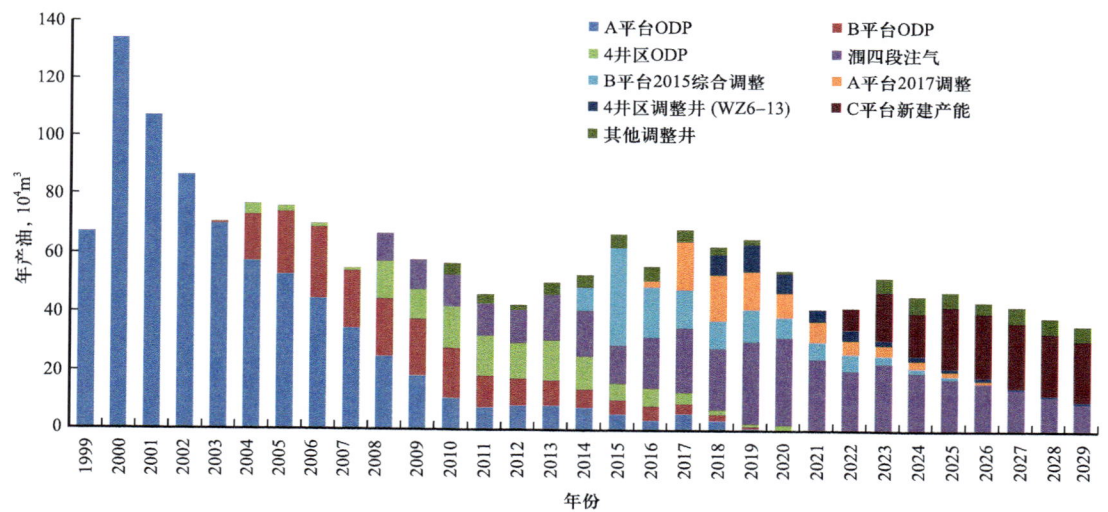

图 2-3-2 典型复杂断块油田滚动开发历年产量剖面

"两因"包括因地选驱优效率和因时合分提系数。其中因地选驱优效率则是根据不同地质油藏特点优选驱替方式，如针对低渗油藏注水困难的情况则采用注气开发，确保良好驱油效率。另外因时合分提系数则是根据不同开发阶段适时开展注采合分，优化流场，提高水驱波及系数。

三、地质油藏关键技术

（一）复杂断块油藏五维地震解释技术

1. 基于方位自动寻优的优势方位动态叠加技术

常规技术处理后的地震数据体往往不包含方位信息，传统的基于常规地震数据的解释技术已经不适用于OVT数据域的地震资料的解释工作，基于方位自动寻优的优势方位动态叠加方法考虑了地层信息的各向异性横向变化，克服了常规分析方法仅能对单一优势方位进行信息提取的局限[8-10]。该技术能增强目标地质体的主要特征，提高叠前地震资料的信噪比，减小数据规模，提高属性分析的有效性。其具体步骤如下：

（1）根据待识别目标地质体的裂缝展布及成像测井预测裂缝特征，以走向垂直为原则，建立目标区初始优势方位展布特征模板。

（2）基于初始优势方位模板，对原始全方位道道集开展动态方位叠加，得到具有全优势方位信息的叠加地震数据。

（3）对叠加后地震开展新一轮的断裂解释及各向异性反演，对目标区断裂系统分尺度预测，得到更新后的多尺度裂缝展布，并再次构建优势方位展布特征模板。

（4）对原始全方位道道集开展新一轮动态方位叠加，得到更新后的叠加地震数据，并开展相关的断裂解释及地层信息预测。

具体流程及叠加效果如图2-3-3、图2-3-4所示。

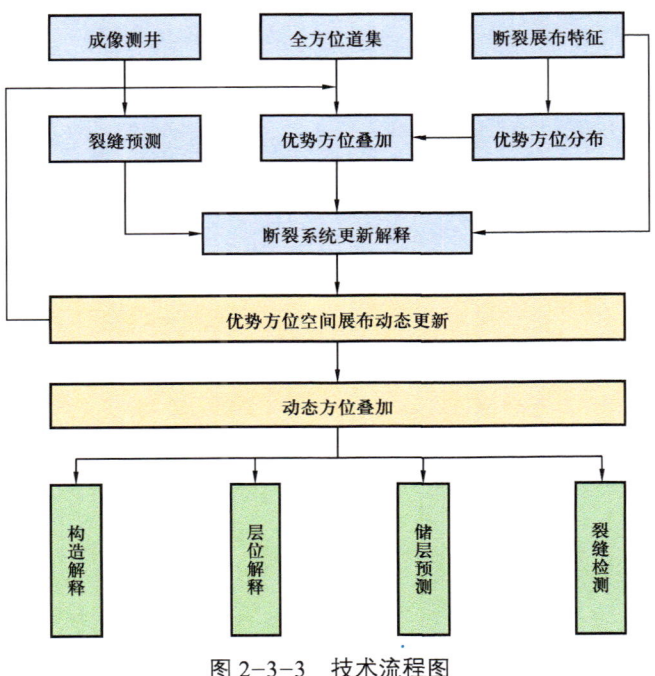

图2-3-3 技术流程图

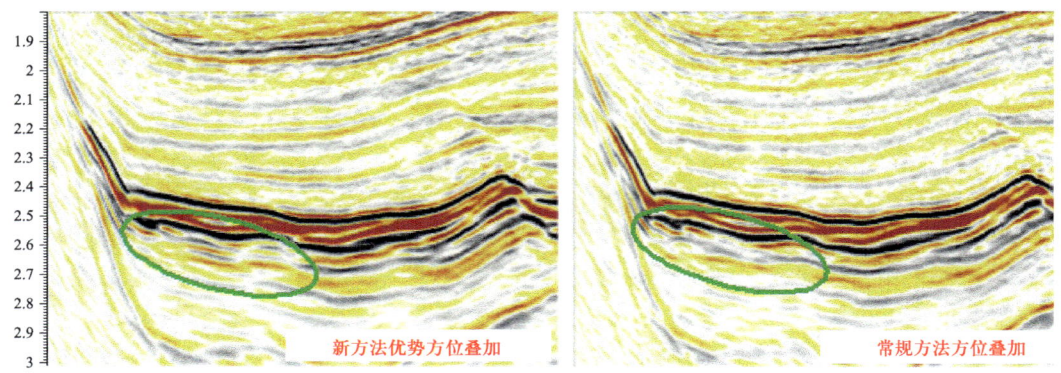

图 2-3-4　不同分析尺度方位扫描效果对比

2. 基于方位动态叠加的地层信息预测技术

OVT 域地震资料包含了空间三维坐标及丰富的方位角和炮检距信息，可以更好地分析地震波在各向异性介质中传播时，其旅行时间、速度、振幅、频率和相位等属性随方位角的变化信息，而且地震资料中的炮检距信息与目标地质体的尺度、地层岩性和流体成分等具有相关性，方位角信息则与地层中的断裂和裂缝等的发育特征相关，基于此研发了基于各向异性反演及几何属性的地层信息预测技术[11-13]。

1) 全方位道集自动 RMO 分析与 AVAZ 反演

方位信息的变化可以用三个参数来表征 $(\alpha_1, \alpha_2, \beta)$ 其中 (α_1, α_2) 是剩余速度椭圆的长短轴，β 是各向异性方向角度，采用 VTI 速度模型全方位偏移后的 3D 道集，可以模拟包含 RMO 和 AVAZ 的方位变化信息变化。基本的 AVAZ 模型（Ruger，1998）为

$$R(\theta, \varphi) = I + [G_1 \sin^2(\varphi-\beta) + G_2 \cos^2(\varphi-\beta)] \sin^2\theta \quad (2-3-1)$$

其中，R 是反射系数，I 是垂直入射的反射，θ 是入射角，φ 是方位角。

剩余均方根速度可以表示成方位角的函数：

$$\frac{\Delta V}{V(\varphi)} = \frac{\mathrm{Im}[IG^*(\varphi)]}{|I|^2 f_0 t} = \frac{\mathrm{Im}(IG_1^*)}{|I|^2 f_0 t}\sin^2(\varphi-\beta) + \frac{\mathrm{Im}(IG_2^*)}{|I|^2 f_0 t}\cos^2(\varphi-\beta) \quad (2-3-2)$$

其中，I 和 G 为 Hilbert 变换定义的复地震道，f_0 是主频。

从 3D 道集中提取方位信息，包括两步：提取 $(\alpha_1, \alpha_2, \beta)$，拉平道集，为 AVAZ 分析做准备；AVAZ 分析提取 (G_1, G_2, β)。一般情况下，方位剩余 RMS 速度校正需要自动实现，对每个样点估算参数 $(\alpha_1, \alpha_2, \beta)$ 时，要充分考虑横向连性、低信噪比，其工作流程如图 2-3-5 所示。

首先计算垂直入射反射系数 I 和初始 AVAZ 梯度场 (G_1, G_2, β)，定义 HTI 分析可靠性评价因子 $Q(z)$，z 是深度，进行平滑和插值，保证分析质量；之后就可以计算 $(\alpha_1, \alpha_2, \beta)$ 实现对各向异性拉平的目的，最后开展 AVAZ 分析，得到 (G_1, G_2, β)。基于渭

西南 OBC 资料开展各向异性反演，预测涠西南 1 号带溶洞分布特征，各向异性信息对溶洞储层有较好指示效果（图 2-3-6）。

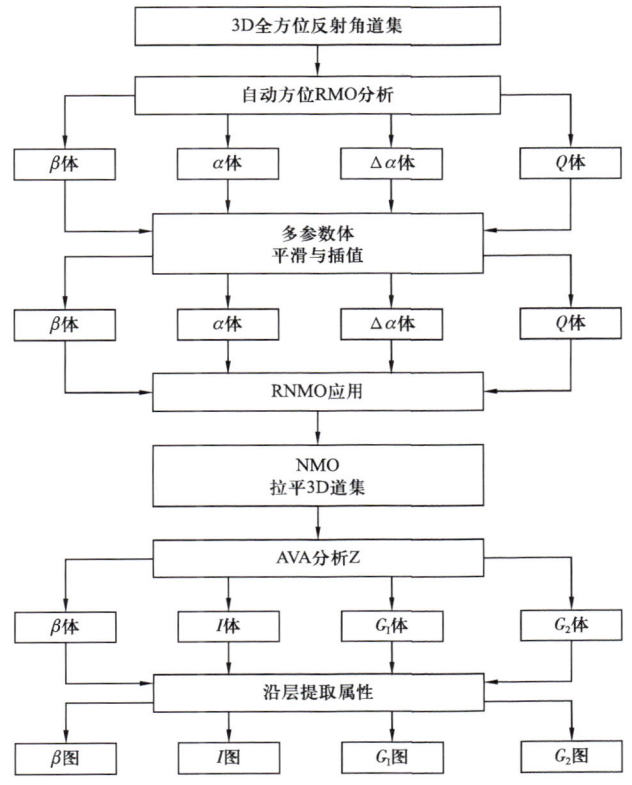

图 2-3-5　自动 RMO 分析与 AVAZ 工作流程

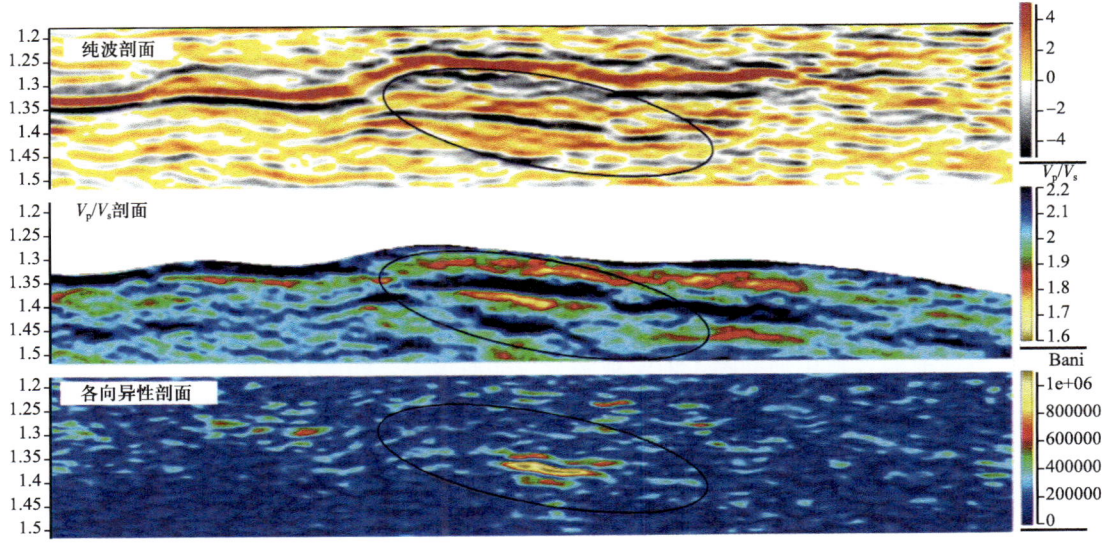

图 2-3-6　各向异性属性分析

2）基于方向约束的蚁群追踪及脊线加强的相干增强技术

本技术利用三维叠后地震数据，实现了裂缝定量表征，主要流程如图 2-3-7 所示。

（1）在叠后地震数据上，利用第三代本征值相干技术计算高精度相干体。

（2）使用基于方向一致性的蚁群追踪算法，在脊线增强的约束下，对相干体进行后处理，以达到相干增强的目标。

（3）以模拟点张量方向场为基础，计算邻域内各方向的权值核函数，使用最优化聚类方法加权拟合模拟点主要方向的裂缝属性值。

（4）基于裂缝属性值模拟结果，统计单位半径内的相对裂缝密度与裂缝发育主方位，得到相对裂缝密度和裂缝发育方向。

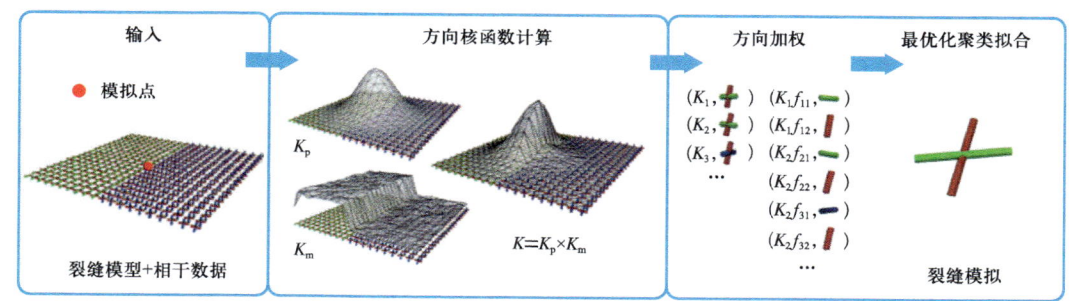

图 2-3-7 基于张量场方向约束加权拟合的裂缝预测流程

基于以上步骤实现了利用叠后地震数据定量表征裂缝的目的。

在相干增强中可以按照指纹或掌纹图像处理中基于种子区域增长的脊线方向估计进行蚁群追踪，在确定蚁群方向的基础上应用可进行相干值的增强计算：

$$C_{ij} = (1-\rho)C_{ij} + \rho \left[\sum_{k=1}^{n_{AA'}} g(n_{AA'} - k) \cdot \Delta C_{kij|k \in AA'} + \Delta C_{BB'} \right] \quad (2-3-3)$$

其中，C_{ij} 为增强后的相干值，ρ 为增强因子，BB' 和 AA' 分别为脊线方向估计的蚁群方向及其法线方向，ΔC 表示某方向上的相干梯度，g 表示某方向上以 k 为中心的高斯滤波器。基于该流程的裂缝空间展布预测如图 2-3-8、图 2-3-9 所示。

（二）多级断层优势成像精细识别技术

涠西南凹陷流沙港组一段以上，地震资料信噪比高，以强振幅连续地震同相轴为主，断层成像清晰且聚焦，识别精度高；流沙港组一段以下，地震为弱振幅、弱连续的响应特征，断层响应能够大致识别刻画，但受地震资料品质影响，断层识别精度相对较低。珠海组一段、二段大型断裂结构及微小断层识别不清，会直接影响储量评价落实精度，给后续开发方案的实施带来巨大风险。

1. 断面低频优势信号增强解释性处理技术

针对断面识别的低频地震信号增强解释性优化处理技术，技术流程是通过振幅谱重建实现相对保幅拓频处理,采用宽带雷克子波实现低频段的信号分离,评估低频地震体品质,压制剩余低频噪声,改善低频地震体信噪比,后续通过地震能量补偿、地震资料远偏移距融合成像等手段,获得针对断层识别的优化地震资料(图2-3-10)。处理重点是对低频地震体进行品质评估,评估结果显示低频剩余线性噪声严重、随机干扰明显,同相轴连续性差,通过剩余噪声保幅压制,获取具有更高信噪比的低频地震体(图2-3-11)。

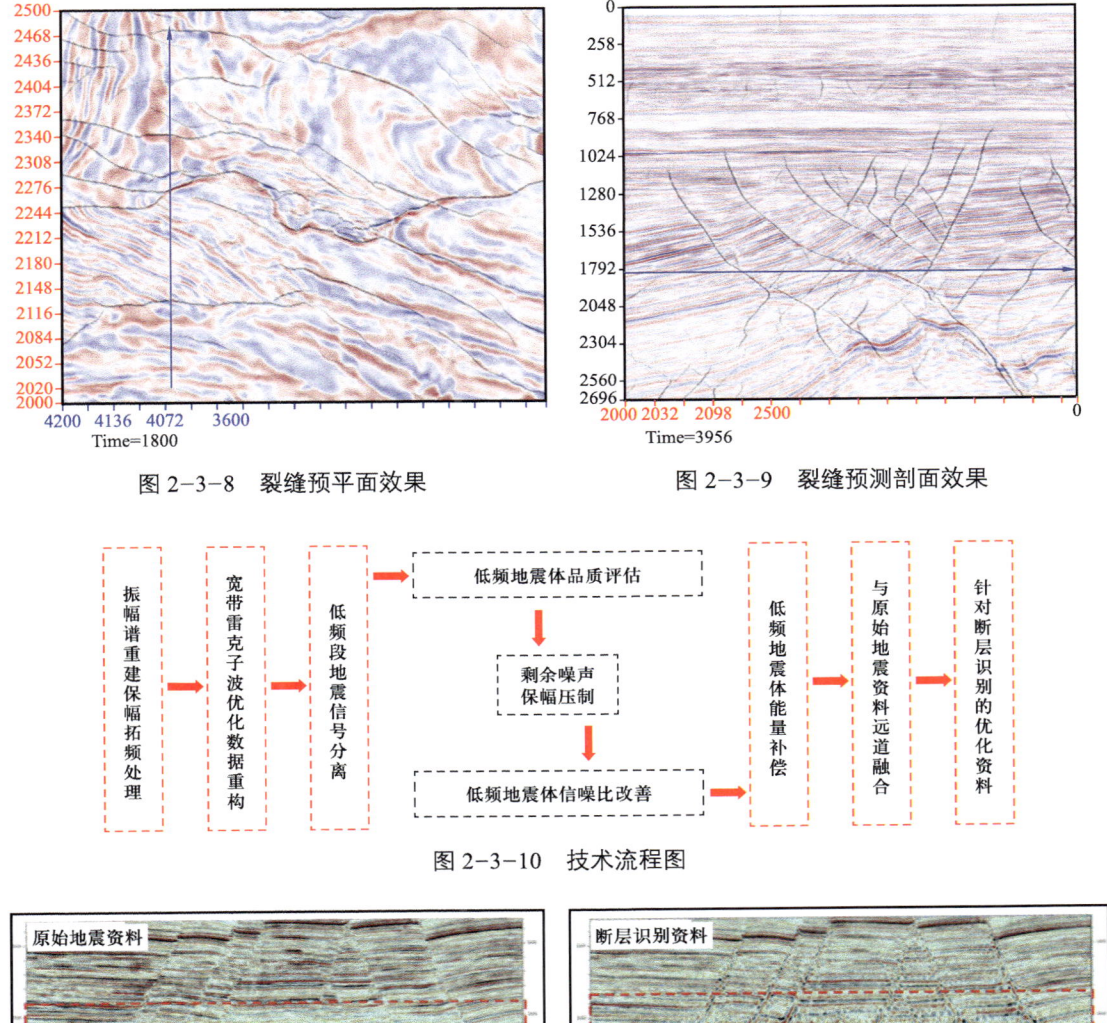

图2-3-8　裂缝预平面效果　　　　　　图2-3-9　裂缝预测剖面效果

图2-3-10　技术流程图

图2-3-11　应用前(左)后(右)效果对比图

2. 针对隐蔽小断层识别的相位指示相干技术

隐蔽小断层是指在油气田精细勘探和开发阶段可能对局部油气藏进行封堵,进而影响局部油气藏储量评估及开发注采方案设计且在地震资料中难以识别的断层。在大断层及层间断层地震信号增强识别研究的基础上，进一步对隐蔽小断层开展地震信号精细识别研究。首先采用断面波线性分离提取技术，对优化后的数据采用线性预测技术分离出断面波数据，以突出难以识别的隐性小断层信息；对断面波的数据进行FXY域三维去噪处理，提高断面波的信噪比，压制伪断面波，提高研究资料的可靠性。其次采用灰度共生矩阵法增强或减弱某些方向上断层组合出现的概率，可以在断面波噪声压制的基础上进一步地优选相位信息，降低多解性（图2-3-12）。这种通过优选相位指示隐蔽小断层的方法称为相位指示相干。将相位相干指示和常规的倾角增强相干对比分析发现，在这种弱地震反射区，常规相干识别方法对于断层的刻画杂乱无序，无明显的规律性。相位指示相干剖面对小断层的刻画更为清晰，且与地震剖面中断层的倾向一致（图2-3-13）。

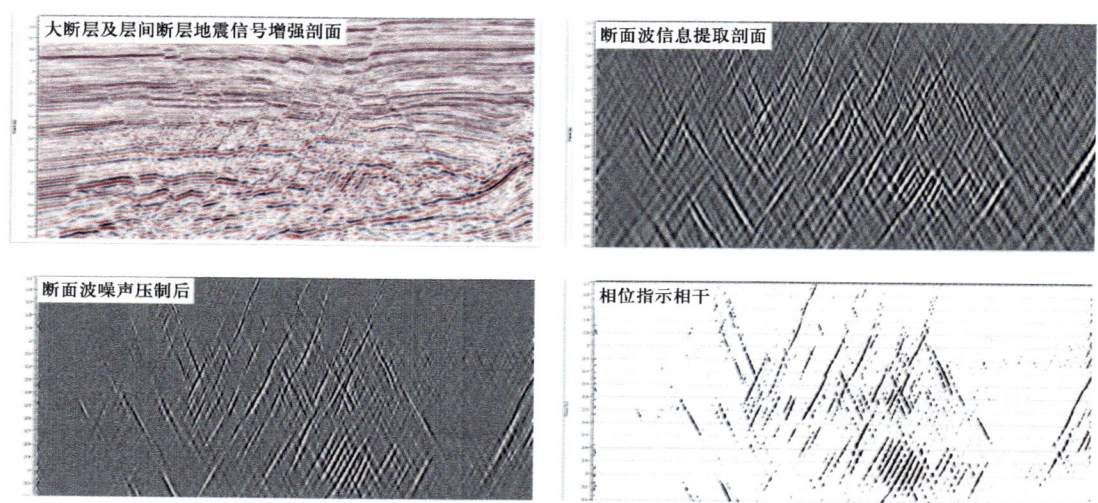

图 2-3-12 隐蔽小断层提取流程剖面图

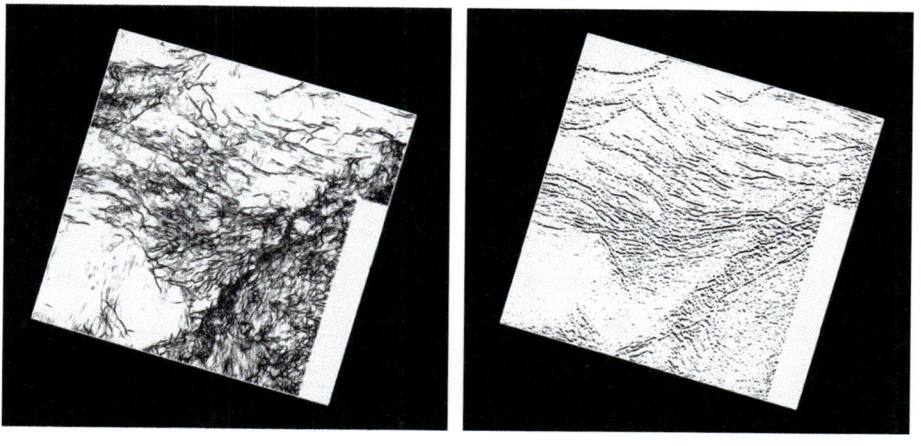

图 2-3-13 珠海组三段地层倾角指示相干切片及相位指示相干切片对比图

3. 方向可控图像分割处理微断层识别技术

方向可控图像分割处理技术将地震信号分解成不同方向、不同尺度，利用方向和维度来表征相应地质特征，其分解较传统的正交小波分析更为灵活，可以将地震信息分解成任意多个可控方向的信息，且各个方向的地震信息没有重叠现象，具有平移不变和旋转不变的特点，可以最大限度地保障地震信号保真保幅，减少有用信息的损失（图2-3-14）。

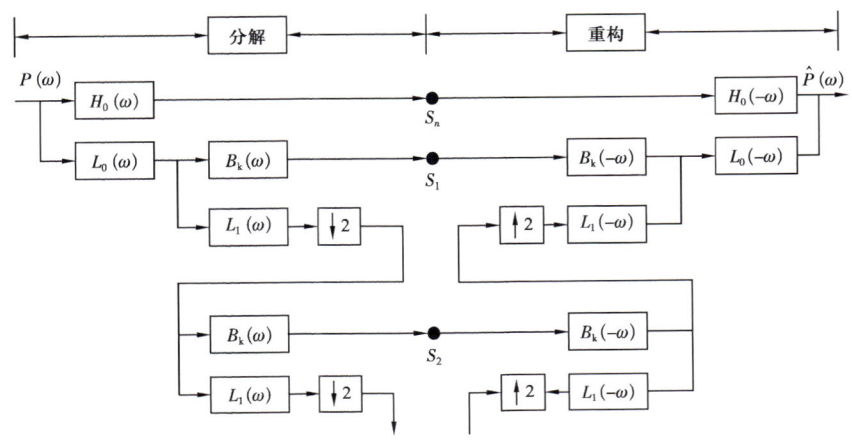

图2-3-14 方向可控图像分割结构分解和重构过程

将目的层沿层切片作为输入，进行方向可控图像分解，优选最优方向进行微断层的精细识别（图2-3-15）。从识别结果中可以看出，方向可控金字塔不仅可以精细识别大的断层（1、3、4号断层）与原断层认识相符，而且对于微断层（2号断层）同样可以精细地识别，证实WZ6-9-A9井在目的层钻遇断层，导致储层断缺。基于以上认识，2020年在距离WZ6-9-A9井仅80m处实施调整井WZ6-9-A25井，目的层钻遇12m厚箱状砂岩油层，证实了方向可控图像分割的认识，即WZ6-9-A9钻遇了微断层。

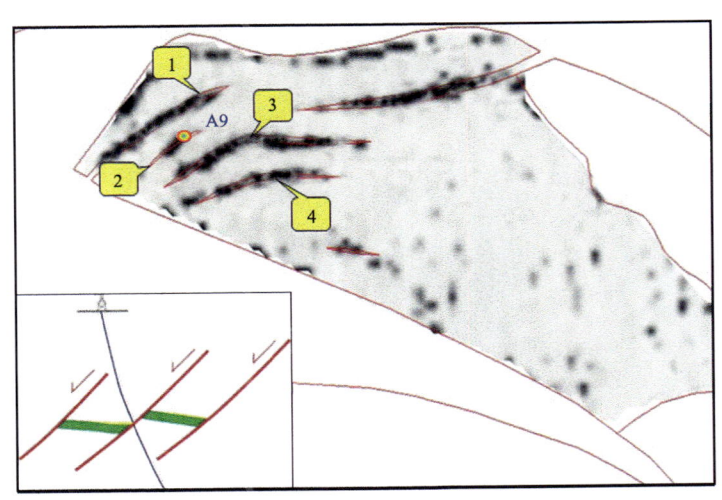

图2-3-15 目的层方向可控图像分割沿层切片

(三)复杂断块油藏精细注水开发技术

1. 强非均质性油藏小层瞬时动态贡献预测

油田开发后期,剩余油空间分布复杂,纵向小层产量劈分是多层油藏精细挖潜的基础,多层系、强非均质性油藏由于层间非均质性强、地层能量差异、各层含水差异,纵向多层注采状况成为制约油田挖潜的难题。目前产量劈分主要有地层系数法、动态法。针对在开发早期无水采油期的多层开发井,地层系数法研究结果有一定的可信度,但对于层间非均质性较强且油井含水的情况下,其适用性较差。且实际生产中,受物性差异、流体性质、压力、原油黏度等多因素的影响,小层产出剖面持续变化,劈分难度大,特别是多层油藏在合采过程中,分层产能测试表明存在层间干扰系数,除纵向非均质性引起层间干扰外,随着油田开发的深入,纵向各层的压力和含水率等差异也越来越大,并且这些参数相互影响、相互制约,使干扰进一步加剧。因此,层间干扰系数是各层渗透率、含水率以及合采压差的函数。对于非均质储层,物性差异是引起层间干扰的内因;而油田开发过程中,纵向各层含水率差异和合采压力差异则是加剧层间干扰的外因。由于各层含水率及合采压差在不断变化,层间干扰系数也是不断变化的。

近几年通过攻关,形成了基于大数据约束的多层强非均质性油藏小层瞬时动态贡献预测方法。引入分区相渗、渗透率级差、小层静态连通率、含水率等地质油藏生产大数据深度学习,并以生产测井资料为约束,采用人工智能技术重复迭代对开发井全生产历史周期进行拟合(图2-3-16),建立了有约束的多相随机优化方法,实现油藏各层的瞬时动态量化精细劈分,为剩余油精细研究奠定坚实基础。

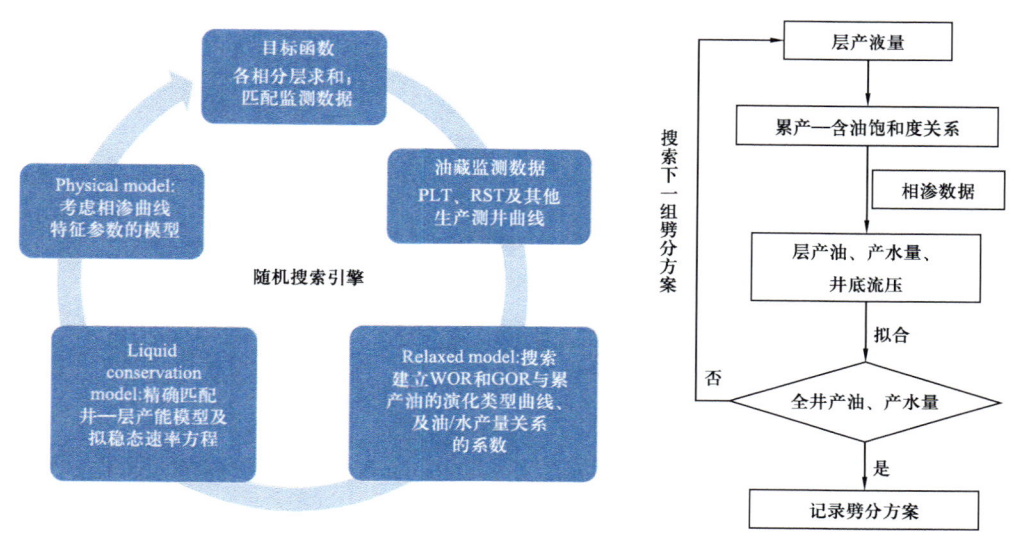

图 2-3-16 小层动态劈产流程图

基于大数据学习,引入逆向思维,充分利用油田已有生产数据,采用人工智能技术,结合拟稳态速率方程和分流模型,考虑纵向物性、相渗、含水、生产测井等信息,形成了有约束的多相随机优化方法，将数学描述的井—层含水趋势与全局随机演化搜索相结合，对符合油藏已知条件的劈产组合进行全范围扫描，通过数据扫描、分析，得到反映井总相产量的水油比演化类型曲线，在水油比演化类型曲线的约束下，计算总的测量速率与计算的层速率之和误差最小的所有相的流速，从而产生多个满足每个时间点总井产量的分配方案，产量劈分后，再采用聚类分析、单层采收率上限约束、物质平衡约束、井间关联性验证、井含油饱和度、油水界面联合分析等约束条件：

（1）聚类分析：根据层劈产曲线的形态特征参数，将劈产方案按要求聚类降维。

（2）单层采收率上限约束：井网组合方案中，高于设定采收率的方案将被去除。

（3）物质平衡约束：对层井网所有方案进行物质平衡计算，去除不满足的方案。

（4）井间关联性验证：在相同或不同区块内，对井间可能存在的关联性进行评估。评估可以是生产井和生产井之间的，也可以是生产井和注入井之间的。

（5）井含油饱和度、油水界面联合分析：计算中的分相流方法，可以将含水（含气）饱和度的变化，转换为油水（油气）界面的变化，然后进行井网油水（油气）界面的联合分析，挑选界面变化一致性好的劈产方案。

最终对各井和层分相产量劈分的不确定性评价，确定最佳的油藏劈产方案，建立了多层合采小层产量劈分技术，有效指导了开发后期老油田的调整挖潜。

2. 基于连通系数刻画的剩余油预测

针对南海西部油田储层非均质性强，平面、纵向产出不均衡、连通关系复杂的难题，开展了系列技术攻关与应用，形成了一套基于连通系数刻画的小层离散型剩余油精细预测技术，小层静态连通系数刻画技术，小层动态连通系数刻画技术，基于连通系数刻画的小层离散型剩余油精细预测技术。具体技术如下：

1）小层静态连通系数刻画技术

结合已有成果，充分利用地震、钻井、岩心、测井、录井、生产动态等资料，采用"井震结合、模式约束、旋回对比、标志控制、动态验证"的对比原则，在高分辨层序地层学指导下进行精细地层划分与对比研究，结合地震标定，建立高分辨率层序地层格架，开展油组及小层划分对比研究。在小层格架内开展储层沉积微相研究，并结合岩石相、测井相、地震相等识别标志，厘清沉积微相类型。在相模式指引下，结合井点资料重新对各油组沉积微相、砂体展布范围及其叠置关系进行分析，将砂体的接触模式分为孤立型、接触型、叠加型、切叠型四种，其中后两种类型砂体连通性较好（表2-3-2）。定义静态连通率δ为井间连通的（叠加型、切叠型）储层厚度与储层总体厚度之比。

2）小层动态连通系数刻画技术

结合生产动态，综合考虑注采井点压力系数、含水率、小层注入产出量，建立井间动态连通性反演模型，采用多元线性回归法进行模型求解，得到一注一采、多注多采井网下，注采井间动态连通率λ定量表征注采井间平面砂体连通关系。一注一采反演模型：

表 2-3-2 砂体叠置关系模式

接触模式	叠置关系模式图	成因砂体接触关系	砂体接触关系剖面	储层预测剖面	连通性
孤立型		席状砂—河道 河道—间湾—河道			不连通
接触型		河道—河道侧缘			不连通 或连通性极差
叠加型		河道—河道 河道—河口坝			弱连通
切叠型		河道—河道			连通

$$q(n)=q(n_0)\mathrm{e}^{\frac{-(n-n_0)}{\tau}}+\sum_{m=n_0}^{n}\alpha_m i(m)+J\left[p_{\mathrm{wf}}(n_0)\mathrm{e}^{\frac{-(n-n_0)}{\tau}}-p_{\mathrm{wf}}(n)+\sum_{m=n_0}^{n}\alpha_m p_{wf}(m)\right]$$

（2-3-4）

多注多采反演模型：

$$q_j(t)=q_j(t_0)\mathrm{e}^{\frac{-(t-t_0)}{\tau_j}}+\sum_{i=1}^{I}\lambda_{ij}\frac{1}{\tau_j}\left[\mathrm{e}^{\frac{-t}{\tau_j}}\int_{t_0}^{t}\mathrm{e}^{\frac{\xi}{\tau_j}}i_{ij}(\xi)\mathrm{d}\xi\right]+\nu_j\left[\begin{array}{l}p_{\mathrm{wf}_j}(t_0)\mathrm{e}^{\frac{-(t-t_0)}{\tau_j}}-p_{\mathrm{wf}_j}(t)+\\ \dfrac{\mathrm{e}^{\frac{-t}{\tau_j}}}{\tau_j}\int_{t_0}^{t}\mathrm{e}^{\frac{\xi}{\tau_j}}p_{\mathrm{wf}_j}(\xi)\mathrm{d}\xi\end{array}\right]$$

（2-3-5）

3）基于连通系数刻画的小层离散型剩余油精细预测技术

合考虑平面和纵向、动态和静态多个维度，引入综合连通率 $\zeta=\delta\cdot\lambda$ 表征储层综合连通关系。结合储层物性分布，刻画注采井间综合连通率场，认为注采井间综合连通率越小、井间剩余油越多，通过总结小层离散型剩余油分布模式（图2-3-17），搜寻调整潜力区，并提出针对性的挖潜措施，进一步提高油田开发效果。

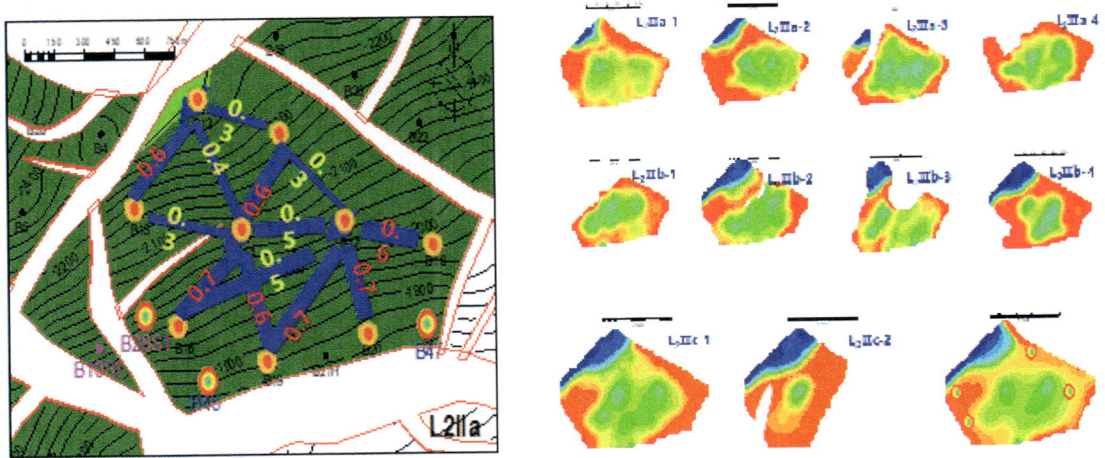

图2-3-17　涠洲12-2南块3井区平面连通率及基于连通系数预测剩余油分布图

四、配套工艺技术

（一）高温高盐油藏调剖调驱技术

南海西部注水开发油田高含水情况日益凸显，需要从注水井端采取调剖调驱措施，改善储层非均质性，调整吸水剖面，提高水驱开发效果。由于储层温度高、注入水矿化度高、井距大、平台空间小、药剂成本高等条件的限制，致使调剖调驱技术体系建立面临严峻考验（图2-3-18）。

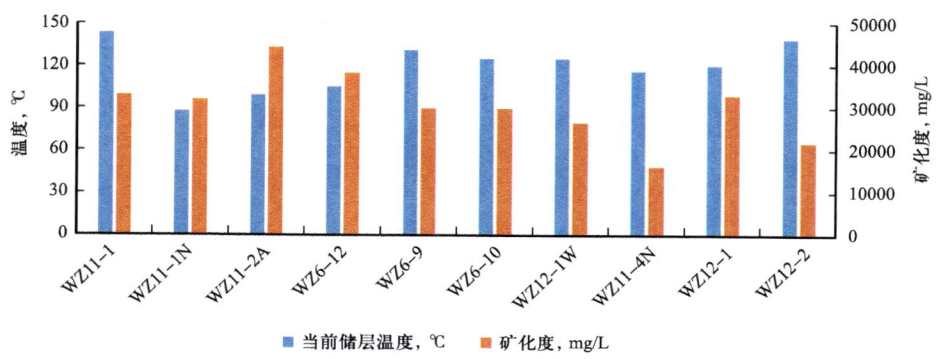

图 2-3-18　南海西部典型注水油田储层温度、矿化度

近年来，通过系统攻关，形成涵盖"乳聚冻胶+SMG、耐温聚合物凝胶、无机层内沉淀、微线团、聚合物微球、冻胶分散体"等6项耐高温高盐油藏调驱技术体系（表2-3-3），并首创海上油田冻胶分散体制、注一体化调驱技术，通过小型化紧凑型冻胶分散体在线配制设备，利用地面快速交联冻胶体系，借助定子、转子高速旋转下的相对运动，对流体剪切、研磨、高频震动，通过控制机械参数，在海上平台在线制备粒径分布宽、强度可调的系列冻胶分散体系（图2-3-19）。实现冻胶分散体在线配制、测试、注入一体化工艺，能够根据调驱施工注入及受效情况，即时调整颗粒调驱剂粒径大小，保障措施效果。设备具有聚合物自动加料，本体冻胶快速交联，高黏流体输送，高效剪切磨圆，粒度在线检测，精准粒度控制等主要功能，实现了从常规井口调驱向平台制备、在线检测、在线注入、实时调整的调驱新模式转变，作业综合成本降低超50%。

表 2-3-3　适用于高温高盐油藏的调剖调驱技术体系

序号	药剂体系	性能	耐温性，℃	耐盐性，mg/L
1	乳聚冻胶+SMG	由干粉聚合物冻胶升级而来，冻胶可实现近井封堵，SMG可进入储层深部，达到深部液流转向的效果，可在线	120	40000
2	耐温聚合物凝胶	通过交联填充方式增强了凝胶的耐温抗盐耐性能，稳定性进一步增强	140	60000
3	无机层内沉淀	利用地层水中钙镁离子反应生成无机凝胶，注入性好，压力升幅小，特别适合低渗储层	150	200000
4	微线团	具有配液简单，易注入的优势，高浓度封堵，低浓度深调	140	60000
5	聚合物微球	单一体系易注入，地层中膨胀后封堵，针对不同孔喉尺寸可使用不同粒径的组合	130	100000
6	冻胶分散体	可实现平台配制、在线检测、在线注入、实时调整	130	200000

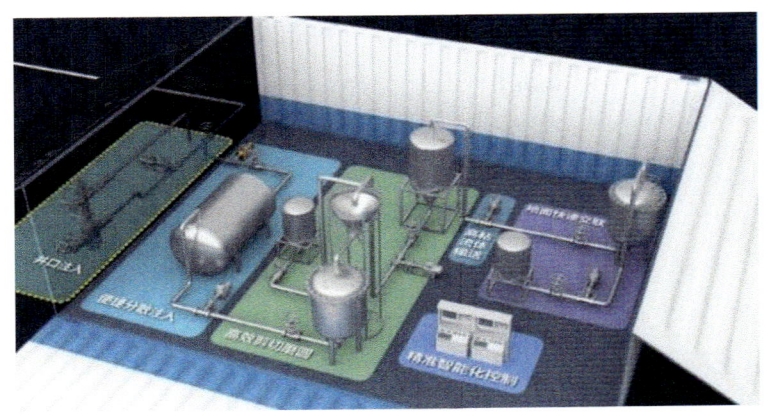

图 2-3-19　冻胶分散体在线配制、测试、注入一体化设备示意图

(二) 高效、低成本油井产能释放技术体系

针对南海西部强储层伤害治理难题，现有技术无法满足油井提出的高效、长效的产能释放需求，结合不同区块储层特性，分别从新型解堵、化学固砂、低成本储改等系列产能释放技术开展了技术攻关与创新，系统地解决了强储层污染的治理难题，具有较高的推广应用价值。

1. 基于适度解堵、分流酸化的新型解堵工艺技术

常规解堵技术易对高含水期储层发生造成黏土矿物水化膨胀、措施后增液不增油等多种问题。创新采用螯合解堵体系，通过其极强的螯合作用，使得发生膨胀的黏土矿物缩膨，且该工艺现场施工简单，无需常规酸化作业中的返排中和处理，返排液对海上平台流程处理无影响。针对高含水井解堵后含水上升风险，采用非均质性储层分流解堵理念，创新采用乳化柴油、油溶性颗粒等分流工艺，可对高孔渗储层进行选择性暂堵，避免了酸液大量进入高渗层引起增液不增油现象（图 2-3-20）。

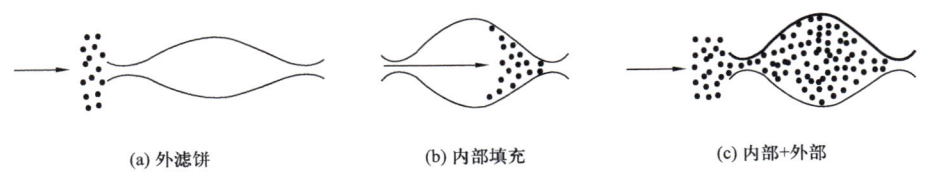

(a) 外滤饼　　　　　　　(b) 内部填充　　　　　　　(c) 内部+外部

图 2-3-20　油溶性颗粒暂堵示意图

2. 基于新型固砂液及防膨抑砂稳砂剂体系的化学防砂技术

油井见水后近井地带储层岩石胶结强度下降，易导致微粒运移伤害发生，需对近井地带储层条件进行改善，提升岩石胶结强度，确保储层伤害解除后长效稳产。针对传统化学固砂剂的黏度高、储层保护风险大、施工工艺复杂，研制了适用于中高渗储层的新型水溶性化学固砂剂，通过将一定量的化学胶结物及填充材料挤入地层，待其固化后，提高地层

强度或形成具有一定强度的挡砂屏障。此外针对低渗储层研发了具有较强抑砂和防膨功能的化学稳砂剂体系，有效防砂的同时保证了单井产能。

3. 基于岩石应力、应变理论的低成本岩石扩容技术

针对常规酸化规模小与水力压裂成本高等技术定位上的盲区，首次引入"岩石扩容"储层改造技术，该技术体现在压应力的作用下，岩石体积出现先压缩后膨胀的现象，砂粒之间产生"剪切错位"，随着流体的持续注入，砂粒彼此分离产生张性微裂缝，如图 2-3-21、图 2-3-22 所示。采用岩石扩容分析软件和精细控制设备，按照地层应力调整、产生扩容、扩展扩容三个阶段实施扩容改造，进而产生大体积的扩容改造区，实现储层孔隙体积增加、渗透率改善，最终达到增产增注的目的，具有实施成本低、施工设备少、储层改造半径大等优势，首次在 WZ12-2 油田注采井网应用，取得了较好的现场先导效果。

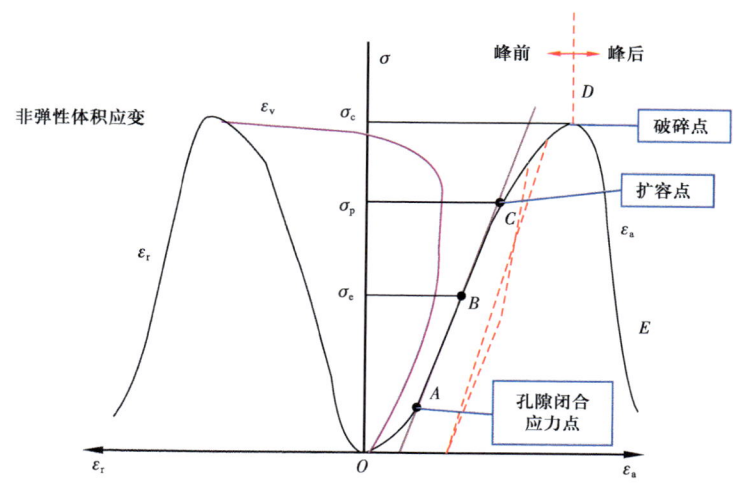

图 2-3-21　应力—应变全过程曲线示意图

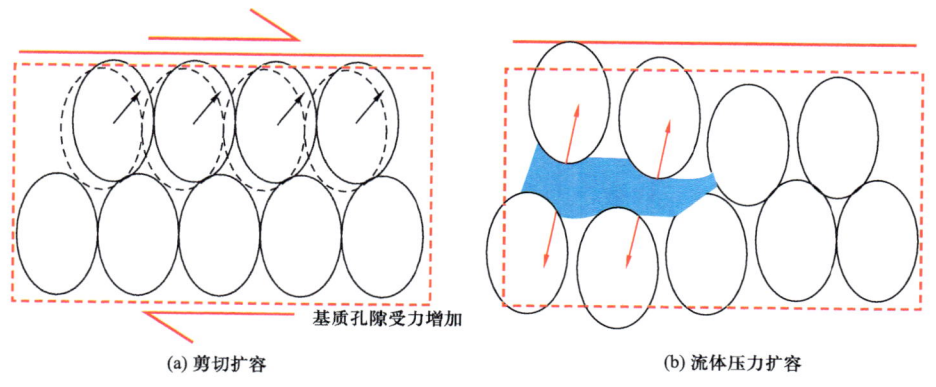

图 2-3-22　砂岩油藏岩石扩容机理示意图

4. 基于物理和化学的结垢井多维度精准防治技术

南海西部注水开发油田结垢类型普遍以硫酸钡锶混合垢为主，致密坚硬、在水中的溶解度极小，且不溶于酸、碱及有机溶剂，一旦生成，很难清除，给油井生产及修井、测试作业带来较大不利影响。创新采用化学螯合除垢、地层挤注缓释防垢、涂层防垢及贵金属防垢等多维度精准防治技术，化学除防垢方面研发了高效低成本药剂体系，物理防垢方面优选了防垢性能优良的涂层对油管进行涂层处理，解决了涠洲油田群难溶硫酸钡锶垢综合治理问题，保障油井高效平稳生产的同时，延长检泵周期节约修井费用。

（三）阻容原理优势渗流通道识别技术

在系统分析思想和物质平衡理论指导下，将油藏的注水井、生产井及井间储层看作一个完整的系统，基于阻容原理求解注采压力连通状况。通过对单注单采 CRM 模型与多注多采 CRM 模型的建立及求解，形成了利用注采资料反演油藏井间动态连通性的方法（图 2-3-23），利用该方法可对优势通道进行定量识别，形成基于阻容原理识别优势渗流通道识别技术，有效解决注采井间优势通道精准定量识别的难题，为开发中后期油藏的剩余油挖潜提供有效的技术指导。

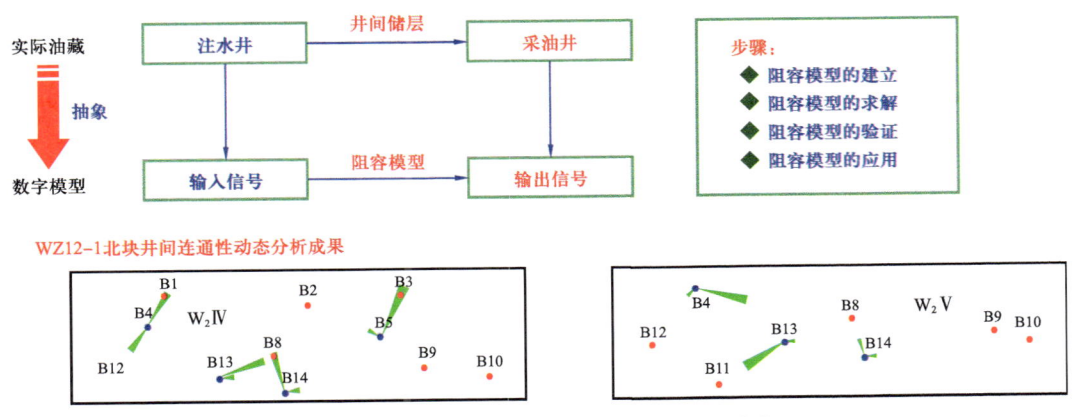

图 2-3-23 阻容原理优势渗流通道识别技术

水驱优势通道识别与流场调控技术的应用以涠洲 12-1 油田北块为例：对北块多口注水井进行了压力测试，表 2-3-4 为 PI、DPI 的计算结果，井的 DPI 的平均值为 5.05，DPI 小于平均值的井为 B4、B5、B13、B14 井，因此认为这些井发育优势通道。利用 CRM 模型识别渗流优势通道技术分析井间存在较大调整空间（图 2-3-24）。基于阻容原理优势渗流通道识别技术，针对高温、高盐、大井距等行业级调驱难题，形成适用于海上平台的在线调驱技术，构建 5 套适用于南海西部的调驱体系，首创海上油田冻胶分散体产注一体化调驱技术，实现了从常规井口调驱向平台生产、在线检测、在线注入、实时调整的调驱新模式转变，作业工期较常规调驱模式缩减约 40%，作业综合成本降低超 50%。

表 2-3-4 涠洲 12-1 油田北块基础数据表

井名	地层系数，$\mu m^2 \cdot m$	注水量，m^3/d	时间，min	PI，MPa	DPI
B4	112.9225	166	25	16.24	3.73
B5	215.4033	171	25	6.09	4.53
B13	177.4442	239.06	25	4.62	3.96
B14	132.8099	69.61	25	10.13	4.27
B15	180.0169	111.15	25	47.08	8.78

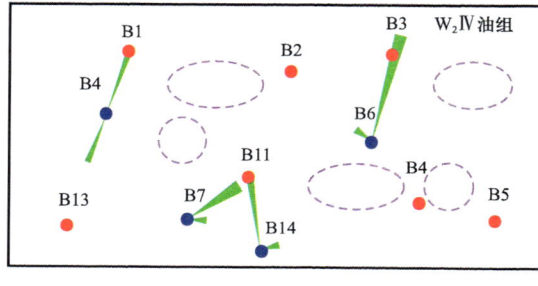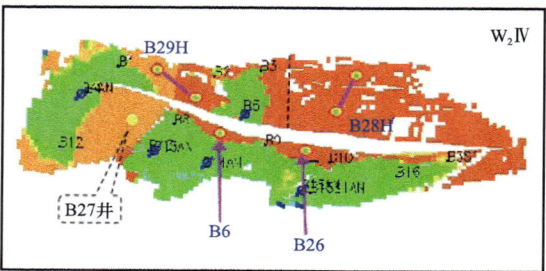

图 2-3-24 涠洲 12-1 油田北块连通性及剩余油分布

五、矿场实例

（一）地质油藏情况

涠洲 12-2 油田位于北部湾盆地涠西南凹陷东南斜坡带，距涠洲岛约 37km，水深 37m，平均气温 23℃。该油田是一个受长期继承性断裂活动形成复杂断块油田，断层大多为北倾，由南向北阶梯状下掉，形成多米诺式条带形断块构造，断块内部发育了多条伴生断层；油田呈现断裂系统复杂，断块多、断层多期发育的特征，共发育断块 16 个，断层 60 余条（其中边界断层 31 条，次级小断层 30 余条），如图 2-3-25 所示。

受古地貌控制，流二段发育来自西南部物源的大型三角洲沉积，整体为一套冲积扇背景下的三角洲前缘和滨浅湖沉积体系，发育三角洲、扇三角洲前缘沉积，以水下分流河道、河口坝微相为主；平面呈多条河道叠置发育特征，砂体展布复杂，纵向上各小层河道摆动频繁，河道主流向变化较快；单砂体厚度小，多 0.37~21m，平均 3.9m。流二段壁芯常规分析资料显示，孔隙度在 13.8%~17.6%，中值 16.9%，渗透率分布在 1.0~471.67mD，中值 8.7mD，属于中孔—低渗储层。

原油性质属于常规轻质原油，具有"两高五低"特征：含蜡量较高、凝固点较高；地面原油密度低、黏度低、含硫量低，胶质及沥青质含量低；溶解气以烃类气为主，含少量氮气和二氧化碳，未检测到硫化氢。

图 2-3-25 涠洲 12-2 油田主力油层顶面构造图

流二段属于复杂断块油藏，无边底水，驱动类型为弹性驱动。

（二）油田开发历程

涠洲 12-2 油田 2015 年投产，高峰年产油 $103.4 \times 10^4 m^3$，近五年累产油量占涠西南油田群 19.67%，如图 2-3-26 所示。油田开发历程如下：

（1）投产初期，油田建产阶段（2015 年 10 月—2016 年 12 月）：先期试验，衰竭开发，多层合采，11 口采油井成功投产，油田初期日产油 $2201m^3/d$，年产 $52.26 \times 10^4 m^3$。

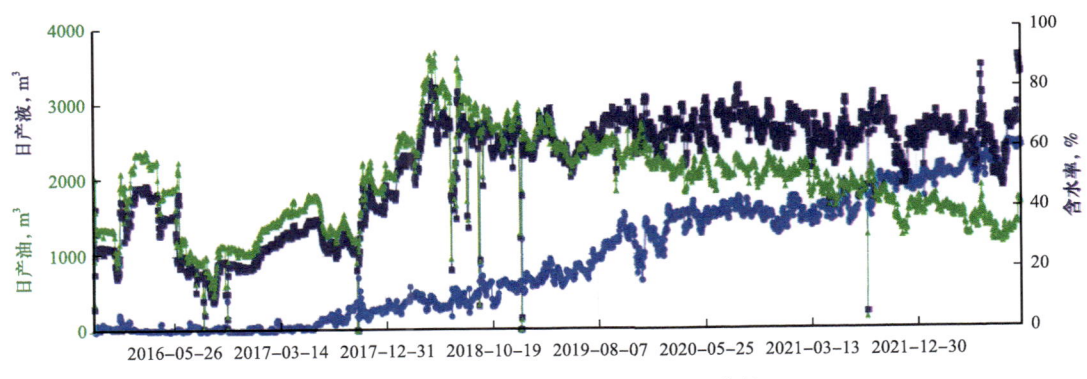

图 2-3-26 涠洲 12-2 油田综合开采曲线

（2）分批实施，逐年上产阶段（2017 年 1 月—2018 年 12 月）：加密调整老区，分批实施新区，适时注水，形成 39 采 12 注开发井网，油田高峰日产油 $3670m^3/d$，高峰年产

$103.43 \times 10^4 m^3$。

(3)滚动调整,控水稳油阶段(2019年1月至今):精细注水,加密调整,形成51采20注开发井网,稳定日产油1500m^3/d左右,控制油田总递减率在10%左右。

截至目前,油田注采井数共计71口井(51采20注),日产油1475m^3/d,平均采油速度:1.77%(区块间差异大0.48%~4.30%),综合含水率:58.3%(区块间差异大,0~67.4%),采出程度:18.7%(区块间差异大4.2%~32.2%),累产油:$505.18 \times 10^4 m^3$。

(三)提高采收率举措

针对油田断层岩性边界发育、油藏储量规模小、储层非均质性强、剩余油分布复杂等地质油藏问题,积极开展杂断块油藏五维地震解释技术、复杂断块油藏单砂体精细描述、储层构型研究及连通性评价技术;针对井网不完善、注采不平衡及低产低效井等开发生问题,积极开展开发中后期精细剩余油分布预测及监测技术、精细化优化注水技术研究、调剖调驱工艺研究及三次采油可行性研究等,以及针对低渗储层,开展储层改造技术、改善水驱提高采收率技术研究等。通过地质油藏精细研究及优化生产制度(提液、增注、卡换层、分层调配等),部署调整井17井次,实施流场调控措施139井次,实施压裂压驱措施13井次,预计增油$290.3 \times 10^4 m^3$。涠洲12-2油田开发效果Ⅰ类为主,通过新技术应用、深入挖潜,最终采收率为37.1%,提高采收率约9.6%。

第三章　海上油田化学驱提高采收率技术

第一节　概　　述

根据海上油田储层特点及开发生产现状，化学驱将成为我国海上油田提高采收率的主攻方向之一。化学驱是一种通过注入化学驱油剂到油藏中以提高石油采收率的技术。根据注入的化学剂不同，化学驱可以分为聚合物驱、表面活性剂驱、碱水驱及由它们组合起来的二元、三元复合驱等多种方法。海上油田现阶段化学驱主要以聚合物驱为主，其提高采收率主要机理是在注入水中添加一定浓度的聚合物，在宏观上，增加注入水的黏度，降低驱替液和被驱替液的流度比，从而扩大波及体积；在微观上，聚合物由于其固有的黏弹性，在流动过程中产生对油膜或油滴的拉伸作用，增加了携带力，提高了微观洗油效率，最终实现提高采收率的目的。

聚合物驱技术是一项多学科交叉的系统工程，从研究到应用要经历室内研究、现场试验、扩大试验和工业化试验与应用等阶段。这项技术在陆地油田取得了较好的应用效果，我国大庆油田、胜利油田从 20 世纪 90 年代开始陆续开展了大规模的矿场应用，取得了丰富的实践成果，已成为我国陆地油田主要的提高采收率技术之一。

对于海上油田，由于技术和经济因素的制约，陆地油田的聚合物驱技术和经验无法照搬到海上，海上聚合物驱主要面临着以下挑战和难题：一是受限于海上平台的寿命，时间上不允许按照传统开发模式等到高或特高含水阶段才开始聚合物驱，因此，需探索适合海上油田特点的稠油高效开发模式；二是驱油剂产品方面，由于海上油田油稠、胶质沥青质含量高、层系多、井距大、配聚水矿化度高，需针对油稠、水硬、剪切强、井距大等实际情况，研发适应高矿化度条件的抗盐抗剪切聚合物产品；三是需针对海上稠油油藏开发和聚合物驱提高采收率的特点，研发适合海上油田的聚合物驱适应性和潜力评价、油藏工程方案优化决策、动态监测及调控、效果评价等油藏关键技术；四是海上平台空间狭小、配聚用淡水资源缺乏、配注量大、水质不稳定、可用动力受限、注水工艺限制，需要攻关大排量、低剪切、小功耗、高自动化程度的平台聚合物配制装置和工艺，实现平台聚合物快速配制，确保地层工作液的有效黏度及其综合性能；五是海上平台的作业空间限制，导致采出液在处理流程中的停留时间短和无联合站可用，聚合物驱采出液处理难度大，问题复杂多变，需研究适合于相应聚合物驱油体系的采出液处理剂，优化地面处理工艺流程，确保原油脱水合格和污水处理达标，实现生产污水循环利用。

中国海油针对以上难题和挑战,从20世纪90年代开展了聚合物驱技术的可行性研究,并围绕"何时注、注什么、怎么配制、怎么处理、怎么评价"等方面,攻关形成了海上油田聚合物驱模式与理论、关键技术和药剂产品,包括海上油田聚合物驱模式及理论、海上稠油耐盐抗剪切聚合物驱油剂、海上油田聚合物驱数值模拟及效果评价技术、海上油田化学驱采出液处理技术、海上油田化学驱关键配套技术等,为海上聚合物驱技术的试验应用提供了坚实保障。

海上油田自2003年起,针对地层原油黏度150mPa·s以下常规稠油,选取了3个不同原油黏度、不同开发阶段的区块开展了矿场试验与应用,2003年9月至2020年3月在绥中36-1油田经历了单井试验、井组试验到扩大试验等阶段;2006年3月至2017年12月在旅大10-1油田主体区全面实施早期注聚;2007年10月至2019年11月,在锦州9-3油田西平台实施了聚合物驱和二元复合驱试验。经过20年的实践,绥中36-1油田、旅大10-1油田和锦州9-3油田均取得了良好的聚驱矿场试验效果。矿场试验的成功证明了海上油田聚合物驱技术可行性和经济有效性,为海上油田高效开发探索了一条新路。

第二节 海上油田化学驱理论认识和开发模式

陆地油田不受开发时间和空间的限制,通常具有较明显的阶段性,一次采油、二次采油、三次采油依次开发,提高采收率技术通常实施较晚。但海上油田受限于平台寿命(25～35年),开发时间短、投资风险大、生产成本高,为了在较短时间内提高油田最终采收率,通常需要选择更早的时机实施聚合物驱,早期注聚(中高含水阶段)对注采水平(能力)的变化更加敏感,须探索新的适合海上油田化学驱开发模式。

一、海上油田化学驱理论认识

针对海上稠油油藏的油稠、层多、非均质性强等现状,建立了海上稠油注聚理论,主要包括如下内容。

(一)最佳时机为含水上升率高峰期

基于聚驱两相渗流机理,通过综合含水率方程、含水上升速率方程、驱替前缘推进方程,获取水聚采油指数差、含水率与含水饱和度的关系图版(图3-2-1),根据此图版可得到不同黏度油藏注聚开发的理论最佳注聚时机。分析发现水驱油时,注入水的换油效率随着含水上升而下降,当含水上升率达到高峰期时,换油效率下降速度最大;含水上升率高峰期之后注聚,地层中大量存水将严重稀释聚合物段塞前缘,意味着注入水低效驱油。也就是含水上升斜率最大值附近为最佳注聚时机,黏度越大,最佳注聚时机越早。对于70mPa·s稠油油藏,理论最佳注聚时机为含水26%,对于25.9mPa·s稀油油藏,理论最佳注聚时机为含水47%,见表3-2-1。

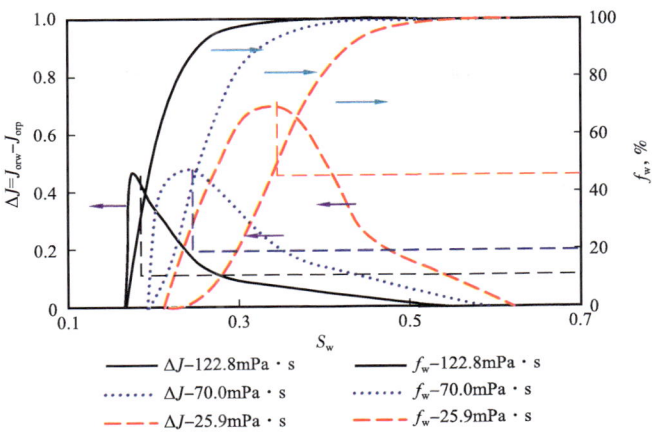

图 3-2-1　水聚采油指数差、含水率与含水饱和度的关系图版

表 3-2-1　不同黏度理论最佳注聚时机

原油黏度，mPa·s	理论最佳注聚时机（含水率），%
25.9	47
70.0	26
122.8	15

主要机理包括：一方面，过早注聚不利于提高波及效率和保持注入能力。注聚前的注入水在稠油油区中所发生的黏性指进作用，有利于扩大聚合物溶液的波及范围，从而提高注聚和后续水驱的波及效率，如图3-2-2所示。同时也有利于保持稠油油藏的注聚能力。另一方面，推迟注聚不利于有效利用水驱作用和保持聚合物段塞前缘的驱替性能。

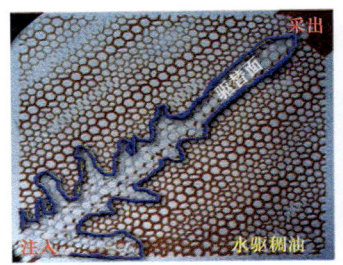 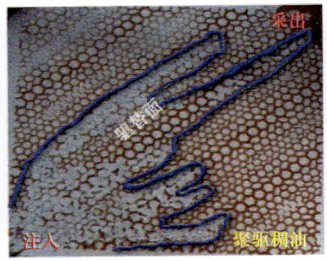 

图 3-2-2　水驱后聚驱与适量注水后聚驱波及面变化

（二）增"残"（残余阻力系数）保"注"（注入能力）提高中高渗稠油油藏的波及效果

对稠油油田，仅从增加聚合物黏度的途径来降低流度比，必然是高浓度的高成本、高黏度的难注入等现实问题。通过新型结构聚合物适度提高其在中高渗油藏中残余阻力系数的方法，能够显著提高聚合物溶液的流度控制能力。如有效黏度20mPa·s的缔合聚合物

溶液，当残余阻力系数由2增至6，流度比降低能力提高3倍（图3-2-3），就能实现对地层原油黏度高达150mPa·s的中高渗稠油油藏流度的有效控制，并确保聚合物溶液的注入能力。由此建立了通过适度增加残余阻力系数来控制中高渗稠油油藏流度的机理，把聚合物驱适应的原油黏度提高到350mPa·s，发展了聚合物驱油理论。

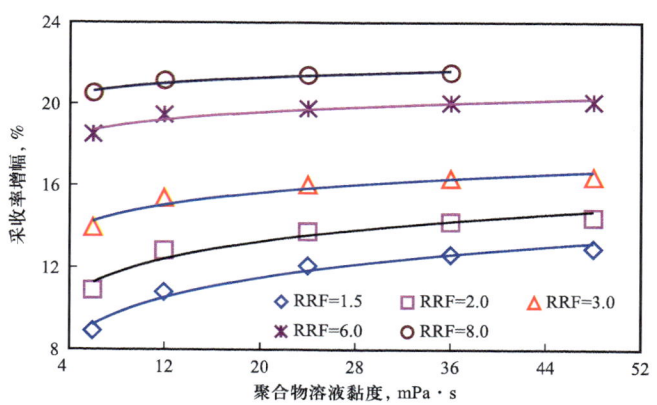

图3-2-3　残余阻力系数与提高采收率关系

（三）增大油水界面黏度可显著提高聚合物驱微观驱油效率

传统聚合物驱油理论认识到黏弹性可以提高驱油效率，我们研究还发现：对于稠油，增大油水界面黏度，能够进一步显著提高其微观驱油效率。黏度相近时，疏水缔合作用导致缔合聚合物的弹性高于普通部分水解聚丙烯酰胺（HPAM），使其微观驱油效率更高，如图3-2-4所示；疏水基团的亲油作用提高油水界面黏度从而对油相"拖拽"作用增强，如弹性相近且黏度低（100mPa·s）的疏水缔合聚合物的微观驱油效率比高黏度（300mPa·s）HPAM高8.8个百分点（表3-2-2）。因此，疏水缔合作用增加弹性和疏水亲油作用增加油水界面黏度的双重效果显著提高疏水缔合聚合物的微观驱油效率。

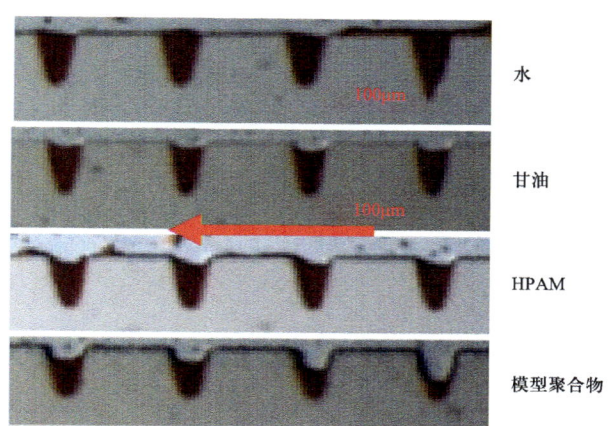

图3-2-4　黏弹性提高驱油效率微观实验效果图

表 3-2-2　稠油聚合物驱微观驱油效率计算结果

参数	模型聚合物	HPAM
浓度，mg/L	1100	5000
表观黏度，mPa·s	99.8	300.4
第一法向应力差，Pa	66.7	69.8
界面张力，mN/m	7.5	8.9
界面黏度，mN·s/m	6.5	0.8
齿状模型驱油效率，%	23.7	14.8

依据稠油聚合物驱油理论，在聚合物中引入功能基团，产生组合作用，利用耐温抗盐结构单元，实现高黏高弹、耐盐长效、抗剪保注；利用功能基团的位阻作用强化滞留，获得适当高残余阻力系数，提高波及效果；利用功能基团的亲油作用，显著提高油水界面黏度，提高驱油效率，创新获得了提高聚合物微观驱油效率的新方法。

二、海上油田化学驱开发模式

结合我国海洋油气生产特点的基础上，以效益最大化和资源充分利用为前提，以目前油田开发的最新成熟技术和通过攻关就能突破的先进技术为基础，以短时间内达到最大采收率为总体战略目标来探索海上油田高效开发，创新建立了海上油田化学驱高效开发模式（图 3-2-5），内涵为：（1）打破三次与二次采油界限。（2）创新、集成、应用二次、三次采油新技术，实现早拿油、多拿油、提高采收率。按此模式开发 25 年就相当于传统模式 40 年的开发效果，模式如图 3-2-5 所示。

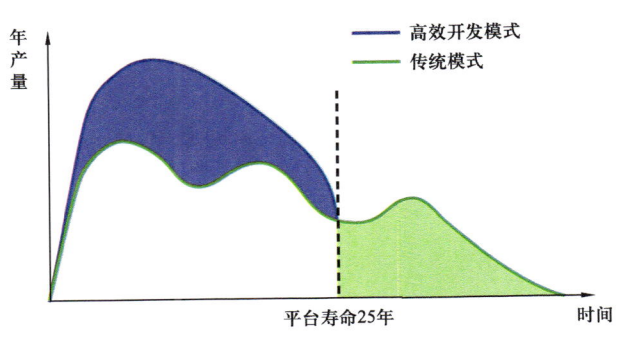

图 3-2-5　海上油田化学驱高效模式示意图

旅大 10-1 油田是世界范围内首个实施早期化学驱的油田，2005 年投产，2006 年实施弱凝胶驱，开发特征与中晚期化学驱有很大区别，无"含水下降漏斗"，有效控制了含水上升速度，提高了采油速度。截至 2022 年底，注聚试验区累计实现增油量为 132×10^4t，阶段采出程度提高 5.4%，弱凝胶驱区域采出程度 38% 以上。

第三节 海上油田化学驱地质油藏关键技术

一、海上油田化学驱资源潜力评价

(一) 海上油田化学驱油藏分类标准

化学驱开发效果受到多种因素的影响，通过数值模拟和经济分析研究了地层温度、地层原油黏度、地层水矿化度、钙镁离子含量、地层渗透率等参数对化学驱开发效果的影响规律。以聚合物驱为主的化学驱提高采收率技术从20世纪90年代在我国大庆、大港、胜利、河南等陆地油田进入现场应用以来，目前已成为我国东部陆地油田水驱后进一步提高采收率的主导技术之一[14-21]；孙焕泉等人以胜利油田聚合物驱提高采收率技术实践为基础，总结了聚合物驱油藏筛选标准[22-26]。

中国海油根据海上油藏的地层原油黏度、地层温度、地层矿化度等几个反映影响聚合物驱效果的不可变的地质、油藏和流体因素，按照黏度、温度、矿化度、钙镁离子四个层次分类，确定了海上油田分类划分指标及分类区间见表3-3-1，其中，Ⅰ类和Ⅱ类属于常规稠油油田，Ⅲ类和Ⅳ类油田属于高温高盐油田[27]。如果采用新型化学剂，适用油藏的原油黏度、钙镁离子含量指标界限放宽。

表3-3-1 海上油田化学驱资源分类标准

油藏分类	技术指标			
	地下原油黏度，cP	地层温度，℃	矿化度，mg/L	钙镁离子含量，mg/L
Ⅰ	<50	<65	<5000	<200
Ⅱ	50～150（普Ⅰ-1）	<75	<18000	<1000
Ⅲ	地层原油黏度150～350cP（普Ⅰ-2-A）或地层温度75～90℃或矿化度18000～50000mg/L			
Ⅳ	地层原油黏度350～1000cP（普Ⅰ-2-B）或地层温度>90℃或矿化度>50000mg/L			

(二) 海上油田化学驱潜力评价

海上油田与陆地油田相比，海上油田地质开发条件复杂、类型多，实施化学驱技术和陆地油田有很大区别，并且开发存在风险性，需要提高潜力预测准确性。提高采收率潜力预测的准确性和实用性直接影响到提高采收率潜力评价的效果。提高采收率潜力预测和分析涉及因素较多，各因素之间关系复杂[28-32]。针对人工神经网络模型存在的问题，提出了采用多元回归方法建立化学驱潜力预测模型的研究思路，如图3-3-1所示。首先建立累增油定量表征模型，再利用多元回归建立预测模型，这样在预测化学驱效果的同时，又能准确把握各参数之间的关系。与神经网络相比，模型相对简单，外推性好。

一般来说，饱和度矩阵块具有比较明显的对流方程的性质。传统的 CPR 方法对饱和度块的预处理在整体预处理的时候完成。我们对饱和度矩阵块也做了单独的预处理。我们使用块高斯预处理方法。考虑到饱和度矩阵的对流性质，我们使用的是带顺序的块高斯预处理，对网格点使用了顺风排序，即顺着多孔介质流的流动方向进行块高斯迭代。理论上，经过顺风排序，饱和度矩阵块几乎是一个块下三角矩阵，所以块高斯迭代会有很好的效果，甚至可以一步预处理达到机器精度。

对雅可比矩阵的整体预处理可以有多种选择，高斯迭代预处理，超松弛迭代预处理或者 ILU 预处理等。传统使用 ILU 方法较多。我们选择了更加经济的高斯迭代预处理方法，再加上对网格点的顺风排序，数值实验中显示出了很好的鲁棒性。

（三）海上油田化学驱数值模拟软件前后处理配套模块

海上油田化学驱数值模拟软件前后处理配套模块主要内容包括前处理、后处理、运行及帮助四大模块（图 3-3-3）。前处理模块分块读取加载数模数据文件（.DATA）文件，通过交互界面完成对 DATA 文件的修改及存储，存储的数据文件可以传输到模拟器，实现数值模拟计算，计算的结果能够通过应用后厨模块进行展示，包括指标曲线的多维度查询，二维/三维场图结果的展示。三个模块相对独立，只要有对应的文件，均可独自调取应用。系统建设功能模块主要包括前处理、后处理、运行与帮助四个一级模块，包括 15 个二级子功能。

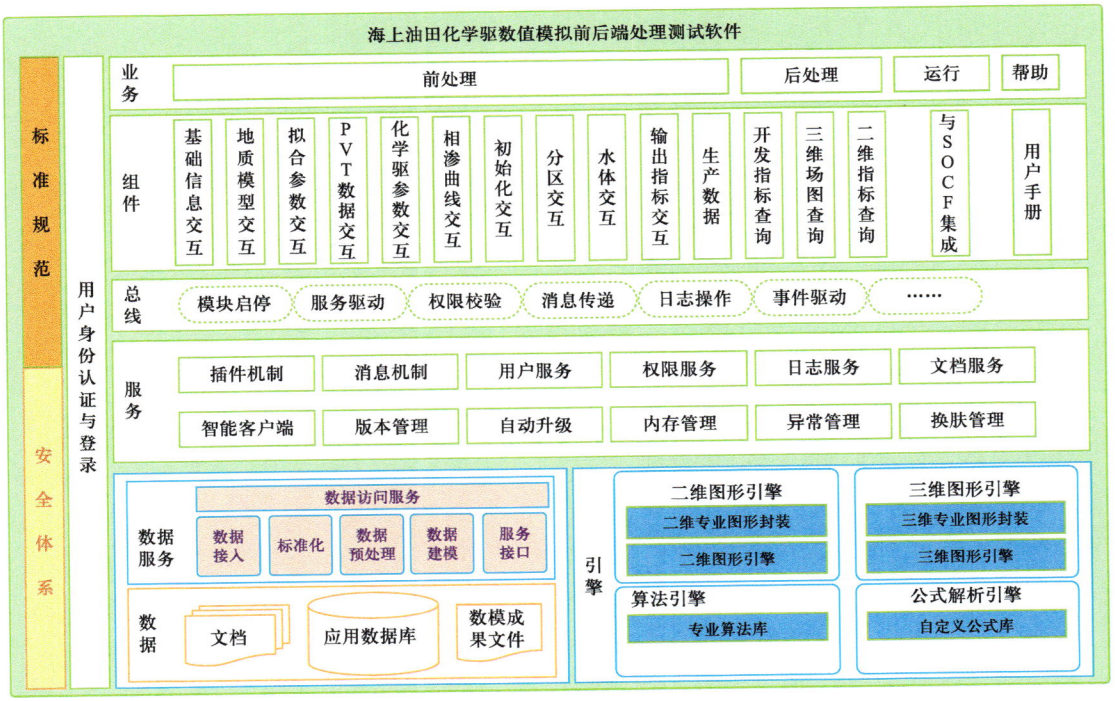

图 3-3-3　软件整体架构图

三、海上油田化学驱开发方案优化技术

（一）化学驱开发方案优化决策方法

陆地油田的成功经验证明，化学驱是改善油田开发效果的有效措施。相对陆上油田，海上油田实施化学驱的时机较早，导致水驱阶段的各种调整措施将与聚合物驱相结合[41-45]。在方案优化过程中面临诸多困难：合理注聚时机、层系组合界限、合理井网密度等参数该如何确定。

因此，聚合物驱开发方案设计应包括：油藏聚合物驱适应性评价技术，海上稠油油藏聚驱时机决策方法，聚合物驱层系、井网部署界限，聚合物驱注采系统，聚合物驱开发过程调控决策等方面。海上油田聚合物驱方案优化决策模式由三部分组成：（1）以有效驱替为目标的聚驱时机决策。（2）以强化波及为目标的聚驱技术政策决策。（3）以高效开发为目标的聚驱优化方案决策（图 3-3-4）。

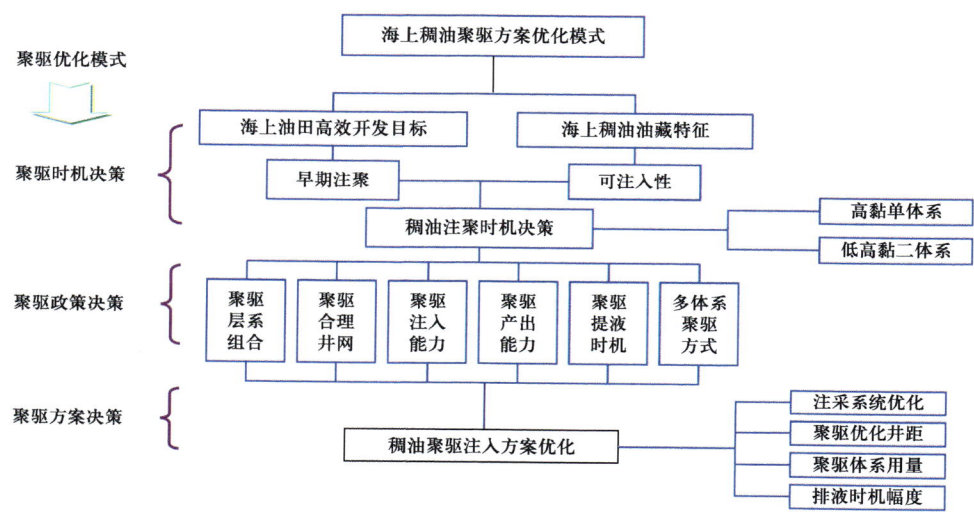

图 3-3-4　优化设计程序

（二）化学驱注入时机优化研究

海上油田的平台寿命为 30 年左右。注聚时机的选择对于海上油田至关重要，如何在有限的平台寿命期内尽可能地提高采出程度是海上油田开采的关键。如果提前注聚，在有限的平台寿命期内获得较好的提高采收率效果，不仅能节约大量水资源，还能降低能耗和碳排，提高经济效益[46-48]。本书以绥中36-1油田的实际情况，分别选取具有代表性的地质参数、流体参数和生产工艺参数，建立相应的典型模型开展研究。具体模型参数详见表 3-3-3。

不同时机聚合物驱采出程度及含水率曲线如图 3-3-5 和图 3-3-6 所示。与水驱相比，不同时机聚合物驱采出程度均有大幅度提高。转注时机越早，在开发有效期内，能够获得更低的含水率和更高的采出程度，开发效果越好。

表 3-3-3　绥中 36-1 典型模型参数表

地质参数	网格数、网格长度	有效厚度	平均渗透率、变异系数	原始地层压力
	30×30×5、20m×20m	35m	$3000×10^{-3}\mu m^2$、0.5	14.2MPa
	孔隙度	顶深	油水界面	油藏温度
	0.32	1450m	1650m	65℃
流体物性	相渗资料以及 PVT 资料与绥中 36-1 相同	地下原油黏度	残余油、束缚水饱和度	溶解气油比
		70mPa·s	0.171、0.43	37.5m³/m³
生产参数	注入聚合物浓度	注入聚合物黏度	不可及孔隙体积	残余阻力系数
	1750mg/L	8mPa·s	0.18	2.5
	注入速度	总共注聚量	注采比	井网与井距
	0.035PV/a	0.171PV	1:1	反九点，300m

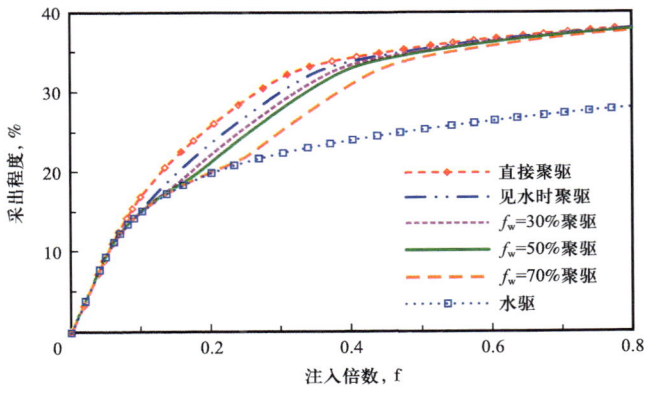

图 3-3-5　不同时机聚驱采出程度

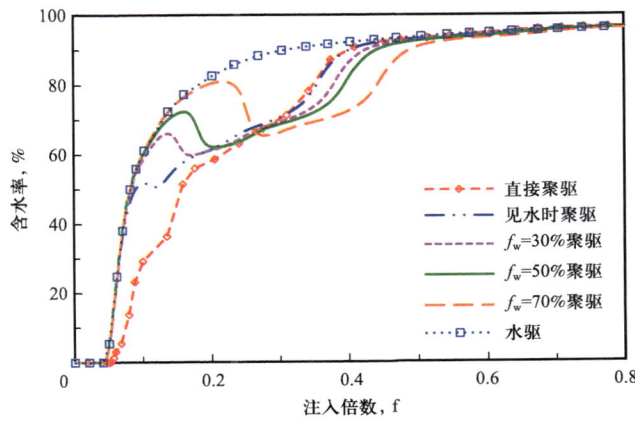

图 3-3-6　不同时机聚驱含水率变化

与水驱对比，聚合物驱开发效果的优势主要体现在增产油量及少产水量，不同时机聚合物驱主要差别体现在聚驱前注入水量的多少。早期聚驱前期注水量较小，反之，中后期聚驱，前期水驱注水时间较长，注水量较大。比较不同时机聚合物驱开发效果，实质上是比较在整个开发过程中，前期水驱、聚驱及后继水驱不同组合方式的开发效果。

为比较不同时机聚合物驱在整个开发过程中综合驱替效果，定义换油效率：

$$\eta = \frac{N_{pp}^t - N_{pw}^t}{W_{ip}^t - W_{ip}^{t_0}} \quad (3-3-8)$$

式中　N_{pp}，N_{pw}——评价计算时刻 t 聚合物驱、水驱累计产油量，10^4t；

　　　W_{ip}——评价计算时刻 t 聚合物驱累计注入量，10^4t；

　　　t，t_0——评价计算时刻、开始注聚时刻。

不同时机聚合物驱开发过程换油效率如图3-3-7所示。注聚时机较早，在开发早期换油效率较高，开发后期趋向一致。早期聚合物驱能在有限的时间内将增油和降水的作用发挥得更好。因此，注聚合物时机越早，在开发有效期内综合效果越好。

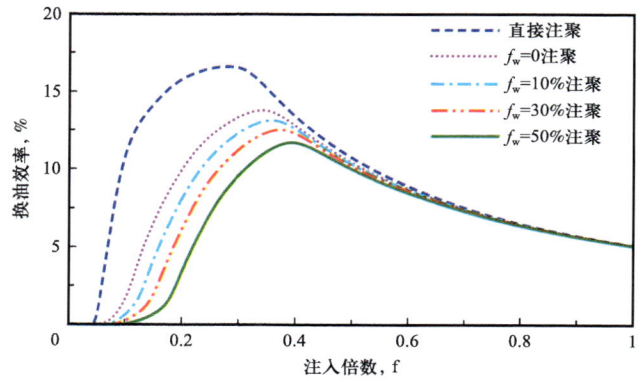

图3-3-7　不同时机聚合物驱换油效率

注聚时机一般以注聚前的含水率表征，注聚合物驱的时机越早，地层剩余油饱和度相对较高，聚合物溶液注入地层后，容易形成原油富集带，聚合物驱见效早、开发效果好。

油藏数值模拟研究不同时机注聚，从含水率变化曲线和增油曲线来看，中早期注聚和中高含水期注聚的动态特征不同：（1）中早期注聚含水率上升速度较慢，从增油曲线上反映，中早期注聚见效较快，降水增油效果明显，增油峰值高。（2）中高含水期注聚，含水率先上升后下降，上升阶段的速度较快，在这一阶段聚合物降水增油效果不明显，因此，从增油曲线上看，其见效较慢、增油峰值较低。

在聚合物驱主要增油期内，注聚时机越早增油量越大，聚合物驱开发效果越好。但稠油油田早期注聚，聚合物驱增油期结束后，后续水驱突破较快，含水率上升速度明显高于不注聚的水驱上升速度，因此，稠油油田一般在中高含水期才开始实施聚合物驱，这样既可避免后续水驱突破较快，也可最大程度发挥水驱效率，降低油田开发风险。

（三）化学驱注入方式优化研究

随着原油黏度的增加，化学驱注入能力下降，不同原油黏度对注入能力的影响如图 3-3-8 所示，随原油黏度增加，合适的注聚时间越来越晚，所对应油层的渗透率越来越大。由于注低浓聚合物，其黏度较低，缓解注入能力限制作用，可以实现对稠油在较低的含水率条件下注聚。

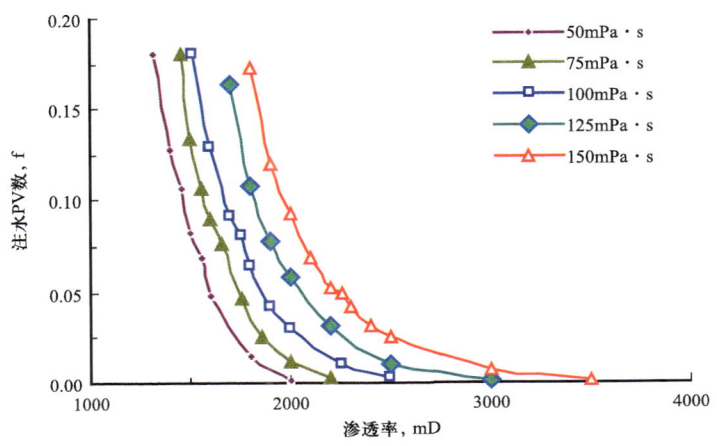

图 3-3-8　不同原油黏度对应注水 PV 数

为比较不同浓度聚合物溶液组合体系的开发效果，设计了以下几种方案：

方案 1：低浓超前注聚：水驱至含水率 10% 时，注入 0.0553PV，浓度 1000mg/L 聚合物 + 注入 0.0845PV 浓度 1750mg/L。

方案 2：高浓适时注聚：注水至含水率 50% 时，注入浓度 1750mg/L。

方案 3：高浓后期注聚：注水至含水率 80% 时注聚，注入浓度 1750mg/L。

低高黏体系聚合物驱换油效率见表 3-3-4 和图 3-3-9。低浓超前注聚，在开发早期换油效率较高，开发后期趋向一致。提前注聚能在有限的时间内将增油和降水的作用发挥得更好。高浓后期注聚，阶段作用效率较高，但持续时间短，且由于前期注水开发，早期阶段作用效率未得到体现。

表 3-3-4　双体系不同方案聚驱效果统计表

方案	注聚时含水率	注 1000mg/L 聚合物时间（注入 PV）	注 1750mg/L 聚合物时间（注入 PV）	注聚结束时间（注入 PV）	提采幅度，% 第 10 年	第 15 年	第 20 年
低浓超前注聚	10%	0.0553	0.0845	0.2392	7.90	9.58	9.54
高浓适时注聚	50%	—	0.0845	0.2567	7.17	9.50	9.54
高浓后期注聚	80%	—	0.1781	0.3502	2.08	8.18	8.94

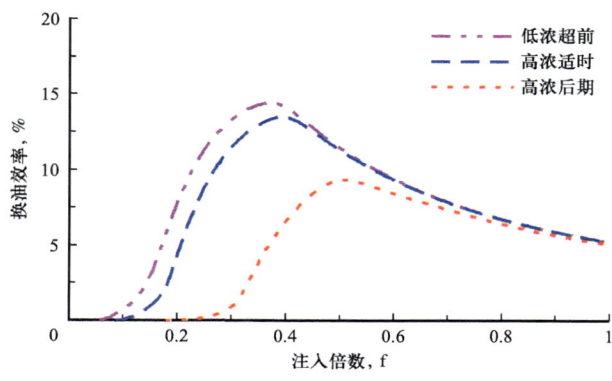

图 3-3-9　不同聚合物驱方案换油效率

为使注聚时机提前可采取前期采用低浓度注入，保持较高注入速度，主体和后续根据注入能力采用高浓度的低+高浓度组合体系（图 3-3-10）。在高浓度聚合物段塞前注入一定量的低浓度段塞，主要用于缓解注入能力的要求。

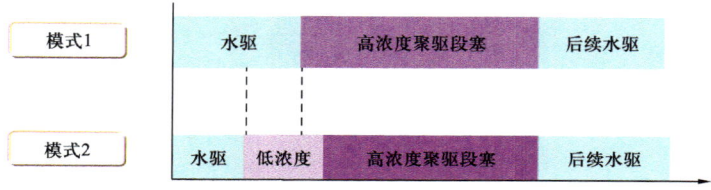

图 3-3-10　组合体系聚合物驱示意图

（四）海上油田化学驱油藏方案设计方法

海上油田化学驱油藏方案内容包括油田概况，目标区选择及化学驱方法筛选、目标区块油藏描述、注水开发评价、化学驱油藏工程方案设计、化学驱经济评价、实施要求及资料录取等 6 个主要部分内容。针对海上油田特点，建立了基于均匀设计方法和基于响应面分析法的化学驱油藏方案优化方法[49-54]。

1. 基于均匀设计法的油藏方案优化设计

均匀设计法，又称均匀设计试验法或空间填充设计，是一种试验设计方法，它主要考虑的是试验点在试验范围内的均匀散布。这种方法的目的是在减少试验次数的同时，仍能反映体系的主要特征，从而达到优化实验参数的目的。

具体步骤如下：

第一步，试验设计。根据油藏的流体性质、注入能力，结合聚合物溶液性质，分别确定段塞尺寸与浓度的水平。该过程中应遵循以下原则：参数的取值范围尽可能大一些；每一个因素的水平个数适当多一些。

第二步，数值试验。查找均匀设计表及其使用表，并由使用表确定因素所在位置，进而由均匀设计表确定试验方案。然后根据所确定的聚合物段塞尺寸与浓度进行"数值试验"（油藏数值模拟计算），并统计相对应的试验结果（增采幅度）。

第三步，试验结果处理。通常情况下，"增采幅度"（记作"EOR"）与聚合物"段塞尺寸"（记作"x"）与"段塞浓度"（记作"y"）呈现单调增加关系，但增加幅度渐缓。由此可将其函数构建成二元二次方程。由不同的聚合物段塞尺寸、浓度及其相应的增采幅度"数值试验"结果，通过多元回归，得到相应系数，即可确定该函数关系。

第四步，目标函数确定。用于评价聚驱效果的指标有"增采幅度""吨聚增油"等进行评价，即：前者是技术性指标，后者是经济性指标。为能够考虑经济技术综合因素，常用"综合指标"。通过数值模拟计算结果建立上述指标与聚合物段塞尺寸与浓度等的函数关系，即完成了优化目标函数的建立。

第五步，注入参数的优化。聚合物注入参数的优化方法即由分析大量的数值模拟计算结果。

2. 基于响应面分析法的方案优化方法

响应面优化法是 20 世纪 90 年代初兴起的一种实验统计方法。响应曲面等值线的分析寻求最优工艺参数，将复杂的未知函数关系，在小区域内用简单的一次或二次多项式模型来拟合因素与响应值之间函数关系的一种统计方法，适宜于解决非线性数据处理相关问题。响应面分析是将体系的响应作为一个或多个因素的函数，运用图形技术将这种函数关系显示出来，以供我们凭直觉的观察来选择试验设计中的最优条件。设计的实验点应包括最佳的实验条件，如果实验点选取不当，使用响应面优化法不能得到很好的优化结果。

基于响应面方法的海上油田聚合物驱油藏方案优化基本流程，即：

（1）根据矿场收益指标，选择及设定响应面目标函数。

（2）根据矿场资料及经验等，选择需要优化的目标参数及其取值范围。

（3）应用实验设计方法设计实验。根据实验结果的方差分析，对各因素进行敏感性分析，按照这些因素对目标函数的显著程度进行排序。筛选、删除非显著影响因素，从而减少实验次数，优化实验方案。

（4）根据新实验方案计算结果的方差分析，判别响应面回归模型的类型。

（5）应用响应面方法建立回归模型方程。

（6）利用回归方程对各参数进行优化取值，得到最优方案。

（7）利用蒙特卡罗模型对优化结果进行不确定性分析，量化风险，验证最优方案的可靠性。

依据以上步骤，绘制优化设计的具体流程如图 3-3-11 所示。

四、海上油田化学驱动态跟踪与效果评价方法

化学驱动态分析与效果评价是海上油田化学驱技术体系、矿场试验与应用的重要环节。海上油田早期注聚造成受效井含水率变化曲线无"含水下降漏斗"或不明显、产液量调整变化大，注入井甚至缺少稳定的"空白"水驱，且测试难度大、费用高、资料

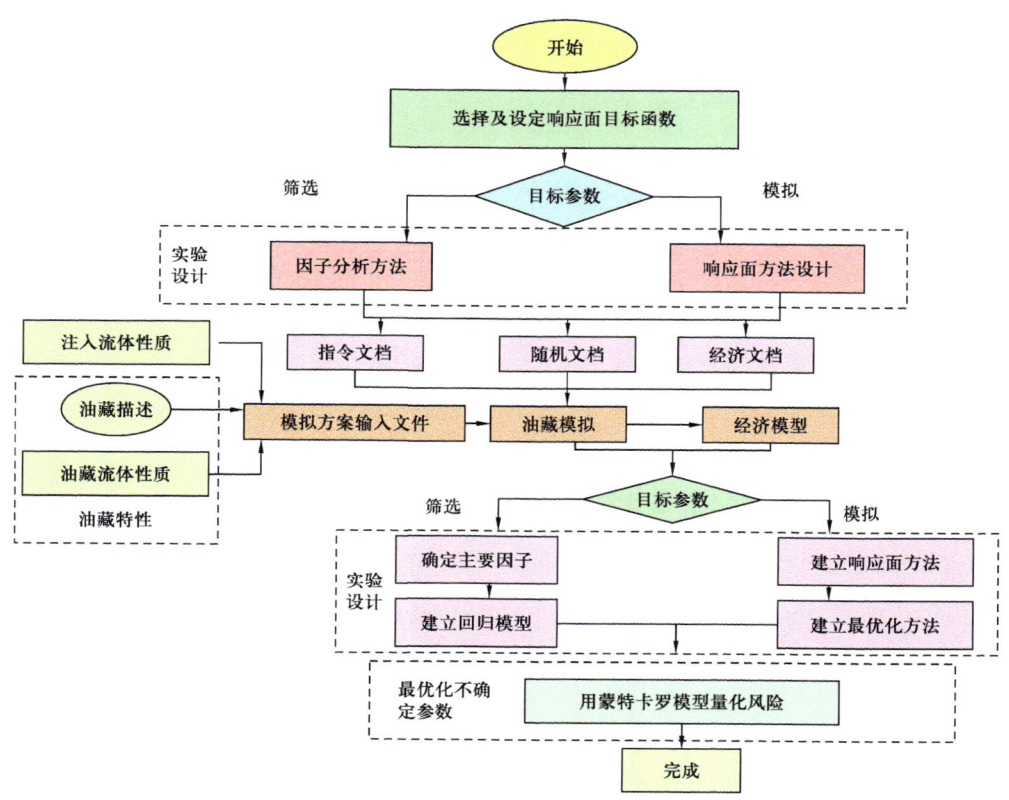

图 3-3-11　海上油田聚合物驱油藏开发方案优化设计程序

少[55-59]。已有的聚合物驱动态分析及效果评价方法不能完全适应海上油田早期聚合物驱效果评价，需要结合海上油田聚合物驱开发特点，开展开发动态与效果评价[60-62]。

（一）化学驱油藏动态分析的主要任务

化学驱开发指标在不同开发阶段呈现不同的特点和规律，动态分析时需针对不同阶段抓住重点进行分析。化学驱油藏动态与水驱相比，驱替相发生了变化，驱替相的变化对注入井、产出井和地层中流体渗流的影响是聚合物驱动态分析需要重点考虑的内容[63-66]。

注入井动态分析包括注入压力、日注量、霍尔曲线、吸水剖面、指示曲线、吸水指数、压降曲线、注入 PV 数、化学剂用量及注入水质等。化学剂质量包括聚合物、交联剂、表面活性剂的质量检测，主要检测聚合物浓度和黏度、表面活性剂的浓度和界面张力、交联剂的浓度和成胶能力等。

生产井动态分析包括日产液量、日产油量、综合含水、动液面、地层压力、驱替特征、见效时间、见效率、增油量、碳氧比、原油性质、族组分等，产出液分析包括聚合物、表面活性剂、交联剂及产出水性质等。

对于聚合物驱油藏，开始聚驱后其开采阶段可划分为见效前期、见效明显期和见效回返期。

1. 注聚见效前期

注聚见效前期指从开始注聚到注聚见效前的时间段。这个阶段动态分析的主要任务是分析注入端的注入有效性，主要包括注入压力的变化和注入能力的变化，注入化学剂质量检测，同时要分析油井产液、产油、含水的变化。

注聚见效前期压力和注入能力的跟踪分析是聚合物驱动态分析的重点。注聚后至见效前，注入井的压力应该上升到一个相对合理的范围，注入能力也应有一定程度的下降。如果此阶段注入压力没有明显的上升，或者注入压力上升幅度太高，要从储层物性、注采状况、出砂情况及油层污染等方面分析原因，并采取相应的措施进行改善。

2. 注聚见效明显期

注聚见效明显期指从注聚见效开始到注聚效果开始减弱，含水开始上升，或增油量开始下降的时间阶段。这个阶段动态分析的重点包括三方面的内容：一是见效分析和见效趋势预测，包括见效时间、见效程度、见效率分析等，并进行含水拟合和含水预测，预测见效趋势。影响见效时间和见效程度的因素很多，包括油层发育情况、储层非均质性、剩余油分布情况、聚合物黏度、累积注水 PV 数、井网、井距、注入速度等，要从这些方面进行分析，寻找规律，进一步扩大注聚效果；二是不见效原因分析，要从油层发育情况、渗透率变化、储层非均质性、注采对应关系、化学剂用量、外围注水影响进行分析，并分析流线及阻力系数建立情况，找出油井不见效的原因，采取措施，提高效果；三是聚窜井分析治理，分析产聚浓度变化，对于产聚浓度高的井进行分析，寻找优势通道，分析注采对应关系，针对聚窜井进行治理。

见效明显期是聚合物驱的重要阶段，该阶段要以培养油井见效、提高见效率和见效幅度为中心，加强层间、平面注入状况的分析调整，加强聚窜井治理，以取得理想的聚合物驱油效果。

3. 注聚见效回返期

注聚见效回返期指注聚效果开始减弱，含水开始上升，或增油量开始下降以后的时间段。为了使聚合物驱效果最大化，这个阶段动态分析的重点是合理工作制度分析，研究提液幅度、注水速度、注入方式、合理注采比、压力保持水平等，目标是控制含水上升速度，及时采取有效措施延长注聚有效期。

（二）动态分析的主要方法和手段

动态分析的基本方法包括：理论分析法、经验公式法、数值模拟法和类比分析法。

（1）理论分析法：重点应用实验室资料。渗流力学分析，单相流为主的试井理论、适用于油田开发早期。物质平衡分析，0 维模型，计算油藏的平均指标。

（2）经验公式法：计算油藏平均指标，精度依赖于回归的数据点。产量递减分析，适应于递减阶段开发趋势分析。水驱特征曲线分析，适应于宏观开发趋势评价。

（3）数值模拟法：考虑因素最全，需要参数最多。

（4）类比分析法：考虑因素最少，选择相似油田，对比相同指标。

动态分析应遵循"从油藏着眼、从单井入手、以井组为单元、深入到小层"的程序，综合应用多种分析方法，搞清油藏动态变化的特点和规律、存在问题和影响因素。从分析表面现象向把握开发规律转变，从生产动态分析向开发动态分析转变，从解释动态、预测动态向科学调控开发趋势转变。

（三）海上油田化学驱效果评价方法

通过归纳总结海上化学驱的各项研究成果，建立了海上稠油化学驱油效果评价方法体系，包括如下几个部分：注入系统评价方法、生产系统评价方法和增油量计算方法。

1. 注入系统评价指标

注入系统评价指标可以分为聚合物驱替体系和注入有效性两个方面，并利用注入能力、渗流阻力、吸水剖面等指标，对注入有效性进行综合评价。

1）聚合物驱替体系

聚合物驱替体系的评价指标包括：井口注入黏度和地下平均黏度等。

（1）井口注入黏度：聚合物溶液在注入井口的黏度。

（2）地下平均黏度：作用在地层中驱替原油的聚合物溶液黏度，可以通过返排取样、试井分析等方式获取该参数。

2）注入有效性评价

注入有效性的评价指标包括：注入能力、阻力系数和吸水剖面变化等。

（1）注入能力：可用井口压力、视吸水指数、吸水指示曲线等参数表征。与注水相比，注聚后注聚井井口压力上升，或视吸水指数下降即为注聚有效。

（2）渗流阻力：聚合物降低流度比的能力，为水的流度与聚合物溶液的流度之比，可根据 Hall 曲线斜率求取。阻力系数和残余阻力系数大于 1.2 即为注聚有效。

① 注水阶段的霍尔曲线斜率：

基于单项稳态的牛顿流体的径向流方程，将霍尔积分项 $\int (p_{wf}-p_e) dt$ 与累积注入量 W_i 绘在直角坐标上，求出其斜率 m_{h1}。

② 注聚合物溶液阶段的霍尔曲线斜率：

当地层内注入聚合物溶液后，由于注入流体发生变化，在霍尔曲线的斜率也将发生变化，其变化幅度反映出油层渗滤阻力的增减情况。将霍尔积分项 $\int (p_{wf}-p_e) dt$ 与累积注入量 W_i 绘在直角坐标上，求出其斜率 m_{h2}。

③ 后续水驱的霍尔曲线斜率：

油层注完聚合物段塞后重新注水，注入水在推动段塞的同时，也对残留在地层孔隙中的聚合物起冲刷作用，因此也会在霍尔曲线上反映出来，即斜率仍要发生变化。将霍尔积

分项 $\int (p_{wf}-p_e)dt$ 与累积注入量 W_i 绘在直角坐标上，求出其斜率 m_{h3}。

④ 计算阻力系数及残余阻力系数（图 3-3-12）：

$$R_f = m_{h2}/m_{h1} \qquad (3-3-9)$$

式中　R_f——阻力系数；
　　　m_{h2}——注聚合物阶段的霍尔曲线斜率；
　　　m_{h1}——注水阶段的霍尔曲线斜率。

$$R_{ff} = m_{h3}/m_{h1} \qquad (3-3-10)$$

式中　R_{ff}——残余阻力系数；
　　　m_{h3}——后续水驱阶段的霍尔曲线斜率；
　　　m_{h1}——注水阶段的霍尔曲线斜率。

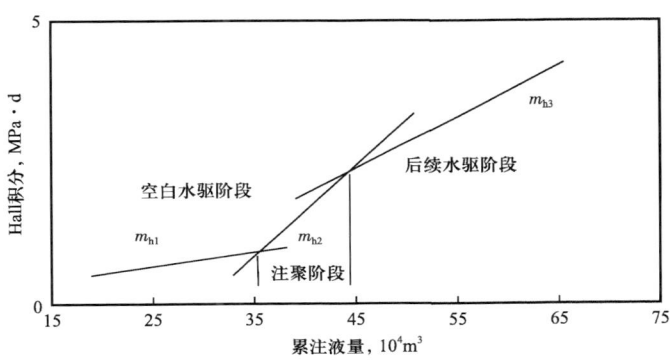

图 3-3-12　阻力系数与残余阻力系数计算示意图

（3）吸水剖面：注入聚合物溶液后，吸水剖面改善，包括吸水厚度增加、吸水剖面反转等。

2. 生产系统评价

生产系统评价指标可以结合产出有效性、增油效果、降水效果三个方面对注聚效果进行综合评价。

1）产出有效性

产出有效性的评价指标包括产液能力、综合含水、产出流体性质变化等。

（1）产液能力：可以用产液量、产液指数、生产压差等指标表征。注聚见效后，生产井一般会出现产液量降低、生产压差增大或产液指数降低的现象，可以以此作为判断注聚见效的依据之一。

（2）综合含水：聚合物驱能够起到改善油水流度比、扩大波及体积的作用，因此聚驱最根本的见效标志是生产井含水降低。

（3）产出流体性质：由于聚合物驱能够起到扩大波及体积的作用，因此生产井见效后，产出液的性质会与见效前有所变化，如产出水矿化度、原油性质等。

2）增油效果

增油效果的效果评价指标包括如下几个部分：

（1）聚驱有效期：聚合物驱开始见效到聚驱失效点之间的时间段。

（2）累计增油量：当油藏由注水开发转为聚合物驱后，在不改变油井工作制度的条件下，原油产量上升，而含水大幅度下降。较水驱增加的那部分累计产油量为聚驱累计增油量。

（3）平均单井日增油量：区块、注采井组累计增油量与聚驱受效油井、有效作用时间的比值。

（4）吨聚增油量：油藏或井组的聚合物驱实际增油量，与聚合物干粉用量之比为吨聚增油量。

（5）提高采收率幅度：油藏或井组的聚合物驱实际增油量，与地质储量之比为提高采收率值。

3）降水效果

降水效果的评价指标包括含水率降幅和少产水量等。

（1）含水率降幅：聚合物驱时，油藏或油井的含水率下降幅度。

（2）少产水量：油藏或油井的少产水量，是油藏继续注水驱时的产水量减去聚合物驱时的产水量。

3. 增油量计算

1）见效时间的确定

根据注聚时油田所处的含水阶段，依据下列标准判断见效时间。注聚期间如果采取了井网调整或调层措施的，应综合考虑措施影响。

（1）含水小于 40% 时注聚：

数值模拟判断化学驱见效时间，水驱与化学驱含水率曲线明显分离，差值大于 1%。

（2）含水在 40% 至 80% 时注聚：

根据动态特征或跟踪数值模拟研究判断见效时间。满足下列条件之一者为见效：

① 含水稳定或下降，效果连续保持 3 个月以上。

② 与周边相同含水阶段区块相比，含水上升速度减缓。

③ 当动态无法判断时，采用数值模拟法判断见效时间。

（3）含水大于 80% 以后注聚：

判断注聚见效时间时，在（2）的基础上，增加水驱特征曲线出现明显转折。

（4）见效结束时间确定：

数值模拟水驱含水与聚合物驱含水的交汇点。

2）聚合物驱增油量计算方法

经研究适用海上油田聚合物驱增油量的计算方法共包括如下六种：

方法 1：累积液油比—累积产液外推法（见 SY/T 5740—2013《聚合物驱油开发方案设计与效果评价技术要求》）。

方法 2：累积产液—累积产油外推法（见 SY/T 5740—2013《聚合物驱油开发方案设计与效果评价技术要求》）。

方法 3：理论水驱曲线法。

根据 Welge 方程推导得到理论水驱曲线公式：

$$N_\mathrm{P} = N_\mathrm{R} - \frac{A}{(L_\mathrm{P}+C)^{\frac{1}{w}-1}} \quad (3-3-11)$$

式中 　N_P——累积产油量，$10^4\mathrm{m}^3$；

N_R——可采储量，$10^4\mathrm{m}^3$；

L_P——累积产液量，$10^4\mathrm{m}^3$；

w——Welge 系数；

A，C——拟合指数。

方法 4：数值模拟法。

以实际产液量定液生产，输入聚合物驱相关物化参数，通过拟合实际含水，得到聚合物驱第 i 月阶段产油量 $Q_{\mathrm{po}i}$。在其他控制条件相同的情况下，将聚合物注入浓度设为 0，预测出水驱情况下的第 i 月阶段产油量 $Q_{\mathrm{wo}i}$。第 i 月的阶段增油量 $\Delta Q_{\mathrm{o}i}$ 等于聚合物驱阶段产油量 $Q_{\mathrm{po}i}$ 减去水驱阶段产油量 $Q_{\mathrm{wo}i}$：

$$\Delta Q_{\mathrm{o}i} / Q_{\mathrm{po}i} - Q_{\mathrm{wo}i} \quad (3-3-12)$$

式中　$i=1$，2，$\cdots$，n，代表聚合物驱见效后的月数；

$Q_{\mathrm{po}i}$——第 i 月的聚合物驱阶段产油量，$10^4\mathrm{m}^3$；

$Q_{\mathrm{wo}i}$——第 i 月的水驱阶段产油量，$10^4\mathrm{m}^3$；

$\Delta Q_{\mathrm{o}i}$——第 i 月的聚合物驱阶段增油量，$10^4\mathrm{m}^3$。

累积增油量：

$$\Delta Q_\mathrm{o} = \sum \Delta Q_{\mathrm{o}i} \quad (3-3-13)$$

式中　$\Delta Q_{\mathrm{o}i}$——化学驱累积增油量，$10^4\mathrm{m}^3$。

方法 5：对比法。

根据地质油藏特征、开发条件及含水阶段等选择类比水驱井组，预测目标区水驱条件下的产油量，得到化学驱增油量。

3）各种增油量计算方法适用范围

方法 1、2：水驱特征曲线出现稳定直线段，回归有效点数不少于 6 个，一般适用于中高含水期的增油量计算。

方法 3：理论曲线出现稳定直线段，回归有效点数不少于 6 个，更适用于特高含水期的增油量计算。

方法 4：适用于各开发阶段的增油量计算。

方法 5：辅助方法。

第四节 海上油田化学驱配套工艺技术

一、聚合物快速溶解技术

由于海上平台空间狭小，可供聚合物驱配注系统使用的面积和空间有限，而传统的聚合物配注系统占地面积大，无法满足海上平台规模化使用；因此，研究符合海上平台特点的小型化、橇装化和高效化的聚合物配注系统是实施海上油田聚合物驱的关键[67-69]。

（一）聚合物强制拉伸水渗速溶技术及装置

在聚合物溶解过程中，溶解速度（单位时间聚合物的溶解量）G 正比于颗粒（将颗粒等效视为球形）的比表面积 A 及单位比表面积的溶解速度 S。

$$G = SA = \frac{6WS}{\rho d} \quad （3-4-1）$$

式中　G——单位时间聚合物的溶解量，g/s；
　　　S——单位表面积的溶解速度，g/(s·cm^2)；
　　　A——颗粒比表面积，cm^2；
　　　W——聚合物质量，g；
　　　ρ——聚合物密度，g/cm^3；
　　　d——颗粒直径，cm。

聚合物与水接触的比表面积是影响其溶解速度的关键因素，比表面积越大，溶解的时间就越短。聚合物与水接触的比表面积受聚合物干粉颗粒尺寸的影响较大，聚合物干粉颗粒的粒径越小，相同质量的聚合物干粉颗粒与水接触的表面积就越大。基于此原理，发明了聚合物强制拉伸水渗速溶方法。采用强制拉伸和强力水渗技术，将聚合物溶胀颗粒分两级强制拉伸，聚合物干粉颗粒粒径由 1mm 减小至 120~150μm，颗粒与水的接触面积增加 7 倍，水渗距离缩至 1/7 以下；同时通过增压水定向喷射，提高固液界面聚合物和水分子的双向扩散速率，共同作用实现快速溶解。聚合物溶解时间从 120min 缩至 40min 以内。基于此研制出的聚合物强制拉伸水渗速溶装置（图 3-4-1，图 3-4-2），配液能力 60m^3/h，尺寸 1m×1m×1m，重量 1.5t，单台设备配聚合物母液量 1500m^3/d，可满足约 10 口注聚井的配注需求。

（二）熟化罐内部结构优化

传统的立式熟化罐在配液过程中有三种状态：进液、熟化和出液，每座熟化罐对应 1 种状态，因此，根据配注量至少需要 3 座及以上的熟化罐才能保证配液过程顺利进行。基于聚合物强制拉伸水渗速溶装置具备大幅缩短聚合物溶解时间的能力，使减少熟化罐数量成为可能。因此，提出将传统的立式熟化罐（图 3-4-3）优化为卧式熟化罐（图 3-4-4），通过创新设计熟化罐内部结构，使 1 座罐具备"进液、熟化和出液" 3 种状态，罐体通过堰流板隔成三个腔室，分别是进液腔、熟化腔和出液腔，聚合物液流从溶解罐进入第一个腔室，在第一个腔室中进行搅拌熟化，当第一个腔室的装满后，自行溢流到下一级腔室，这样逐级熟化，液体在最后一个腔室完成熟化，聚合物母液在罐内呈 S 形流向，既保证了聚合物溶液的有效熟化，又保证了聚合物配液过程的连续，减少了配液用水的启停对平台注水系统的冲击。

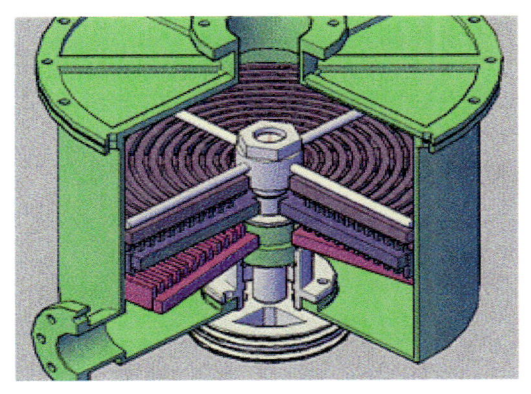

图 3-4-1　快速溶解装置示意图

图 3-4-2　快速溶解装置

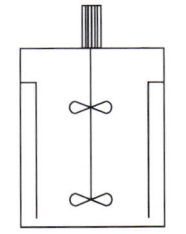

图 3-4-3　立式熟化罐

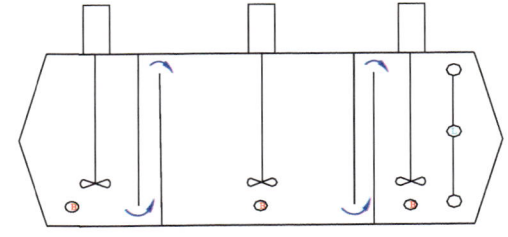

图 3-4-4　卧式熟化罐

（三）配制系统优化

分散溶解系统：（1）引入定向喷射技术，在水粉混合器的进水区封闭后，在封闭区增加 8 个定向水嘴包围出粉口，粉料通过喇叭口分散使得水进入后不会直接进入溶解罐，经过水嘴后水的流速大大增大，并定向向出粉口喷射，增强分散效果，并消除粉尘。（2）利用射流泵形成的文丘里效应，环形高速水流在水粉混合头内部形成负压，将粉充分吸入到水粉混合头内部。充分利用射流泵紊流强度大的特点，促进水粉的混合效果，而且水嘴的大小可以自动调节以满足不同的排量要求。（3）引入循环搅拌熟化工艺技术，聚合物溶液在熟化罐熟化时，溶解熟化的效果取决于搅拌器的搅拌效果。对于疏水缔合聚合物 AP-P4，其黏度随着熟化时间的增加能达到 15000～20000mPa·s，高黏度的聚合物溶液极容易形成死角，搅拌效果大大降低。通过增加循环泵，将处于熟化罐中死角的聚合物溶液泵入到罐体中央，处于搅拌器的搅拌范围，有利于聚合物溶解。

高压注入系统：引入一泵多井注入工艺技术，优化改进了文丘里调节器，使该装置能够将聚合物溶液流量按照设计要求进行分配，该装置结构紧凑、占地面积小，对聚合物溶液黏度损失小，有效降低了注入系统的占地面积、重量和投资。

分散控制系统：引入DCS控制系统，结合海上平台注聚的特殊工况，实现了：（1）融合间歇生产和连续生产为一体控制：在间歇生产过程中，以顺序控制、逻辑控制为主，所有的气动阀门均按照顺序控制程序依次进行，在上位机监控流程画面上，操作人员只需对关键步骤进行启动/停止确认即可；在连续生产过程中，以过程控制为主，所有的调节阀、变频控制的泵（电机）均实现自动控制。（2）跨平台控制与通信：在平台中央控制室放置了DCS控制系统主控制站、冗余服务器、操作站等，在生产平台注聚电控间放置了1台操作站和从控制站，采用了独立的控制站和操作站作为从站。主从站之间可以进行数据交换与访问，但单独完成各自的控制功能。

（四）聚合物快速溶解系统

以聚合物强制拉伸水渗速溶装置为核心，将优化的熟化罐系统和配制系统形成聚合物快速溶解技术和工艺。该技术已在绥中36-1油田、旅大10-1油田、锦州9-3油田的7个平台37口井中进行应用。从现场应用效果看，疏水缔合聚合物溶解熟化时间由120min缩短至40min，系统占地面积减少21%，总重量减少37%，为规模化海上聚合物驱试验和应用推广提供了技术保障。

二、注采能力保持技术

要保持好的化学驱效果，必须保证注入端"注得进"和采出端"采得出"，保持合理的注采水平[70-76]。因此，从"十一五"开始研究适合渤海化学驱油田的注采能力保持技术。

（一）海上化学驱油田注采井堵塞识别技术

海上油田中早期化学驱过程中，原油黏度、地层含油饱和度、注入及采出方式、化学剂类型等皆与陆地油田化学驱存在诸多不同。注入端识别技术是基于整个流动速率范围内表征聚合物溶液的统一视黏度模型，并综合考虑海上井筒管流与油藏渗流特殊性的耦合，建立了单层及多层聚合物注入能力评价模型，形成了海上多层油藏注聚井堵塞识别方法。生产端识别技术是基于构建的化学驱产液指数变化解析数学模型及特征参数预测模型，首次提出海上聚合物驱油田产液能力四段式变化特征，以及海上聚合物驱后二元复合驱产液能力二次下降规律，形成海上油田化学驱生产井堵塞识别技术。

1. 化学驱注入井堵塞识别技术

基于流动速率范围内表征聚合物溶液黏弹性的统一视黏度模型，考虑井筒与油藏的耦合，建立多层化学驱注入能力评价模型（图3-4-5），通过单井化学驱注入能力与实际注入能力进行动态差异性评价，可快速对注入井进行堵塞识别（图3-4-6、图3-4-7）。

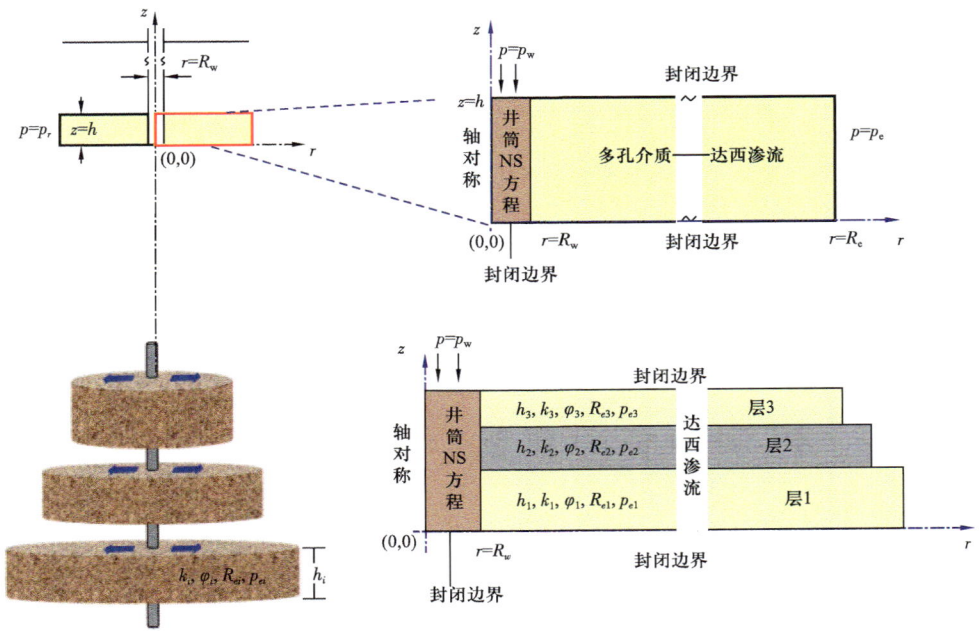

图 3-4-5　多层油藏注入能力评价模型

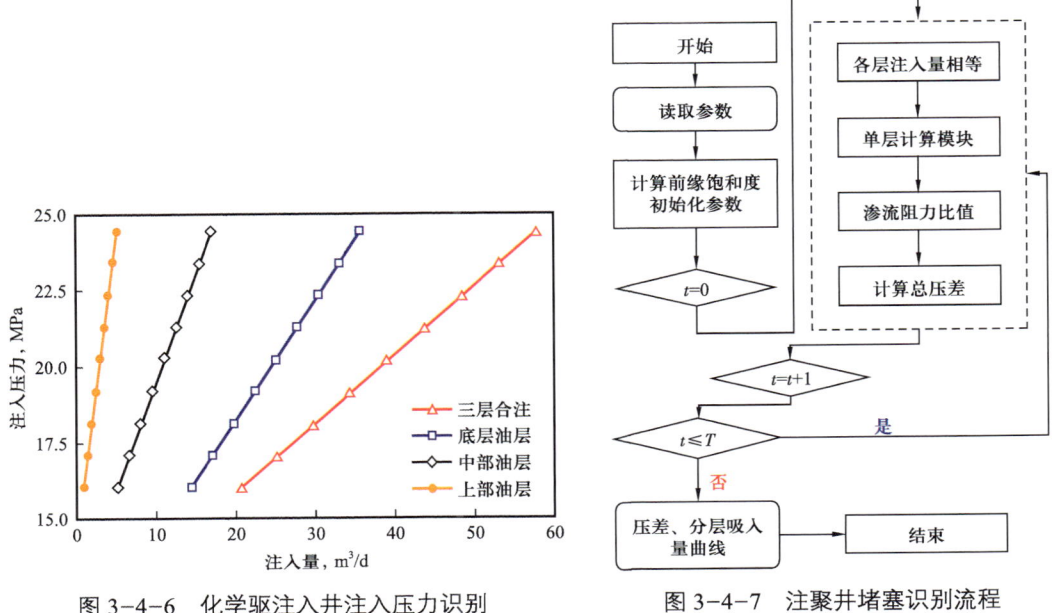

图 3-4-6　化学驱注入井注入压力识别

图 3-4-7　注聚井堵塞识别流程

2. 化学驱生产井堵塞识别技术

化学驱生产井堵塞识别判定技术的构成基于化学驱产液指数数学模型及化学驱无因此产液指数预测模型构建的基础上，针对化学驱生产井的理论产液变化特征参数与实际产液变化动态数据进行对比，通过理论值与实际值的差异大小，结合识别判定技术分类标准，对评价井进行分类识别。

在聚合物驱过程中，产液指数变化整体上分为四个阶段：上升段、速降段、缓降段及回返段（图3-4-8）。产液指数表征的是单位压差下的产液速度，其受驱替相及被驱替相流体流度之和的直接影响。

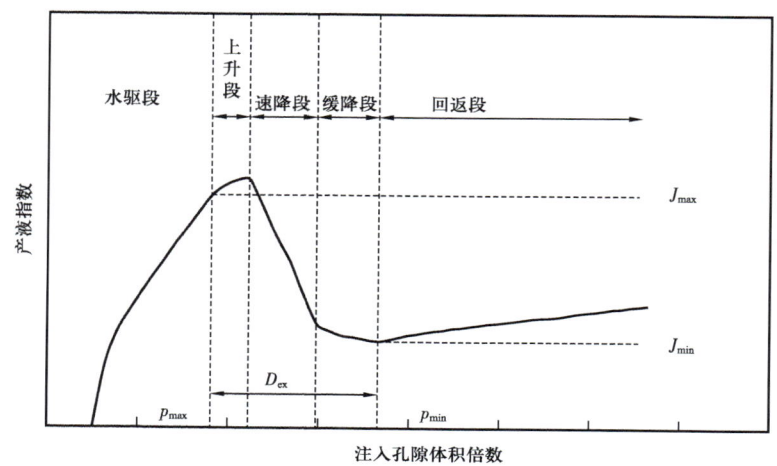

图3-4-8 聚合物驱产液指数变化典型特征曲线

（二）逐层剥离深度解堵技术

针对部分注入井在高注入压力时仍然欠注和少量生产井产液量下降现象，基于堵塞位置、堵塞成因和堵塞物形貌特征，提出了通过"组合段塞、多级交替"实现"剥洋葱"式的逐层剥离深度解堵工艺技术（图3-4-9），通过对解堵剂小段塞液量设计、不同功能解堵剂段塞的组合优化，采用多段多剂交替注入方式，实现堵塞物无机溶蚀、有机降解的逐层多级分离，延长有效期。

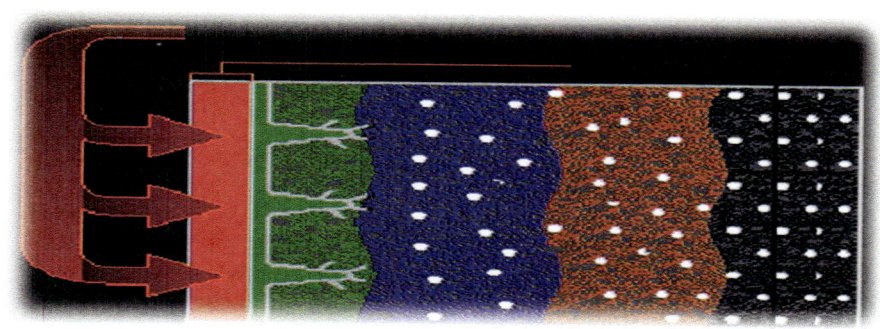

图3-4-9 "剥洋葱式"逐层剥离深度解堵工艺示意图

该技术在旅大10-1油田A39井进行了应用，2016年5月实施"液气交注"配合"剥洋葱式"逐层剥离深度解堵工艺，措施前日产液79m³/d，日产油32m³/d，含水率59%。措施后，计量日产液187m³/d，日产油84m³/d，含水率55%。

三、深部调剖技术

目前,注水井调剖主要以延缓交联聚合物凝胶为主,调剖初期均见到了明显的降水增油效果。随着油田开发的不断深入,调剖轮次逐渐增加,储层非均质性及水窜现象日益严重,多轮次调剖后的效果逐渐变差,需要开展大半径的深部调剖措施,改善多轮次调剖效果。但随着调剖半径的增加,调剖剂的注入性能与封堵性能之间矛盾更为突出,既要保障封堵高窜流通道所需的调剖体系强度,又要兼顾调剖体系能进入油藏的深部而需要的渗流能力。因此,对海上油田调剖作业所需的调剖剂性能和施工工艺提出了更高的要求。

针对上述问题,提出了适合海上油田调剖的分级组合深部调剖技术(图3-4-10),该技术中的分级是根据高渗条带渗透率及孔喉大小分布对调剖体系强度和粒径进行分级,包括连续相堵剂的强弱分级和分散相堵剂的尺寸分级;组合是指连续相与分散相的段塞组合以及在线调剖与井口调剖的工艺组合。通过将连续相堵剂(凝胶)注入近井地带封堵高渗条带,将分散相堵剂注入油藏深部封堵次一级孔喉,改变深部液流方向,从而达到深部调剖作用,解决深部调剖药剂注入性能与封堵性能之间的矛盾。同时,采用井口常规调剖+在线调剖工艺组合的方式,有效节约平台占用空间与时间,使海上平台开展深部调剖成为可能。分级组合深部调剖技术的提出,解决了海上油田深部调剖体系注入性能与封堵性能的矛盾,大幅提高海上油田调剖半径。

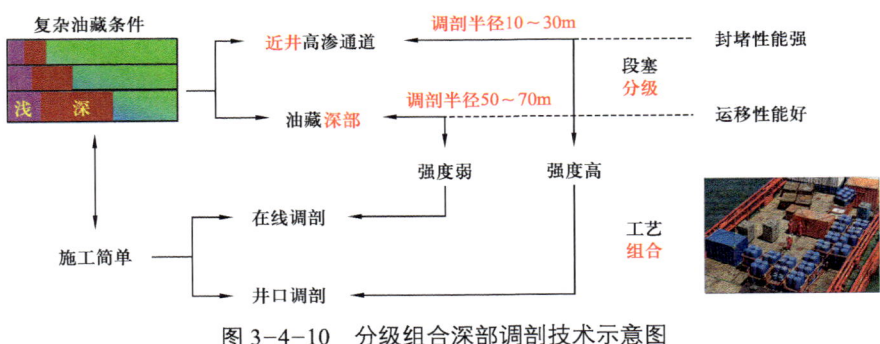

图 3-4-10　分级组合深部调剖技术示意图

自 2014 年开始在渤海油田实施分级组合深部调剖技术以来,陆续共开展 14 口井矿场试验,均见到显著的降水增油效果(图 3-4-11)。矿场试验井组受效井平均见效率超过 65%,试验井区综合含水降低超过 5 个百分点,井组日净增油最高超过 200m³,累计实现增油 $10.3 \times 10^4 m^3$,平均单井增油超过 7000m³。

四、海上油田化学驱采出液处理技术

海上油田平台空间有限,后期工艺流程改造与再设计难度大。平台设计建造时,地面设施采用"安全可靠、长久耐用、适用性强"的常规工艺。海上典型工艺流程的原油处理系统(简称油系统)通常采用"自由水分离器(一级分离器)→热—化学分离器(二级分离器)→电脱水器"的"三段"工作模式,相应的采出水处理系统(简称水系统)通常采

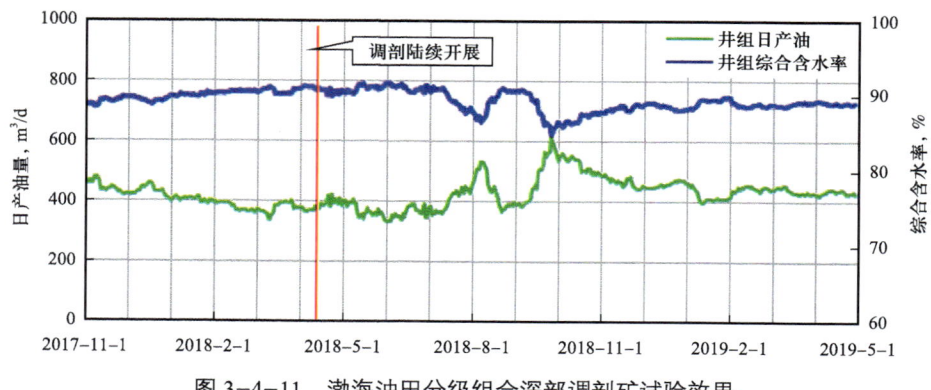

图 3-4-11　渤海油田分级组合深部调剖矿试验效果

用"斜板除油器→浮选分离器→两级深层过滤器"的"三段"工作模式（图 3-4-12）。在水系统中，虽然有部分平台采用水力旋流器代替斜板除油器，但占比不足 20%。浮选分离器兼顾除油和除悬浮物，设备主体以常规卧式多舱室罐体布局及卧式箱体布局为主，呈立式罐体布局的紧凑型气浮装置（CFU）占比近 20%；配套发泡方式主要有文丘里射流气液混合、溶气罐溶释气、微孔介质管气液混合、溶气泵气液混合四种，具体以"卧式多舱室罐体+文丘里射流气液混合发泡""卧式箱体+溶气罐溶释气发泡"两种组合居多。两级深层过滤器一般采用"核桃壳滤器+双介质滤器"组合，前者以除油为主，后者以除悬浮物为主[77-80]。

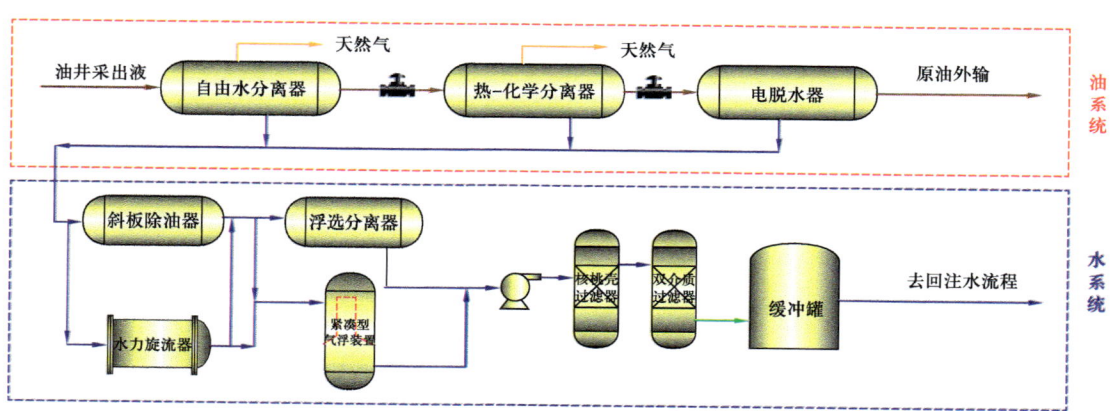

图 3-4-12　渤海海域典型油田采出液全流程处理工艺示意图

与陆上油田相比，海上油田因平台空间受限而对油气集输处理设备的甲板占用面积提出了严格要求，油系统和水系统全部处理设备的总停留时间不超过 2h，全部处理环节的流动距离一般不超过 1km。以实施聚合物驱的绥中 36-1-CEPK 中心处理平台为例，原油密度 0.966g/cm^3，胶质沥青质含量高，油系统存在处理能力与脱水效率不足的问题（表 3-4-1），一级分离器停留时间只有 15min，二级分离器超设计 57% 运行，电脱处理温度不达标。综合表现为脱出水中含油浓度高，水系统被动接受高含油来液；水系统中斜板除油器几乎承担了全部处理压力，而气浮选器的除油效果很差（表 3-4-2）。

表 3-4-1 油系统的设计处理指标与聚合物驱后实际指标对比

参数	含水率 w (Water), %			油质量浓度 ρ (Oil), mg/L		
	一级分离器油出口的含水率	一级分离器水出口的含油浓度 mg/L	二级分离器油出口的含水率	二级分离器水出口的含油浓度 mg/L	电脱水器油出口的含水率	电脱水器水出口的含油浓度 mg/L
设计指标	25%	≤1500	15%	≤1500	1%	≤1500
实际情况	50%	28900	33%	20000	6%	24000

表 3-4-2 水系统的设计处理指标与聚合物驱后实际指标对比

参数	ρ (Oil), mg/L			
	水系统来液的含油浓度, mg/L	斜板除油器出水口的含油浓度, mg/L	气浮选器出水口的含油浓度, mg/L	双介质滤器出水口的含油浓度, mg/L
设计指标	≤1500	≤300	≤20	≤15
实际情况	27800	90	79	35

当前油田污水处理采用化学药剂与物理技术相结合的方式。所用化学药剂主要是阳离子型清水剂，污水中所含组分不同，经阳离子型清水剂处理后，生成的油泥性质差异很大。对于水驱油田，其采出污水含油量较低，外加的有机药剂种类和量均较少，加入的阳离子型清水剂主要收油、收固悬物，因此，形成的油泥油含量和有机物含量均较低、油泥没有黏弹性［图 3-4-13（a）］。而聚驱采油污水中由于驱油聚合物（阴离子型聚丙烯

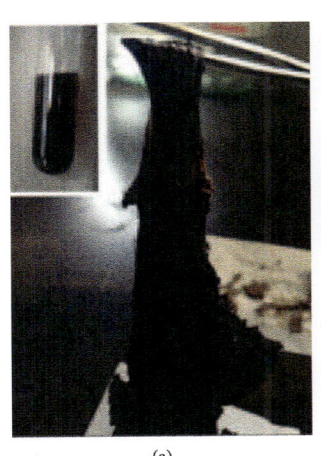

(a)　　　　　　　　　　(b)

图 3-4-13 含聚黏弹态油泥（a）和水驱油田油泥（b）形态

酰胺）返出，含油量较高，污水处理难度加大，为使聚驱采油污水达到回注标准需加大阳离子型清水剂用量。阳离子型清水剂加入到聚驱采出液中后，在中和油滴表面负电荷起絮凝架桥作用的同时，通过静电相互作用使高分子阴离子型聚丙烯酰胺混凝而出，包络除油的同时生成复合物（图3-4-14）。该复合物经过老化最终将生成高弹态的含聚油泥［图3-4-13（b）］。该型油泥极难处理，并很容易造成管线脏堵和处理设备减容；采出液全处理流程闭式循环，水系统产生的污油返回油系统的一级分离器，进一步加剧了一级分离器所处理采出液的复杂性和稳定性，如此日积月累，形成恶性循环，导致全流程设备分离效率下降，影响正常运行[80-82]。

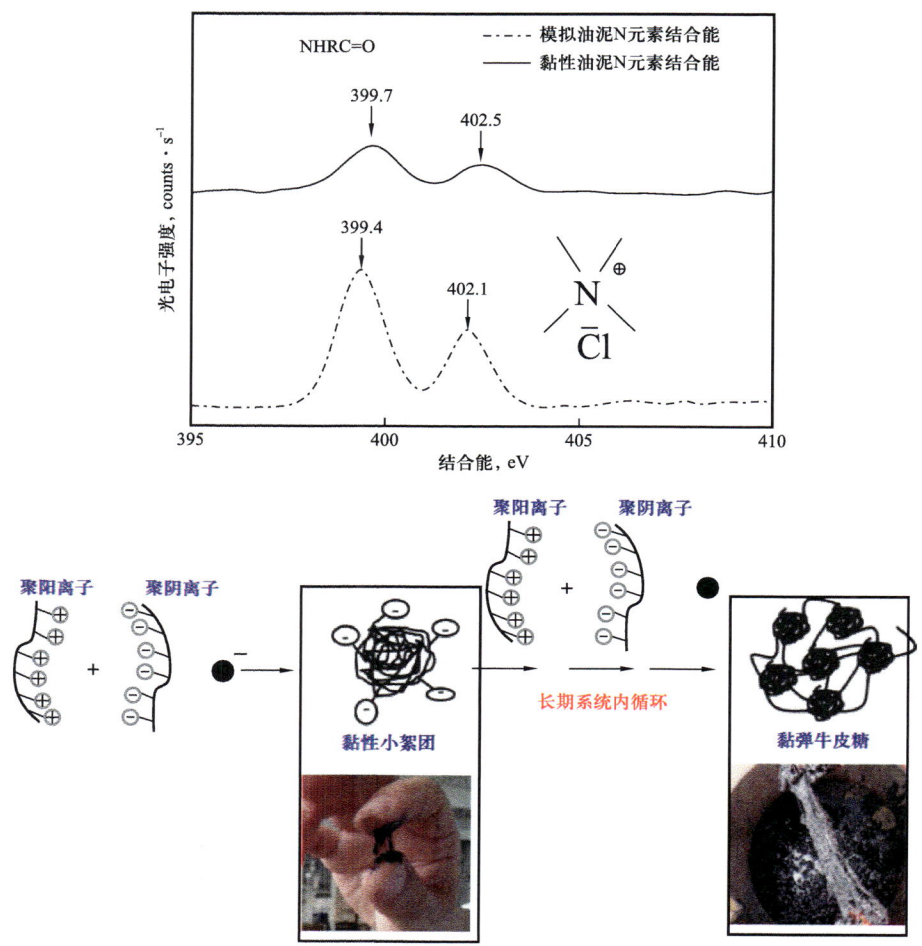

图3-4-14 油泥中含聚季铵盐阳离子型清水剂结构示意图与油泥生成过程

含聚采出液处理工艺、技术当前依托水驱采出液现有流程，为三段式，其问题的源头和解决问题的关键是油系统。主要矛盾便是重力沉降的热化学破乳时间较长，效率低，需要使用高效的物理分离技术或在线预分离技术，提高油系统的处理能力，减少水系统的负担。油系统处理能力是问题的关键、油系统强，则可极大程度化解问题和风险。对于水系统处理问题，在现场闭式排放系统的情况下，需要重视阳离子型清水剂使用问题。药剂方面要通过改变现在一种药剂、一次性加药的简单方式。优先使用非离子型清水剂，并改变闭式循环系统，将水系统的污油及时导出，避免返出的阴离子型聚合物和连续加入的药剂持续作用，切断污油老化发展的链段。

针对海上油田现场客观情况和前述瓶颈性难题，采取"强化油系统、提升水系统、加药分类级、污油单处理"一体化模式。该技术在强化油系统方面，以新型结构超支化聚醚破乳剂为基础，聚焦基于高频/高压脉冲交流电场的电场协同强化油水分离技术。以 BPA、甲醛和四乙烯五胺为基础合成了不同的酚胺树脂起始剂，并在此基础上合成了不同 PO 数、不同 PO/EO 比、不同苯环数的超支化聚醚破乳剂。实验结果表明超支化聚醚破乳剂具有优异的破乳效果，多分支结构可以起到桥接作用，连接 2 个或多个水滴。当被破乳剂分子桥接的 2 个液滴接近时，受到挤压的界面产生变形，导致其中的表面活性物质在破乳剂分子的帮助下被暂时排走，从而产生液滴间的聚并。

提升水系统方面，聚焦强化混合加药、电化学脱稳气浮技术。以 N，N-二甲基乙醇胺为起始剂，通过开环聚合合成了嵌段序列为环氧丙烷—环氧乙烷—环氧丙烷，且环氧乙烷和环氧丙烷摩尔比在 0.99～1.2 范围内的三嵌段聚醚清水剂，该产品在加量 300mg/L 时，可使含油污水中油含量由 4800mg/L 降至 50mg/L。采用原位动态识别技术，深入研究电化学除油机理，丰富了含聚采油污水处理理论，实现电极材料的升级，完成电脱稳除油技术及其工业装置优化设计，实现低电压电流下的微气浮聚集作用。

污油单处理方面，聚焦污油专用脱水剂，研发了系列新型高效污油脱水剂。基于污油重组分多的特征，为了增强破乳剂分子与污油组分间的作用，以分子结构设计与分子功能调控为基础，提出了"多苯环、多胺基、多支化"的三多污油破乳脱水剂设计理念，通过以价格低的天然多酚类单宁酸为起始剂，创新合成工艺，研制了脱水率高、脱水速度快的污油高效破乳脱水剂，实现污油高效脱水。

自"十二五"以来，根据先急后缓、稳步推进、协同创新、重点突破的原则，重点围绕部分关键技术开展了卓有成效的应用基础研究和试验。绥中 36-1 油田 CEPK 平台经过持续攻关，实现了原油外输含水由 30% 下降至 1%、污水系统入口含油从 20000ppm 下降至 1300ppm。

第五节 矿场试验与应用

自 2003 年起，中国海油针对 150mPa·s 以下常规稠油，在绥中 36-1、旅大 10-1、锦州 9-3 三个油田开展了矿场试验，共注入 44 口井，高峰年增油 80×10^4t，截至 2022 年底实现增油 798×10^4t，最终提高采收率 7.2%，注入井口均增油 18×10^4t，测算内部收益率平均为 192%，投入产出比 1:3.6，净现值（@10%）合计 38.2 亿元。三个油田的化学驱试验，充分验证了化学驱的技术可行性和经济有效性。

一、绥中 36-1 油田中含水期聚合物驱

（一）地质油藏情况

绥中 36-1 油田是 1987 年在渤海海域发现的第一个石油储量过亿吨的大油田，区域及地理位置见本书第二章第二节"矿场实例"。绥中 36-1 油田分两期投产，其中Ⅰ期于 1993 年投产，主要有 A、B、J 等三个平台，Ⅱ期主要有 D、E、F、G 和 H 等平台。该油田储层分布比较稳定，油层呈层状分布，油气分布受构造控制，局部区域同时也受岩性的影响。油藏类型属受岩性影响的在纵向上、横向上存在多个油气水系统的层状构造油藏（图 3-5-1）。

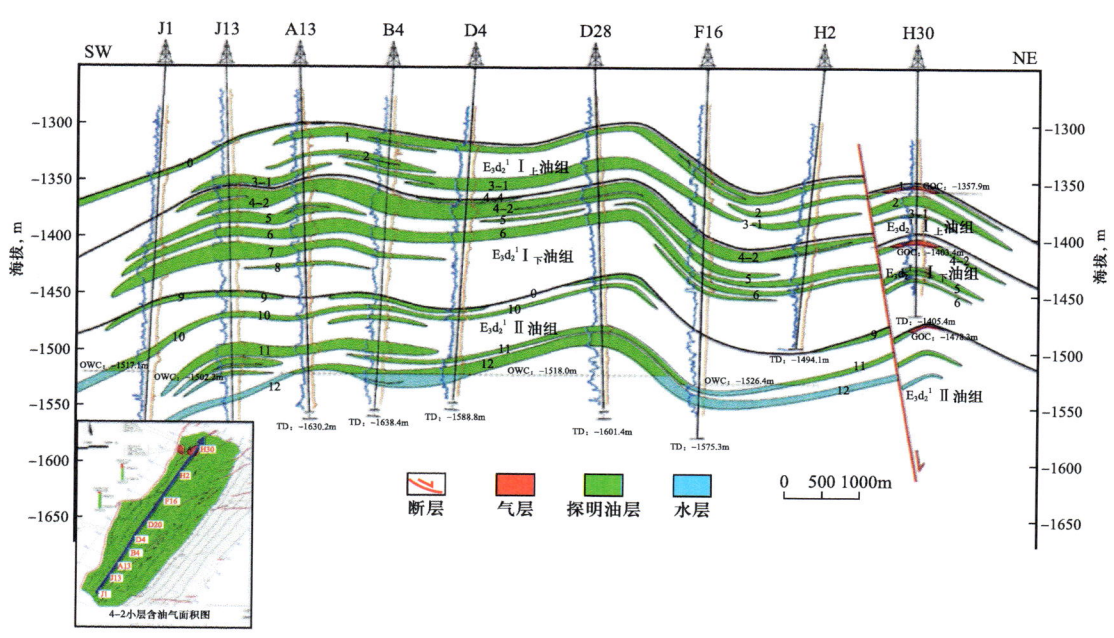

图 3-5-1　绥中 36-1 油田油藏剖面图

1. 储层特征

绥中 36-1 油田主要含油气目的层为东二下段，埋深 1175.0~1939.0m。油田属于大型河流三角洲沉积复合体，储层岩性主要是中细粒岩屑长石砂岩、长石石英细砂岩和细粉砂岩，为三角洲前缘沉积。纵向上分为 4 个油组（零、Ⅰ、Ⅱ、Ⅲ油组）。Ⅰ、Ⅱ油组是油田的主力油层，Ⅰ油组又分为Ⅰ$_上$油组和Ⅰ$_下$油组。纵向可进一步细分为 17 个小层，其中 0~8 小层为Ⅰ油组，9~14 小层为Ⅱ油组。Ⅰ油组的 2、4-2、6 小层和Ⅱ油组 11 小层是主力油层，在油田范围内广泛分布。Ⅰ油组砂体较为发育，砂体之间泥质夹层不发育；Ⅱ油组单层砂体厚度变化较大，薄层仅 3~5m，厚层可达 30~40m，泥质夹层平面分布相对稳定。

该油田储层发育，砂体大面积连片分布，连通性好，分布稳定。储层纵向上具有明显的反旋回特征，可见多套砂、泥岩互层，砂层厚度范围达到 40.0~120.0m。储层胶结

疏松，物性具有高孔、高渗特征，孔隙度在27.0%～35.8%之间，平均32.0%；渗透率在100.0～12000.0mD，平均2815.0mD。孔隙类型以粒间孔为主，其次为溶蚀孔。油层非均质性中等到强，层间渗透率变异系数0.4～1.7，平面渗透率变异系数0.5～1.4。

根据测井资料分析，$I_上$油组井点平均有效厚度14.0m，井点平均孔隙度32%。井点平均渗透率2290mD；$I_下$油组井点平均有效厚度24.7m，井点平均孔隙度32%，井点平均渗透率2805mD；II油组井点平均有效厚度13.3m，井点平均孔隙度31%，井点平均渗透率1891mD。

2. 流体性质

原油性质具有高密度、高黏度、高胶质沥青含量，低凝固点、低含硫、低含蜡的特点。纵向上，随埋藏深度增加，原油性质变好，非烃和沥青质含量减少，原油黏度、密度减小。平面上，同一油组原油性质受构造的控制。构造高部位油质较稀，由构造顶部到翼部，原油密度、黏度逐渐增大，油质变差（图3-5-2）。

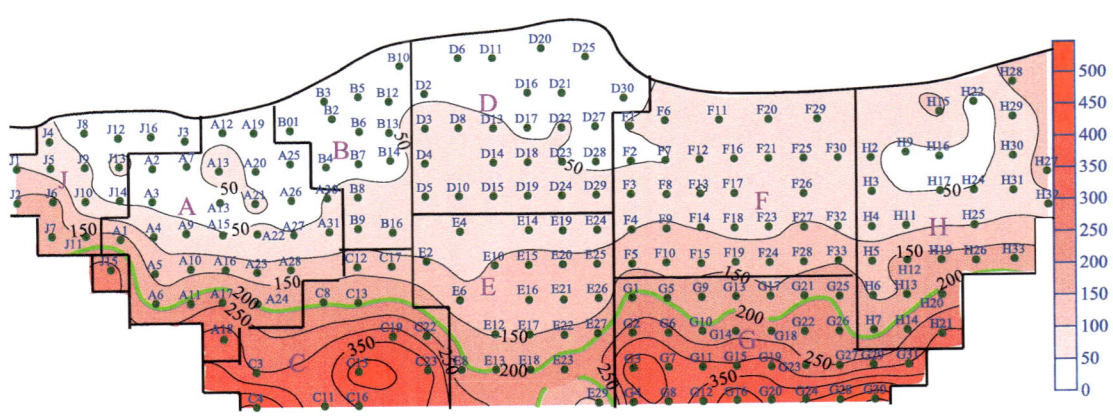

图3-5-2 绥中36-1油田地层原油计算黏度等值图

根据I期开发的A、B、J区生产井的统计，地面脱气原油密度在0.941～0.997g/cm³，平均0.966g/cm³。地面原油黏度介于41.0～7787.4mPa·s，平均1111.5mPa·s。东营组地层水为碳酸氢钠型，矿化度5855mg/L，平均pH值为8。

3. 温压系统

绥中36-1油田原始地层压力在基准面（海拔-1450m）为14.28MPa，压力系数为0.98，饱和压力12.0MPa，地饱压差2.28MPa。油层温度65℃。地面平均温度为15℃，根据DST测试资料分析，地温梯度约为3.22℃/100m，属于正常温度系统。根据评价井RFT压力资料分析，地层压力系数接近1.0，属于正常压力系统。

(二) 实施历程

绥中36-1油田I期整体加密调整方案，设计37口注聚井，I油组注聚，II油组注水，为了能够确保性能达到方案设计的要求，矿场使用耐温抗盐的疏水缔合型聚合物作为绥中36-1油田的驱油用聚合物。A7、B7井组注聚浓度不低于1750mg/L，AⅠ平台及J平台边部不低于2250mg/L，设计注入0.27~0.65PV，预测至2022年12月，聚驱见效结束，吨聚增油57.1m³/t，采收率提高8.5%。绥中36-1油田Ⅰ期整体注聚分步实施。具体步骤为：首先单井注聚先导试验、然后实施A7井组注聚，随后实施B7井组扩大注聚、最后整体注聚（含调整）四个阶段。详细历程如下：

（1）单井注聚先导试验：2003年9月—2005年5月，开展J3井聚合物驱单井试验。

（2）井组注聚试验：2005年10月—2008年10月，开始以生产井A7为中心形成J3、A2、A8、A13共4口注入井的井组注聚试验。

（3）扩大注聚试验：2008年7月，在原有4口注聚井的基础上，注聚规模进一步扩大，新增A19、A30、B2、B13、B15、J3、J14共7口井，形成以生产井A7和B7为中心的两个井组11口井注聚，Ⅰ油组注聚，Ⅱ油组注水。

（4）整体注聚阶段：2010年9月—2020年3月，整体注聚方案陆续开始实施，方案设计的37口注聚井共实施了24口。2020年3月，注聚方案执行结束24口注聚井全面转注水。累计注入$5171.53 \times 10^4 m^3$，注入聚合物干粉98643t。AⅡ、B井组实施较早，注入孔隙体积倍数较高，已分别达到0.42PV、0.42PV。

（三）实施效果

1. 注入有效性评价

通过对井口压力、视吸水指数、HALL曲线和吸水剖面的分析可知，注聚后，井口压力上升，视吸水指数下降，建立了渗流阻力，吸水剖面得到了改善，根据这些参数注聚前后的变化，表明注聚是有效的。

1）注入能力

分别计算了AⅡ、B、AⅠ+J三个区块注入井在注聚前后注入压力及视吸水指数的变化，聚驱平稳段与水驱平稳段的视吸水指数相差百分比即为视吸水指数下降幅度。通过计算和统计，得到22口注聚井注入压力和视吸水指数下降幅度（表3-5-1）。从统计结果可以看出，注聚后注入压力抬升，平均抬升1.3MPa，视吸水指数下降，平均下降幅度为24%，表明注聚有效。

2）渗流阻力

注聚后，由于聚合物的增黏降渗作用，注入压力呈现一个"上升—平稳"的过程，最终建立渗流阻力。通常采用霍尔曲线计算阻力系数判定注入有效性。其原理是注入井注入不同的流体，在霍尔曲线图上反映出不同的直线段，用曲线分段回归求出各直线段的斜率，该斜率体现了各注入时期渗流阻力变化，其变化幅度反映了注聚合物的有效性。绥中36-1油田注聚井HALL曲线计算结果表明，阻力系数在0.7~2.0之间，平均1.4（图3-5-3）。见效标准是阻力系数大于1.2即为注聚有效。因此可判断注聚有效。

表 3-5-1 注聚前后视吸水指数下降幅度

区块	井号	层位	变化		
			压力 MPa	视吸水指数 m^3/MPa	视吸水指数下降幅度 %
AⅠ+J 边部	A5	Ⅰu	0.3	−29.2	−34.1
		Ⅰd	3.3	−9.3	−41.7
	A16	Ⅰu	0.5	−23.7	−69.5
		Ⅰd	−0.3	−0.7	−2.1
	A23	Ⅰu	0.9	1.3	2.1
		Ⅰd	0.1	−17.1	−28.7
	A10	Ⅰ+Ⅱ	3.2	−29	−24.6
	A28	Ⅰ+Ⅱ	0.2	−14.1	−22.7
	J4	Ⅰ+Ⅱ	1.1	−35.8	−38.7
	J6	Ⅰ	0.2	−1.1	−2.1
AⅡ区块	A2	Ⅰu	2.7	−5.4	−26.3
		Ⅰd	1.7	−6.1	−10
	A8	Ⅰu	2.6	−3.9	−22.1
		Ⅰd	0.9	−27	−47
	A13	Ⅰu	2	−5	−26.9
		Ⅰd	0.8	−9.3	−18.6
	J3	Ⅰ	2.1	−26.5	−50
	A19	Ⅰu	4.9	−10.6	−66.5
		Ⅰd	2	−0.1	−0.3
	A21	Ⅰu	1.6	0.3	0.5
		Ⅰd	1	−5.2	−8
	J8	Ⅰ+Ⅱ	1.1	−35.8	−38.7
	J10	Ⅰ	0.2	−1.1	−2.1
	J14	Ⅰ	0.5	−16.7	−30.7
B 区块	A30	Ⅰu	2.2	−33.4	−66.7
		Ⅰd	0.9	1.1	1.4
	B2	Ⅰ+Ⅱ	−0.9	−1.1	−1.2

续表

区块	井号	层位	变化		
			压力 MPa	视吸水指数 m³/MPa	视吸水指数下降幅度 %
B区块	B13	Ⅰ	1.5	−11.6	−18.4
	B15	Ⅰ	1.4	−14	−16.4
	B6	Ⅰ+Ⅱ	1	−12.6	−14.3
	B8	Ⅰ+Ⅱ	0.5	−7.5	−16.3
	平均		1.3	−12.6	−23.9

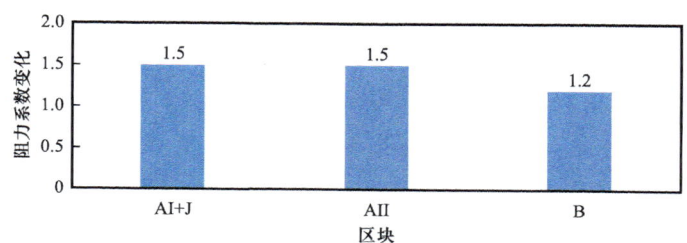

图3-5-3 绥中36-1油田Ⅰ期注聚前后各区块阻力系数变化

3)吸水剖面

注聚后,注入井吸水剖面的变化可以反映聚合物驱对储层纵向非均质的改善,A13(图3-5-4)、A2和A28井吸水剖面测试结果均表明注聚可以改善储层纵向非均质性。

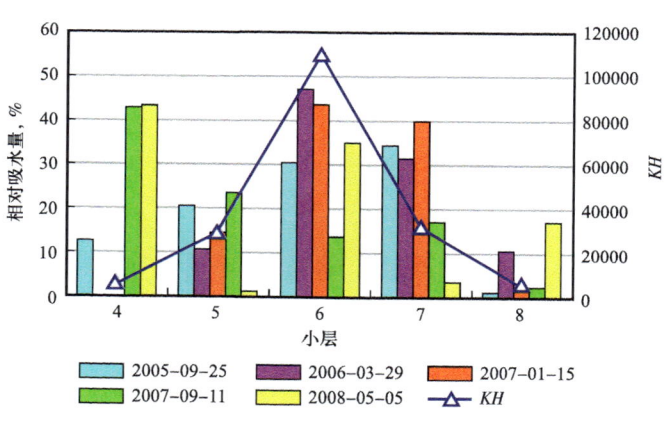

图3-5-4 A13井Ⅰ下油组吸水剖面变化

2. 生产井见效分析

根据收集到的产液剖面资料,对见效生产井注聚前后的产液剖面进行分析,发现产液剖面都得到了一定的改善,其中,A3井和A14井的产液剖面如图3-5-5所示,A3井对应的注聚井 A2 井，A14 井对应的注聚井 A8 井和 A13 井都是在 2005 年 11 月开始注聚，注聚后渗透率低的层位产液量提高，整体的产液剖面得到了改善。

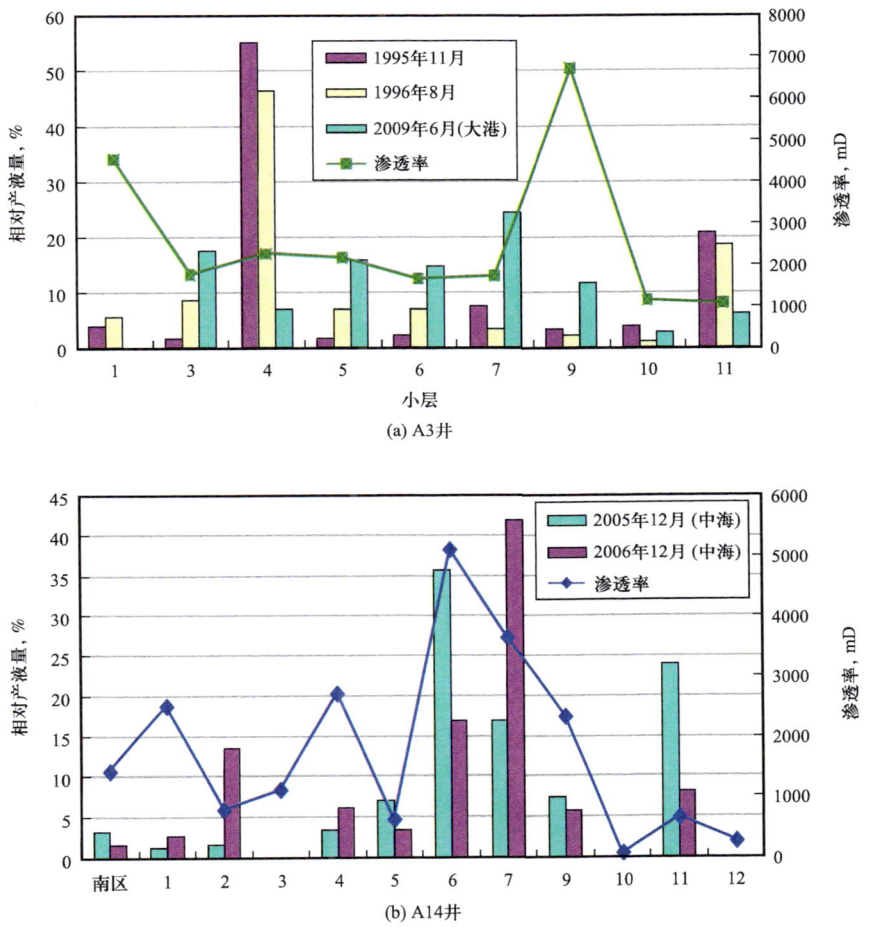

图 3-5-5　A3 井和 A14 井的产液剖面

Ⅰ期 24 口注聚井受益井 93 口，通过统计发现，整体单井见效的时间在 4～39 个月之间，平均为 16 个月；对绥中 36-1 油田Ⅰ期各油井的见效情况进行了统计分析，结果见表 3-5-2，从表中可以看出，AⅡ见效率达到 90.3%，B 井组的见效率达到 100%，Ⅰ期油井的整体见效率达到 87.1%。

表 3-5-2　生产井见效情况统计

类型	AⅡ	B	AⅠ+J	合计
见效井数，口	28	24	29	81
未见效井数，口	3	0	9	12
见效率，%	90.3	100.0	76.3	87.1

3. 增油及降水评价

根据 Q/HS 2055—2010《海上油田聚合物驱效果评价要求》，增油量计算方法包括水驱曲线法、数值模拟方法、净增油法。净增油法没有考虑预测阶段的产量递减，计算增油量结果偏低；水驱曲线法不考虑优化注水等的影响，计算增油量结果偏乐观。因此，绥中 36-1 油田化学驱增油量计算结果以数值模拟法计算的结果为准。利用数值模拟方法对绥中 36-1 油田聚合物驱增油量预测，截至 2023 年底，实现累增油 560×10^4 t。与原方案相比，由于原计划化学驱注入井的推迟，实施现状的年增油和累增油低于执行方案，注入井平均单井累计贡献量高于设计。以 24 口注入井为基准与方案进行了对标，增油量与方案基本一致（图 3-5-6）。

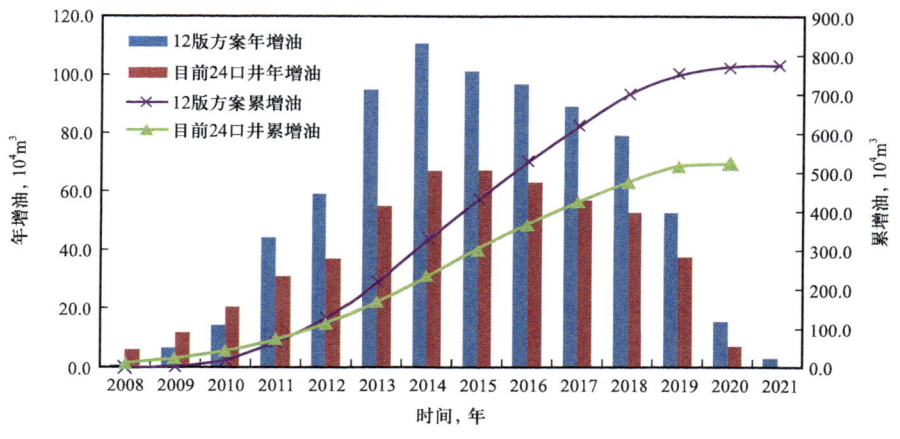

图 3-5-6　方案和跟踪拟合的年增油对比

相比水驱，聚合物驱综合含水率及产水量出现明显下降：聚合物驱综合含水出现"下降漏斗"，绥中 36-1 油田 I 期各试验区老井（综合调整前的生产井）综合含水率下降幅度见表 3-5-3，从统计结果可知含水下降幅度较大，一般在 8%~12%，新井（综合调整新钻的生产井）投产后含水较为稳定，说明含水得到有效控制。由于注入时机较早及注聚的逐步扩大，整体区块含水率体现为含水率稳定。根据数值模拟计算结果，截止到 2023 年 3 月底，I 期聚合物驱累计少产水量 557×10^4 m³。根据《海上化学驱项目经济评价操作办法》，该聚合物驱项目投入产出比 1∶3.67。

表 3-5-3　绥中 36-1 油田 I 期聚合物驱后各区块含水率下降幅度统计

区块	含水下降幅度，%	井组最高含水率，%	井组最低含水率，%
A II	9	73	64
B	8	81	74
J	11	89	78
A I	12	86	74

图 3-5-7 为绥中 36-1 油田 I 期降水量统计图。

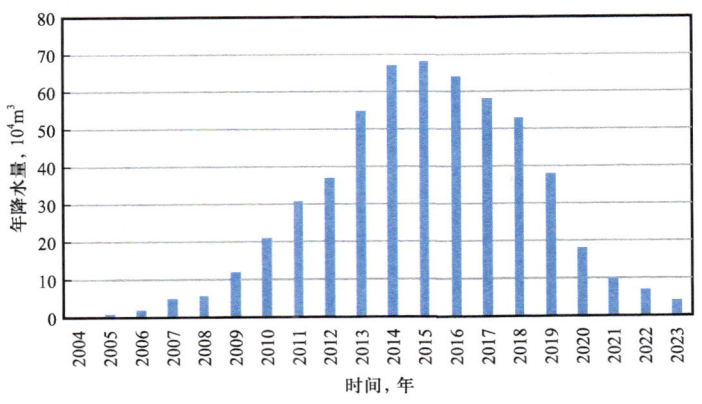

图 3-5-7　绥中 36-1 油田 I 期降水量统计图

二、锦州 9-3 油田中高含水期化学驱

（一）地质油藏概况

1. 区域及地理位置

锦州 9-3 油田位于渤海辽东湾北部海域，西南距锦州 20-2 凝析气田约 20km，西北距葫芦岛市约 53km，距海岸最近距离 15km。油田范围内水深 6.5～10.5m。区域上，锦州 9-3 油田构造位于辽东湾辽西凹陷的北洼，是辽河中央凸起向辽西凹陷倾没的部分，区域石油地质条件十分优越。锦州 9-3 油田为一南西—北东向展布的半背斜构造，叠合含油气面积为 22.27km²。分为主体区及东块两部分，主体区分主体东区、主体西区，构造总体北西高、南东低，内部断层不发育（图 3-5-8）。

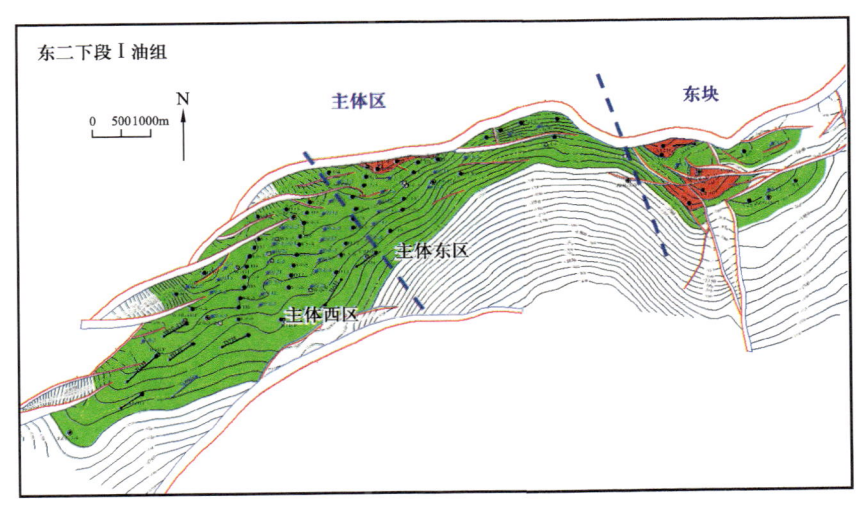

图 3-5-8　锦州 9-3 油田东二下段 I 油组构造图

2. 地层及油组划分

钻井在锦州 9-3 油田揭示的地层自上而下为：第四系平原组，新近系明化镇组和馆陶组、古近系东营组和沙河街组及中生界和太古界地层，主要含油气层系为古近系东营组东二下段和东三段。

3. 储层特征

锦州 9-3 油田储层埋藏相对较浅、成岩作用不强烈，储集空间以原生粒间孔隙为主。根据常规岩心和壁心分析结果，主体区大部分样品孔隙度分布在 22.0%～36.0%，渗透率中等偏高，大于 100.0mD 的样品占 70% 以上。根据测井解释结果统计，Ⅰ油组平均孔隙度 27.2%，平均渗透率 1281.0mD，Ⅱ油组平均孔隙度 27.5%，平均渗透率 1621.8mD，Ⅲ油组平均孔隙度 26.1%，平均渗透率 583.0mD，Ⅴ油组平均孔隙度 26.0%，平均渗透率 650.7mD，总体上储层具有高孔高渗的储集物性特征。

4. 油藏特征

1）温度、压力系统

根据探井及评价井的 DST 和 RFT 资料分析，锦州 9-3 油田主体区东二下段温度梯度为 3.5℃/100m，原始地层压力系数 1.067～1.146，属于正常的温度和压力系统。

2）流体性质

20℃ 条件下，东二下段主力油层地面原油密度为 0.905～0.951g/cm^3；50℃ 条件下，主力油层原油地面黏度为 19.02～181.45mPa·s；含硫、含蜡量低，凝固点低：含硫量低于 0.362%，含蜡量低于 5.7%，凝固点 −35～−22℃。

地层条件下，原油黏度为 5.5～26.0mPa·s，原始溶解气油比 31～59m^3/m^3；饱和压力 12.85～15.10MPa，地饱压差 1.75～3.82MPa。

天然气以轻组分为主；溶解气平均相对密度为 0.618，甲烷含量 93.09%，乙烷含量 3.04%；气层气平均相对密度为 0.587，甲烷含量 93.37%，乙烷占 5.70%。

锦州 9-3 油田东营组地层水总矿化度 6401～9182mg/L，水型为 $NaHCO_3$。

3）油藏类型

锦州 9-3 油田油气藏类型以层状构造油藏为主。主体区Ⅰ～Ⅲ油组为局部发育小气顶的层状构造油藏，Ⅳ油组为岩性油藏，Ⅴ、Ⅵ油组为带顶气底水的层状构造油气藏。

（二）实施历程

锦州 9-3 油田主体区于 1999 年 10 月投产，采用反九点面积井网注水开发，后经多次调整为排状井网注采开发，综合考虑现场实施情况，形成了 2007 年—2019 年 11 月底全过程的整体方案，先注聚合物、后注二元复合体系，化学驱井 12 口（调整前 8 口，调整后 12 口），累积注入 0.715PV、预测增油 165.9×10^{4}m^3，EOR 幅度 11.07%，吨剂增油 32.3m^3。

化学驱阶段主要实施历程包括：

2007年10月，锦州9-3油田西平台W6-4井开始转注聚，方案设计的其他7口井逐步转注聚，截至2008年10月，方案设计的8口注聚井全部实施注聚。

2011年2月，以W7-4为中心井的4口注聚井转为聚表二元复合驱。

2013年5月，以W5-4为中心井的4口注聚井转为聚表二元复合驱，至此西区8口化学驱井全部转为聚表二元复合驱。

2014年11月至2016年12月，实施井网加密及综合调整，化学驱试验区内，将反九点面积井网转换为行列井网，8口化学驱井数量不变情况，区域内转注或新增13口注水井，且水井、化学驱井交错布置，存在水聚干扰（图3-5-9）。

2019年11月底，锦州9-3油田西平台全部8口化学驱井全面停注。累计注入化学剂溶液0.485PV，聚合物干粉用量17257t、表活剂18919t。

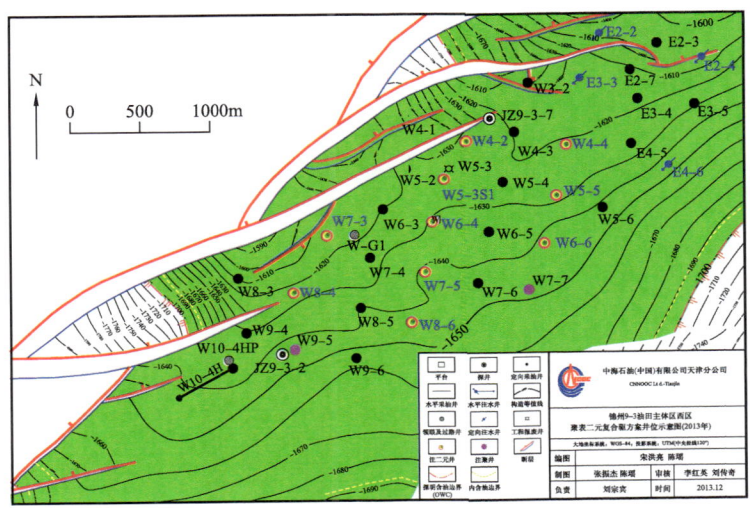

(a) 2013年调整前井网

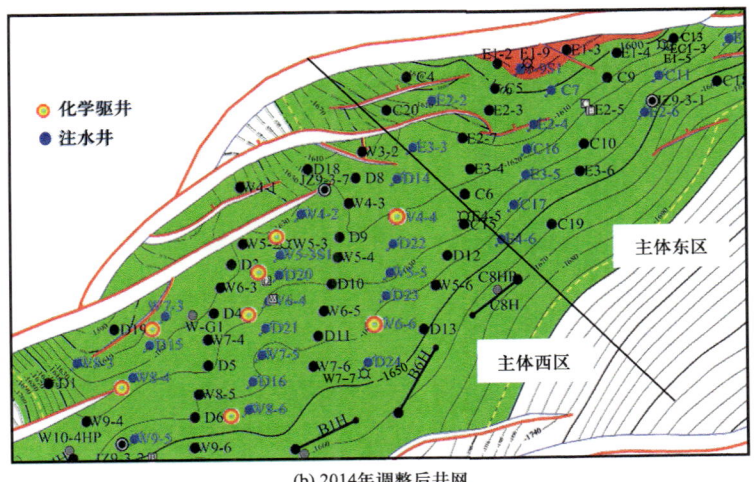

(b) 2014年调整后井网

图3-5-9 西平台聚表二元复合驱方案井位图

（三）实施效果

1. 注入有效性分析

1）注入能力分析

由于聚合物的增黏降渗作用，使注聚井吸液指数下降，且聚合物浓度越高，相比水驱时的下降幅度越大。统计 W3-2、W5-3S1、W6-4、W8-6 等 8 口注聚井的视吸水指数变化情况，注聚浓度为 1200mg/L 时，相比水驱，各井视吸水指数下降幅度为 7%~16%，平均下降 17%；注聚浓度为 1500mg/L 时，相比水驱，各井视吸水指数下降幅度为 11%~39%，平均下降 25%，表明聚合物注入有效。

2）渗流阻力分析

依据 Q/HS 2072—2021《海上油田化学驱油藏工程方案设计与效果评价技术要求》，W3-2、W5-3S1、W6-4、W8-6 等 8 口注聚井阻力系数在 1.15~2.15 之间，平均值为 1.55，均建立了一定的渗流阻力。由于 2009 年后该油田注聚井陆续实施地面分层注聚工艺，因注聚期间分层，无法利用霍尔曲线计算阻力系数，因此该油田的阻力系数计算只能计算到 2009 年分层注聚前结果。根据上述标准要求，阻力系数大于 1.2 即为注聚有效，从阻力系数上看，绝大多数注聚井在注聚后阻力系数大于 1.2，可判断锦州 9-3 油田西区注聚是有效的。

3）吸水剖面分析

注入聚合物溶液后，吸水剖面改善，从部分注入井的吸液剖面测试结果（图 3-5-10）可以看出，聚合物溶液的注入，对于纵向层间矛盾有一定的改善作用。

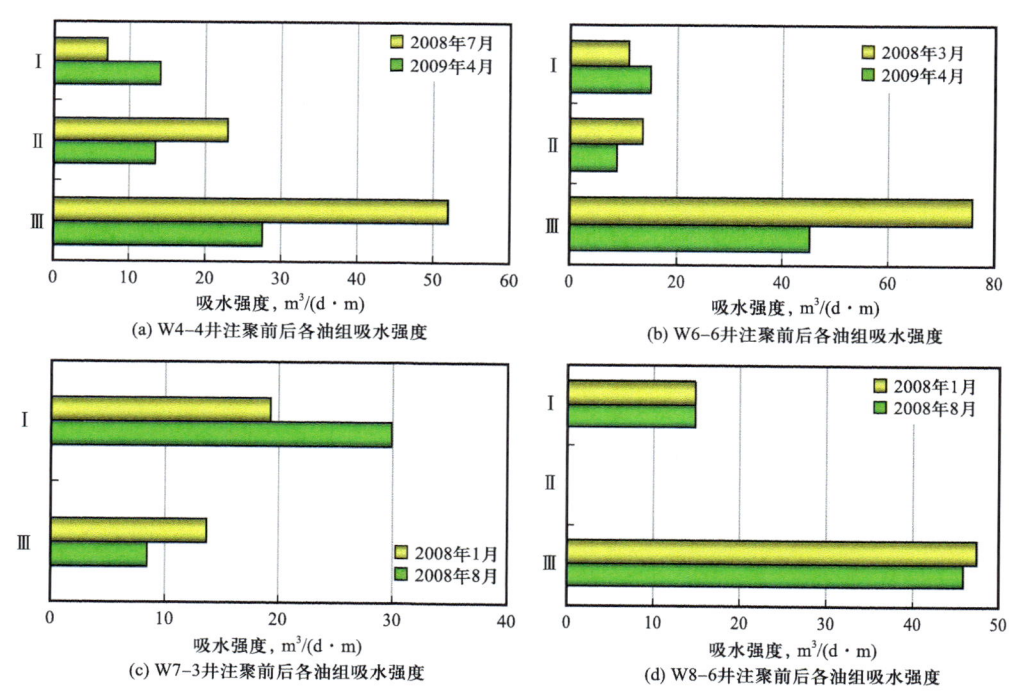

图 3-5-10　注入井注聚前后吸水剖面对比图

2. 生产井见效分析

根据注聚见效标准，判定锦州 9-3 油田西区受效井全部见到了化学驱的效果，22 口受效井，其中 18 口井为明显见效，表现为含水下降明显且产油量增加明显，占总井数的 80%，其余 4 口井为一般见效井，表现为含水下降但产油量增加不明显。

生产井见效时间为 6~14 个月；见效前平均产油 40m³/d，高峰产油 65m³/d，增油幅度为 65%；单井平均含水从注聚前的 80% 下降到 65%，下降了 15 个百分点。采用动态法评价，13 口井含水降幅可达 10% 以上；16 口日产油量增加 10m³ 以上，其中 11 口井日产油量增量在 20m³ 以上，14 口井日产油增幅可达 32% 以上，见表 3-5-4。

表 3-5-4 锦州 9-3 油田注聚受效井见效情况统计表

序号	井号	见效前			见效后			增油量，m³/d	增油幅度，%	含水下降百分点	见效时间，月	见效类型
		见效时间	日产油，m³/d	含水率，%	见效高峰时间	日产油，m³/d	含水率，%					
1	E3-4	2009-9-1	63	83	2011-11-12	103	71	40	63	12	12	先见聚
2	E4-5	2009-6-30	82	79	2010-12-11	82	60	0	0	19	9	先见效
3	W3-2	2009-4-1	22	81	2011-6-11	53	64	31	141	17	9	先见效
4	W4-1	2009-7-1	39	66	2011-10-1	75	44	36	92	22	13	先见聚
5	W4-3	2009-5-1	24	81	2011-2-25	84	76	60	250	5	10	先见聚
6	W5-2	2008-11-4	58	67	2008-12-12	55	62	-3	-5	5	12	先见效
7	W5-4	2008-9-8	82	76	2008-12-20	93	72	11	13	4	11	先见效
8	W5-5	2008-8-13	35	86	2010-6-27	56	55	21	60	31	10	先见效
9	W5-6	2008-9-25	31	85	2010-6-26	41	59	10	32	26	13	先见效
10	W6-3	2008-12-18	53	85	2010-10-4	73	74	20	38	11	14	先见效
11	W6-5	2009-7-1	25	84	2010-7-31	52	66	27	108	18	9	先见聚
12	W7-4	产液波动较大			2012-8-22	70	71	70				先见聚
13	W7-5	2009-4-1	23	78	2010-6-25	48	67	25	109	11	6	先见聚
14	W7-6	2008-3-26	33	78	2009-10-11	57	58	24	73	20	6	先见效
15	W7-7	2008-5-3	50	79	2011-1-20	69	67	19	38	12	7	先见效
16	W8-3	2009-3-29	29	87	出砂大修后产液量低						6	
17	W8-5	2008-7-1	27	83	2010-4-1	37	68	10	37	15	6	先见聚
18	W9-4	2009-7-1	22	81	2011-1-29	94	77	72	327	4	10	先见效
19	W9-5	2009-5-21	14.5	90	2010-7-10	32	64	17.5	121	26	8	先见效

续表

序号	井号	见效前			见效后			增油量, m³/d	增油幅度, %	含水下降百分点	见效时间, 月	见效类型
		见效时间	日产油, m³/d	含水率, %	见效高峰时间	日产油, m³/d	含水率, %					
20	W9-6	未见明显效果										
21	B6H	新井										
22	B1H	新井										

与注水区相比，在含水与采出程度的关系曲线上，注聚区与注水区存在显著的差别。东平台注水区采用常规控水稳油措施，包括分层调配、调剖等措施，但改善开发效果并不明显，曲线略向采收率增大的方向偏折；对于注聚区，从含水与采出程度的曲线可以看出，化学驱显著改善了西区的开发效果，含水下降，并且朝着采收率增大的曲线偏折，如图3-5-11所示。

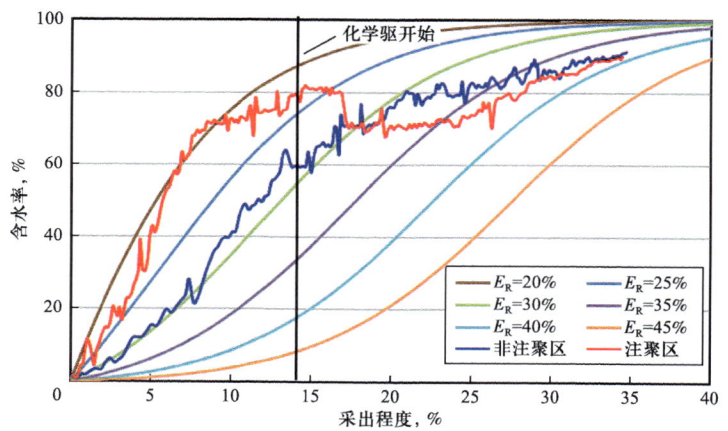

图3-5-11 注聚区与注水区含水率与采出程度关系曲线对比图

相比水驱，西区实施化学驱后出现明显的增油降水效果：含水整体呈现"U"字形，存在明显"下降漏斗"，最大下降幅度10.4%，并且保持平稳长达52个月；日产油量明显上升，可由632.9m³提高到1018m³，提高386m³，增幅60%。锦州9-3油田聚驱后二元复合驱，产液量在注聚前后产液下降25%，注二元前后产液下降21%，出现产液指数的"二次下降"特征（图3-5-12）。

因8口化学驱井实施二元复合驱时机有较大差别，位于W7-4井组的W6-4、W7-3、W8-4、W8-6自2011年开始先后实施聚表二元复合驱，位于W5-4井组的W4-2、W4-4、W5-3、W6-6自2013年开始先后实施聚表二元复合驱，按照综合含水变化情况来看，两个井组分别在见效高峰期、见效后期转注二元。对比两个井组生产曲线可以看出，W5-4井组含水上升速度有所抑制，但是整体仍表现出聚驱特征，含水降低到最低点后开始回升，呈现"V"形的典型特征；W7-4井组含水降低到最低点后保持相当长一段时间的稳定，呈现"U"形特征，表明二元复合驱对于抑制聚合物驱后期的含水回升起到了一定的效果，如图3-5-13所示。

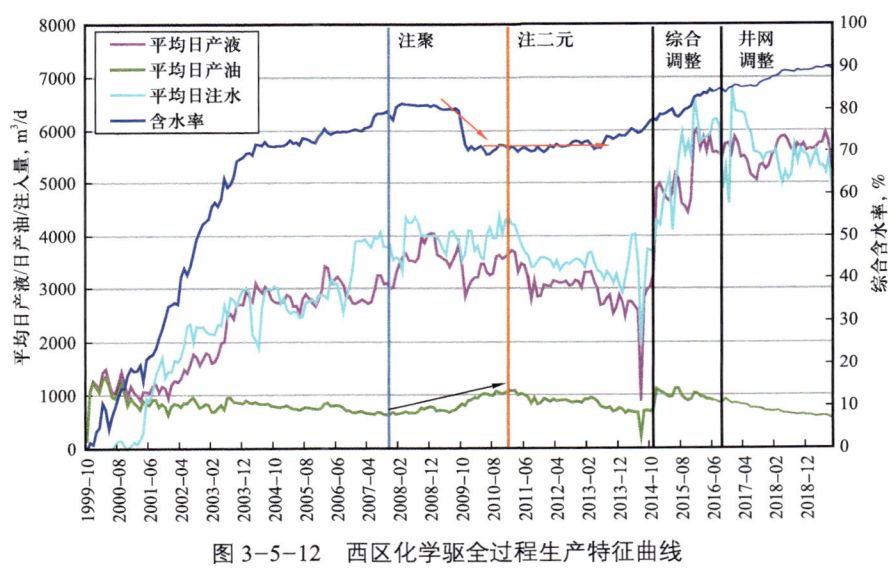

图3-5-12 西区化学驱全过程生产特征曲线

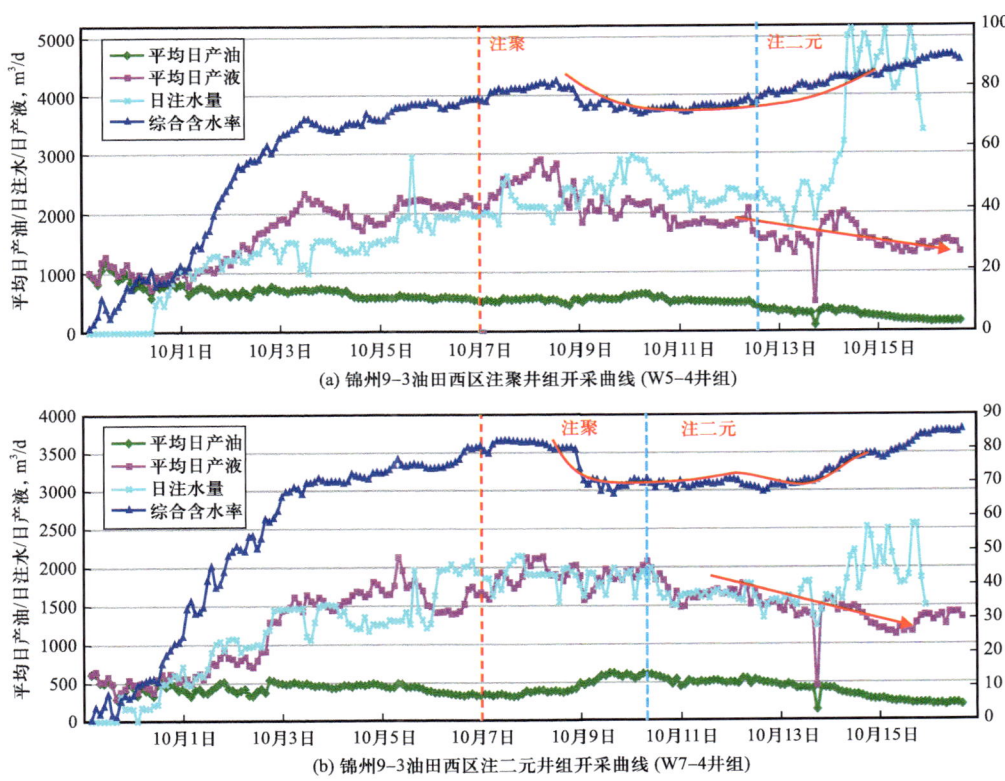

(a) 锦州9-3油田西区注聚井组开采曲线（W5-4井组）

(b) 锦州9-3油田西区注二元井组开采曲线（W7-4井组）

图3-5-13 W5-4井组与W7-4井组二元实施前后生产特征曲线

- 213 -

3. 增油及降水评价

根据《海上油田聚合物驱效果评价要求》，增油量计算方法包括水驱曲线法、数值模拟方法、净增油法以及含水上升法。结合锦州 9-3 油田在含水率 78% 左右注聚的实际情况，净增油法没有考虑预测阶段的产量递减，计算增油量结果偏低；含水上升法依据当前含水上升趋势进行预测，没有考虑单井提液、卡层等措施效果的影响，预测水驱效果偏低，计算增油量结果偏乐观。为此，选择油藏工程方法中的水驱曲线法及数值模拟方法来对锦州 9-3 油田化学驱增油量进行计算（图 3-5-14）。

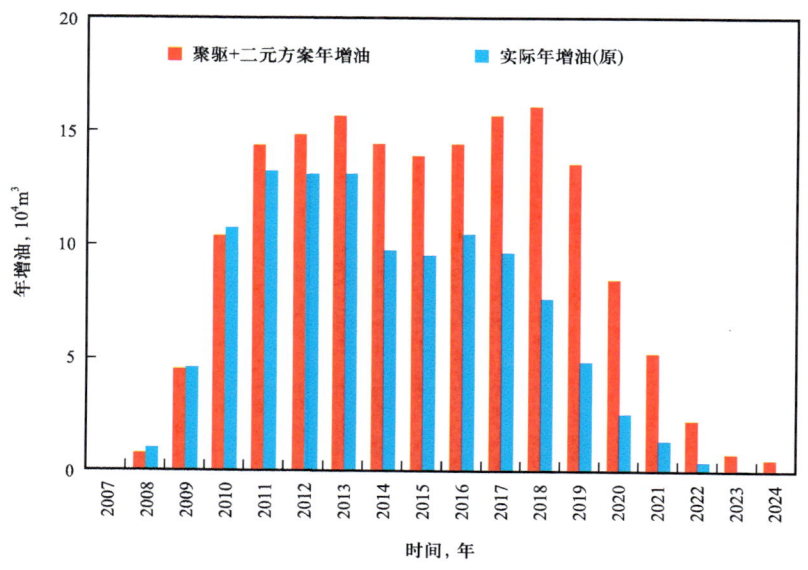

图 3-5-14　数模法跟踪增油量

截至 2020 年 3 月底，水驱曲线法、数值模拟法两种评价方法计算获得的增油量分别为 $124.47 \times 10^4 m^3$、$108.3 \times 10^4 m^3$。水驱曲线法从整体上进行预测，没有考虑后期单井措施效果，预测水驱效果偏低，计算增油量结果偏乐观；油藏数值模拟法依据实际动态趋势进行模拟，考虑了实际单井的动态变化特征，因此预测得更为准确，最终推荐油藏数值模拟法。采用油藏数值模拟方法，按照目前井网预测，油田可实现累增油达 $113.00 \times 10^4 m^3$，综合考虑井网调整及调整历史对 8 口化学驱井控质量的影响，提高采收率 8.7%。

相比水驱，化学驱综合含水率及产水量出现明显下降（图 3-5-15）：化学驱综合含水出现"下降漏斗"，试验区综合含水率同期最大下降幅度可达 12.4%（2013 年），年产水量同期最大下降量 $13.2 \times 10^4 m^3$，相应降低幅度可达 14.5%；截至 2020 年 3 月，相比水驱开发方式，化学驱累计少产水 $108.4 \times 10^4 m^3$，其中井网调整及水井加密之前（2008—2014 年）阶段产水量降低 $65.6 \times 10^4 m^3$（阶段产水量，水驱 $702.9 \times 10^4 m^3$、化学驱 $637.4 \times 10^4 m^3$），阶段产水量降幅 10%，预计化学驱作用有效期内少产水 $113.0 \times 10^4 m^3$。锦州 9-3 油田注聚及二元复合驱项目整体实现投入产出比 1∶2.68。

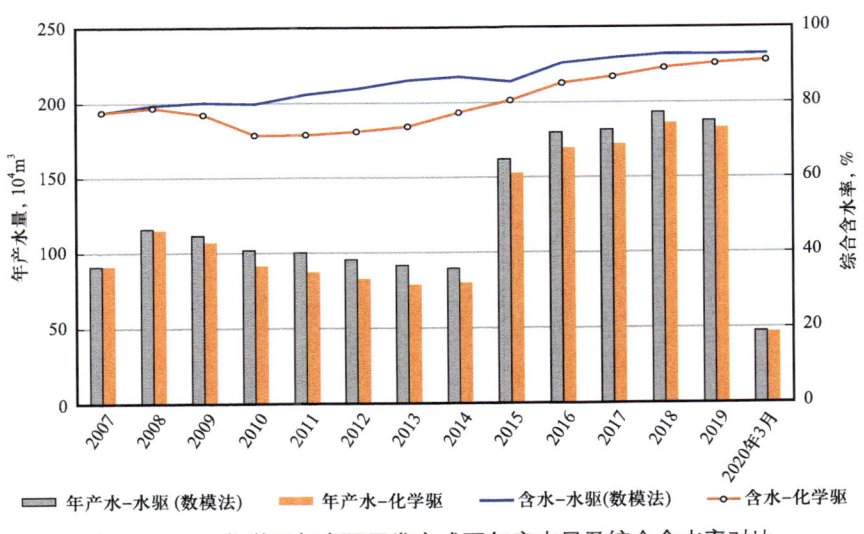

图 3-5-15 化学驱与水驱开发方式下年产水量及综合含水率对比

三、旅大 10-1 油田低含水期化学驱

（一）地质油藏情况

1. 区域及地理位置

旅大 10-1 油田位于辽西低凸起中段，西北侧以辽西 1 号断层为界，东南侧呈缓坡向辽中凹陷过渡，为一个在古潜山背景上发育起来的断裂半背斜构造，如图 3-5-16 所示。

2. 地层及油组划分

旅大 10-1 油田主要含油层段为古近系东营组东二下段，埋深海拔 -1600.0～-1300.0m，自上而下分为五个油组（零～Ⅳ油组），其中Ⅱ、Ⅲ油组为主力油组。

3. 储层特征

旅大 10-1 油田东二下段的储层主要发育辫状河三角洲前缘亚相沉积砂体。油田范围内主要发育水下分流河道，河口坝及席状砂发育局限，主要分布于河道边缘和河道末梢部位。砂体表现为垂向上多期水下分流河道相互叠置、平面上叠合连片的特征。东二下段储层孔隙度主要分布在 23.0%～33.0%，渗透率分布范围 50.0～5000.0mD，主要集中在 200.0～3000.0mD 之间，具有高孔、中高渗的储集物性特征。

4. 油藏特征

1）温度和压力系统

根据评价井及开发井的测压资料，油田的原始地层压力系数约为 1.02MPa/100m，属于正常压力系统。旅大 10-1 油田投产初期实测数据计算油田地温梯度在 3.12℃/100m 左右，属于正常温度系统。

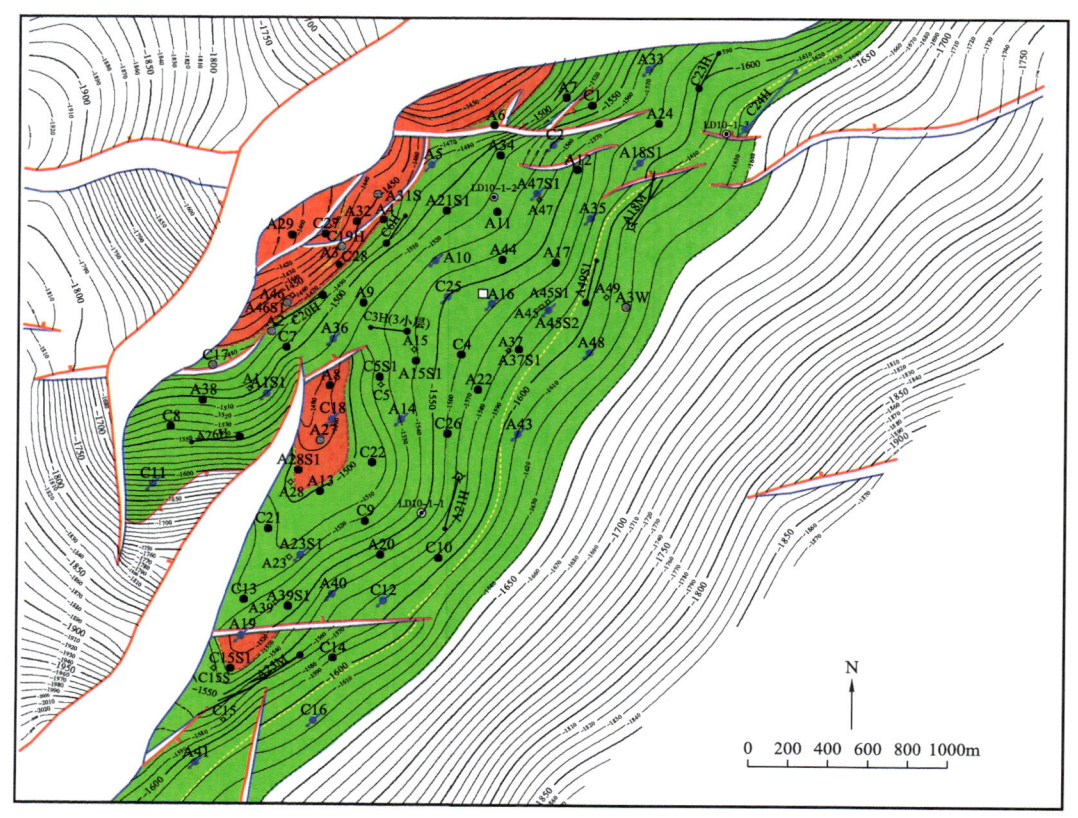

图 3-5-16　旅大 10-1 油田东二下段 Ⅱ 油组开发井位图

2）流体性质

油田主体区东二下段地面脱气原油密度为 0.929～0.961g/cm³（20℃），平均 0.944g/cm³；地面原油黏度为 55.40～433.50mPa·s（50℃），含硫量 0.19%～0.30%，含蜡量 1.13%～3.51%，胶质沥青质含量 13.40%～19.60%，凝固点 -35～-19℃。旅大 10-1 油田东二下段原油属于重质常规油。

主体区东二下段地下原油饱和压力 11.400～13.160MPa，地饱压差 1.570～3.480MPa；原始溶解气油比 38～42m³/m³；地层原油黏度 7.20～19.40mPa·s。

主体区东二下段天然气性质主要包括：Ⅱ 油组相对密度 0.701，二氧化碳含量 1.88%，甲烷含量 83.77%；Ⅲ 油组相对密度 0.676，二氧化碳含量 1.48%，甲烷含量 86.61%。

东二下段地层总矿化度为 743～2627mg/L，水型为碳酸氢钠型（$NaHCO_3$）。

3）油藏类型

旅大 10-1 油藏类型为受构造控制岩性影响的构造层状油气藏。

（二）实施历程

旅大 10-1 油田于 2005 年投产，2006 年 3 月，旅大 10-1 油田含水率 8.9% 开始实施化学驱。综合原始、调整方案和扩大方案，旅大 10-1 油田方案设计 2007—2012 年 6 口注入、2012—2017年8口注入，注入体系以凝胶为主，注入段塞大小0.4PV，预测化学驱提高采收率9.4%。实施历程：2006年3月A23井开展单井注聚先导试验；2007年4月15日至2009年1月，开始实施井组化学驱，原方案6口化学驱井（A01、A05、A10、A14、A18m、A23）全部实施；2010年8月，A35井接替处于地质油藏不利位置的A18m井转化学驱；2012年6月，原化学驱方案结束后，根据化学驱实际情况对方案进行了延续；2012年12月，新的扩大化学驱方案实施，新增A16、A43井两口井，化学驱总井数达到8口；2017年12月，完成化学驱方案，化学驱井全部转注水，累计注入PV数0.391PV，注入干粉21475.6t、交联剂2422.72t。

（三）实施效果

1. 注入有效性分析

1）注入能力分析

与水驱相比，化学驱后8口注剂井井口压力均有所上升，化学驱前井口压力0.1～10.3MPa，平均为7.1MPa，随着化学驱方案逐步实施，注剂井井口压力逐渐上升至3.5～12.8MPa，平均为10.3MPa，较化学驱前上升1.3～6.8MPa，平均上升3.2MPa。化学驱后注剂井视吸水指数均有所下降，由化学驱前18.2～114.0m³/(d·MPa)，平均为84.7m³/(d·MPa)，随着化学驱的进行，注剂井视吸水指数下降至17.3～89.5m³/(d·MPa)，平均为52.8m³/(d·MPa)，降幅达4.9%～59.5%，平均降幅达到37.6%，见表3-5-5。

表3-5-5 旅大10-1油田化学驱井压力及吸水指数变化表

化学驱井	注水时间	化学驱时间	井口压力，MPa			视吸水指数，m³/(d·MPa)		
			化学驱前	化学驱后	上升值	化学驱前	化学驱后	降幅，%
A1	2006年8月	2007年8月	2.4	9.2	6.8	114.0	46.2	59.5
A5	2005年12月	2007年6月	6.8	10.5	3.7	102.8	65.0	36.8
A10	2005年8月	2007年4月	8.5	12.0	3.5	104.5	89.5	14.4
A14	2007年1月	2009年1月	10.3	12.8	2.5	90.7	62.6	31.0
A16	2011年7月	2012年12月	10.3	12.2	1.9	66.6	47.1	29.3
A23	2005年11月	2006年3月	0.1	3.5	3.4	107.5	50.6	52.9
A35	2009年8月	2010年8月	9.7	12.3	2.6	73.0	44.1	39.6
A43	2009年8月	2012年12月	8.8	10.1	1.3	18.2	17.3	4.9
平均			7.1	10.3	3.2	84.7	52.8	37.6

2）渗流阻力分析

8口注剂井在化学驱过程中，建立了一定的渗流阻力，阻力系数为1.1～3.6，平均阻力系数1.7，大于标准要求的1.2，判断化学驱注入有效。

3）吸水剖面分析

化学驱初期吸水剖面得到改善,后期吸水剖面出现反转,部分注聚井吸水厚度有所变薄。

2. 生产井见效分析

旅大10-1油田注水即注聚,属于早期注聚试验,实施化学驱后未出现明显降水漏斗,通过数值模拟研究表明含水低于60%转化学驱无明显降水漏斗。通过数值模拟研究和现场实施动态跟踪数据对比表明,旅大10-1油田早期实施化学驱后有效控制了油田含水上升速度(图3-5-17)。

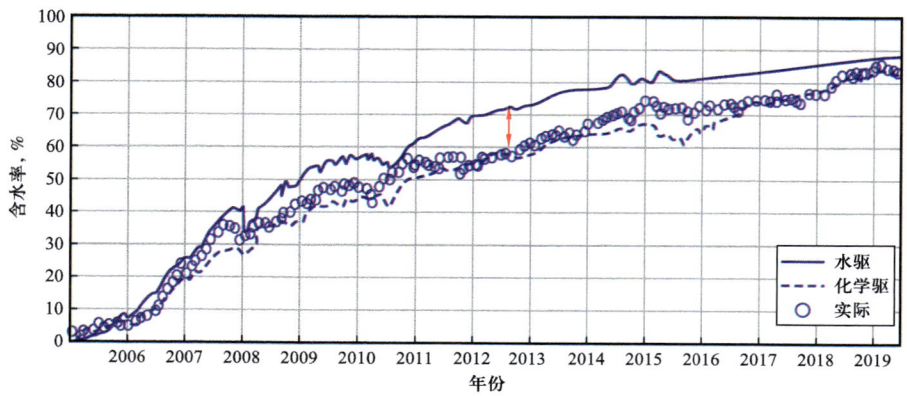

图3-5-17 旅大10-1油田含水率随时间变化图(可参考)

与注水区相比,在含水率与采出程度的关系曲线上,注剂区与注水区存在显著的差别。从含水率与采出程度的曲线可以看出,化学驱显著改善了油田的开发效果,含水下降,相同采出程度下,注剂区含水比注水区含水下降10%左右,如图3-5-18所示。

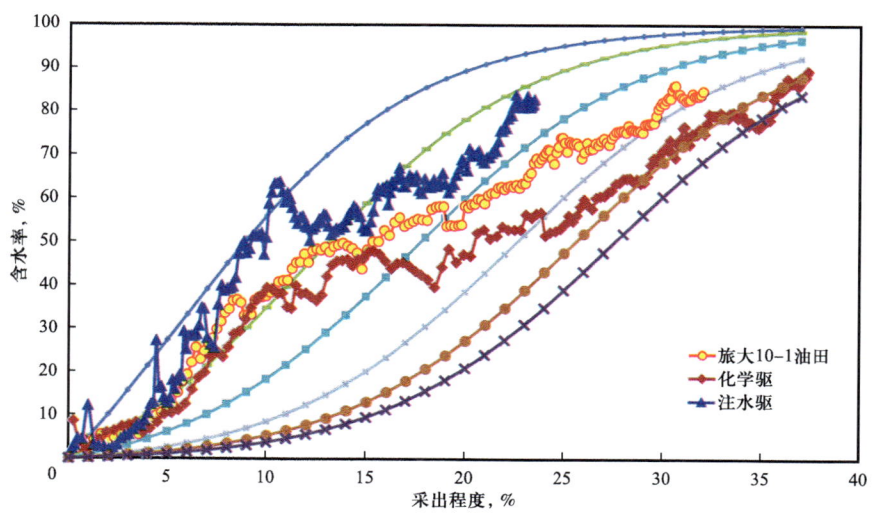

图3-5-18 旅大10-1油田注水区域与化学驱区域采出程度与含水率曲线关系图

利用净增油法计算单井的增油量，截至化学驱结束时，油田共有注剂井8口，周边油井24口，受效井21口，见效率87.5%（表3-5-6）。

表3-5-6　旅大10-1油田注剂井组增油量统计表（净增油法）

序号	井组	周边油井	是否受效	受效率，%	见效期，月	有效期，月	见效特征/未见效原因
1	A1	A26H	是	100%	24.4	53.8	先见效后见剂
		A38	是		35.1	43.7	先见效后见剂
		A36	是		46.5	8.5	先见效后见剂
2	A5	A4	是	100%	33.1	12.6	先见效后见剂
		A12	是		8.5	26.8	先见剂后见效
		A34	是		63.5	10.4	先见效后见剂
3	A10	A9	是	80%	11.9	46.5	先见效后见剂
		A11	是		13.2	50.4	先见效后见剂
		A16	是		21.9	28.6	先见效后见剂
		A21S1	是		—	—	先见效后见剂
		A44	否		—	—	新井强水淹
4	A14	A8	否	50%	—	—	边水影响
		A15	是		8.0	28.2	先见效后见剂
5	A16	A37	是	50%	7.2	7.0	先见效后见剂
		A45	否		—	—	出砂
6	A23	A13	是	100%	41.9	30.1	先见剂后见效
		A20	是		69.1	37.3	先见剂后见效
		A28	是		75.8	30.5	先见剂后见效
		A39	是		82.7	16.9	先见剂后见效
		A40	是		49.7	21.6	先见效后见剂
7	A18M/A35	A12	是	75%	12.8	67.3	先见剂后见效
		A17	是		22.0	10.4	先见剂后见效
		A24	是		12.2	41.0	先见剂后见效
		A47（S1）	否		—	—	出砂
8	A43	A22	是	100%	16.3	29.7	先见效后见剂
小计	8	24	21	88%	18.0	30.1	—

3. 增油及降水评价

针对早期注聚特点，经过比选分析，选择采用油藏数值模拟法进行增油量的计算和效果评价，截至 2022 年底，注聚试验区累计实现增油量为 132×10^4t，提高采收率 5.4%。旅大 10-1 油田化学驱项目整体投入产出比 1∶4.37。

第四章　海上油田稠油热采提高采收率技术

第一节　概　　述

海上油田稠油储量资源丰富，主要集中在渤海区域。原油黏度小于350mPa·s的普通稠油，中国海油已通过水平井、化学驱等冷采技术实现了高效开发，但对于原油黏度大于350mPa·s的非常规稠油，常规水驱采收率不足10%，需要热采开发[83-85]。

与陆地油田相比，海上稠油热采面临三大难题：一是大井距高强度热采理论亟须进一步突破。海上稠油热采遵循"少井、高产"原则，陆地70～150m小井距热采开发模式在海上无经济性。海上大井距需进一步提高热波及范围、提高热作用效率并大幅度改善原油流动性。在高强度、大井距条件下，温度、压力及渗流场发生多区、多域耦合剧烈变化，大井距热采开发缺乏理论基础。二是长寿命安全高效生产缺少井筒技术保障。常规筛管高强度大液量注采、剧烈温压交变，2～3轮次就出现破损出砂，大修侧钻费用高；采油生产上，全球电潜泵最高耐温275℃，无法满足350℃蒸汽注热要求，注热、采油必须更换管柱，转换时间长、冷伤害严重，亟须技术突破。三是小空间海洋平台缺少集约化热采装备技术保障。海上没有淡水资源，海水高浊、高盐、高溶解氧，制淡水流程复杂、能耗大；油气处理受空间限制，无法采用陆上常规大罐沉降工艺，亟须研发适用装备。

针对以上难题与挑战，依托国家科技重大项目、国家自然科学基金、中国海油重大项目等，针对"大井距、长寿命、小空间"三大难题持续攻坚，构建了大井距高强度热采开发理论，研发了高强注热采油长效防砂技术，形成了一体化高效注采工艺装备，创建了平台集约化热采技术装备，逐步形成了海上稠油热采有效开发技术体系和海油特色的热采开发模式。按照"先导试验、技术示范、规模应用"的开发思路，先后开辟了海上首个多元热流体吞吐先导试验区（南堡35-2油田）、首个蒸汽吞吐先导试验区（旅大27-2油田）和首个大井距水平井蒸汽驱先导试验井组（南堡35-2油田B36m井组），接连实现海上稠油和超稠油油田规模化热采开发（旅大21-2和旅大5-2北），2021—2023年实现稠油热采产量169×10^4t，2023年热采产量达85×10^4t。

第二节　大井距高强度热采开发理论认识与开发模式

陆地稠油热采多采用70～150m井距，为满足海上高速高效经济开发要求，海上采用大井距高强度热采开发。在高强度、大井距条件下，温度、压力及渗流场发生多区、多域剧烈变化，耦合作用更为复杂；同时，多轮次吞吐条件下储层物性具有时变特征，导致常规方法预测产量与实际存在较大偏差，亟待创新发展海上大井距高强度热采开发理论和模式。

一、海上高强度热采岩石温时变规律

目前热采模拟软件中最常用的做法为全油田赋值恒定的岩石孔隙体积压缩系数，该做法不仅无法描述压缩系数与温度的关系，也未考虑岩石孔隙体积压缩系数的压力相关性，无法精细描述海上大井距高强度热采实际情况，导致数模冷热采开发效果差异小，与实际生产情况不符。因此需在明确岩石压缩系数随温度的变化规律基础上开展数值模拟精确表征方法研究，提高海上大井距高强度热采数值模拟预测精度。

（一）高温高压岩石压缩系数测定装置

针对常规热采实验装置耐温180℃的限制，自主研发了高温、高压压缩系数测试装置，该实验装置主要由高温高压岩心夹持器、围压系统、孔压系统及各温度、压力传感器等组成。采用柔性石墨环解决了岩心夹持器内部的高温高压下的密封问题。研发的高温高压岩石压缩系数测试仪器，最高工作压力50MPa，设计最高使用温度300℃，适用$\phi 25 \times 50$mm岩心。该设备可以模拟高温高压的实际地层条件，测定不同情况下的岩石力学参数，更接近真实数值，具有很高的准确性和实际应用价值。设备的流程简图如图4-2-1所示[86]。

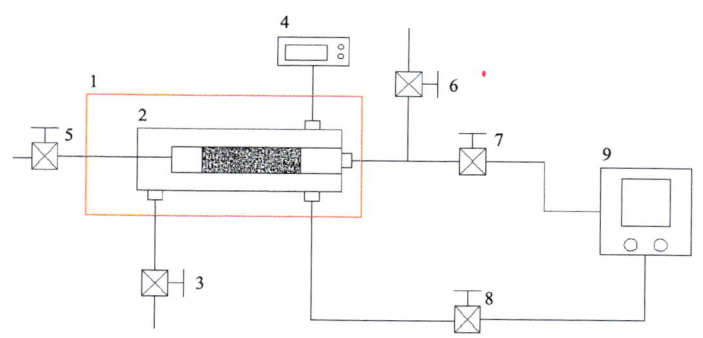

图4-2-1 岩石压缩系数试验装置流程简图
1—高温室；2—岩心夹持器；3—围压放空阀；4—温度控制器；5—孔隙压力放空阀；6—真空截断阀；
7—孔隙压力截断阀；8—围压截断阀；9—EDC伺服控制系统

设备采用法兰密封结构，上下游柱塞整体位于围压腔内，岩心端面与夹持器柱塞可有效贴合，采用柔性石墨对岩心样品和夹持器内的围压进行密封，岩样与围压采用经真空热处理的铜质套管隔绝，有效传递围压的同时还可耐受高温高压持续工作，密封装置采用柔性石墨环、钢环和铜套共同组成（图4-2-2）。

高温岩石压缩系数实验岩心夹持器为本实验技术的核心装置，夹持器主要包括安装支架和夹持器主体两部分。岩心夹持器主体由出、入口接头，引压环，端盖压帽，工作液接头，内连接管，紧固环，压紧堵头，后压紧环，前压紧环等部分组成。由出口接头、入口接头、小石墨环、紧固环、前压紧环、后压紧环、压紧堵头、铜套、端盖压帽等组成岩心夹持机构，能夹持并从周向密封岩心，出口接头通过内连接管和端盖帽连接，实现液体驱替。高压釜可以在特定的高温高压条件下测试流体在岩心的渗透实验，分析评估钻井液、压裂液对岩心的伤害情况，可以测量实验中排出液的体积，从而计算出岩石压缩系数。

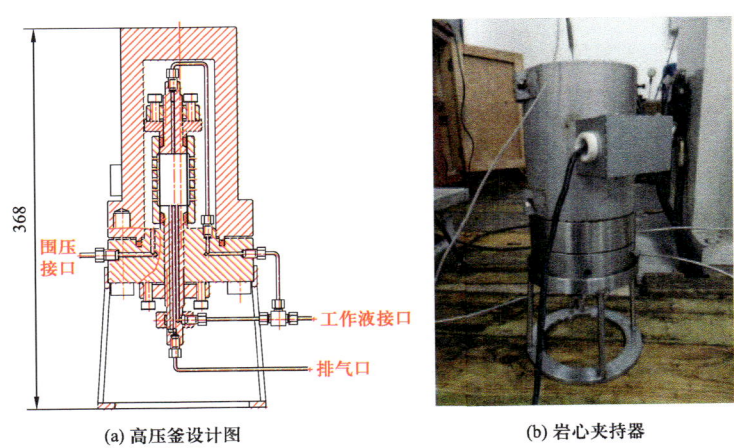

(a) 高压釜设计图　　　　　(b) 岩心夹持器

图 4-2-2　高温岩石压缩系数实验岩心夹持器

实现高温下储层压缩系数的测试，需要解决两个关键问题，一个是岩心夹持器在高温下的密封问题，另一个是岩心的密封问题。传统的岩石压缩系数测试主要采用橡胶材料进行密封，最高耐温在180℃左右，而本实验要求温度高达300℃，且测试时需要保持温度五个小时以上，传统的密封方式无法满足高强度的实验要求。传统的岩心隔油套为橡胶材质，同样不能承受300℃的高温，无法保证将围压和孔隙流体完全隔开。

研制的高温高压岩心夹持器采用法兰密封结构，上下游柱塞整体位于围压腔内，岩心端面与夹持器柱塞可有效贴合，采用柔性石墨对岩心样品和夹持器内的围压进行密封，克服了传统设备采用橡胶密封无法在高温下进行实验的弊端，岩心密封方式如图4-2-3所示。

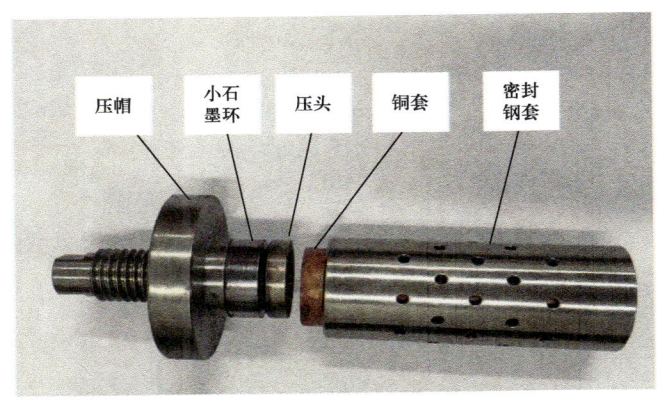

图 4-2-3　岩心密封方式

岩心两端与中间带孔的压头相连，岩心和压头都包裹在铜套中进行密封，使岩心所有表面都与围压隔绝开，有效传递围压的同时还可耐受高温高压持续工作。采用的密封铜套壁厚为 0.1mm，由紫铜棒车削加工成型后，经真空热处理制成，在保证轻薄柔软的前提下还能有一定的韧度，不会在岩心变形时发生破裂。

由于铜套无法像热缩管一样受热收缩，紧紧贴在岩心和压头上阻止围压流体流入岩心孔隙内，铜套端部的密封需采用柔性石墨环和密封钢套相配合的方式进行。为保证铜套端部的密封，安装岩心时将岩心、压头和小石墨环都装入铜套中，与小石墨环接触的压头端面是一个锥形面，然后在安装支架上向下用力压紧压帽，使小石墨环向下与压头紧密贴合，同时小石墨环受压向侧向膨胀，与密封钢套一起将铜套压紧，实现岩心与围压流体的隔绝。

为了消除岩心安装时铜套与岩心间空隙内的空气对实验结果的影响，在岩心表面增加耐高温胶涂层，减小铜套与岩心间的间隙，始终保持一定的弹性。在进行实验之前，对铜套施加 2MPa 的围压再进行抽真空，将间隙内的所有空气挤出，由真空泵抽出。

通过密封方式与材料的创新，结合孔压和围压的高精度伺服系统控制，实现了高温高压下的岩石压缩系数的精确测定，实验最高温度由原来的 180℃提升至 300℃。

（二）压缩系数变化规律及数模表征方法

实验研究表明压缩系数具有较强的温度、孔隙度、压力及吞吐轮次敏感性。岩石压缩系数具有较强的温度敏感性，随着温度的增加而增大（图 4-2-4），温度在 50～100℃范围内增幅最大，温度从 100℃变化至 300℃增幅降低；压缩系数与孔隙度之间的变化规律如图 4-2-5 所示，当孔隙度从 21% 增大到 38% 时，压缩系数增加 2～3 倍，且孔隙度越大，压缩系数随温度增加而增大的幅度越大[87]。

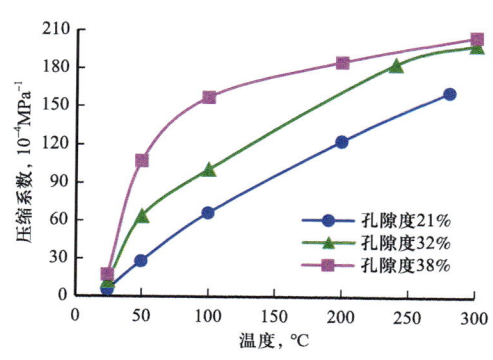
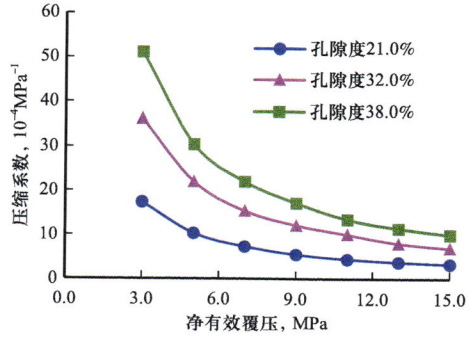

图 4-2-4 不同孔隙度条件下压缩系数变化　　　图 4-2-5 压缩系数与孔隙度关系曲线

压缩系数随着净有效覆盖压力的增大而逐渐减小（图 4-2-6）；随着从低温到高温、从低压到高压往返循环次数（吞吐轮次）的增多，压缩系数逐渐降低。从第 1 次循环到第 2 次循环后压缩系数降低幅度最大，降幅为 60.9%，随后降低的幅度逐渐减小，最后趋于平稳（图4-2-7）。基于有效覆压及温度的实验表征，建立了基于温压敏感性变化的岩石压缩系数表征模型（图4-2-8）。

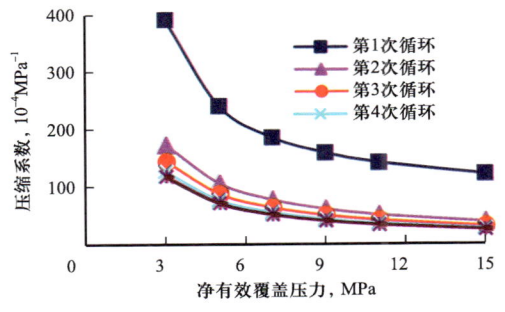 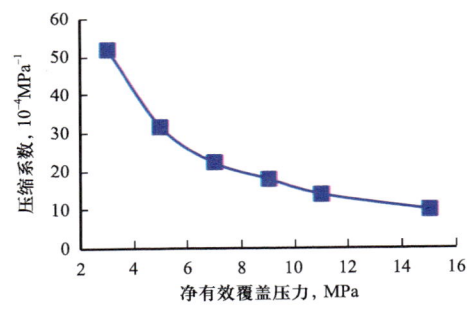

图 4-2-6　压缩系数随压力变化曲线　　　图 4-2-7　温度、压力循环时岩心压缩系数的影响

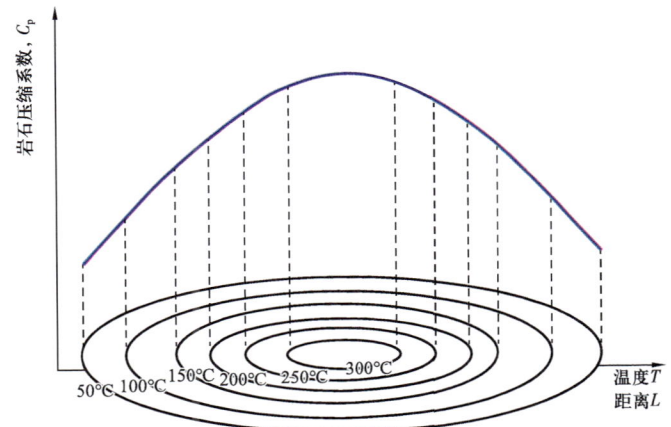

图 4-2-8　基于温度变化动态压缩系数温敏表征

在数值模拟过程中，为精确预测热采开发指标，需考虑多参数影响下的动态岩石孔隙压缩系数，形成基于温度变化的动态压缩系数温敏表征方法，简要模拟步骤为：

（1）孔隙压缩系数压力相关性的实现：可以借助商业数值模拟软件关键词，需给出参考压力及参考压力对应的孔隙压缩系数、孔隙压缩系数压力敏感特性、参考压力上限值和下限值、参考压力上限值所对应的孔隙压缩系数等5个数值，数值模拟软件可插值出不同压力下的孔隙压缩系数。

（2）岩石孔隙压缩系数孔隙度相关性的实现：先根据室内实验结果，给出若干典型孔隙度值对应的孔隙压缩系数，并将其定义为不同的岩石类型；同时根据岩石类型的数量（或孔隙压缩系数的个数）将模型孔隙度按大小划分为若干区间，通过商业数值模拟软件相关模块的判断功能，将不同的孔隙压缩系数（或岩石类型）赋值给与不同典型孔隙度值接近的孔隙度区间。

（3）压缩系数温度及压力循环相关性的实现：在每一个吞吐周期的注热和排采过程

中，岩石会塑性膨胀和压缩，压缩系数相应的变大或缩小。根据实验结果确定岩石塑性膨胀和压缩的压力值，即可通过膨胀压实模型实现吞吐轮次孔隙压缩系数对吞吐轮次和压力循环的相关性；通过膨胀压实模型中的膨胀曲线孔隙体积热膨胀系数及再压实曲线孔隙体积热膨胀系数来体现，从而实现压缩系数温度及压力循环相关性。

采用考虑储层物性的动态压缩系数温敏表征方法可较好地解决冷、热采采收率差异小及热采关键参数敏感性差等问题。以旅大 27-2 蒸汽吞吐为例，采用定压缩系数时，温度对采收率的影响较小，注入流体温度从 50℃变化至 300℃时采收率仅增加 1.3%；当采用动态压缩系数时，采收率增加 9.8%，变化较为明显。多轮次吞吐动态岩石压缩系数温敏表征方法较好地解决了温度、干度等关键参数敏感性差、不同开发方式差异小的问题，模拟结果更加符合客观规律。此外，也大大提高了数值模拟历史拟合精度。在储量拟合的基础上，调整井区附近渗透率、相渗曲线等均不能达到较好的拟合效果，而通过在加热半径范围内采用动态压缩系数的方法，在定油生产的情况下，流压、日产液等参数均取得了较好的拟合效果，如图 4-2-9 与 4-2-10 所示。

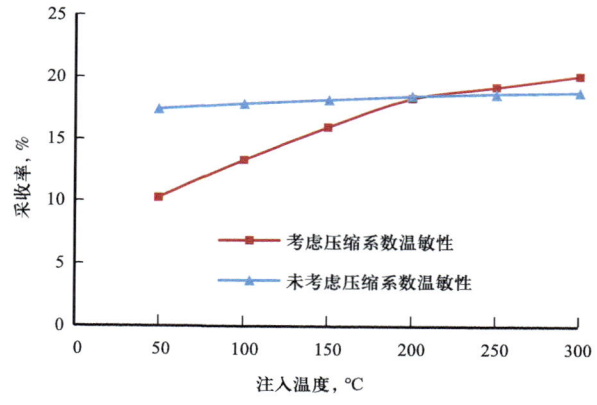

图 4-2-9　A1 井井底流压拟合效果图

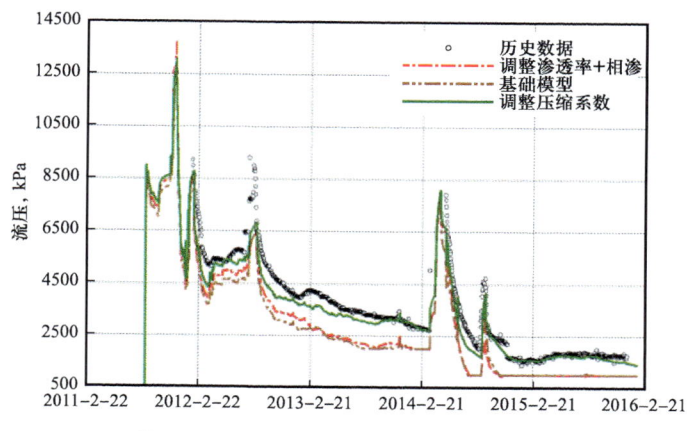

图 4-2-10　典型井井底流压拟合效果图

二、大井距高强度热采非稳态温压耦合理论认识

陆地 70~150m 小井距热采开发模式在海上不经济。海上油田开发井距通常 300~400m，热采开发投资高，累产油量必须远高于陆上。为满足海上经济开发要求，需要采用更大井距、更高强度的热采模式。大井距高强度注采条件下，注热阶段温场扩展范围更大，目前将油藏简化为"热区和冷区"的常规做法已不适合温场扩展的精细表征。同时，排采阶段稠油渗流呈多区域分布，需考虑各区域压力和温度非稳态耦合作用机理。基于海上稠油大井距高强度热采开发模式，提出大井距高强度注汽过程"潜热区""显热区"和"未加热区"三区加热模型和生产过程"牛顿流动区"和"非牛顿流动区"两域流动模型，同时基于温压耦合理论表征热液区温场非线性分布关系，建立了考虑温度场非线性扩展模式、稠油非牛顿流体渗流机理及岩石物理属性温变机制的热—流—固耦合理论并建立了产能评价模型，指导了海上稠油大井距高强度热采方案设计。

（一）海上大井距高强度热采新模型

传统蒸汽吞吐加热模型将注入蒸汽阶段及生产阶段地层的温度场分布描述为热区和冷区，如图 4-2-11 所示。海上采用大井距高强度热采模式，其总注热量达到陆上的 2~3 倍，注入蒸汽后真实的温度分布如图 4-2-12 所示，温度场由两区扩展为三区，分为潜热区、显热区和未加热区。

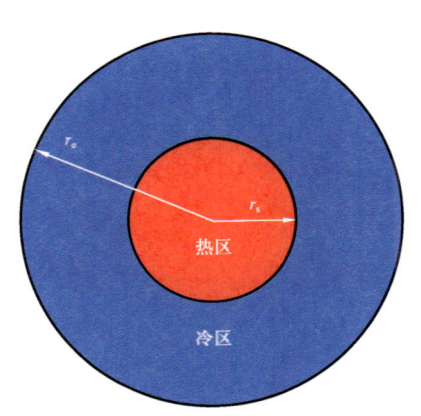
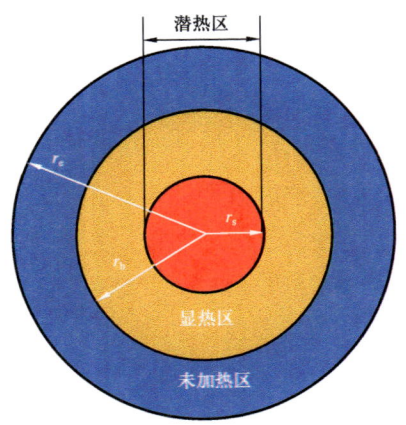

图 4-2-11 传统蒸汽吞吐加热模型的温度场分布　　图 4-2-12 潜热区、显热区及未加热区的分布

基于海上稠油大井距高强度热采开发模式，提出大井距高强度注汽过程"潜热区""显热区"和"未加热区"三区加热模型和生产过程"牛顿流动区"和"非牛顿流动区"两区流动模型，如图 4-2-13、图 4-2-14 所示，实现"吞"和"吐"过程加热和流动特征精准表征。同时稠油具有非牛顿流体特征，其流动需克服启动压力梯度，如图 4-2-15 所示。针对海上大井距高强度热采，考虑蒸汽的潜热与显热特征和稠油的非牛顿渗流特征，建立大井距高强度蒸汽吞吐热采模型。

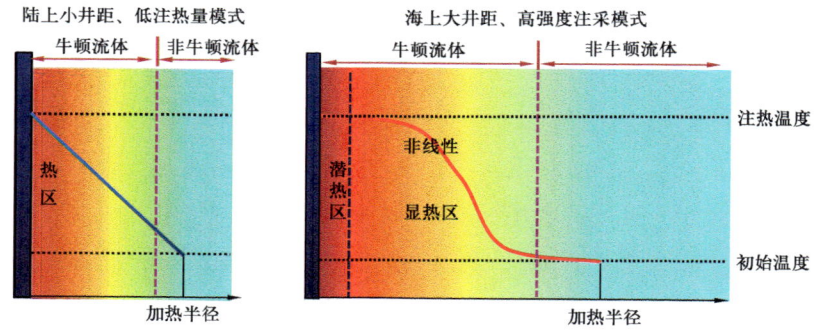

图 4-2-13　海陆热采注热过和生产过程的温场及流体场示意图

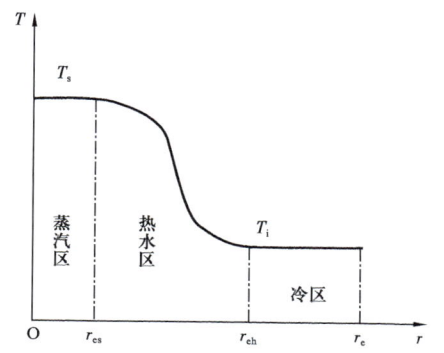

图 4-2-14　注蒸汽后地层真实的温度分布

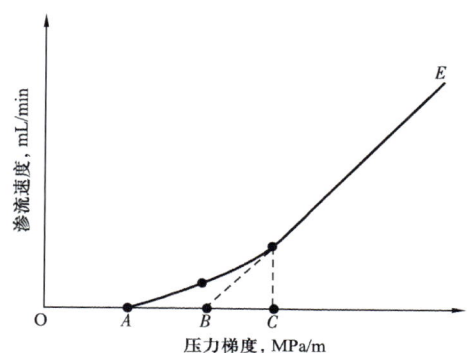

图 4-2-15　稠油流体启动压力梯度特征

（二）模型建立假设条件

蒸汽具有潜热，因此热区的温度在一定区域内保持饱和蒸汽温度 T_s，然后向外扩展逐渐降低至原始地层温度 T_r。为了简化模型并使模型更加合理，对该模型作如下假设：

（1）在注汽阶段，模型分为三个区域：潜热区、显热区及未加热区。在潜热区中，地层温度为饱和蒸汽温度 T_s；在显热区中，地层温度变化速率为非线性分布，从 T_s 非线性降低至原始地层温度 T_r；在未加热区中，地层温度为原始地层温度。每一个区域均为圆柱形。

（2）在焖井及生产阶段，模型分为三个区：牛顿流体区、可动用的非牛顿流体区及不可动用的非牛顿流体区。在牛顿流体区，渗流遵循达西定律；在可动用的非牛顿流体区，稠油渗流存在启动压力梯度，满足宾汉流体的渗流规律。

（3）在生产阶段，注入的蒸汽将转变为热水，而热水分布于牛顿流体区内。牛顿流体区为两相流，非牛顿流体区为单相流。

（4）每个周期的注入参数与生产参数均相同。

（三）注汽阶段传热传质方程

蒸汽加热区域被划分为 3 个不同的区域，分别为潜热区、显热区及未加热区。由于潜热区内温度恒定，为蒸汽温度 T_s，因此由 Marx-Langenheim 公式可以得到能量守恒方程[87]：

$$i_s x h_s = 2\int_0^t \frac{\lambda_s(T_s - T_r)}{\sqrt{\pi\alpha_s}} \cdot \frac{dA}{d\delta} + M_r h(T_s - T_r)\frac{dA}{dt} \quad (4-2-1)$$

由 Laplace 变换及其逆变换，得到潜热区面积：

$$A(t)_s = \frac{i_s x h_s M_r h \alpha_s}{4\lambda_s^2(T_s - T_r)} \cdot \left[e^{t_D}\text{erfc}\left(\sqrt{t_D}\right) + 2\sqrt{\frac{t_D}{\pi}} - 1\right] \quad (4-2-2)$$

其中：

$$t_D = \frac{4\lambda_s^2}{M_r^2 h^2 \alpha_s} \cdot t_{inj} \quad (4-2-3)$$

因此潜热区的半径为

$$r_s = \sqrt{\frac{i_s x h_s M_r h \alpha_s}{4\lambda_s^2 \pi(T_s - T_r)}} \cdot \sqrt{\left[e^{t_D}\text{erfc}\left(\sqrt{t_D}\right) + 2\sqrt{\frac{t_D}{\pi}} - 1\right]} \quad (4-2-4)$$

式中 i_s——蒸汽的注入速率，kg/h；

x——蒸汽的干度；

h_s——饱和蒸汽焓，kJ/kg；

h——油藏的厚度，m；

α_s——顶底盖层热扩散系数，m²/h；

λ_s——岩石导热系数，kJ/(h·m²)；

t_{inj}——注蒸汽时间，d；

M_r——地层岩石的热容，kJ/(m³·℃)；

T_r——原始地层温度，℃。

显热区能量守恒方程为

$$i_s\left[C_w(T_s - T_r)\right] = 2\int_0^t \frac{\lambda_s\left[T(r) - T_r\right]}{\sqrt{\pi\alpha_s(t-\delta)}} \cdot \frac{dA}{d\delta} + M_r h\left[T(r) - T_r\right]\frac{dA}{dt} \quad (4-2-5)$$

同样利用 Laplace 变换及其逆变换，可以得到蒸汽吞吐注汽后显热区的半径：

$$r_h = \frac{1}{2}\left(-r_s + \left\{r_s^2 + 4\left[2r_s^2 + \frac{3C}{\pi(T_s - T_r)}\right]\right\}^{\frac{1}{2}}\right) \quad (4-2-6)$$

式中 C 的表达式如下：

$$C = \frac{1}{4\lambda_s^2} \{ i_s \left[C_w (T_s - T_r) \right] M_r h \alpha_s \} \cdot \left[e^{t_D} \operatorname{erfc}(\sqrt{t_D}) + 2\sqrt{t_D/\pi} - 1 \right] \quad (4-2-7)$$

式中 C_w——水的热容，J/(kg·℃)。

当地层中注入热流体时，由于地层中流体体积的增加及地层的热膨胀，地层中的压力会增加。因此，当注入蒸汽后考虑地层岩石、流体的热膨胀导致压力变化，地层中的压力为

$$p_{e1} = p_e + \frac{G_i B_w}{1000 \times NB_o C_e} + \frac{N_{oh}(T_{navg} - T_i)\beta_e}{1000 \times NC_e} \quad (4-2-8)$$

式中 p_e——注入蒸汽之前的地层压力，MPa；
N——地层中流体的储量，m³；
G_i——注入地层中蒸汽体积，m³；
C_e——综合压缩系数，MPa^{-1}；
β_e——综合热膨胀系数，1/℃；
N_{oh}——热区的原油储量；
T_{navg}——牛顿流体区的平均温度，℃。

（四）焖井及生产阶段的渗流规律

焖井阶段地层被分为三个区域，牛顿流体区、可动非牛顿流体区与不可动非牛顿流体区。该假设的示意图如图4-2-16所示。

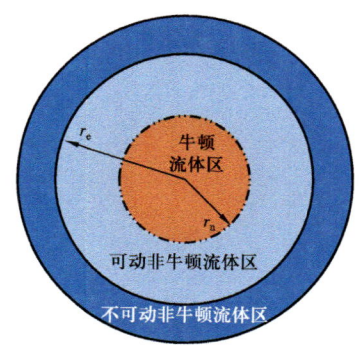

图4-2-16 牛顿流体区与非牛顿流体区分布示意图

牛顿流体区与非牛顿流体区的边界，根据热区温度非线性分布的假设，可以得到油藏中牛顿流体区的半径，如式（4-2-9）所示：

$$r_n = r_h - \frac{(r_h - r_s)(T_{navg} - T_r)}{T_s - T_r} \quad (4-2-9)$$

牛顿流体区与非牛顿流体区的平均温度，利用加权平均值来得到牛顿流体区的平均温

度，根据上述假设，牛顿流体区的平均温度见式（4-2-10）：

$$T_{\text{navg}} = \frac{T_s \cdot r_s^2 + \frac{2}{3} \cdot \frac{T_s - T_r}{r_s - r_h}(r_n^3 - r_s^3)}{r_n^2} + \frac{\frac{T_r r_s - T_s r_h}{r_s - r_h}(r_n^2 - r_s^2)}{r_n^2} \quad (4-2-10)$$

同理，非牛顿流体区的平均温度为

$$T_{\text{nonavg}} = \frac{\frac{2}{3} \cdot \frac{T_s - T_r}{r_s - r_h}(r_n^3 - r_h^3)}{r_e^2 - r_n^2} + \frac{\frac{T_r r_s - T_s r_h}{r_s - r_h}(r_n^2 - r_h^2)}{r_e^2 - r_n^2} + \frac{T_r(r_e^2 - r_h^2)}{r_e^2 - r_n^2} \quad (4-2-11)$$

式中　r_e——蒸汽吞吐的泄油半径，m。

假设可动非牛顿流体区的半径为 r_e，因此可动非牛顿流体区边界与不可动非牛顿流体区的边界如式（4-2-12）所示。

$$r_e = \frac{p_e - p_{\text{wf}}}{\lambda} + r_w \quad (4-2-12)$$

当油藏边界 $r_e' > r_e$，则渗流边界为 r_e；而当油藏边界 $r_e' < r_e$，则渗流边界为 r_e'。

牛顿流体区内相对渗透率，根据所作的假设，注入蒸汽冷凝为热水，分布于牛顿流体区内。在注入蒸汽后，牛顿流体区内的含水饱和度如下：

$$S_{w1} = S_w + \frac{24 \cdot i_s t_{\text{inj}}}{1000 \phi \pi r_n^2 h} \quad (4-2-13)$$

因此牛顿流体区内的含油饱和度为

$$S_{o1} = 1 - S_{w1} \quad (4-2-14)$$

在牛顿流体区域利用达西公式计算产量，渗流方程如下：

$$v_{\text{no}} = \frac{KK_{\text{ro}}}{\mu_{\text{oh}}} \cdot \frac{\mathrm{d}p}{\mathrm{d}r} \quad (4-2-15)$$

$$v_{\text{no}} = \frac{KK_{\text{rw}}}{\mu_{\text{ow}}} \cdot \frac{\mathrm{d}p}{\mathrm{d}r} \quad (4-2-16)$$

因此牛顿流体区内流体的渗流速度为

$$v = v_{\text{no}} + v_w = \left(\frac{KK_{\text{ro}}}{\mu_{\text{oh}}} + \frac{KK_{\text{rw}}}{\mu_w}\right) \cdot \frac{\mathrm{d}p}{\mathrm{d}r} \quad (4-2-17)$$

通过达西定律，得到

$$\frac{Q_w + Q_o}{2\pi r h} = \left(\frac{KK_{\text{ro}}}{\mu_{\text{oh}}} + \frac{KK_{\text{rw}}}{\mu_w}\right) \cdot \frac{\mathrm{d}p}{\mathrm{d}r} \quad (4-2-18)$$

将式（4-2-18）积分，能够得到牛顿流体边界处的压力：

$$p_\mathrm{n} = \frac{Q_\mathrm{w} + Q_\mathrm{o}}{2\pi r h \left(\dfrac{KK_\mathrm{ro}}{\mu_\mathrm{oh}} + \dfrac{KK_\mathrm{rw}}{\mu_\mathrm{w}} \right)} \cdot \ln \frac{r_\mathrm{n}}{r_\mathrm{w}} + p_\mathrm{wf} \qquad (4\text{-}2\text{-}19)$$

由于非牛顿流体区域内为单相原油渗流，而该区域内的水为束缚水，因此由非牛顿流体区的渗流方程可以得出，边界处的压力为

$$p_\mathrm{n} = p_\mathrm{e} - \left[\frac{\mu_\mathrm{oc} Q_\mathrm{non}}{2\pi K h} \ln \frac{r_\mathrm{non}}{r_\mathrm{n}} + \lambda (r_\mathrm{e} - r_\mathrm{n}) \right] \qquad (4\text{-}2\text{-}20)$$

由边界处的流动连续性可得非牛顿流体区的产能：

$$Q_\mathrm{non} = Q_\mathrm{w} + Q_\mathrm{o} \qquad (4\text{-}2\text{-}21)$$

因此联立式（4-2-20）、式（4-2-21），得到水、油的产能方程：

$$Q_\mathrm{w} = \frac{2\pi K K_\mathrm{rw} h}{\mu_\mathrm{w}} \cdot \frac{p_\mathrm{e} - p_\mathrm{wf} - \lambda(r_\mathrm{e} - r_\mathrm{n})}{\ln \dfrac{r_\mathrm{n}}{r_\mathrm{w}} + \left(\dfrac{K_\mathrm{ro}}{\mu_\mathrm{oh}} + \dfrac{K_\mathrm{rw}}{\mu_\mathrm{w}} \right) \mu_\mathrm{oc} \ln \dfrac{r_\mathrm{e}}{r_\mathrm{n}}} \qquad (4\text{-}2\text{-}22)$$

$$Q_\mathrm{o} = \frac{2\pi K K_\mathrm{ro} h}{\mu_\mathrm{o}} \cdot \frac{p_\mathrm{e} - p_\mathrm{wf} - \lambda(r_\mathrm{e} - r_\mathrm{n})}{\ln \dfrac{r_\mathrm{n}}{r_\mathrm{w}} + \left(\dfrac{K_\mathrm{ro}}{\mu_\mathrm{oh}} + \dfrac{K_\mathrm{rw}}{\mu_\mathrm{w}} \right) \mu_\mathrm{oc} \ln \dfrac{r_\mathrm{e}}{r_\mathrm{n}}} \qquad (4\text{-}2\text{-}23)$$

由于在生产过程中，热流体的产出及顶底盖层热损失均会降低热区的平均温度。在生产过程中，牛顿流体区的温度降低，半径会减小。由 Boberg-Lantz 模型可以得到，牛顿流体区的平均温度为

$$T_{\mathrm{navg}(n)} = T_\mathrm{r} + \left[T_{\mathrm{navg}(n-1)} - T_\mathrm{r} \right] \cdot \left[T_\mathrm{rD1} \cdot T_\mathrm{zD} (1 - \xi_1) - \xi_1 \right] \qquad (4\text{-}2\text{-}24)$$

式中 T_rD1，T_zD——径向及垂向热损失导致温度下降的百分数；

ζ_1——带出热量的修正系数；

T_r——原始地层温度，℃；

$T_{\mathrm{navg}(n-1)}$——第 $n-1$ 个时间步内牛顿流体区的平均温度，℃；

$T_{\mathrm{navg}(n)}$——第 n 个时间步内牛顿流体区的平均温度，℃。

由于在生产过程中，热量会持续散失。在这个过程中，牛顿流体区域不断缩小，牛顿流体区域的温度不断降低。由能量守恒方程可以得到

$$M_\mathrm{r} \left[T_{\mathrm{navg}(n)} - T_{\mathrm{navg}(n-1)} \right] \pi r_{\mathrm{n}(n-1)}^2 h = M_\mathrm{r} \left[T'_{\mathrm{navg}(n)} - T_{\mathrm{navg}(n-1)} \right] \pi r_{\mathrm{n}(n)}^2 h \qquad (4\text{-}2\text{-}25)$$

其中 $T'_{\mathrm{navg}(n)}$ 为考虑生产过程中牛顿流体区体积变化后的牛顿流体区平均温度，其表达式为

$$T'_{\text{navg}(n)} = T_{\text{navg}(n-1)} + \left[T_{\text{navg}(n)} - T_{\text{navg}(n-1)}\right] \cdot \frac{r^2_{n(n-1)}}{r^2_{n(n)}} \quad (4-2-26)$$

其中 $r_{n(n)}$ 为第 n 个时间步条件下的牛顿流体区的半径。由温度的线性分布，$r_{n(n)}$ 的表达式为

$$r_{n(n)} = \frac{T_{\text{navg}(n)}}{T_{\text{navg}(n-1)}} \cdot r_{n(n-1)} \quad (4-2-27)$$

由式（4-2-27）可以看出，$T_{\text{navg}(n-1)} < T'_{\text{navg}(n)} < T_{\text{navg}(n)}$，即当考虑了牛顿流体区半径的减小这一过程后，所得到的第 n 个时间步下牛顿流体区新的平均温度 $T'_{\text{navg}(n)}$ 低于第 $n-1$ 个时间步下牛顿流体区的平均温度 $T_{\text{navg}(n-1)}$，但是略高于未考虑牛顿流体区半径减小过程中的平均温度 $T_{\text{navg}(n)}$。

与牛顿流体区的平均温度推导相似，非牛顿流体区的平均温度为

$$T_{\text{nonavg}(n)} = T_r + \left[T_{\text{nonavg}(n-1)} - T_r\right] \cdot \left[T_{rD2} \cdot T_{zD}(1-\xi_2) - \xi_2\right] \quad (4-2-28)$$

进行下一轮蒸汽吞吐周期之前，地层中会有上一轮蒸汽吞吐后的余热。对于多轮次蒸汽吞吐的模型，预测下一个周期的生产需要加上前一个周期的余热。因此蒸汽吞吐的余热公式如下

$$Q_{r(n-1)} = M_r \pi r^2_{n(n-1)} h \left[T_{\text{navg}(n-1)} - T_r\right] + M_r \pi \left[r^2_{h(n-1)} - r^2_{n(n-1)}\right] h \left[T_{\text{nonavg}(n-1)} - T_r\right] \quad (4-2-29)$$

（五）稠油热采牛顿流体转化规律

为了确定稠油在注热过程中牛顿流体和非牛顿流体的转化区间，开展典型海上稠油样品流变性实验，将多个温度下的流变曲线进行拟合，得到多个温度下油样的流变方程。

原油黏度随温度的变化关系以指数形式表征，见式（4-2-30）。

$$\mu = a\text{e}^{-bT} \quad (4-2-30)$$

对上式取 e 为底的对数，则有

$$\ln\mu = A - BT \quad (4-2-31)$$

因此，$\ln\mu \sim T$ 呈线性关系。绘制旅大 21-2 油田 5s^{-1} 剪切速率下的黏温曲线，如图 4-2-17 所示。从图 4-2-17 中可以看出，曲线存在拐点温度。当温度低于拐点温度时，原油黏度随温度的升高快速降低，而当温度高于拐点温度时，原油黏度随温度的升高降低速度变慢。这是因为受到剪切应力作用影响而导致的。当流体为非牛顿流体时，黏度值不仅受温度影响，而且随剪切速率变化而发生变化。而当流体为牛顿流体时，黏度值只受温度影响，而不随剪切速率变化，下降速度较慢。因此，可以判定曲线中拐点温度即为

牛顿流体转化温度点。对两部分分别进行拟合,可得到

$$\ln\mu=12.618-0.0894T \tag{4-2-32}$$

$$\ln\mu=10.401-0.0545T \tag{4-2-33}$$

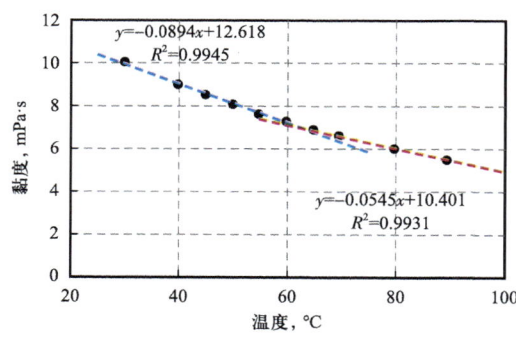

图4-2-17 旅大21-2油田油样$5s^{-1}$剪切速率下拐点温度求解结果

联立式(4-2-30)至式(4-2-33),可得旅大21-2油田油样$5s^{-1}$剪切速率下拐点温度即牛顿流体转化温度点为63.52℃(图4-2-17)。

基于不同温度原油流变实验明确海上稠油油田牛顿流体与非牛顿流体临界转换温度55～90℃,同时建立稠油不同流度下启动压力梯度关系(图4-2-18),在此基础上,建立蒸汽吞吐牛顿区和非牛顿区耦合渗流模型,实现了热采生产过程中牛顿流体和非牛顿可流动区的刻画和表征,如图4-2-19所示。

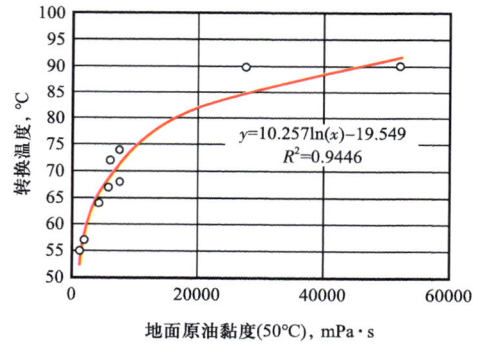

图4-2-18 牛顿流体与非牛顿流体临界转换温度图

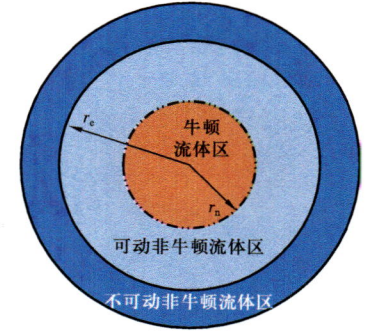

图4-2-19 生产过程地下流体性质分布示意图

(六)大井距高强度非稳态温压耦合蒸汽吞吐产能预测模型

求解思路,以原油产量模型为例,相应参数求解思路如下:

(1)基于能量守恒原理,分别求解蒸汽区半径、热液区半径,进而确定蒸汽区、热液区渗流阻力。

(2)基于油层中热传导方程,考虑产液携热,求解油层温度动态,确定相应时刻的原油黏度。

(3)基于水相质量守恒,求解含水饱和度动态,结合油层温度动态,确定相应时刻的油相相渗。

(4)基于物质平衡原理,分别建立焖井过程、生产阶段物质平衡方程,确定平均地层压力动态。

（5）从第二吞吐轮次开始,求解蒸汽区半径、热液区半径时,需要考虑上一周期余热量的影响。

如何通过油藏工程与基础理论攻关,建立产能评价方法,对方案设计的合理性及油藏指标的精确预测至关重要。研究过程中,综合考虑温场非线性分布、潜热区蒸汽的超覆现象、稠油在多孔介质中的启动压力梯度及多介质复合吞吐中各组分的作用机理和耦合关系,建立海上稠油蒸汽吞吐产能评价方法。

针对蒸汽超覆现象,考虑蒸汽与凝结物的重力分异效应,表征气液在油层剖面产生的流速差异现象,汽液界面呈"倒台状"(图4-2-20),引入蒸汽超覆形状因子,表征注汽开发过程中油层超覆程度的强弱[89]。基于气液界面的形状假设条件,利用Marx-Langenheim方法进行了推广,获得了等效加热半径,在求解蒸汽区加热半径过程中,引入两个中间变量:蒸汽超覆形状因子(反应黏滞力和重力比值对气液界面的影响)和顶底盖层加热半径之比。

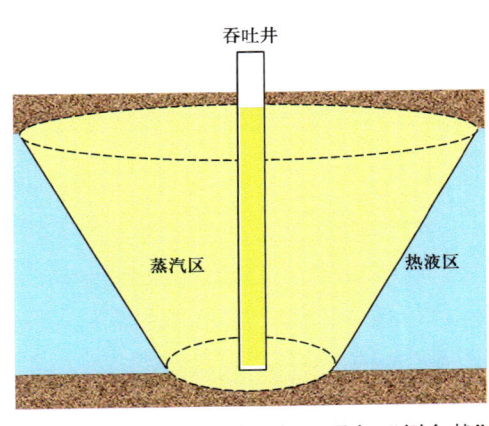

图4-2-20 潜热区蒸汽超覆现象"倒台状"分布改进假设模型

稠油在多孔介质内的启动压力梯度不仅与原油黏度有关,还与渗透率有很大关系,但目前相关考虑启动压力梯度的稠油产能评价模型中研究大多是以黏度函数给出的,未考虑储层物性的影响[90, 91]。综合考虑多孔介质渗透率与黏度对稠油启动压力梯度的影响,首次构建了基于流度与启动压力梯度的模型,从室内实验数据结果来看,二者呈幂指数关系,随着稠油启动压力梯度增大,启动压力梯度和拐点温度呈降低趋势,如图4-2-21、图4-2-22所示。

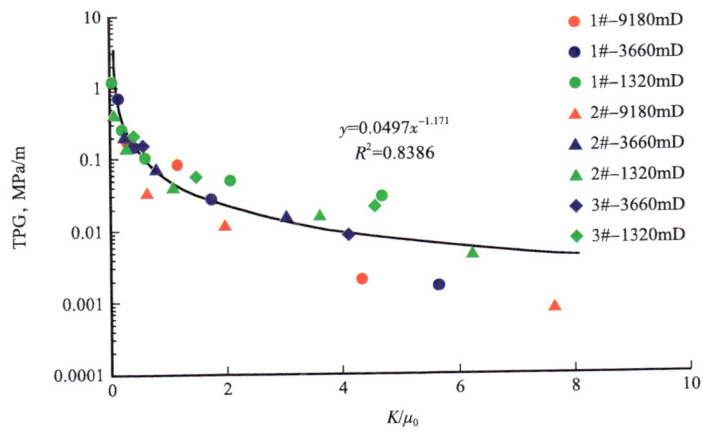

图4-2-21 启动压力梯度与流度的关系

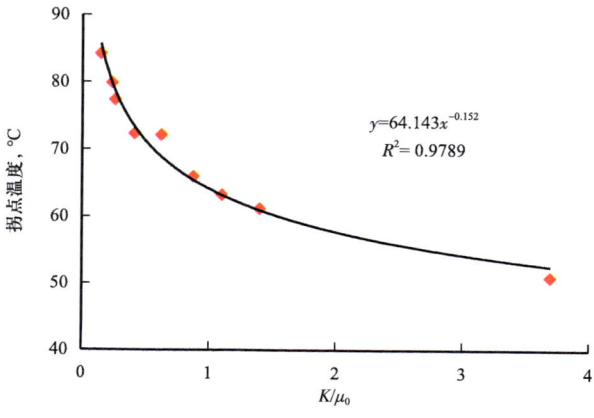

图 4-2-22　拐点温度与流度的关系

在综合考虑大井距非稳态温压耦合现象、稠油非牛顿流体渗流机制、岩石热物理性质温时变机制、蒸汽超覆表征及岩石启动压力梯度基础上，构建了海上大井距高强度产能评价数学模型。经过海上热采实践验证，热采产能预测符合率超过 90%（图 4-2-23、图 4-2-24）。

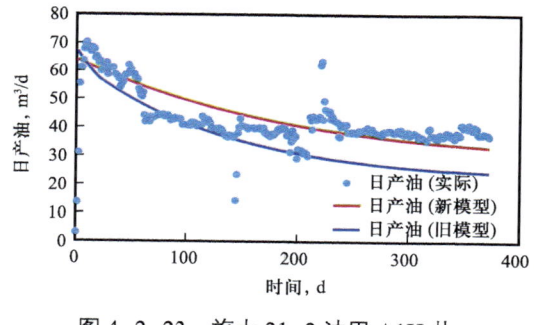

图 4-2-23　旅大 21-2 油田 A1H 井日产油预测精度

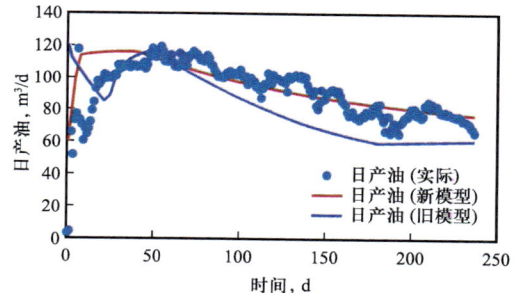

图 4-2-24　旅大 21-2 油田 A2H 井日产油量预测精度

三、海上稠油大井距高强度热采模式的建立

（一）海上稠油大井距热采"一短、四高、多井共振"式注汽模式

基于不同类型油藏、不同开发井型的热利用率评价模型，评价并建立不同开发阶段热利用率表征关系，指导了海上稠油热量高效利用及温场的高效扩展。海上稠油热采经济开发须建立"更高、更强、更快"的注汽模式，以实现较高的产能和单井可采。

基于非稳态温压耦合理论，综合热利用率评价模型，形成了海上大井距高强度特色热采模式（图 4-2-25、表 4-2-1），有效扩大了显热区范围、提升了热利用率，支撑了海上少井热采高效开发。较常规热采模式，海上热采井注汽强度是陆上相同井型的 2 倍，井距是陆上油田的 2～3 倍，吞吐平均单井首周期累产油 2.5×10^4t、达到陆上相同井型的 3~7 倍，油汽比 4.5t/t、达到陆上油田的 2~4 倍，实现海上大井距热采经济高效开发。

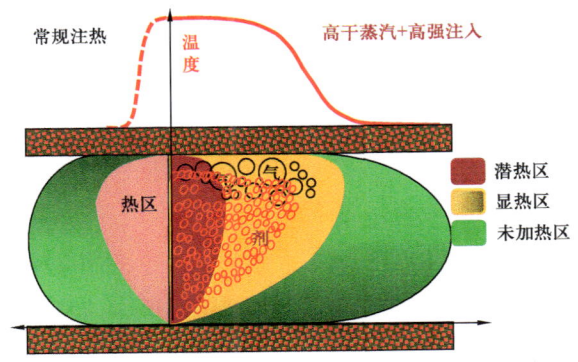

图 4-2-25 海上稠油高强度提高显热区分布范围关键模式示意图

表 4-2-1 海陆高强度热采注热模式对比表

关键指标	设计参数	配套工艺
短周期长度	9~10 个月/周期	
高注汽速度	不低于 300m³/d	1. 气凝胶隔热油管+高真空隔热接箍
高蒸汽干度	首周期井底干度＞0.5，逐周期递增至 0.8	2. 环空注氮保干技术
高周期注入量	6000~7500m³/周期	3. 大排量过热蒸汽锅炉
高采液速度	采液速度 120~150m³/d	
多井同注	4~6 口井同注	
高采液速度	采液速度 120~150m³/d	

（二）海上稠油热采全生命周期经济开发模式推荐

结合海上已开发稠油油田相关经验，多专业一体化开展不同黏度稠油、不同类型油藏开发方式适应性分析，明确了海上稠油油藏注水、化学驱及热采开发界限，并不断更新完善。

此外，针对海上稠油油藏单一蒸汽吞吐开发模式累计产油量低、经济年限短且吞吐末期含水率升高、造成大量无效热循环的问题。在海上稠油热采高强度注入模式的应用前提下，从规模化热采经济开发角度出发，初步形成不同类型原油黏度、不同油藏类型油藏经济开发适应性筛选表（表 4-2-2），建立了稠油热采"蒸汽吞吐后转蒸汽驱""蒸汽吞吐后侧钻"及"蒸汽吞吐后转 SAGD"等多种全生命周期开发模式，为海上稠油储量高效动用提供设计基础。

表 4-2-2 海上稠油热采全生命周期高效开发模式

稠油分类				海上稠油开发方式				典型油田
名称	类别	黏度,mPa·s/类型		推荐方式	接替方式	增效措施	前沿技术	
普通稠油	Ⅰ-1	50*~150*		水驱(冷采)40%	化学驱提高7%~10%	化学调剖		绥中36-1 秦皇岛32-6
	Ⅰ-2a	150*~350*		冷采25%	热水驱提高3%~5%	气体或化学辅助3%~5%		蓬莱19-3、旅大5-2
	Ⅰ-2b	350~600	强水体	冷采20%	—	化学调剖		旅大32-2
			弱水体	热水驱/蒸汽吞吐≤20%	蒸汽驱35%~40%	气体或化学辅助3%~5%	火驱	垦利10-2
		600*~10000	强水体	蒸汽吞吐15%	—	化学调剖	火驱/原位改质	旅大21-2、蓬莱9-1
			弱水体	蒸汽吞吐20%	蒸汽驱40%	气体或化学辅助3%~5%	火驱/井下加热/超临界多元热流体	南堡35-2
			低油柱	蒸汽吞吐15%	蒸汽驱30%			旅大27-2
特稠油	Ⅱ	10000~50000	厚层特稠油	蒸汽吞吐15%	SAGD 40%~50%	气体或化学辅助3%~5%	火驱/井下加热原位改质	旅大5-2北、旅大21-2
超稠油	Ⅲ	>50000	厚层特稠油	蒸汽吞吐15%	SAGD 40%~50%	CO_2或化学辅助3%~5%		旅大5-2北
合计							—	—

注:* 指油层条件下黏度,无 * 指油层温度下脱气油黏度。

第三节 海上稠油热采地质油藏关键技术

一、稠油油藏储量品质分析及储层精细表征技术

(一)影响储量品质评价关键地质因素

稠油热采主要面临边底水入侵、层间干扰、窜流、出砂等问题,主要受油层的厚度、构造及倾角、渗透率、韵律性、平面非均质性、层间非均质性、层内非均质性、连通性及隔夹层等地质因素影响[92,93]。

1. 构造

蒸汽超覆使蒸汽总是向油层顶部聚集,这种现象在稠油层尤其是厚油层极为普遍。由

于顶部泥岩隔夹层的比热容远大于砂岩,所以源源不断向顶部运移聚集的蒸汽主要加热泥岩隔夹层。在构造较低部位,蒸汽基本上不能到达,原油不能动用,开发效果不好。油层吸入单位质量蒸汽的热量大小则主要取决于油层纵向位置,显示上部油层吸入的是高干度蒸汽,下部油层吸入的是低干度蒸汽,甚至热水。

除构造位置外,地层倾角对开发效果的影响十分显著,倾角越大,蒸汽超覆越严重,热利用率越低,蒸汽驱的开采效果越差。

2. 油层厚度

在蒸汽驱过程中,油层厚度一方面影响地层热损失;油层越厚,向顶、底盖层的热损失越小,热效率越高,蒸汽驱开采效果越好;另一方面又影响蒸汽驱的超覆程度:油层越厚,蒸汽超覆越严重,纵向上的动用程度越差,导致蒸汽驱的采收率越低。

3. 隔夹层

隔层对稠油油藏的开发具有两面性。一方面,隔层能够阻止蒸汽垂向运动,隔层厚度越大,其阻止蒸汽突破的压力越高,阻隔能力越强;另一方面,自然界大多数岩层,包括泥岩隔层都不是绝热体,能够吸热和传热,随着隔层厚度的增加,其消耗的热量也在增加。因此,评价热采隔层非均质性对油藏开发的影响,要从这两个方面来分析[94]。

夹层是发育在油层内部的非渗透性或低渗透性岩层,它只能局部隔油层。夹层对稠油油气藏的开发也具有两面性(图4-3-1)。夹层总体积越大,平面延伸范围越广,注入蒸汽热损失率越高,层间动用程度差异越大,开采效果越差;另外,纵向蒸汽的超覆效应明显,厚储层内适量夹层的出现,可以有效遏制蒸汽向上超覆,使油层井段得到较为均匀的动用,称之为夹层对于纵向上油层动用的截断增效效应。

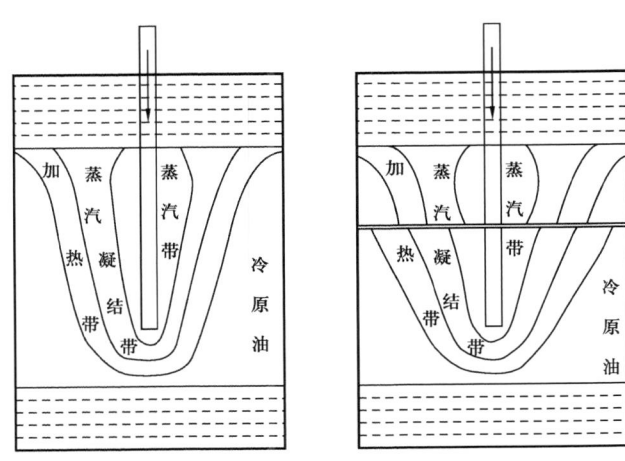

图4-3-1 隔夹层影响蒸汽驱效果图

4. 储层非均质性

层间非均质性直接影响分层的吸汽及储量动用,高渗层动用半径大于其他层,当井间某一层动用半径沟通,可形成汽窜。平面渗透率变化较大,蒸汽往高渗区方向锥近,为汽窜的主要方向。平面动用不均衡,使汽窜由低采出强度区向高采出强度区突进。

5. 边底水

活跃的边底水为油藏提供了充足的能量,但边底水的存在将会对稠油热采带来程度不同的影响,这种影响主要表现在由于稠油油层油水黏度比高,边底水沿高渗通道快速向生产井流动,油井容易发生边底水侵入;如果生产压差控制不好,则会导致边底水的严重侵入,含水快速上升,波及效率变差,采收率降低,严重的会导致油井水淹,被迫关井。其影响程度一是取决于边底水能量大小,即活跃程度,活跃程度越大,侵入越严重;二是取决于生产井离水体的距离远近,生产井离水体的距离越近,侵入越严重。

(二)稠油油藏储层精细表征关键技术

1. 储层内部渗流屏障识别技术

针对稠油储层内部阻隔流体流动和热量扩散的渗流屏障,建立等时域短时窗渗流屏障提取技术,在海上大井距条件下突破了地震资料 $\lambda/4$ 的限制,有效刻画井间储层内部砂体结构变化[85]。

以砂顶地震反射(半个波长时窗)为研究对象,提出等时域短时窗渗流屏障提取技术及配套的波形类地震属性,即基于图4-3-2所示的不同构型样式地震波形为约束条件,以砂体顶、底的波谷、波峰解释层位为初始值,将砂体顶面反射时窗自动拾取转化为L1范数最小化问题,其中 X 为反演时窗,A 为相关系数算子,m 为构型地震相波形。

$$\min\|x\|_1 \text{ s.t.} \|Ax-m\|_2$$

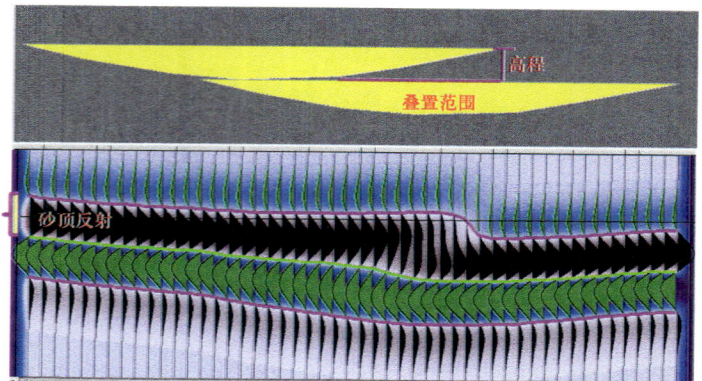

图4-3-2 等时域短时窗渗流屏障提取技术

推导了波形偏度、波形对称度及波形变异系数3类波形属性(表4-3-1),实际砂体应用表明(图4-3-3):储层预测精度提高10%以上,尤其针对复合储层结构区域效果更为明显，识别能力达 $\lambda/8 \sim \lambda/16$，提高 2～4 倍，有效解决了复杂储层内部结构地震属性的刻画难题。Ⅰ类界限同相轴较连续界限处振幅变化较小，Ⅱ类界限同相轴高程变化界限处存在振幅、波形变化，Ⅲ类界限同相轴较连续界限处振幅变弱。

表 4-3-1　敏感地震波形属性

波形偏度	波形对称度	波形变异系数
$W_{\text{skewness}} = \dfrac{1}{N\sigma^3}\sum_{i=1}^{N}(A_i - \overline{A})^3$	$W_{\text{sym}} = \dfrac{\sum\limits_{i,j=1}^{N_2}(|A_i|-\overline{A}_1)(|A_j|-\overline{A}_2)}{\sqrt{\sum\limits_{i=1}^{N_2}(|A_i|-\overline{A}_1)^2 \sum\limits_{j=1}^{N_2}(|A_j|-\overline{A}_2)^2}}$	$W_{\text{c.v}} = \left(\sqrt{\dfrac{1}{N-1}\sum\limits_{j=1}^{N}(A_i-\overline{A})^2}\right) \Big/ \left(\dfrac{1}{N}\sum\limits_{i=1}^{N}A_i\right)$

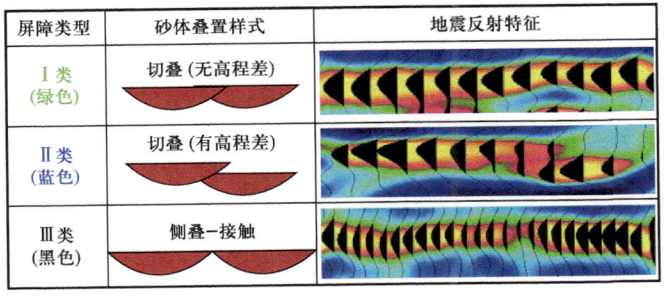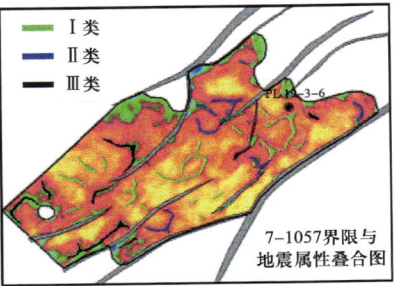

图 4-3-3　蓬莱 19-3 油田南部稠油区块渗流屏障预测效果

2. 隔夹层识别及精细表征技术

隔夹层识别一直是稠油油藏开发研究的重点，隔夹层的存在增加了储层非均质性研究的难度。特别是对于热采稠油油藏，隔夹层分布是决定蒸汽腔发育和扩展、流体渗流差异的关键因素，隔夹层的精细识别对稠油热采高效开发意义重大。深挖地质、测井、地震多专业信息，协同研究，多手段结合，开展技术攻关，解决隔夹层预测与分类识别难题。

1）隔夹层预测技术

旅大 5-2 北油田厚层砂岩条件下砂砾岩隔夹层发育位置、厚度、封隔能力强弱直接影响了单井指标和布井，借鉴储层反演思路，采用岩性反演方法开展隔夹层识别研究，提出基于叠前弹性参数反演的隔夹层描述技术（图 4-3-4）。通过弹性参数敏感性分析，油田目的层段岩性的敏感参数为纵波阻抗（AI）和密度（DEN）；运用纵波速度、密度和波阻抗两两交会分析可确定砂砾岩隔夹层与砂岩储层的分界值。砂砾岩隔夹层（组）波阻抗响应较强，部分与砂岩储层区分明显，可有效识别和刻画。依据井资料对波阻抗反演结果进行统计，明下段隔夹层单层厚度多小于 4m，反演结果能够识别的砂砾岩隔夹层（组）厚度通常大于 5m；厚度小于 5m 但阻抗均值大于 7000（g/cm³）×（m/s）的隔夹层，反演结果有一定的响应，可大致追踪其横向分布范围。馆陶组夹层单层厚度多数不足 2m，单个夹层难以识别，仅部分阻抗均值大于 6000（g/cm³）×（m/s）的夹层反演结果有一定响应。

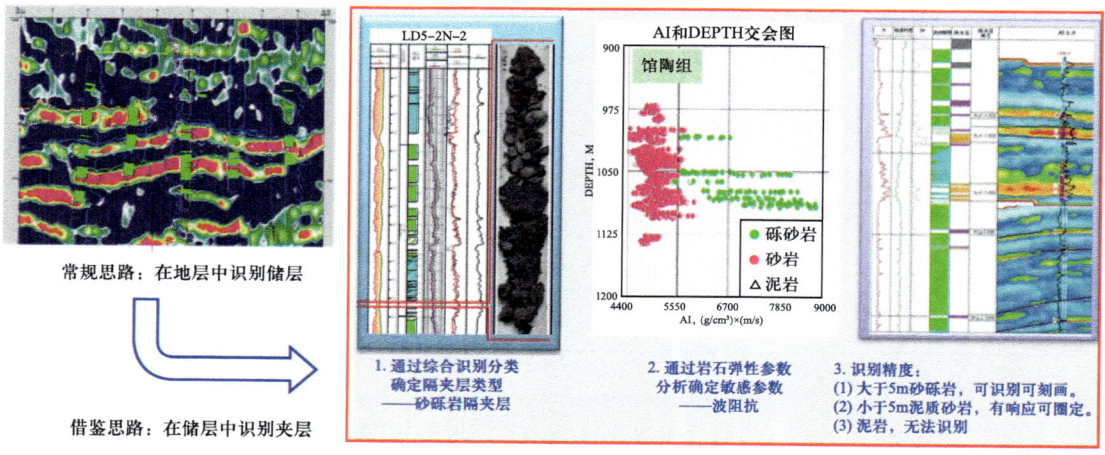

图 4-3-4　基于叠前弹性参数反演的隔夹层描述

2）隔夹层分类评价技术

针对锦州 23-2 油田辫状河三角洲储层隔夹层分布复杂、发育规模难以量化、地质模型难以精细表征的技术瓶颈，在储层内部提出基于沉积成因约束的隔夹层分类评价技术。根据岩心、录井、测井及地震资料分析，在油田范围内识别出 3 种泥岩成因类型：洪泛泥岩、分流间湾泥岩、前积成因泥岩，并总结了油田不同成因类型泥岩分布模式[96]（图 4-3-5）。针对不同成因类型泥岩的测井相类型及参数特征进行综合分析，建立了泥岩隔夹层识别图版，并结合文献调研中对泥岩宽厚比的认识，对泥岩的横向展布范围进行了预测，为后续的地质建模提供了参数支持。

洪泛泥岩主要成因为短期局部湖水上升形成的洪泛泥，泥质较纯，分布于油组之间，属于Ⅰ类夹层，起到分隔流体系统的作用，将直接影响开发层系划分及井网部署。间湾泥岩主要位于水下分流河道或河口坝侧缘与堤岸交互的区域，成因是由于水动力的间歇或河道摆动导致的水体动荡，分布于油组内，井间具有一定的稳定性，属于Ⅱ类夹层，局部稳定发育，对储量品质及稠油热采产生一定的影响。前积泥岩主要成因为来自河口坝顶部的落淤泥，三角洲前缘的河口坝砂体是前积作用形成的，在相邻期次的河口坝沉积间隙由于水动力的短暂减弱，易形成厚度较薄的泥质落淤层，分布于油组内，井间对比性差，展布不稳定，属于Ⅲ类夹层。

3. 融合结构信息的地质建模技术

针对于渗流屏障的地质建模技术：

在储层内部渗流屏障识别基础上，将渗流屏障通过烈火模拟和霍夫变换，实现骨架化和特征化，提取结构界面的空间位置、几何规模等信息，嵌入式构建储层结构相模型。

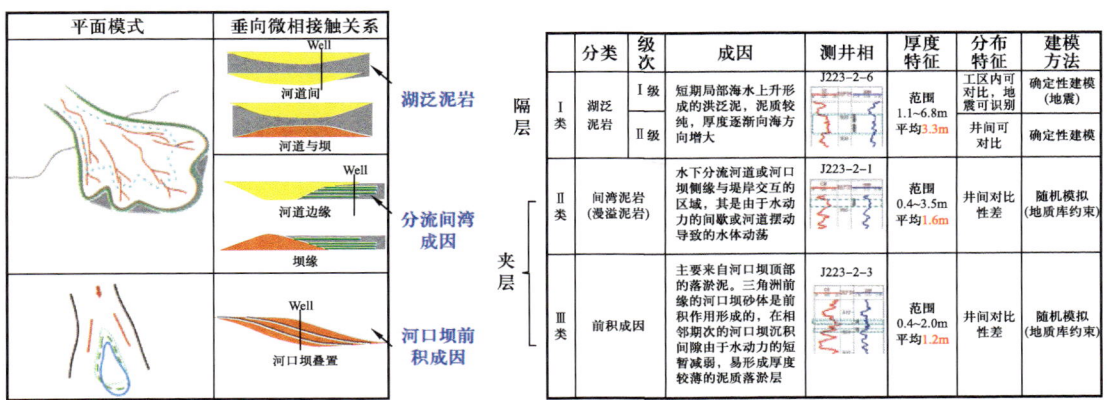

图 4-3-5 锦州 23-2 油田隔夹层分类图版

在储层结构界面预测和增强之后,为了实现结构界面空间位置的合理表征并突出结构特征,同时规避占用较多空间体积的影响,一般采取骨架化处理。骨架化处理往往采用退火模拟。即设想在同一时刻,将目标的边缘线都点燃,火的前沿以匀速向内部蔓延,当前沿相交时火焰熄灭,火焰熄灭点的结合就是骨架。图 4-3-6 表示电路板的骨架化过程,从地震属性出发,通过膨胀处理连接某些孤立的地震属性,之后再做骨架化。经过"骨架化"等数学形态学处理之后形成数字化的骨架线段。如果记录下线段的两个端点,利用这两个端点坐标信息即可定义构型界面。这一过程可以通过人工拾取来实现,但是如果骨架线段太多,可借助于霍夫变换的方法实现线段自动拾取(图 4-3-7)。提取结构界面的空间位置、几何规模等信息,嵌入式构建储层结构相模型。

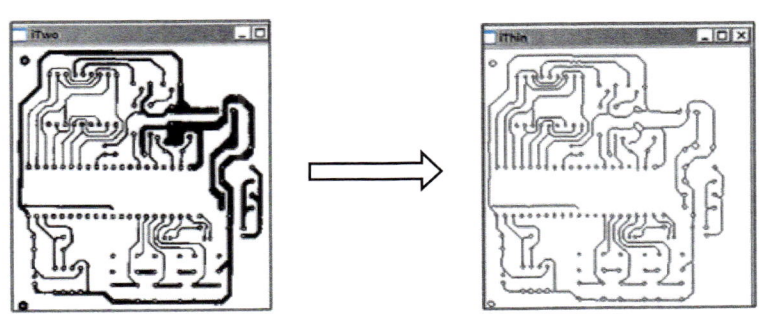

图 4-3-6 储层结构属性的骨架化处理

以地质建模为导向、基于地质成因分析综合确定各类隔夹层的空间分布特征。以地质统计为基础确定了各类隔夹层的变程范围。在此基础上采取分类、分级的思路,首先刻画地震可识别的Ⅰ类泥岩隔夹层,进而通过井间对比综合分析地震不能识别的Ⅱ、Ⅲ类泥岩隔夹层横向展布规模,并在地质建模中实现了分类表征,有效体现了储层非均质性分布特征(图 4-3-8)。

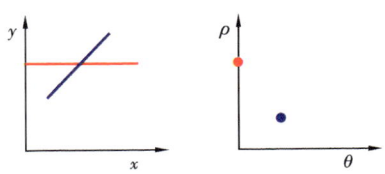

图 4-3-7 霍夫变换针对于隔夹层的地质建模技术

分类		长度	宽度	识别方法	建模方法
Ⅰ类隔夹层	Ⅰ级	—	—	井+地震	确定性建模
	Ⅱ级	—	—	井	确定性建模
Ⅱ类隔夹层		100~400m	—	井	长变程：400 短变程：230
Ⅲ类隔夹层		100~500m	50~300m	井	长变程：200 短变程：120

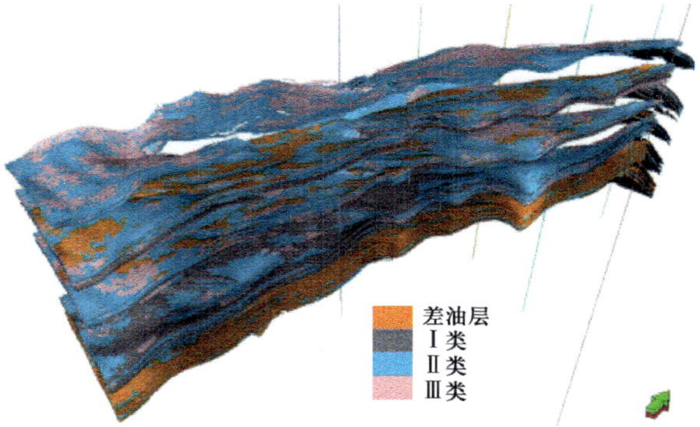

隔夹层地质库及建模变程推荐

图4-3-8 锦州23-2油田隔夹层表征成果

二、海上蒸汽吞吐产能评价技术

蒸汽吞吐产能一般指第一周期平均产油量。目前，热采产能评价方法主要包括测试资料分析法、公式计算法、类比分析法和油藏数值模拟法4种方法[97]。

（一）测试资料分析法

若目标区块评价井进行了热采测试，则可根据热采测试生产层位的有效厚度、生产压差和日产油量数据，计算热采测试采油指数和米采油指数，进而确定该井区或油田内单井产能。

$$Q_\mathrm{o} = J_\mathrm{oc} h \Delta p \frac{K_\mathrm{h} \mu_\mathrm{th}}{K_\mathrm{t} \mu_\mathrm{oh}} C \quad (4-3-1)$$

式中 Q_o——吞吐井产油能力，m^3/d；

J_oh——测试层热采测试米采油指数，$m^3/(d \cdot MPa \cdot m)$；

h——吞吐井有效厚度，m；

Δp——吞吐井第一周期设计生产压差，MPa；

K_h——吞吐井渗透率，$10^{-3} \mu m^3$；

K_t——测试层渗透率，$10^{-3} \mu m^3$；

μ_oh——吞吐井蒸汽温度下原油黏度，$mPa \cdot s$；

μ_th——测试层蒸汽温度下原油黏度，$mPa \cdot s$；

C——综合校正系数，小数，一般取0.4~0.6。

若目标区块评价井只进行了常规冷采测试，需要将冷采测试结果折算至热采产能。此种情况下，一般可类比地质油藏及开发特征相似的热采油田，调研同一区块热采与冷采产能倍数，或利用公式（4-3-2）计算产能倍数，利用目标区块的常规冷采测试、热采产能倍数确定热采井的产能[97]。

$$y = 0.1936\ln h - 0.5455\ln k + 0.7828\ln \mu + 0.518x + 0.00836q - 1.005 \quad (4-3-2)$$

式中　y——蒸汽吞吐开发产能与天然能量产能的倍数，无因次；
　　　h——油层有效厚度，m；
　　　μ——地层原油黏度，mPa·s；
　　　x——注汽干度，无因次；
　　　q——吸汽强度，m³/m。

（二）公式法

蒸汽吞吐初期产油能力预测一般采用 Boberg 和 Lantz 的预测计算方法，公式如下[99]。对于海上大井距高强度热采，需采用综合考虑大井距非稳态温压耦合现象、稠油非牛顿流体渗流机制、岩石热物理性质温时变机制的产能评价数学模型，见第四章第二节。

$$Q_o = \frac{0.1728\pi K_h K_{ro} h}{\mu_{oh}\left[\ln\frac{r_h}{r_w}-\frac{1}{2}\left(\frac{r_h}{r_e}\right)^2\right]+\mu_{oc}\left[\ln\frac{r_e}{r_h}-\frac{1}{2}+\frac{1}{2}\left(\frac{r_h}{r_e}\right)^2\right]}\Delta p \qquad (4-3-3)$$

式中　K_{ro}——吞吐井油相相对渗透率，小数；
　　　r_h——第一周期蒸汽加热半径，m；
　　　r_w——吞吐井井筒半径，m；
　　　r_e——吞吐井控制半径，m；
　　　μ_{oc}——吞吐井油藏温度原油黏度，mPa·s。

（三）类比分析法

根据油田地质油藏特征，筛选确定相似已开发的海上热采油田，对比重要地质油藏参数及油田开发模式，主要包括油层厚度、渗透率、地层原油黏度等，寻找类比油田产量与地层系数关系，从而得到单井的初期产能。海上南堡 35-2 油田、旅大 27-2 油田等热采试验区及规模化热采生产情况可以作为类比的重要资料（表 4-3-2）。

表 4-3-2　南堡 35-2 油田、旅大 27-2 油田热采试验区产能统计表

油田	驱动类型	油藏顶深 m	油层有效厚度 m	孔隙度 %	渗透率 mD	地层原油黏度 mPa·s	水平井产能 m³/d
旅大 27-2	蒸汽吞吐	1308	10.1	34.0	3786	2300	40.0
南堡 35-2 南区	多元热流体吞吐	935	6.8	35.0	4245	700~1500	55.0
旅大 21-2	蒸汽吞吐	1501	38.0	30.1	2460	2680~2908	40.0
旅大 5-2 北	蒸汽吞吐	845	65.0	33.7	3545	36427~53203	40.0

（四）油藏数值模拟法

数值模拟确定产油能力主要包括以下步骤。

1. 油藏数值模拟模型拟合

在建立的油藏数值模拟模型上进行 DST 或 EDST 拟合，拟合参数应包括产量、压力、气油比、含水率和采液指数。若进行热采测试，则进行热采测试拟合；若只进行冷采测试，则拟合冷采测试结果。

2. 模拟方案设定

设计井位和射开层位方案，设定生产控制条件，取设计生产压差，预设最大单井日产油量控制，设置推荐的表皮系数，计算步长不大于 1 个月，计算时间通常为 1 年。

3. 产量确定

分析模拟计算的采油指数、采液指数和日产油量随时间的变化关系，统计单井第 1 个月底日产油量、3 个月底日产油量、1 年底日产油量、阶段平均日产油量；油田或区块 3 个月和 1 年平均单井日产油量、最小单井日产油和最大单井日产油量，确定不同类型油井的单井日产油量。

4. 产能综合确定

综合分析上述多种方法计算结果，在有合格测试资料的情况下，新油田以测试资料法为准确定油井初期产能；在没有合格测试资料的情况下，综合其他方法计算结果确定新油田油井的初期产能。

三、海上稠油蒸汽吞吐采收率确定方法

蒸汽吞吐采收率计算可分为动态法和静态法。前期研究阶段，由于没有动态数据，主要使用静态法预测。静态法分为公式法、类比法和油藏数值模拟法。在研究初期阶段，应该以类比法和公式法为主，当有相似度较高的类比油田时，应着重考虑类比分析法；研究中后期，在油藏各项参数较为明确，建立了可信度较高的数值模型之后，应以油藏数值模拟法为主。

（一）经验公式法

1. 经验公式甲[99]

$$E_R = 0.2114 + 0.1795 h_r - 0.000033 D_e + 0.00028 h_o + 0.001366 \lg K - 0.03067 \lg \mu_o \quad (4-3-4)$$

式中 E_R——蒸汽吞吐采收率，小数；

h_r——净总厚度比，小数；

D——油藏中部深度，m；

h_o——油藏有效厚度，m；

K——油层平均渗透率，$10^{-3}\mu m^2$；

μ_o——油藏温度脱气原油黏度，$mPa \cdot s$。

公式的使用范围见表 4-3-3。

表 4-3-3　蒸汽吞吐经验公式甲参数使用范围

参数	净总比 f	油藏中部深度 m	平均有效厚度 m	空气渗透率 $10^{-3}\mu m^2$	地层原油黏度 $mPa \cdot s$	井距 m
适用范围	0.30~0.74	170~1700	5~42	400~5000	500~50000	100~200

2. 经验公式乙[99]

$$E_R = 0.031 + 0.193h_r + 0.183\phi + 0.0181 \lg(K/\mu_o) \quad (4-3-5)$$

式中　ϕ——油藏平均孔隙度，小数。

公式的使用范围见表 4-3-4。

表 4-3-4　蒸汽吞吐经验公式乙参数使用范围

参数	净总比 f	孔隙度 f	空气渗透率 $10^{-3}\mu m^2$	地层原油黏度 $mPa \cdot s$
适用范围	0.30~0.75	0.25~0.35	100~3000	500~50000

根据现场实践经验，井距对采收率影响较大。由于经验公式甲和经验公式乙未考虑井距对采收率的影响，因此计算结果供参考。

3. 赵洪岩公式[100]

$$E_R = \frac{1}{100}(31.609 - 0.0093h^2 + 0.4056h + 2.3554\ln K - 4.4808\ln \mu_o - \\ 5.9643h_r^2 + 7.105h_r + 0.000005d^3 - 0.0023d^2 + 0.2598d) \quad (4-3-6)$$

式中　d——井距，m。

公式的使用范围见表 4-3-5。

表 4-3-5　赵洪岩蒸汽吞吐经验公式参数使用范围

参数	净总比 f	油藏埋深 m	空气渗透率 $10^{-3}\mu m^2$	50℃脱气油黏度 $mPa \cdot s$	井距 m
适用范围	>0.2	600~1300	>200	500~50000	>70

（二）类比分析法

由于海陆热采模式差异大，海上油田热采应首先类比相似的海上油田情况。类比陆上油田需考虑以下因素：

1. 油藏类型

不同的油藏类型热采开发效果差异较大，需关注的主要问题也不相同。

2. 开发方式

很多陆地典型热采油田先期采用蒸汽吞吐开发，后期逐步转蒸汽驱，在类比采收率过程中要注意其开发方式的转变。

3. 井网、井型

陆地油田热采一般采用逐次加密，类比采收率的过程中需注意其对应的井距。若井距与海上设计的目标油田不同，建议按照公式（4-3-5）拟合和预测其不同井距下的采收率，作为海上油田的参考依据。

4. 热采周期

陆地油田吞吐周期较多，很多陆地油田热采已达 12 个周期以上，海上受制于经济技术条件，吞吐周期数一般小于 8 周期，类比过程中需注意。

（三）数值模拟法

相比于类比法和经验公式法，数值模拟法考虑静态因素更为全面，并且能够考虑不同的生产控制条件。因此，在研究中后期，在具有较为精细的油藏数值模拟之后，建议使用数值模拟法预测采收率。

（四）采收率综合确定

综合分析经验公式法、类比分析法和油藏数值模拟法预测采收率，确定目标油田推荐采收率。

四、海上稠油热采复合增效精细数模表征

（一）非凝析气体增效机理及精细表征

氮气和二氧化碳在稠油热采中的作用机理既有相同部分，也有不同之处。共同点是两者都能够增压助排，分压提高蒸汽干度，扩大波及体积；不同之处为氮气在原油中的溶解能力较弱，但隔热、增压助排的作用更为明显，而二氧化碳在原油中的溶解能力较强，降低原油黏度、降低界面张力、提高驱油效率的作用更强。

对于 CO_2 的溶解降黏机理，提出气液平衡常数表征方法，即通过添加气液平衡常数来实现 CO_2 在原油中的溶解，在 CMG 中通过增加 *GASLIQKV 来实现，其中 KVTABLIM 的四个参数是气液平衡的压力及温度范围。而 KVTABLE 的四个参数则均为不同压力—温度条件下相应组分的气液平衡常数，该数值越大，则该组分在气相中所占的比例越大。该四个气液平衡常数均是基于实验测试的结果，即通过开展稠油—CO_2 的高温

高压 PVT 实验来模拟 CO_2 在稠油中的溶解特征，进而确定气液平衡常数的大小。对于 N_2 的提高采收率机理，由于不考虑 N_2 在原油内的溶解，因此只需通过在注入井设置注入组分来控制注入的气体的组成。

（二）降黏剂增效机理及精细表征

为进一步提高注热吞吐增效效果，采用注热+降黏剂协同增效。尤其是针对特超稠油启动压力梯度问题，前置注入油溶性降黏剂，通过"相似相溶"原理，对近井地带进行降黏，溶解胶质和沥青质。

目前，应用 CMG 软件进行油溶性降黏剂的表征，可以采用非线性混合法和反应法两种方法。

1. 非线性混合法

非线性混合法是通过定义非线性混合函数，来表征油溶性降黏剂的降黏效果的方法。在以往的实验数据来看，随着温度和降黏剂注入量的增加，原油的黏度随温度和浓度变化规律并不呈直线下降，因此相对于线性降黏，在有实验数据的前提下，非线性混合法能更准确地表征降黏剂的降黏效果。

2. 反应法

反应法是应用 CMG 软件中的化学反应功能，设定反应物和生成物，通过反应方程，使高黏油与降黏剂反应生成低黏油，从而表征油溶性降黏剂的降黏效果。对于化学反应配平系数，遵循质量守恒原则，因为组分守恒方程用的是摩尔单位，反应被作为源汇项处理，所以每一组分的摩尔数及能量将守恒，化学反应配平系数的要求就是质量守恒。质量守恒配平系数满足：

$$\sum_{i=1}^{n_c} s_{ki} M_i = \sum_{i=1}^{n_c} s'_{ki} M_i \tag{4-3-7}$$

化学反应速率主要通过反应频率因子和浓度因子表征，这些参数实验不能直接得到，要通过结合驱油实验反求。

（三）高温驱油剂增效机理及精细表征

水与稠油界面张力较高，在注热基础上加入耐高温表面活性剂可提高热采的洗油效率，有助于提高蒸汽吞吐采油速度。

高温驱油剂可通过降低界面张力，降低残余油饱和度，提高驱油效率，该机理可通过油水相渗曲线的毛管数插值实现。

$$K_{\mathrm{rw}} = K_{\mathrm{rw}}^1 (1 - p_{\mathrm{inw}}) + K_{\mathrm{rw}}^2 p_{\mathrm{inw}} \tag{4-3-8}$$

$$K_{\mathrm{row}} = K_{\mathrm{row}}^1 (1 - p_{\mathrm{ino}}) + K_{\mathrm{row}}^2 p_{\mathrm{ino}} \tag{4-3-9}$$

式中 K_{rw}——水相相对渗透率；

K_{rw}^1——插值参数下限值对应的水相相对渗透率；

K_{rw}^2——插值参数上限值对应的水相相对渗透率；

K_{row}——油相相对渗透率；

K_{row}^1——插值参数下限值对应的油相相对渗透率；

K_{row}^2——插值参数上限值对应的油相相对渗透率。

（四）高温泡沫增效机理及精细表征

泡沫的微观驱油机理为通过贾敏效应和界面夹带作用扩大了波及范围，泡沫破灭后起泡剂溶液也起到了表活剂降低界面张力的作用，最终提高了驱油效率。

泡沫机理的数值模拟表征方法主要有经验法和机理法两种，机理法能够详细模拟泡沫的产生、发展、破灭等具体过程，涉及多个化学反应，比较复杂，适用于机理研究。经验法对泡沫作用机理进行了简单化处理，把泡沫流度看作一些参数（比如浓度、毛管数等）的函数，这样，泡沫剂对多相流流变性的影响可以通过流度函数表达出来，便于研究和操作，适用于矿场规模的模拟。综合以上分析，采用经验法开展高温泡沫的增效机理表征。经验法中无因次流度相关系数表达式如下：

$$\mathrm{FM} = \left[1 + \mathrm{MRF} \left(\frac{W_s}{W_s^{\max}} \right)^{es} \left(\frac{S_o^{\max} - S_o}{S_o^{\max}} \right)^{eo} \left(\frac{N_c^{\mathrm{ref}}}{N_c} \right)^{ev} \right]^{-1} \quad (4-3-10)$$

式中 FM——无因次流度相关系数，取值范围是 $\lim(\mathrm{FM} \to 0) \sim 1$；

MRF——强泡沫最大阻力因子（最大泡沫剂浓度下的流度降低值）；

$W_s^{\max}$——得到强泡沫的最大泡沫剂质量浓度，（质量分数）%；

$S_o^{\max}$——泡沫"遇油消泡"的最大含油饱和度，%；

N_c^{ref}——参考毛管数，与速度有关（流速越大，泡沫越弱）。

五、海上稠油蒸汽吞吐效果评价

稠油热采开发水平分级行业标准，主要是针对陆上蒸汽吞吐开发进行的水平分级。海陆热采效果评价存在差异：一是评价尺度，以前三个周期累积油汽比为例，陆上大于0.9即为一类，海上热采油田普遍达到4以上，远超行业标准；二是评价指标，除行业标准外，海上热采开发还关注热采有效期、峰值产能等。因此需建立一套适合海上的吞吐效果评价标准。

基于行业稠油油田开发效果指标进行筛选，并结合海上特点，获得13个指标，其中包括10个开发技术指标和3个生产管理指标，开发技术指标包括储量动用程度、压降速度、采油速度、累积油汽比、周期回采水率、年产油量综合递减率、周期产油量综合递减率、热采高峰产能、周期平均产能、热采有效期；生产管理指标包括油井综合生产时率、动态监测完成率、操作费控制状况。

将获得的10个具有海上特色的参数作为一套海上热采开发评价指标,来评价海上油田蒸汽吞吐开发效果。由于上表的指标中有无因次指标也有普通指标,这样的评价指标在评价开发效果时,不具有可比性所以需要将某些指标无因次化,无因次化后指标便可更有效地进行效果评价。

(一)无因次热采高峰产能

热采高峰产能是指第一轮吞吐的高峰日产油,为将该指标无因次化,将无因次热采高峰产能作为评价指标,即实际高峰产能除以方案设计的高峰产能。

$$无因次热采高峰产能 = \frac{实际高峰产能}{方案设计高峰产能} \quad (4-3-11)$$

(二)无因次周期平均产能

周期平均产能是指一个吞吐周期内的平均日产油,为将该指标无因次化,将无因次周期平均产能作为评价指标,即实际周期平均产能除以方案设计周期平均产能。

$$无因次周期平均产能 = \frac{实际周期平均产能}{方案设计周期平均产能} \quad (4-3-12)$$

(三)无因次热采有效期

热采有效期是指一个吞吐周期内从生产开始到比采降到冷采比采为止的累积天数,为将该指标无因次化,将无因次热采有效期作为评价指标,即实际热采有效期除以方案设计的有效期。

$$无因次热采有效期 = \frac{实际热采有效期}{方案设计热采有效期} \quad (4-3-13)$$

形成的海上稠油吞吐效果评价见表4-3-6、表4-3-7。

表4-3-6 海上稠油吞吐油藏开发技术评价指标分类表

序号	项目		类别		
			一	二	三
1	储量动用程度,%		≥65	55~<65	<55
2	压降速度,%	一周期	≥10	5~<10	<5
		二周期	≥20	10~<20	<10
		三周期	≥30	20~<30	<20
		转汽驱前	≥50	40~<50	<40
3	采油速度,%		高于方案设计	接近方案设计	低于方案设计

续表

序号	项目		类别		
			一	二	三
4	累积油汽比（小数）	1~3周期	≥3	1~<3	0.7~<1
		1~4周期	<0.9~0.75	0.65~<0.8	0.50~<0.7
		1~5周期	<0.75~0.5	0.45~<0.65	0.3~<0.5
		1~6周期	<0.5~0.3	0.25~<0.45	0.2~<0.3
5	回采水率，%		≥30	20~<30	<20
6	年产油量综合递减率，%	三周期前	≥12	>12~15	>15
		三周期后	≥15	>15~18	>18
7	周期产油量综合递减率，%	三周期前	≥12	>12~15	>15
		三周期后	≥15	>15~18	>18
8	无因次热采高峰产能		≥1	0.5~<1	<0.5
9	无因次周期平均产能		≥1	0.5~<1	<0.5
10	无因次热采有效期		≥1	0.5~<1	<0.5

表 4-3-7 海上稠油吞吐油藏生产管理指标分类表

序号	项目	类别		
		一	二	三
1	油井综合生产时率，%	≥70	60~<70	<60
2	动态监测完成率，%	≥90	80~<90	<80
3	操作费控制状况	比上一年下降	增加值小于上一年的5%	大于上一年的5%

第四节 海上稠油热采配套工艺技术

一、海上热采井井口抬升控制技术

热采过程中产生的热量使套管轴向热应力过大，导致套管变形，进而引起套管头及井口升高（图4-4-1），给稠油热采的安全进行带来隐患。尤其是海上稠油热采，由于其工作环境的特殊性，如果套管头及井口升高得不到有效控制，将会对平台及工作人员的安全造成极大的威胁[101]。

图 4-4-1 海上热采井井口抬升

以试验模型（图 4-4-2）为例，当最内层管柱温度从 45℃升高至 150℃的过程中，在模拟传热条件下，3 层管柱环空上端部敞开时，各层管柱抬升量与其温升呈线性增长规律，环空上端部焊接为整体时，ϕ73.0mm 和 ϕ114.3mm 管柱最终抬升量相对上端部敞开状态分别减小 26.5% 和 21.8%，ϕ177.8mm 管柱最终抬升量增加 4.06%；环空密闭并加压 20MPa 时，ϕ73.0mm、ϕ114.3mm 和 ϕ177.8mm 管柱最终抬升量相对无压力时分别增加了 23.84%、26.79% 和 25.36%。

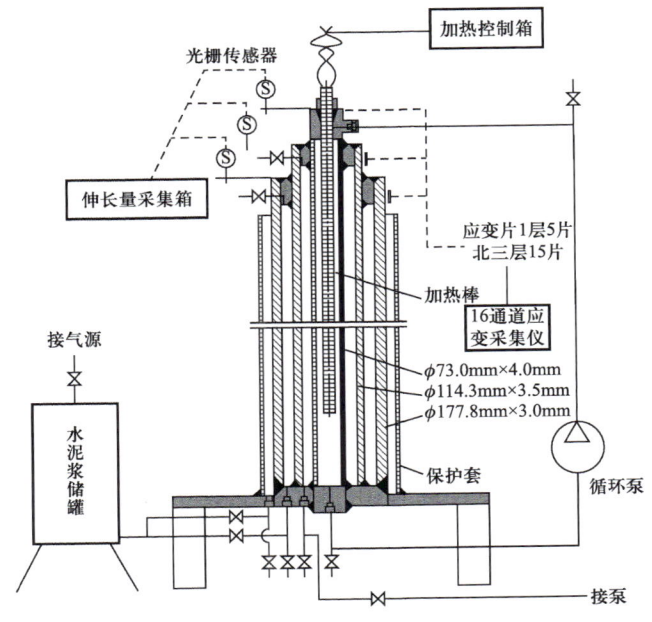

图 4-4-2 井口抬升试验装置总体设计图

（一）井口抬升防控措施

国内外的陆地油田主要用预应力、套管伸缩短节、全/半预热等固井技术，配用相应的套管头，优选套管材质来解决热采过程中所引起的套管膨胀变形等问题。但即使成功实施了上述固井技术，注汽时套管的膨胀升高仍然难以避免，而合理使用热补偿装置对消除热应力的影响具有非常明显的作用[102]。

1. 预应力固井技术

套管预拉应力完井方法是在套管下端采用地锚卡在井壁上，在井口施加超过套管悬重的拉力，使整个套管都处于受拉状态，待水泥浆凝固后再撤消拉力，这样，在套管内部就存有轴向拉力。在套管受热膨胀时，套管内的轴向拉力可以抵消部分套管受热产生的轴向压力，达到一定的保护套管的目的。该方法在理论上可以解决注汽层位套管的轴向受力和轴向变形问题，特别是解决套管的受拉脱扣问题比较有效。但是，该方法存在以下缺点：

（1）从理论上讲，该方法只能解决套管轴向应力和变形问题，对于套管切向应力达到屈服引起的套管变形无效。为此，该方法不能从根本上解决套管热应力所引起的套管损坏问题。

（2）如果地锚所在的地层强度较低，则地锚失效。

（3）在生产期间，非产层套管的温度变化不大。提拉了较大的预应力，对套管整体安全有害。

（4）在预应力固井作业中，预提拉作业会将某些有问题的套管螺纹拉脱，作业工人常在此作业中打折扣。固井完毕后，又没有合适的手段检测预拉力的大小。

2. 套管伸缩短节完井方法

套管伸缩短节完井方法是在套管的油层部位加入一个伸缩短节。在套管受热膨胀时，伸缩短节允许套管轴向变形，释放轴向压力，达到一定的保护套管的目的。该方法在固井质量不好的条件下，可以解决注汽层位套管的轴向压缩变形问题，特别是解决套管的受拉脱扣问题比较有效。但是，该方法存在以下缺点。

（1）该方法存在的前提条件是油层段套管与水泥环间可以轴向自由滑动。由于套管存在接箍，要想实现套管与水泥环间自由滑动，必然导致环空水泥环胶结质量十分差，甚至是固井失败。

（2）从理论上讲，该方法只能解决套管轴向应力和变形问题，对于套管切向应力达到屈服引起的套管变形无效。为此，该方法也不能从根本上解决套管热应力所引起的套管损坏问题。

3. 全/半预热等固井技术

热采井半预热固井技术是在注水泥完毕后，通过井口向油层套管内下入加热器，加热油层套管到预定的温度，使水泥在加热条件下凝固，水泥终凝后取出加热器。该技术可使套管在整个开采过程中一直处于弹性状态，不发生塑性变形，从而解决了套管热破坏问题。但是，生产过程不是这样。温度一旦降低，套管直径就会收缩，轴向拉应力将使套管脱扣或变形。

结合目前我国海上热采井试验情况，应对措施汇总见表4-4-1。

表4-4-1 海上热采井井口抬升防控措施

措施		具体方法
井口控制	预应力固井	井口施加预拉力+地锚（可选）
	热应力补偿器	油层套管安装热应力补偿器，缓解热应力，解决套损+控制升高
	热采套管头	预留空间，允许在一定范围内伸长
降低套管温度		隔热油管+环空注氮
减少套管自由段		采用耐高温弹性热采水泥浆体系，提高固井质量

图4-4-3为套管升高控制装置。

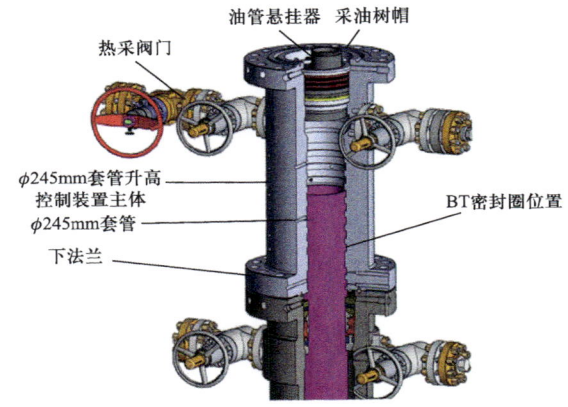

图4-4-3 套管升高控制装置

图4-4-4为井口加固方案。

图4-4-4 井口加固方案

（二）预应力固井与地锚工具

针对海上热采试验井存在的井口升高及潜在的套管损坏问题，通过地锚工具，实现海上大斜度井、水平井的预应力固井，提升井筒安全性。目前已有的地锚种类较繁杂，但主体结构大致相同。现有地锚按锚爪打开方式主要可分为销剪断式和液压力开启式；按是否复位可分复位式和不可复位式；按打开时是否需要投球（或胶塞）可分为投球式和非投球式；按底部是否有循环通道可分为可循环式和非循环式；按地锚的级数可分为单级式、双级式和多级式。

通过对海上热采井井型特点的分析，从总体结构设计入手，基于大量的数值模拟研究，设计了一种具有多级模块化组合、自洁及复位功能的内部可钻式预应力固井地锚（图 4-4-5、图 4-4-6），并且通过现场试验井功能试验证实了其适用于海上热采定向井及水平井 $9\frac{5}{8}$ in 生产套管预应力固井，为保证海上热采井井筒长效寿命提供了必要的技术手段。该地锚内部结构分可钻，可多级自由组合，单级地锚具有六个锚爪，有复位和自洁功能，可根据施工需要更换不同直径喷嘴。工具长度 1.5m，本体外径 295mm，锚爪张开最大外径 550mm，锚爪可承受 40t 的拉力。

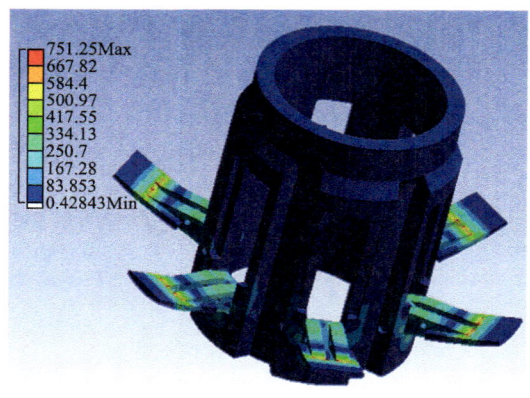

图 4-4-5　多功能可钻式预应力固井地锚工具仿真分析

图 4-4-6　多功能可钻式预应力固井地锚工具实物

在稠油热采井利用地锚工具，完成预应力固井，对有效地减少套管在高温环境下热应力所造成的套管受损、井口失控上窜等问题起到了很好的缓解作用，具有广阔的推广应用前景。

（三）井口抬升监测

针对海上热采注热过程中热效应致使套管头及井口升高，但无法获知其各层套管的具体升高量以至于无法进行具体的升高控制的技术难题，基于对各层套管升高量预测，结合目前热采井口特点，设计出了一种可以实现生产套管、技术套管及隔水导管伸长量分层监测功能的井口装置（图4-4-7），并同时具有井口注入温度及压力监测能[103]。通过多组室内功能性试验，证明其抗温性能可达到370℃，抗压可达20MPa。该装置与升高控制合为一体，实现了海上热采井井口升高的监测与控制（图4-4-8）。

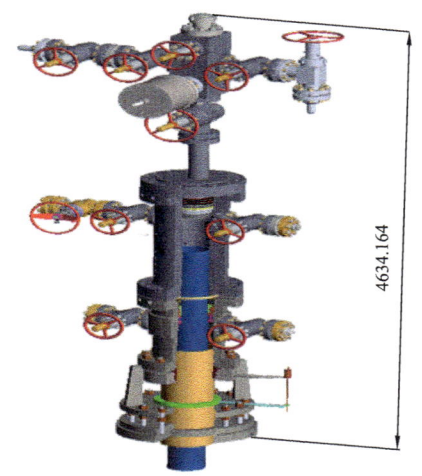

图4-4-7 海上热采井口抬升补偿及监测装置

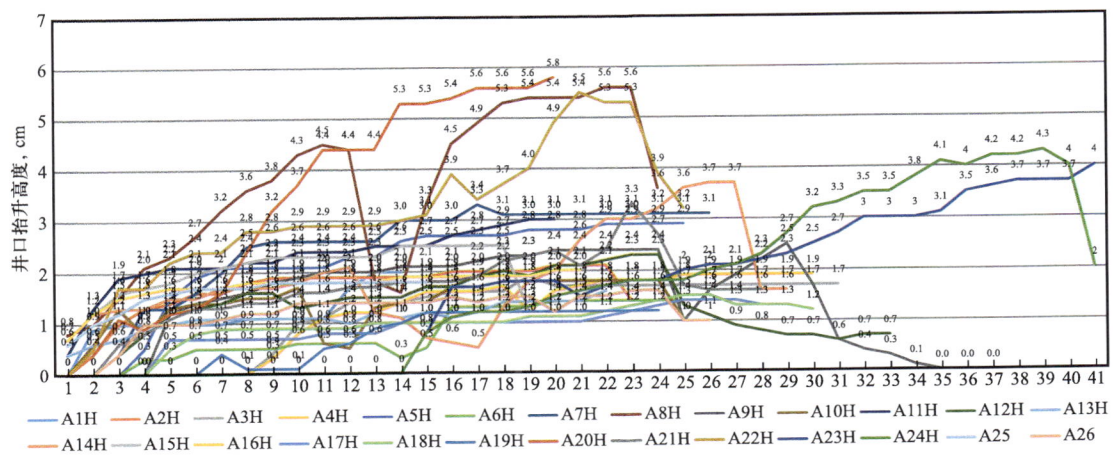

图4-4-8 海上某稠油油田热采井口抬升实测情况

二、海上热采井高温井下安全控制工艺

（一）系统整体设计

热采井筒安全控制系统随注汽管柱下入井中，高温井下安全阀用于开启关闭油管内部流道，高温井下封隔器用于密封油套环空流道，工艺管柱如图4-4-9所示。高温排气阀及定压开启工具安装于封隔器上，用于建立油套环空流道。高温井下安全阀、高温井下封隔器及高温井下排气阀由液控管线连接，通过高温井口穿越装置连接到地面设备。其中高温封隔器通过管线连接在地面打压坐封，高温安全阀及高温排气阀通过液控管线连接地面压力平衡装置，其作用是动态平衡注汽过程中油管内外（即油管与油套环空）压力，消除因油管内外较大压差对井下安全控制的影响，使井下工具在相对恒定的压差下工作[104]。

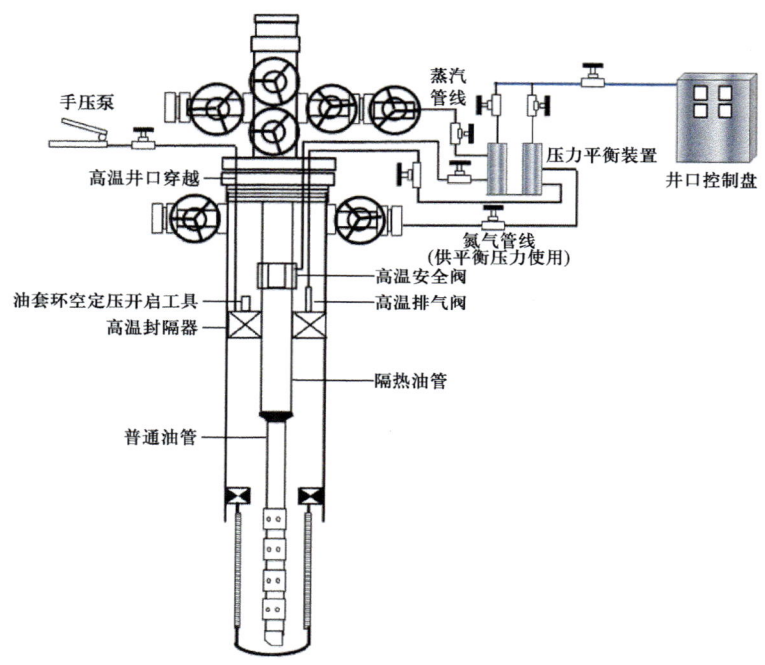

图 4-4-9　热采井筒安全控制工艺管柱示意图

热采井筒安全控制系统适用于 $9^{5}/_{8}$in 套管，耐温等级为350℃，耐压等级为21MPa，最大外径为 ϕ216mm，最小内径为 ϕ76mm。本工艺除封隔器密封件外全部采用金属结构设计，且封隔器具有自动补偿功能。

（二）高温关键工具

1. 高温井下安全阀

高温井下安全阀（图4-4-10）是高温井下安全控制系统的重要组成部分之一，串接安装在管柱中，在高温井下安全控制系统工作过程中负责油管内部通道的开关。

图 4-4-10　高温井下安全阀结构图

2. 高温井下排气阀

高温井下排气阀（图 4-4-11）是高温井下安全控制系统的重要组成部分之一，与高温井下封隔器预留接口连接且位于油套环空中，在高温井下安全控制系统工作过程中负责油套环空的开关。

图 4-4-11　高温井下排气阀结构图

3. 高温井下封隔器

高温井下封隔器（图 4-4-12）也是高温井下封隔器的重要组成部分之一，串接安装在管柱中，在高温井下安全控制系统工作过程中负责封闭油套环空通道，并提供高温井下排气阀和油套环空定压开启工具的安装接口。

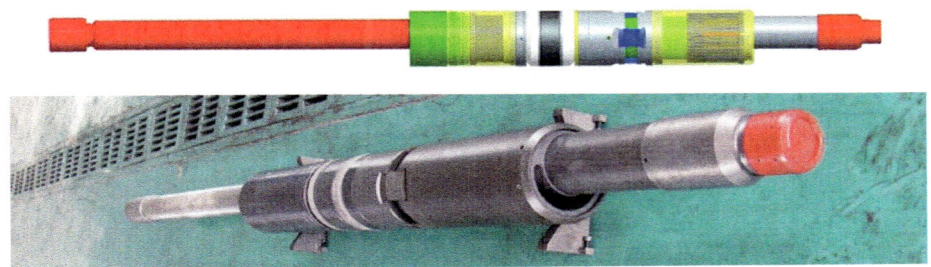

图 4-4-12　高温井下封隔器结构及实物图

4. 高温井口穿越

海上油田蒸汽吞吐井注入蒸汽温度较高，当注蒸汽管柱中的高温井下安全阀和高温井下排气阀等线缆从井内引出时，需要穿越油管挂和井口上法兰，穿越位置密封的好坏直接影响蒸汽吞吐工艺实施的效果及井口作业安全（图 4-4-13）。

三、海上热采井长效防砂工艺

海上油田受高温大排量注入、回采、冲蚀、腐蚀等多因素影响，热采井防砂失效问题突出[105]。研发了复合筛管+砾石充填防砂方式，筛管采用 CMS+绕丝过滤体的复合筛管，高温顶部封隔器胶桶采用氟硅基复合材料，可满足注采期间的耐温 350℃，耐压 21MPa 的多轮次冷热交变长效密封要求。图 4-4-14 为旅大 21-2 油田防砂管柱示意图。

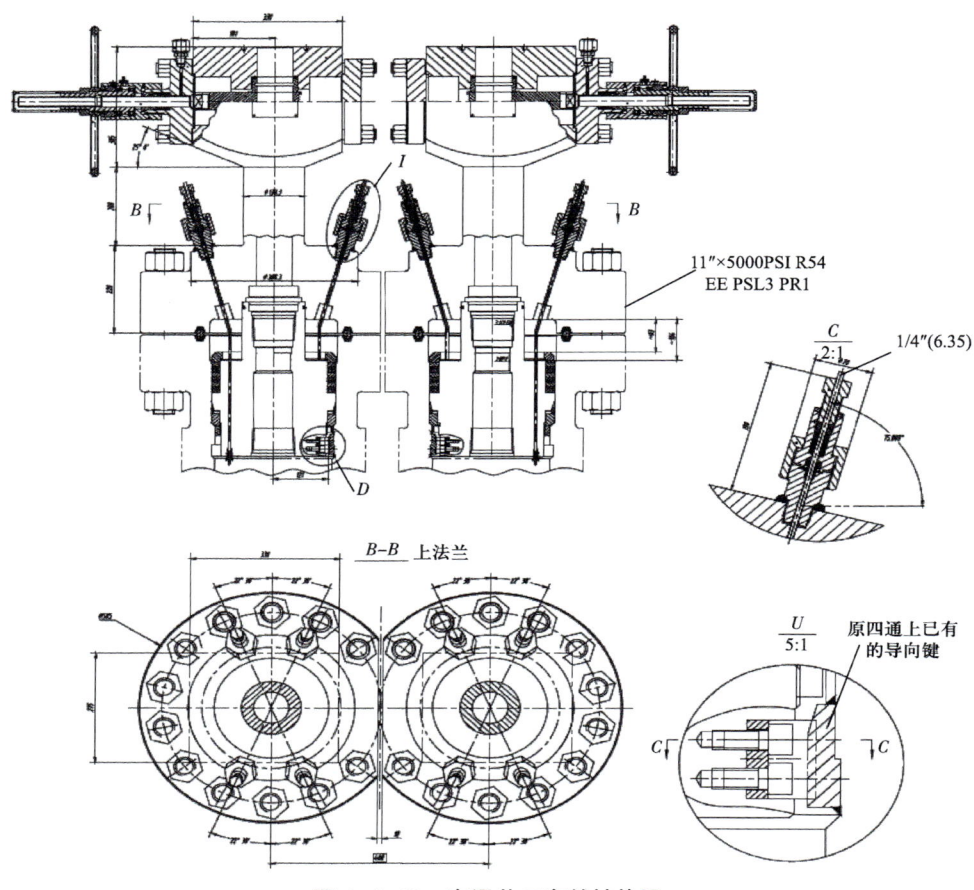

图 4-4-13 高温井口穿越结构图

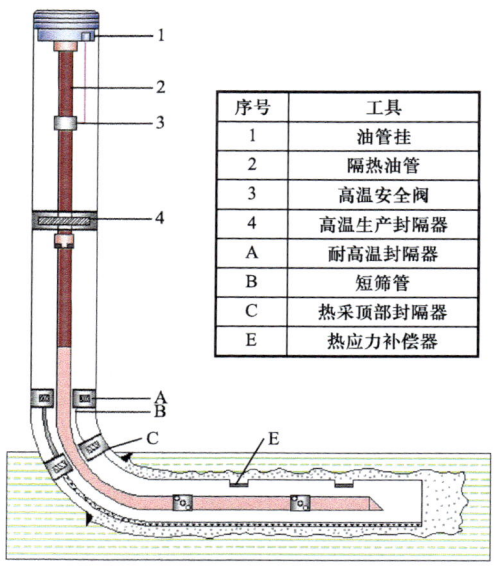

序号	工具
1	油管挂
2	隔热油管
3	高温安全阀
4	高温生产封隔器
A	耐高温封隔器
B	短筛管
C	热采顶部封隔器
E	热应力补偿器

图 4-4-14 旅大 21-2 油田防砂管柱示意图

（一）砾石充填工具

砾石充填管柱由高温顶部封隔器、高温充填滑套总成、快速接头、热应力补偿器、裸眼循环阀总成组成。图4-4-15为旅大21-2油田防砂服务工具示意图。

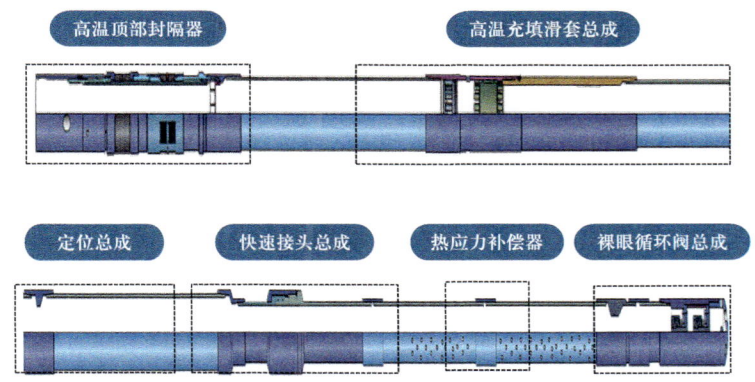

图4-4-15　旅大21-2油田防砂服务工具示意图

1. 高温顶部封隔器

高温顶部封隔器（图4-4-16）适用$9\frac{5}{8}$in套管（40PPF—47PPF）、耐压21MPa、耐温350℃[106]；高温顶部封隔器胶筒材料为氟硅基复合材料，胶筒护肩采用聚四氟乙烯与20钢组成，提高胶筒在高温井下的安全性能。该封隔器与配套坐封工具连接，将工具管串送入井内。下到预定位置后，向服务工具内投入合适的坐封球，通过油管打压，坐封工具活塞运动，产生推力坐封封隔器卡瓦和胶筒。坐封工具独有的机构保证传递给封隔器足够的坐封力的同时，确保有效丢手。丢手后，封隔器上端锁环能持续保持坐封力，保证环空密封。解封时，下入专用解封工具，打捞螺纹锚定封隔器上方，上提管柱，可以释放解封环，继续上提解封封隔器，回收管柱。

图4-4-16　高温防砂顶部封隔器

耐高温封隔器胶筒组合：PTFE+氟硅基复合材料胶筒+20钢金属护肩，承受注采期间的耐温350℃，耐压21MPa的多轮次冷热交变长效密封要求。氟硅基复合材料采用氟硅基橡胶+玻璃纤维布，如图4-4-17所示，该材料置于350℃热空气工况48h，无破损、碳化迹象，质量损失率小于30%；置于350℃热空气工况下30min，恢复至常温，拉伸强度≥6MPa；置于350℃热空气工况48h，进行压缩回弹检测，压缩率35%时回弹率不低于50%；置于350℃热空气工况48h，进行氦气泄漏率检测，泄漏率≤10^{-5}Pa·m³/s。

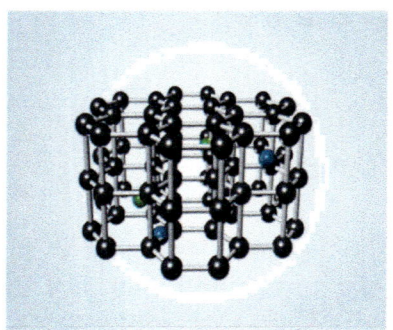

图 4-4-17　氟硅基复合材料胶桶结构示意图

2. 回插定位密封

回插定位密封创新采用金属和非金属双密封组合，其中金属密封采用铜环密封，非金属密封采用 V 组密封形式。图 4-4-18 为耐高温井下插入密封示意图。

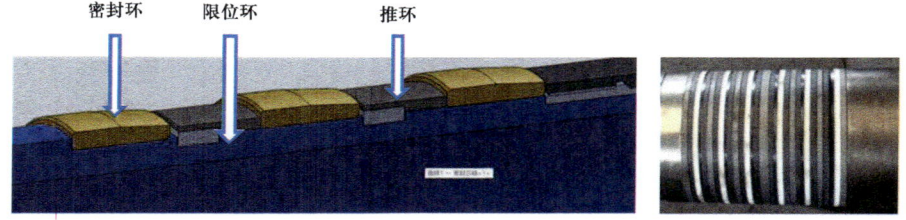

图 4-4-18　耐高温井下插入密封示意图

3. 高温充填滑套总成

高温充填滑套（图 4-4-19）内的滑套开关设有锁定机构，保证滑套的打开和关闭处于锁止状态；滑套下部的抛光密封筒与相应充填工具或密封杆配合实现金属密封；可以承受 350℃、21MPa 的温压等级；充填滑套有特殊结构砂口设计，保证在较大砂量的情况下，不被冲蚀损坏。当服务管柱上提到位后，充填工具总成与充填滑套相对，从钻杆泵入砂浆，经充填工具总成，进入充填滑套，经充填孔，进入管柱与地层环空，进行砾石充填。

图 4-4-19　高温充填滑套总成

4. 快速接头

快速接头（图 4-4-20）的上接头与上部管柱连接，下部与下管柱连接，将快速接头上、下部分分瓣插槽相对接，通过连接套的旋入，实现上下管柱的连接，无需管柱整体转动。

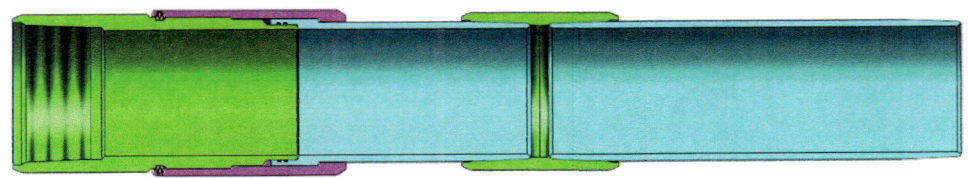

图 4-4-20 快速接头

5. 热应力补偿器

为了减少热应力的影响，防砂管柱需要在筛管之间增加热应力补偿器（图 4-4-21）。管柱上的热应力补偿器可对管柱的微量伸缩进行补偿，达到保护管柱不被损坏的目的。采用温敏式材料来做补偿器的开启装置，常温时补偿器处于锁死状态，管柱在轴向上无法伸缩；当温度达到设定值时，补偿器为开启状态，使补偿器两端管柱处于自由伸长状态，通过补偿管柱轴向伸长量的方式达到降低应力集中、保护管柱的目的。补偿器主要由提升短节、上部接头、外筒、下中心管、O 形圈和剪钉组成。热力补偿器装配好后，外筒和下中心管靠其之间的热敏式锁定环锁定在一起，故下中心管和外筒之间没有相对运动。注汽过程中，当注汽温度达到设定值之后，热敏式锁定环释放下中心管，外筒和下中心管之间可以发生相对运动，补偿套管受热伸长量。

图 4-4-21 热应力补偿器

该型筛管补偿器属热敏式补偿器，低熔合金部分剪切强度 48~51t，在 150℃时，该补偿器启动动作，补偿距离 537mm。

（二）热采防砂筛管

复合筛管（图 4-4-22）从内向外依次为基管、内护套、支撑网、过滤网、支撑网、过滤网、绕丝层、外护套。两个过滤体：CMS 金属网布过滤体和绕丝过滤体[107]。基管采用 110H 钢级热采专用套管螺旋钻孔加工而成，在高温下（350℃）仍保持 700MPa 以上的屈服强度。基管螺旋钻孔在保证足够流通通道前提下，尽可能高地保留了基管的管体屈服力。基管打孔后对孔眼周围毛刺进行严格清理，保证产品清洁及内通径尺寸。金属网过滤层和绕丝过滤层提供双重过滤体系，具有良好的挡砂能力。316L 绕丝过滤层及 316L 不锈钢金属丝编织网过滤结构，防砂可靠性高，抗破坏能力强，挡砂精度高，可提供 60~300μm 精度范围的产品。支撑泄流网的设置，有效改善流体的流动特性，总体流通性好；渗透率高，孔隙度高，有效过流面积大。外保护套采用冲缝钢带螺旋焊接成型，独特的矢量结构，可有效降低高速流体对过滤介质的冲蚀。全不锈钢筛套耐酸碱腐蚀、耐高温、抗冲蚀；强度高、抗变形能力强，直径方向变形 40% 后，防砂性能仍然完好。

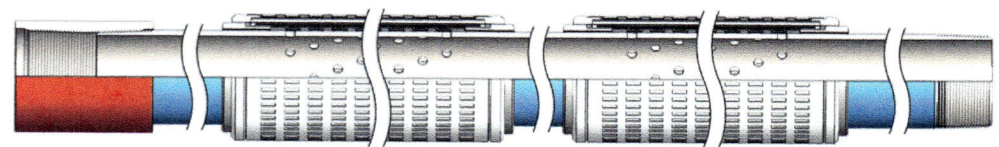

图 4-4-22　复合筛管示意图

四、海上稠油热采井射流泵注采一体化工艺

针对海上热采常用注采两趟管柱存在动管柱作业费用高、作业占井周期长及洗压井漏失冷伤害等问题，创新性研发具有海油特色的新型同心管射流泵注采一体化工艺，配套研发了新型泵筒、泵芯、海上一体化采油树等配套工具和设备，满足了蒸汽吞吐井注热和举升的技术需求，解决了注采一体化的核心问题，并在此基础上，完成地面动力系统、高效油气水砂分离系统、低成本随泵温压监测系统的研发，形成了一套适用于稠油热采油田高效开发的注采一体化工艺技术[108]。

该工艺较现有两趟管柱可节约单井单轮次操作费 30% 以上，提高生产时率 4% 以上。同心管射流泵注采一体化工艺技术在旅大 27-2 油田试验成功，并已成功应用在旅大 5-2 北油田。

同心管射流泵注采一体化技术的实现面临以下五个难题：

难题 1：缺少同心管射流泵举升设计方法。与传统的套管式射流泵不同，同心管射流泵采用双级同心油管，外为隔热油管，内为小油管，此外蒸汽吞吐油井 IPR 曲线与常规的油井差别很大，很难进行有效的产能预测。

难题 2：双级同心管柱井下安全控制处于空白。相比陆地采油生产，海上安全生产井控要求更为严格，由于同心管射流泵采用双级同心管柱，常规的井下安全阀根本无法使用；同时注热时高温高压，温度最高达到 350℃，几乎所有的弹性密封材料均失去作用。

难题 3：地面配套设备设计难度大。首次开发的地面设备既要满足采出液处理、动力液供给能力，又要根据海上平台空间限制、吊装限制、防爆要求和防护等级等进行小型化、撬装化和规范化设计，试制符合平台对接的地面设备、合理配套流程，由于缺少可借鉴的相关案例，极大地增加了设计难度。

难题 4：平台流程对接施工风险高。同心管射流泵地面流程较为复杂，需要在满足平台设备设施完整的前提下，统筹管理及统一部署，实现油、气、水、砂多相介质的分离与对接、应对动火作业风险、完成水压和气密性试验等，并且对在生产平台实施改造作业相对复杂。

难题 5：注采一体化管柱施工难度大、风险高。同心管射流泵注采一体化管柱结构复杂，内管和外管需要配合插入密封，外管需要下入封隔器和井下安全阀，注热完转生产时需要起下 1 根小油管，因此需要大量、翔实的地质油藏资料给予支持，作业上也存在一定的不确定性和操作风险。

（一）集成工艺创新

海上稠油热采采用注采两趟工艺管柱，即注热时下入简易注热管柱，生产时下入电潜泵生产管柱，由于两趟管柱修井作业时间长、操作费用高，存在降低注热效果且易造成地层冷伤害等风险。因此同心管射流泵注采一体化管柱从注、采工艺入手，能够有效解决上述问题。

（二）注热过程

完成下管柱作业后，先起出一根内管，将内管管柱悬挂在井口采油树上，然后注蒸汽；采油树使用射流泵热采专用井口，设备和工具均满足蒸汽注入条件。外管和内管受热后会伸长，其不同的伸长量由外管和内管的长度差（起出的一根小油管，长度9m）补偿，不影响油套环空注氮和有利于套管保护。

（三）采油过程

焖井结束转生产前，回接注热时起出的一根内管，并向井下投入泵芯。采油时，高压动力液通过井口到达内管，沿内管到达射流泵泵芯并驱动井下同心管喷射泵工作，产出液和动力液形成的混合液通过外管与内管之间的环空中产出。

同心管喷射泵注采一体化举升工艺（图4-4-23）可以采用地面处理合格的生产污水，通过地面泵增压后作为动力液驱动井下同心管喷射泵工作，以动力液和产出液之间的能量转换达到举升生产的目的。在产出液的举升过程中，由于动力液的加入、喷嘴喉管对产出液的搅动，使混合液形成水为连续相，稠油为分散相的水包油乳化液，大幅度降低产出液黏度并减少管柱摩阻损失，不仅利于举升，也减少生产用水并降低地面水处理负担。

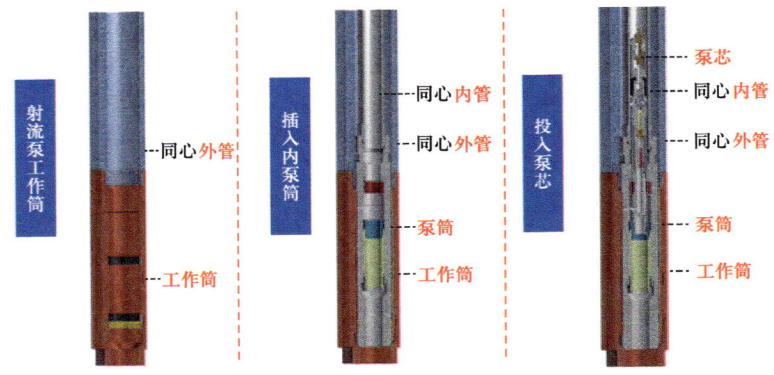

图 4-4-23　同心管射流泵注采一体化工艺流程

（四）泵筒适应性改进

射流泵（图4-4-24）是利用高速射流原理将注入井内动力液的能量传递给井下油层产出液的无杆采油设备，其突出优点是井下泵结构紧凑、无活动部件，可靠性高；泵芯主要由喷嘴、喉管、扩散管金属部件高度集成，耐高温性能好、寿命长；配套具有高适配性的射流泵工作筒，可实现不动管柱液力起下泵芯；由于依靠动力液传递能量，能充分发挥动力液的载体潜能，对非常规油藏的开发具有良好的适应性，尤其适合蒸汽吞吐甚至蒸汽驱热采上，即满足以高温高压湿蒸汽作为动力液进行热力采油，进一步提高稠油温度，更大幅度降低稠油黏度，改善稠油在井底和井筒的流动条件，使地层产液源源不断流入井底。图4-4-25为同心管射流泵工作特性曲线。

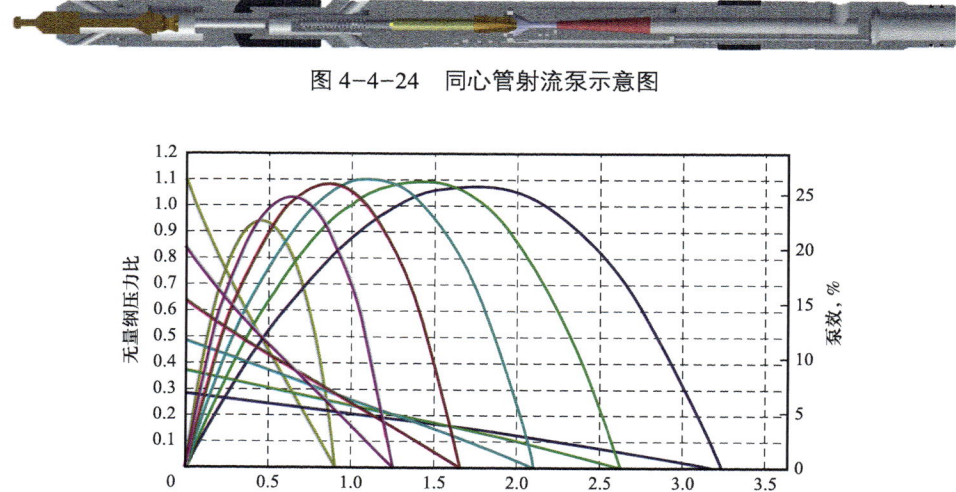

图 4-4-24　同心管射流泵示意图

图 4-4-25　同心管射流泵工作特性曲线

（五）配套设备及流程改造设计

射流泵的地面流程（图4-4-26）主要包括产出液初级处理和动力液供给两部分，产出液的初级处理主要由油气水砂分离器来实现，动力液的供给主要由地面动力液泵（即柱塞泵）来实现，此外还需要高低压过滤器、流量计、变频柜和地面管汇、中控监控等辅助配套设备。

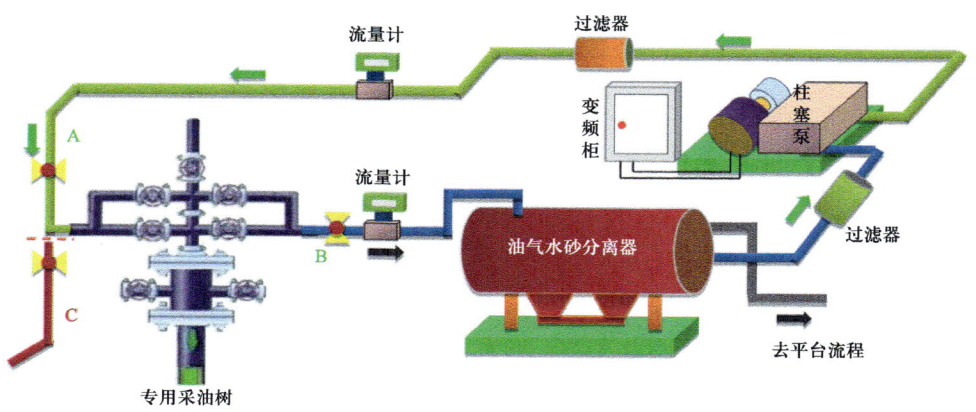

图 4-4-26　射流泵地面工艺流程示意图

注热时,平台人员关闭地面生产流程及必要的采油树翼阀,拆开与采油树连接的地面流程管线A、B,连接注热管线C,试压合格后进行注热。生产时,拆开注热管线C,重新连接地面流程管线A、B,试压合格后恢复生产。图4-4-27为中控就地控制盘。

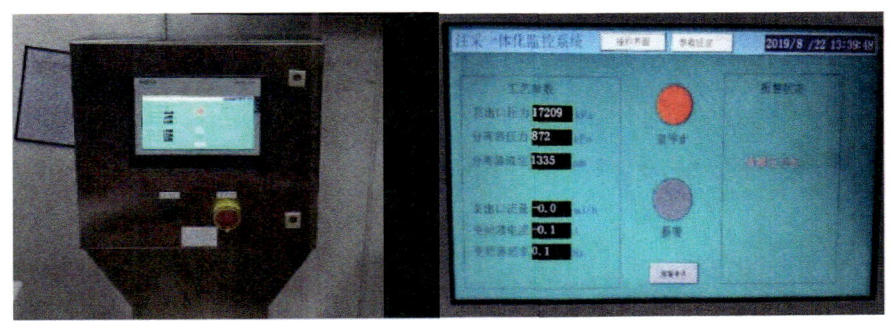

图4-4-27 中控就地控制盘

(六)注采一体化专用井口设计

同心管射流泵注采一体化采油树(图4-4-28、图4-4-29)与传统采油树相比,具有以下特点:(1)增加了同心内管四通及其悬挂器,用于悬挂双级同心油管。(2)采油树两侧增加了双翼,用于建立正循环和反循环通道。(3)注入转换生产时,无需更换采油树。(4)常温下耐压5000psi,高温370℃下耐压3000psi。总之,满足注热、采油、投入或起出泵芯等的多重要求。

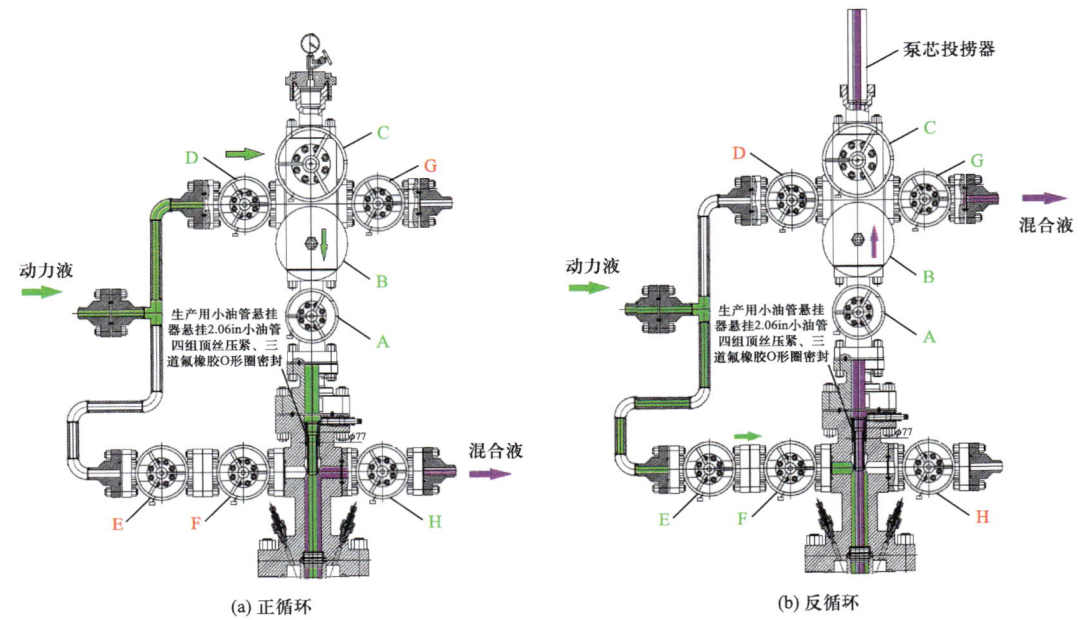

图4-4-28 注采一体化采油树流程示意图(一)

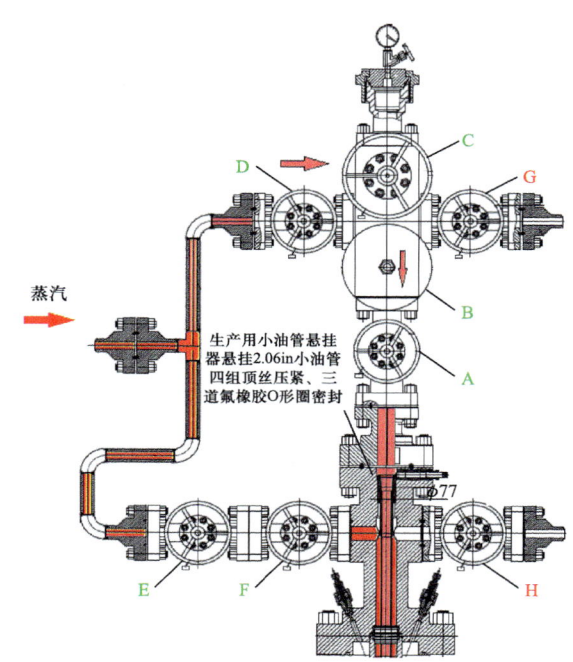

图 4-4-29 注采一体化采油树流程示意图（二）

（1）正循环：关闭 G 阀、E 阀、F 阀，打开 A 阀、B 阀、C 阀、D 阀、H 阀所示。此时，动力液通过 D 阀、B 阀、A 阀，进入同心内管，产出液走同心油管环空，此时为正循环。正循环主要用于同心管射流泵正常生产或投入泵芯。

（2）反循环：关闭 D 阀、H 阀，打开 A 阀、B 阀、C 阀（安装泵芯投捞器）、E 阀、F 阀、G 阀。此时，动力液通过 E 阀和 F 阀，进入同心油管环空，产出液走同心内管，此时为反循环。反循环主要用于起出泵芯或起出固定阀。

（3）注热：注热前，先连接好注热管线与采油树左端管线。关闭 G 阀、H 阀，打开 A 阀、B 阀，以及 C 阀、D 阀、E 阀、F 阀，此时蒸汽分别通过同心内管通道和同心油管环空注入井底，该种注入方式下蒸汽的摩阻最小，干度最高。

（七）海上射流泵举升优化设计方法

（1）射流泵采油动态模型研究：依据不同射流泵举升类型（包括套管式射流泵、平行管式射流泵、同心管式射流泵）的特点，能够分别设计流入动态算法、井筒流体温度场和压力场算法、不同含水率条件下油水混合物黏度算法、水力射流泵特性曲线算法、油气高压物性算法等相结合，建立射流泵生产系统动态模拟模型。

（2）同心管射流泵热采模型：依据射流泵注采一体化管柱的特点，以及蒸汽吞吐井的特点，设计出热采井生产参数。

（3）射流泵举升工况分析校核模型：对目前采用该工艺进行生产的油井，利用该计算模块进行工况校核分析，为技术人员进行设备优选和生产参数调整提供依据。

五、海上稠油热采井电潜泵注采一体化工艺

海上稠油开发主要采用蒸汽吞吐模式,注热期间蒸汽温度较高(350℃),海上常规Y型管柱无法避免蒸汽对电潜泵系统的热影响,同时部分井下工具也无法满足高温要求。为探索海上稠油开发,考虑到上述高温工况,设计电潜泵注采两趟管柱作为稠油热采方式,即一趟管柱注热,待冷却后,再将注热管柱更换为装配电潜泵及关键井下工具的采油管柱,并先后在南堡35-2油田、旅大21-2油田、旅大27-2油田等先导试验区实施试验性热采作业,取得一定的成果,但该技术存在洗压井对油层产生冷伤害,造成热量损失、延误生产,其次注采两趟管柱修井作业次数多、成本高,严重阻碍热采大规模开发。

为高效开发海上超/特稠油,"十三五"期间研发射流泵注采一体化技术,该技术能有效适应特超稠油流体特性、减少作业次数、降低地层冷伤害、提高注热利用率,目前已在旅大5-2北油田推广使用,然而在实际生产中存在投捞泵芯频次较多、影响生产时率,其射流泵系统效率较低、制约稠油高效开采,此外还需依托大量地面设施如动力液泵、动力液管汇、大型油水分离器等设置,存在对产能调节适应性较差的技术难题。

为克服上述影响和难题,中海油目前正在迈入稠油热采第二阶段,即系统效率高、排量大、流程处理易的新型注采一体化技术。海上稠油开发的先导试验已经证明采用电潜泵作为开采方式是可行的,但是要实现注350℃高温蒸汽时电潜泵注采一体的工艺要求是一道世界性难题,因此开展海上稠油开发注采一体化新工艺技术攻关,即"海上注350℃蒸汽电潜泵注采一体化技术"[109]。图4-4-30为海上稠油热采工艺管柱发展图。图4-4-31为电潜泵注采一体化管柱整体工艺设计图。

旅大27-2油田A22H第三个轮次中使用高真空隔热油管,除接箍隔热效果不佳外,大部分区域均低于250℃;旅大21-2油田B9H井第一个轮次,通过不断升级加工工艺,除少数不能隔热的热点外,井筒大部分区域均能压制环空温度于200℃以下。根据光纤监测数据得知,在氮气保护的条件下隔热油管外壁始终在250℃以下(图4-4-32),只要克服局部热点(图4-4-33)对电泵系统的影响,就能实现350℃蒸汽吞吐电潜泵注采一体化新工艺。

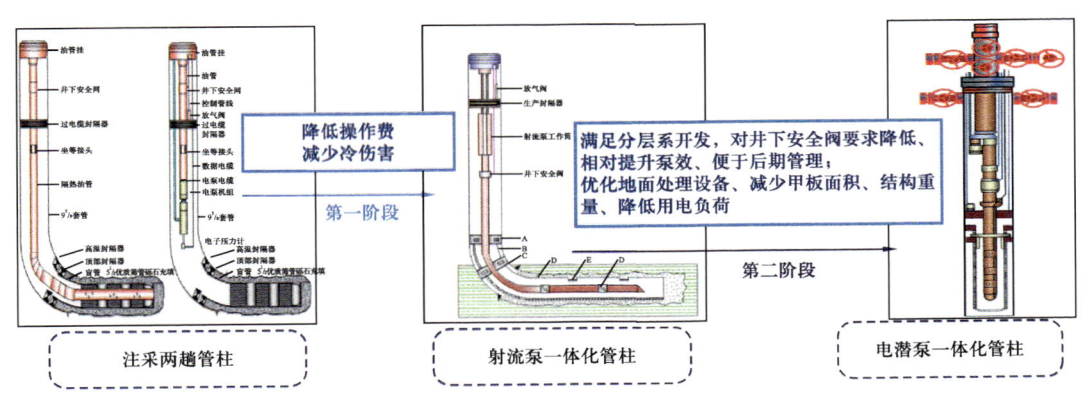

图4-4-30 海上稠油热采工艺管柱发展图

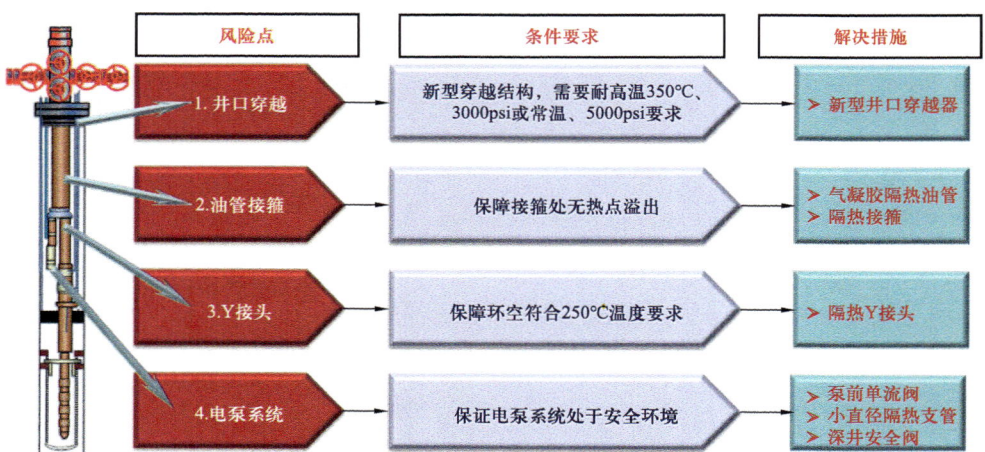

图 4-4-31　电潜泵注采一体化管柱整体工艺设计示意图

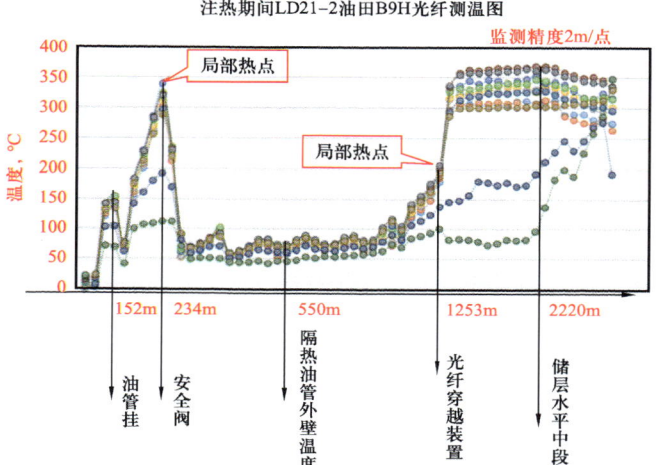

图 4-4-32　注热期间光纤测温沿程剖面图

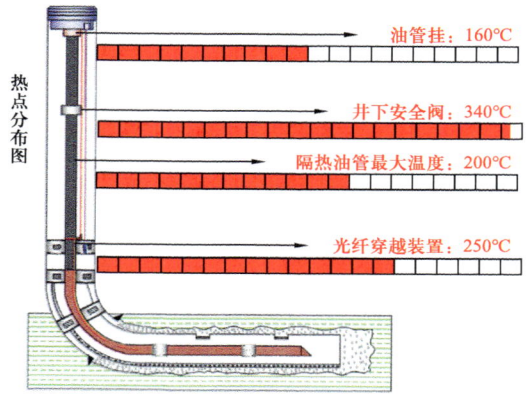

图 4-4-33　局部热点分布示意图

为了确保环空安全，存在以下风险点：

（一）井口穿越

耐高温井口穿越：需要符合完井作业程序、平台空间、注热高温、试压程序的要求。

耐高温线缆要求：由于采油树本体注热时温度高，需要液控管线和动力电缆需要符合350℃温度和常温5000psi要求。

（二）油管及接箍

气凝胶隔热油管：采用目前市面上隔热性能最优的气凝胶隔热油管。

隔热接箍：接箍处具备隔热性能，保障无热点散出。

（三）Y接头

隔热Y接头：全新设计Y接头，具备隔热性能，保障环空温度要求。

（四）电泵系统

电泵并行部分：小直径隔热支管，解决油管内蒸汽的热辐射问题，保证与电泵并行一侧的环境温度，同时确保管柱强度符合封隔器解封要求。

泵前单流阀：采用两级单流阀，解决蒸汽直接流入电泵的热对流问题，防止蒸汽反窜入电泵系统；防止蒸汽热传导侵蚀电泵。

泵上小隔热管：解决高温从导体外壁热传导问题，采用2m的小隔热管，可以大大降低泵头处的温度。

本次全新研发泵前单流阀、耐高温Y接头、生产堵塞器、小外径隔热支管、深井封隔器、深井排气阀、370℃电缆、电缆井口穿越、井下电缆连接头等井下关键工具（图4-4-34），从设计原理上保障250℃高温电泵系统处于安全运行环境。

工艺原理流程包括：注热前座封高温井下封隔器→打开高温深井安全阀→打开高温深井排气阀，同时向油套环空内注入氮气→利用高温深井封隔器的深井排气阀将油套环空内的液体驱替至高温封隔器以下。蒸汽通过油管注入，进入小直径隔热油管，后进入到地层→同时连续注入氮气压制Y接头位置蒸汽，保护电泵机组，同时也防止井下蒸汽上返，充分保护套管。生产时通过井口（钢丝作业）投入Y堵（带卸油功能）→打开高温深井排气阀，地层产出液从深井排气阀进入到油套环空→启动高温电潜泵举升原油。再次注汽前，通过钢丝作业捞出Y堵→关闭高温井下排气阀→注汽作业。

六、海上规模化热采平台工程装备及技术

（一）海上热采平台注热装备

与陆地油田相比，海上注热装备技术攻关面临以下问题：（1）海上平台空间小、安全性要求高。（2）海上水资源来源少、水处理难度大。（3）海上油藏埋深大、对蒸汽质量要

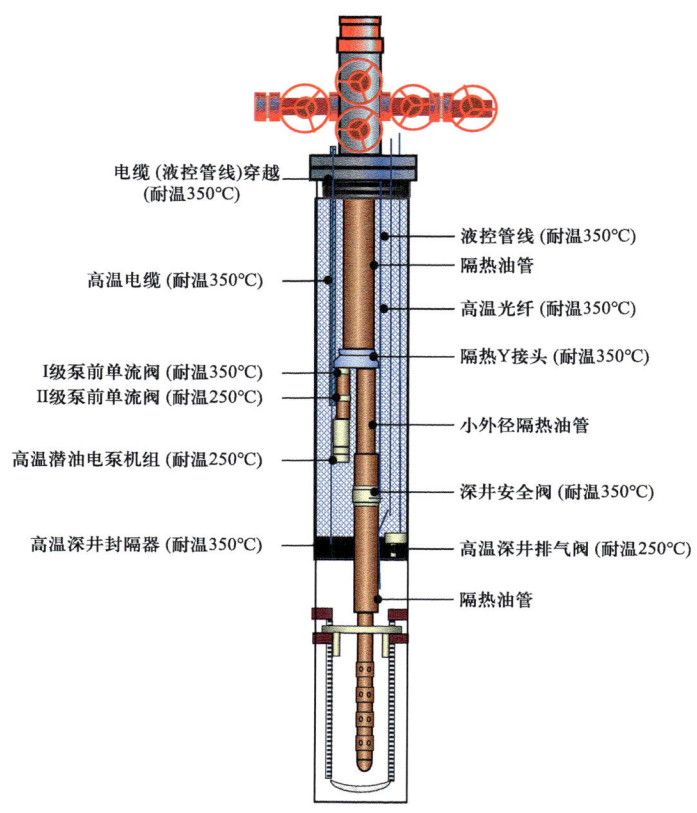

图 4-4-34 电潜泵注采一体化管柱图

求高。针对上述问题挑战，历经十余年攻关实践，完成装备集成化、水处理精细化、蒸汽过热形式多样化等研究，创新形成具有海上特色的热采装备技术系列，满足不同阶段、不同油藏类型的热采需求，为规模化热采奠定了坚实的基础。形成的适用于海上平台的新型规模化热采装备系列，包括：适用于单井热采试验阶段的小型立式蒸汽系统、适用于规模化热采示范阶段的多功能规模化热采装备、适用于过热蒸汽驱阶段的深度过热蒸汽发生系统及适用于特稠油规模化热采阶段的大排量微过热蒸汽系统[110]。

表 4-4-2 海上热采装备技术系列

阶段划分	单井热采试验阶段	规模化热采示范阶段	过热蒸汽驱阶段	特稠油规模化热采阶段
装备名称	小型化高效立式蒸汽发生器	多功能规模化热采装备+尾气处理回注系统	规模化热采装备—深度过热蒸汽发生器	规模化热采装备—大排量微过热蒸汽锅炉
参数	排量：11.2t/h，15t/h	排量：18t/h	排量：23t/h	排量：30t/h

续表

阶段划分	单井热采试验阶段	规模化热采示范阶段	过热蒸汽驱阶段	特稠油规模化热采阶段
应用油田	旅大 27-2 油田	旅大 21-2 油田	南堡 35-2 油田	旅大 5-2 北油田
主要特点	占地面积小、结构紧凑蒸汽干度85%立式结构，螺旋盘管	与陆地同等排量装备比，面积减少12m²、重量减少9t，寿命提高10年，可油气混烧具有烟气脱尘、除硫功能、实现"蒸汽+烟气"复合增效，烟道气净化	可提供95%以上高干度蒸汽及过热蒸汽优化过渡段、增加过热段、可实现过热度30℃	可提供95%以上高干度蒸汽及过热蒸汽优化过渡段、增加过热段，增加减温喷淋及汽水分离器，可实现微过热（15℃）

1. 小型化立式蒸汽发生系统

小型化蒸汽发生器（图4-4-35）采用圆形立式结构设计，大幅降低了平台的使用面积。其燃烧器通过采用旋风式燃烧专利技术，提高燃烧效率同时也可以减少锅炉内部烟气不均匀系数，最大程度地实现炉内受热均匀。同时受热管束采用变化管径的大小，有效降低蒸汽水阻力，使设备电耗处于一个经济合理的运行下状态。蒸汽发生器系统在保证蒸发量的同时将蒸汽的干度较陆地锅炉提高10%，有效地提高了注汽质量，增强了蒸汽吞吐的效果。该发生器额定排量11.2t/h，额定压力21MPa，当出口压力＞16MPa时实现蒸汽锅炉出口干度85%，当出口压力＜16MPa时可实现蒸汽锅炉出口干度90%。

通过注热装备结构优化+创新集成攻关形成的海上立式小型化注热装备，重量较常规锅炉减小58%，占地面积较常规锅炉减小68%；保证蒸发量的同时蒸汽干度较陆地锅炉提高10%。

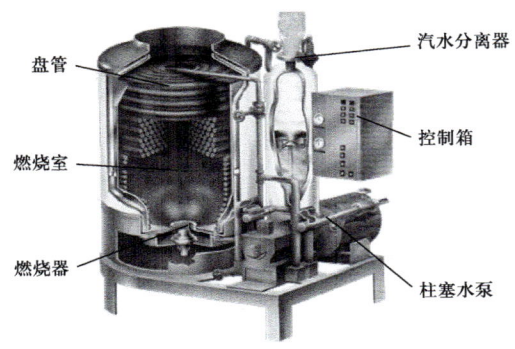

图 4-4-35 海上小型化立式蒸汽发生器示意图

2. 多功能规模化热采装备

针对目前多元热流体发生器产生的多元热流体组成相对固定，不可人为调节，且现有多元热流体产生工艺无法解决空气高压供给系统占地面积大、能耗较高的问题，创新研发了一套适用于海洋平台的、利用锅炉蒸汽与烟气混掺形成气液质量比可调节的新型规模化多元热流体装备,以满足海上稠油规模化热采开发需求(图4-4-36)。多功能规模化热采系统主要包括:蒸汽发生装置、烟道气除尘脱硫装置、烟道气脱水增压装置。主要原理是利用蒸汽锅炉产生的蒸汽与部分回收净化的烟气混掺形成气液比可调节的多元热流体,注入稠油油藏进行热力开采。该锅炉为卧式直流蒸汽锅炉,额定蒸发量18t/h,额定压力21MPa,额定蒸汽干度95%。为提升锅炉热利用效率,研发形成了锅炉尾气除尘脱硫装置,烟尘二氧化硫排放低于15ppm;陶瓷膜脱硫循环净化系统循环溶液与SO_2中和反应,无废液外排;烟气回注提升热利用效率10%以上。与直燃型多元热流体发生器相比,相同蒸汽排量下该系统摆放面积降低35%~60%、耗电降低80%~95%,该套装备通过连续或间歇回收、净化锅炉烟气并与高干度蒸汽混掺,产生气液比在0~1范围可调的多元热流体,实现热—气体复合增产、气体扩大热波及范围、气体补充地层能量、气体提高回采水率等,满足稠油规模化开发、提高开发效果。

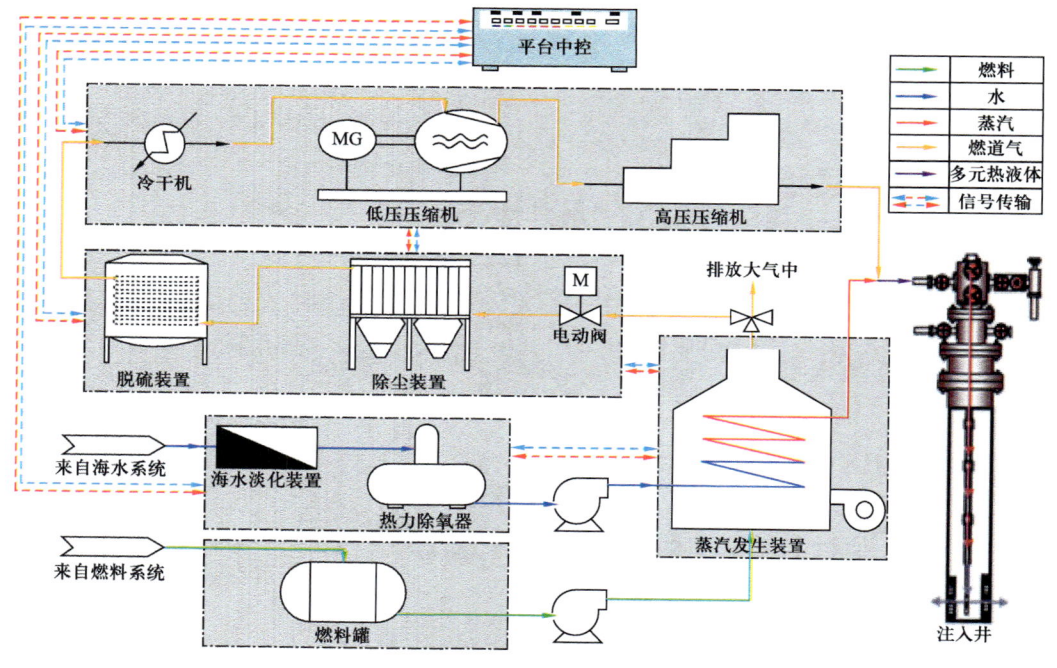

图4-4-36 新型海上热采装备流程图

3. 大排量微过热蒸汽系统

针对海上特稠油油田,综合考虑特稠油原油黏度大、平台井数多、空间有限、对蒸汽质量要求高等特点,在借鉴陆地油田应用经验基础上开展集成创新形成大排量过热蒸汽装备,包括排量在30t/h微过热蒸汽锅炉、水处理系统、氮气系统等。针对蒸汽过热形式,从水质指标、增加设备、参数设计及优势等方面开展方案设计(表4-4-3),优选喷水减温微过热蒸汽技术形式,在锅炉过热段前增加减温喷淋、汽水分离器装置(图4-4-37),

在湿饱和蒸汽锅炉水质指标条件下可实现过热蒸汽的注入，其优点是对水质要求不高，节约前端水处理流程及成本，可实现过热度：0～15℃；需要在锅炉出口端增加汽水分离撬块，占地面积为14～20m²；目前陆地油田应用案例较多，技术成熟度相对较高[111]。

表4-4-3 蒸汽过热形式对比

过热锅炉技术	配套设备	水质要求	增加设备	调整范围	技术特点
形式一：喷水减温+微过热蒸汽技术	一级反渗透+树脂软化除硬+膜除氧	参考普通锅炉用水水质标准SY/T 0027—2024《稠油注汽分层设计规划》（干度≤80%）	喷水减温装置增加15～20m²	过热度：0～15℃ 蒸汽类型：湿蒸汽/干蒸汽/微过热	对水质要求相对低 实现微过热
形式二：深度水处理+过热蒸汽技术	二级反渗透+EDI除硬除盐+膜除氧	参考过热锅炉用水水质标准GB/T 12145—2016《火力发电机组及蒸汽动力设备水汽质量》（过热蒸汽）	前端水处理单元多，成本高	过热度：0～50℃ 蒸汽类型：湿蒸汽/干蒸汽/微过热	对水质要求相对高 实现过热度较高

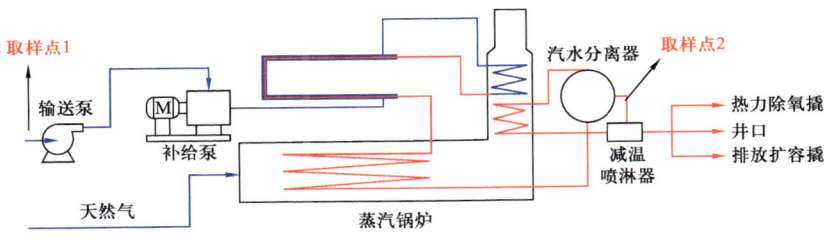

图4-4-37 过热蒸汽锅炉内部构造图

（二）海上平台集约化锅炉水处理技术与装备

自主研发了微波诱导微结构优化成膜工艺，基于微孔道大通量错流过滤理论研制了适应高浊度海水的抗污染陶瓷膜材料，研发了基于无机超滤产出超纯水（电导率＜0.1μS/cm）的超短锅炉水处理流程（图4-4-38）[112]；基于高压蒸汽锅炉汽水分离规律和过热段结

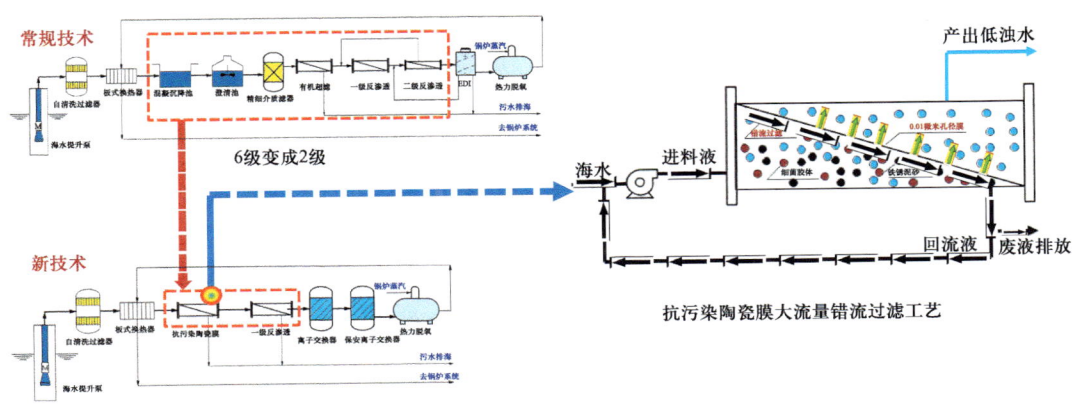

图4-4-38 锅炉水处理工艺流程对比

垢特性，创新性提出差异化过热锅炉水质，突破了高压汽水分离的操作压力边界和过热锅炉的高标准水质要求，可溶性固体要求放宽到≤2000mg/L[113]，较陆地同等注热能力装备占地面积降低44%，过热蒸汽成本降低14%。研制了烟气净化过热蒸汽锅炉，实现海上多元热流体回注增效。

（三）海上平台热采采出液高效处理技术

自主研发适应高导电率乳状液的强电场绝缘电极，突破了传统电脱技术无法适应高含水原油脱水工况的局限，实现90%含水率超稠油的电场强化脱水处理，解决了海上平台有限空间内高含水超稠油的破乳和脱水难题；首创适应海上平台的紧凑型热采放喷生产流程及装备，构建了以绝缘电极静电聚结分离设备为核心的稠油高效集输处理流程和体系（图4-4-39），较陆上同规格系统，容器体积减少89%，实现了海上平台热采工程装备小型化和高效化[114-118]。

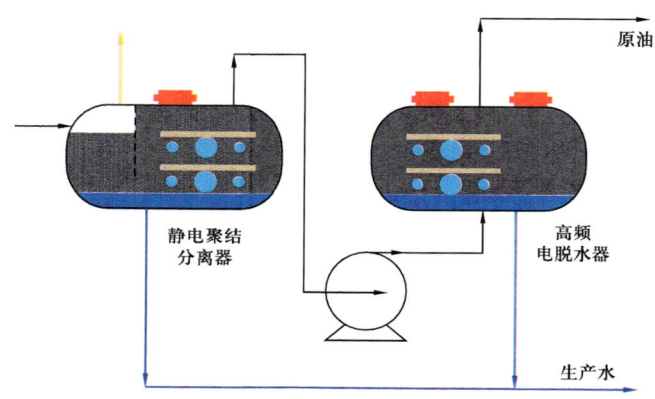

图4-4-39　海上平台全流程电场强化油水分离流程

第五节　矿场试验与应用

一、旅大27-2薄层水平井蒸汽吞吐先导性试验

（一）地质概况

旅大27-2油田位于渤海海域东部，处于渤东低凸起向东北方向延伸的倾没端，自上而下发育新近系明化镇组、馆陶组和古近系东营组，其中稠油主要分布在明化镇组下段，油藏埋深为1020～1530m。主力储层明化镇组属受断层控制的断块构造，以河道、砂坝型浅水三角洲沉积为主，储层横向变化较大，非均质性强，属于高孔隙度、高渗透率储层，油藏平均覆压孔隙度为34.4%，平均覆压渗透率约为3787mD。该储层的岩性主要为细—中粒岩屑长石砂岩。地面温度为50℃时脱气原油黏度约为2865mPa·s，属于普通稠油Ⅰ-2b类。

（二）开发历程及现状

为探索海上稠油蒸汽吞吐开发规律，为海上规模热采开发奠定基础。2013 年，旅大 27-2 油田以大井距、长水平井、高注热强度的开发模式，开展蒸汽吞吐先导试验（图 4-5-1）。

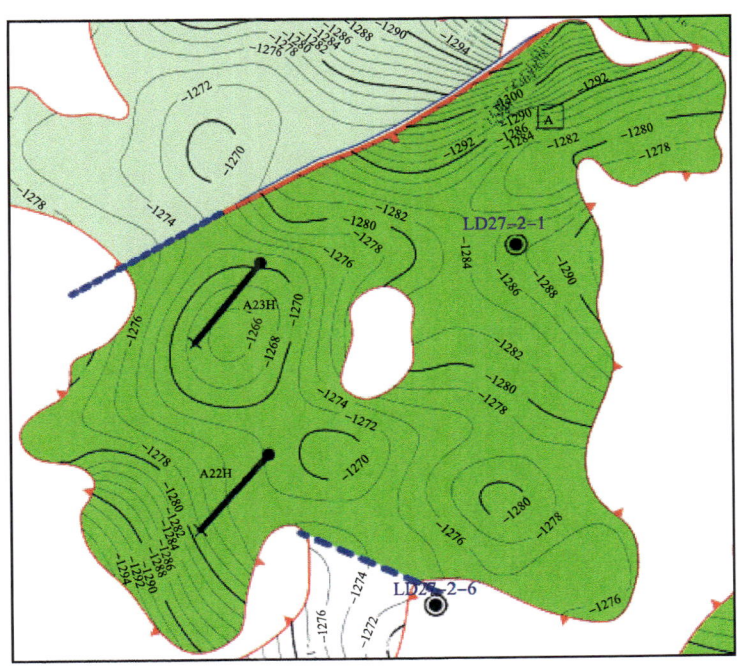

图 4-5-1　旅大 27-2 油田蒸汽吞吐先导试验区井位图

截至 2023 年底，A22H 和 A23H 井已分别实施 6 轮次与 5 轮次吞吐，累计注蒸汽 $6.05 \times 10^4 \text{m}^3$，累产油 $13.07 \times 10^4 \text{m}^3$，采出程度 14.3%，平均采油速度 1.3%，累计油汽比 2.16，相对冷采的平均增产倍数达到 1.8，蒸汽吞吐增产效果明显，试验井生产曲线如图 4-5-2 所示。

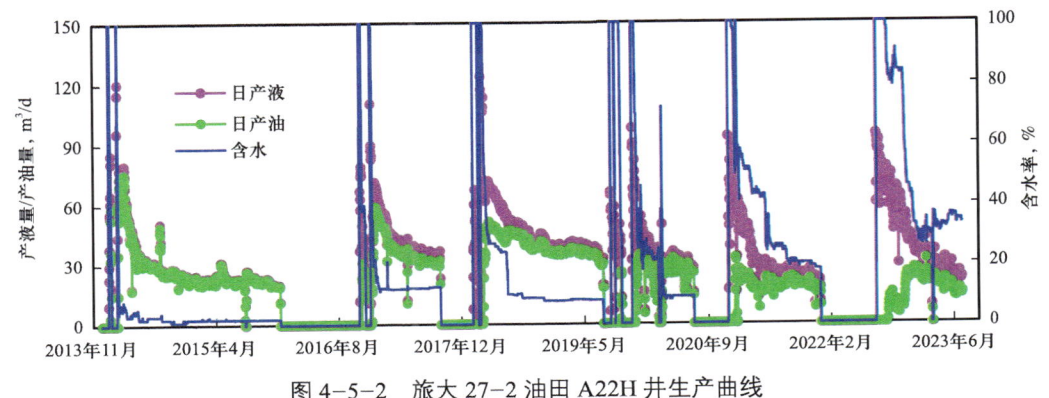

图 4-5-2　旅大 27-2 油田 A22H 井生产曲线

（三）实施效果

1. 试验井生产规律

一个蒸汽吞吐周期内的产油量变化呈现先上升、再递减、后低产稳产的变化规律。其生产规律可划分为"四段式"：放喷吐水期、高产期、递减期和低产稳定期。普通稠油蒸汽吞吐一个周期内的产油量变化均符合指数递减规律，产油量初期递减速度快、中后期递减速度慢。旅大 27-2 蒸汽吞吐第一周期产油量月递减率在 11.5%～14.5%，平均 13.5%。

各生产阶段特征具有周期性：随着吞吐周期的增加，放喷吐水期延长，排液量增加，周期累产油、峰值产量和油汽比降低，累计存水量、回采水率及平均含水逐轮上升。对于多轮次蒸汽吞吐，不同周期、不同生产阶段的地层能量、供液范围、原油黏度和采油速度等均有差异，进而导致了峰值产量及周期平均日产油递减规律均呈周期性变化。旅大 27-2 油田周期间峰值产油量递减率为 22.0%～24.8%，平均 23.4%。

2. 热采效果分析

先导试验区冷采平均日产油为 20m³/d，A23H 井蒸汽吞吐第一周期高峰产量为 91m³/d，是冷采的 4.5 倍；第一周期平均日产油为 50m³/d，为冷采的 2.5 倍。第一周期油汽比为 6.81。热采效果对比见表 4-5-1。

表 4-5-1　蒸汽吞吐先导试验区 A23H 井热采效果对比表

生产参数		高峰产能 t/d	周期平均产能 t/d	热采有效期 d	周期累产油 10^4t	周期油汽比 t/t	累计油汽比 t/t	年综合递减率 %	累积回采水率 %
第一周期	设计	64	42	241	2.05	2.73	2.73	—	—
	实际	82	39	285	4.1	4.47	4.47	11.4～14.5	27～30
第二周期	设计	57	43	336	2.88	2.4	2.53	—	—
	实际	57	33	265	1.85	1.96	3.51	8.4～12.8	44～51
第三周期	设计	46	34	336	2.29	1.9	2.29	—	—
	实际	45	33	385	2.75	2.61	3.17	4.5	60～62
第四周期	设计	35	26	320	1.68	1.4	2.04	—	—
	实际	36	28	223	1.25	1.04	2.52	6.1	53～66
第五周期	设计	31	21	310	0.65	1.07	1.83	—	—
	实际	31	19	338	0.67	0.93	2.28	4.7	59

3. 取得经验与认识

旅大 27-2 油田蒸汽吞先导试验结果表明，蒸汽吞吐增产效果显著，高峰产量和平均产量可达到冷采 2 倍以上，相对冷采的平均增产倍数达到 1.8 倍，累计油汽比 2.16，蒸汽吞吐技术是开发海上普二类稠油油藏的有效途径。

蒸汽吞吐井先期冷采返排可以降低地层压力，有助于提高注汽速度，改善注汽效果，提高吞吐产量。蒸汽吞吐井随着吞吐轮次的增加，提高注热参数（周期注汽量、注汽速度、井底干度等），有助于扩大加热半径，提高储量动用，改善开发效果。

二、旅大 21-2 厚层边底水油藏蒸汽吞吐开发

（一）地质概况

旅大 21-2 油田构造位于辽东构造带的南段，处于郯庐走滑断裂东支的转折端，走向由南北向转为北东向，被断层划分为东、西两块。西块为依附于边界断层的半背斜构造，地层北西倾，主要含油层系为新近系馆陶组、古近系东营组东一段、沙河街组沙三段，主要开发层系馆陶组油藏类型以层状边、底水油藏为主，沉积相为辫状河沉积，特高孔渗（岩心平均孔隙度 33.2%、平均渗透率 2564.0mD），储层厚度大（馆陶组Ⅳ油组油层厚度 16.0～38.0m，馆陶组Ⅴ油组油层厚度 43.0～60.0m），馆陶组Ⅳ油组地层原油黏度 2908.8mPa·s，馆陶组Ⅴ油组地层原油黏度 6673.0mPa·s，属于普Ⅱ类稠油。具有油藏埋藏深、原油黏度稠、油层厚度大、水体能量强的特点。

（二）开发历程及现状

旅大 21-2 油田于 2020 年 7 月 31 日开始逐步投产，方案设计 29 口开发井，其中 10 口热采井吞吐 8 个周期，高峰年产油 $16.28 \times 10^4 m^3$，累产油 $102.04 \times 10^4 m^3$，动用储量采出程度 11.0%。2021 年 8 月，为进一步提高储量动用程度，实施 6 口热采调整井，2022 年 1 月实施完毕。截至 2023 年 7 月，旅大 21-2 油田西块 3 口井仍处于第一轮，7 口井处于第二轮中早期，6 口井处于第二轮中后期。

截至 2023 年末，全油田投产 40 口井，其中西块采用蒸汽吞吐开发，总井数 16 口，当月开井 15 口，日产油水平 745t/d，采油速度 2.9%，综合含水 37.1%，累注汽 $16.41 \times 10^4 t$，累产油 $50.41 \times 10^4 t$，累计油汽比 3.1，动用储量采出程度 4.3%。图 4-5-3 为旅大 21-2 油田西块开发井位图。

（三）实施效果

旅大 21-2 油田西块具有厚层水平井开发、较强边底水的特点，2020 年 7 月，它作为海上首个热采一体化示范区，以高注汽强度（15～25t/m）、高采油速度的开发模式开展蒸汽吞吐，投产三年以来，年采油速度最高达到 2.3%。

1. 水平井蒸汽吞吐生产规律

蒸汽吞吐生产周期内日产油变化大体可划分为短期高峰、快速递减、稳中有降三个阶段（图 4-5-4）。第一轮初期日产油较高，1/2 的井高峰日产油达到 90t/d 及以上，最高达

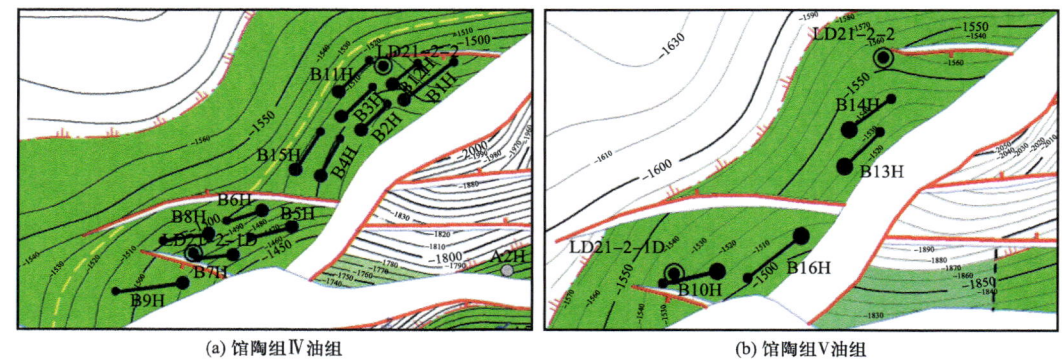

(a) 馆陶组Ⅳ油组　　　　　　　(b) 馆陶组Ⅴ油组

图 4-5-3　旅大 21-2 油田西块开发井位图

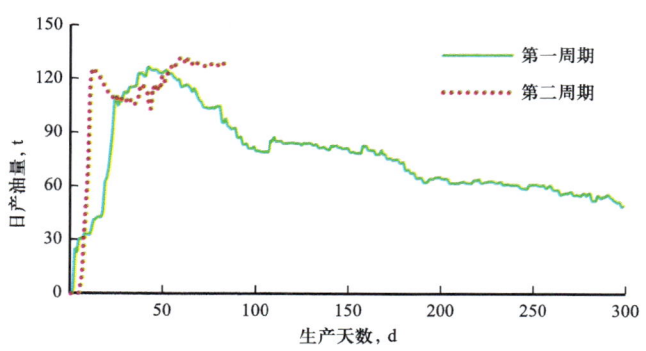

图 4-5-4　周期内日产油量变化曲线

到 127t/d，但高峰产油期较短，仅为 2 个月左右，日产油递减快（月递减率 9.2%），下降至 60~80t/d；随着吞吐的进行，地层中热量衰减，流温接近地层温度，但由于吞吐引效作用，日产油量稳定在 40~60t/d；第一轮吞吐末期日产油下降至 25t/d 及以下，转入下一轮吞吐。

2. 热采效果分析

旅大 21-2 油田第一周期累计产油量、油汽比、采油速度等各项开发指标均达到方案设计指标（表 4-5-2）。第一周期生产时间 420d，周期平均产能 47t/d，回采水率 70.0%，累计注汽 4.46×10^4t，累计产油 23.20×10^4t，周期油汽比达到 4.04，采油速度 2.7%，均达到方案设计。

表 4-5-2　旅大 21-2 油田西块热采效果对比表

生产参数		高峰产能 t/d	周期平均产能 t/d	生产时间 d	周期累产油 10^4t	周期油汽比 t/t	采油速度 %	月递减率 %	回采水率 %
第一周期	设计	88	44	350	1.59	4.07	2.2	9.7	49.1
	实际	94	47	420	2.32	4.04	2.7	9.2	70.0

3. 取得经验与认识

在旅大 21-2 油田西块热采开发过程中，针对不同阶段遇到的问题开展了一些攻关研究。注热阶段通过大量实验数据更新了对拐点温度的认识，创新性提出基于拐点温度的热采渗流模式来优化注汽强度，底水油藏调整井第一轮注汽强度由方案设计的 15t/m 优化为实际 20t/m 后，高峰日产油提高 0.5～1.2 倍（图 4-5-5），周期平均日产油提高 0.8～2.0 倍。

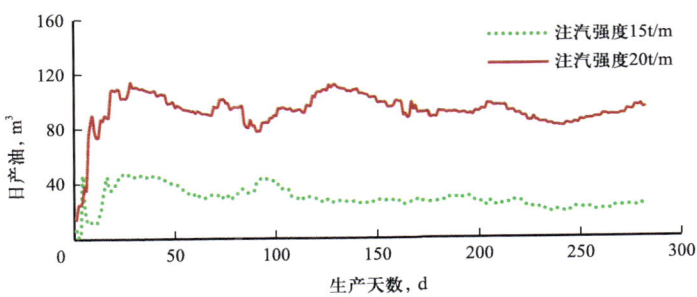

图 4-5-5　旅大 21-2 油田 B10H、B16H 井生产曲线

生产阶段部分井出现乳化现象和含水突破的问题。针对乳化问题，在周期前三个月优化生产制度，趁热快采，在不增加出砂风险的情况下，加快返排高温流体，尽快降低地层含水；针对部分井第一周期吞吐末期含水率达到 80% 以上的问题，在第二周期注热阶段辅助实施控水措施（高温氮气泡沫），第二周期启泵投产后，控水井含水率降至 13%～31%；高峰日产油 58～141t/d；周期平均日产油 63t/d，较第一周期平均日产油提高 22.6%（图 4-5-6）。

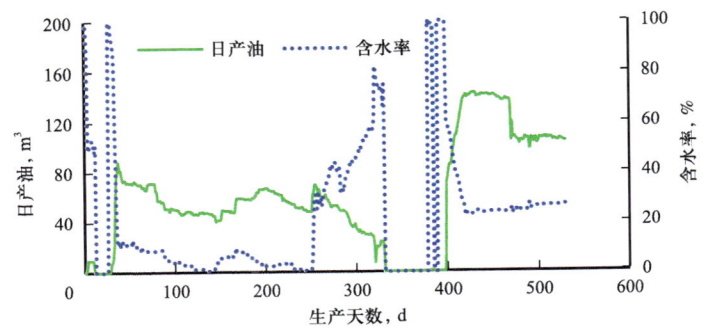

图 4-5-6　旅大 21-2 油田 B13H 井控水前后生产曲线

三、旅大 5-2 北特超稠油油藏蒸汽吞吐开发

（一）地质概况

旅大 5-2 北油田位于渤海辽东湾海域，主要含油层系为新近系明化镇组和馆陶组。

油藏类型为油水界面不规则的底水块状油藏，沉积相为辫状河沉积，特高孔渗储层，明下段孔隙度平均值34.4%，渗透率平均值4181.2mD；馆陶组孔隙度平均值32.9%，渗透率平均值2908.3mD。明下段油藏埋深844.0～944.4m，钻井揭示油层厚度8.7～49.7m；馆陶组油藏埋深930.0～1060.5m，钻井揭示的油层厚度44.2～84.5m。地面原油性质属超重质特—超稠油，具有密度高、黏度高、含硫量低、胶质沥青质含量高、含蜡量中偏高、凝固点高等特点。明下段50℃地面原油黏度36427mPa·s，馆陶组50℃地面原油黏度53203mPa·s。

（二）开发历程及现状

Ⅰ期推荐方案设计28口开发井，包括26口生产井、2口水源井（图4-5-7）。油田高峰年产油$40.59×10^4$t（$40.43×10^4$m³），高峰采油速度1.9%，累产油$300.35×10^4$t（$299.15×10^4$m³），采出程度12.3%，开发方式为蒸汽吞吐。旅大5-2北油田2022年4月开始分批逐步投产，2023年5月Ⅰ期28口开发井全部投产。截至2023年末，油田日产油1014t，累产油$28.7×10^4$t，动用储量采出程度1.2%，油田综合含水率54.7%。

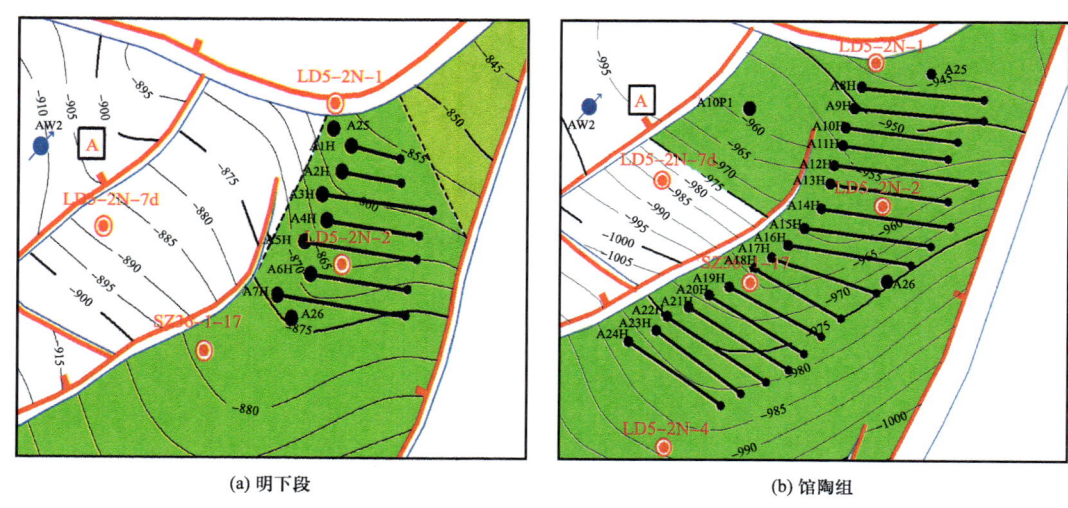

(a) 明下段　　　　　　　　　　(b) 馆陶组

图4-5-7　旅大5-2北油田开发井位图

（三）实施效果

1. 特超稠油蒸汽吞吐井开发规律

蒸汽吞吐生产周期内日产油量的高峰期短，递减较快，日产油量变化大体可划分为上升、快速递减、缓慢递减三个阶段。

生产井启泵生产5d后日产油量上升至高峰，高峰期日产油较高（图4-5-8），一般为90～100t/d，但由于射流泵工作制度调整难度较大，导致投产初期生产压差未达设计，高峰产油期短，仅为15d左右，产油量递减较快，此阶段为快速递减期，持续时间60d左右,月递减率为13%,日产油量由高峰值100t/d降低至60t/d。后通过更换泵芯、优化工作制度,有效缓解了产量递减,此阶段为缓慢递减期,持续时间250d左右,月递减率为4%,日产油量由60t/d降低至30t/d。油田周期内生产有效期320d左右。

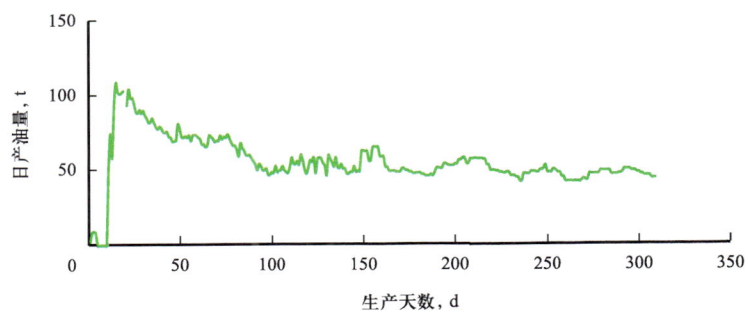

图4-5-8 旅大5-2北油田A12H井第一轮次日产油曲线图

2. 热采效果分析

旅大5-2北为海上首个规模化特超稠油热采油田,生产井型以水平井为主,具有高采油速度、高油汽比的特点,各项生产指标达到ODP设计(表4-5-3)。油田开发形势平稳,截至2023年末,旅大5-2北油田26口热采井第一周期热采有效期320d,周期平均产能49t/d,周期油汽比为2.62t/t,回采水率340%,月递减率7%,周期累产油1.57×10^4t。

表4-5-3 旅大5-2北油田热采效果对比表

生产参数		高峰产能 t/d	周期平均产能 t/d	热采有效期 d	周期累产油 10^4t	周期油汽比 t/t	采油速度 %	第1周期内月递减率 %	回采水率 %
第一周期	设计	93	50	310	1.55	2.58	1.8	13	45
	实际	95	49	320	1.57	2.62	1.8	7	340

3. 取得经验与认识

注热参数优化:油田少数生产井由于注热参数未达设计,生产效果未达设计。A20H井由于平台断电,井底注汽干度、周期注汽量未达设计,井底流温明显低于其他井(图4-5-9),日产油低于ODP设计。后通过注热参数优化,采取高干度注热、适当控制注汽量的注热策略。最终注热参数优化结果为:井底注汽干度≥0.52、周期注汽量6000t。A18H井通过注热参数优化,高峰日产油121t,周期累产油2.29×10^4t,油汽比3.8。

工作制度优化:少数井受管柱故障、生产压差未达设计影响,周期平均日产油略低于ODP设计。A13H井生产初期生产压差未达设计,影响高峰期产能释放,生产中后期未进行工作制度优化,日产油递减较快。A19H井通过优化工作制度,高峰阶段趁热快采,确保加热区有效动用，提高热利用率；生产中后期适当提高生产压差，提高油层动用率，最终实现该井高峰日产油114t，周期累产油 2.12×10^4t，油汽比3.5。

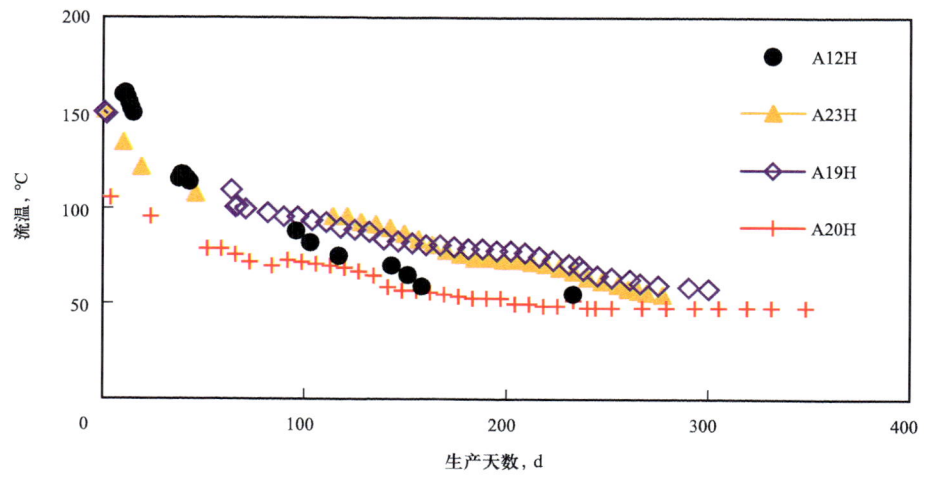

图 4-5-9　旅大 5-2 北热采井流温对比曲线

四、南堡 35-2 油田多元热流体吞吐和过热蒸汽驱试验

（一）地质概况

南堡 35-2 油田整体是一个由复杂断块、斜坡带、半背斜三种圈闭类型组成的北东走向的复式鼻状构造，在平面上对应划分为北区、斜坡区、南区。南区作为热采试验主力区块，主要开发层位为明下段 Nm0、NmⅠ油组。油藏埋深 900～1100m，孔隙度主要在 28.0%～44.0%，平均孔隙度 37.8%。渗透率在 100.0～5000.0mD，平均渗透率为 1664.0mD，油层有效厚度为 6～10m，地面原油密度（20℃）为 0.964～0.978g/cm³，地面原油黏度（50℃）为 1789.0～3634.0mPa·s，地层原油黏度为 413～741mPa·s。探明含油面积为 4.5km²，原始地层压力 9.5MPa，油层温度 56.5℃。

（二）开发历程及现状

南堡 35-2 油田南区于 2008 年启动了 4 井次多元热流体吞吐试验，2012 年进行整体吞吐方案设计，在 Nm0-8、NmⅠ-3 两个砂体上部署了 11 口井开展多元热流体吞吐开发，注入温度 250℃，平均单井首轮次年均日产油达到 50m³/d，为常规冷采开发的 1.6 倍，单井累产油超 7×10^4t，井控储量采收率达 23.0%，实现了南区稠油的有效动用。2020 年，在完成 3 轮次吞吐开发的采油井基础上，通过侧钻完善井网开辟首个蒸汽驱先导试验，试验区油层厚度 6～8m，以水平井为主，2 注 6 采井网，注采井距达到 250～450m（图 4-5-10）。截至 2023 年末，蒸汽驱先导试验已顺利运行 3 年。日注汽量 250～300t，累注汽 20×10^4t，日产油 250t，2023 年全年产油量为 8.7×10^4t。

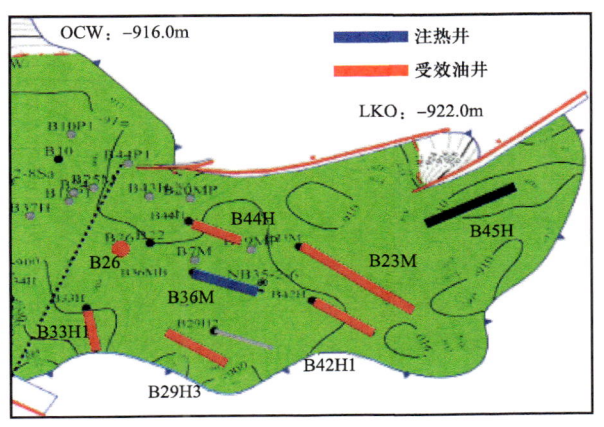

图 4-5-10 南堡 35-2 油田过热蒸汽驱先导试验区井位图

（三）试验效果

蒸汽驱先导试验于 2020 年 6 月启动生产，转驱初期地层压力回升，采油井近井区地层压力由转驱前的 4.0MPa 上升至 6.0MPa 左右，随着油层压力的回升及原油受热降黏作用，采油井产液能力明显增强，平均单井日产液由 50t 上升至 100t，日产油量也逐步增长，由转驱前 180t 上升至 250t。截至 2023 年末开井 8 口，阶段累计产油量超 25×10^4t，阶段采出程度 10.0%，阶段油汽比为 0.45，蒸汽驱初期开发取得较好效果。

1. 海上蒸汽驱生产特点

由于海上工程设施限制及经济性要求，南堡 35-2 油田蒸汽驱先导试验具有水平井注采、储层薄、井距大的特点，对标陆上辽河齐 40 块、杜 229 块等典型蒸汽驱项目开发早期，存在如下生产特点。

1）热连通阶段时间长，含水上升慢

典型开发案例表明蒸汽驱需经历热连通、驱替、突破、剥蚀四个阶段。在热连通阶段，随着温度前缘抵达采油井，油井井底流温明显上升，含水率达到 80% 以上，此阶段一般需要 0.5~1.5 年。由于海上蒸汽驱注采井距达到 250~450m，约为陆上 2~3 倍，温度前缘扩展扩展难、速度慢，目前仅有 2 口采油井井底流温上升明显，且井组含水率变化不大。

2）原油黏度低，具备一定天然能量，油汽比、采注比等参数较高

常规采用蒸汽驱开发的稠油油藏地层原油黏度较高，采用冷采开发基本没有产能，在汽驱中维持采注比 1.2 的情况下生产，累计油汽比一般在 0.2~0.3。海上蒸汽驱先导试验地层原油黏度约为 500mPa·s，边水水体倍数<5，常规冷采开发水平井产能约为 15~20t/d，因此在汽驱早期，稠油即能够被驱替，注采井间压差驱动作用较为明显，计算井口瞬时油汽比为 0.8~1.1，井口采注比 2.0~2.5，考虑刨除井组外围天然能量供给，蒸汽驱累计油汽比仍能达到 0.4~0.5。

2. 水平井蒸汽驱经验与认识

针对海上蒸汽驱特殊的地质油藏特征及工程设施条件，基于蒸汽驱开发生产规律，借鉴陆上成功案例经验，创新采取了以下调控措施，效果较为明显。

1）热化学复合驱替，提高蒸汽驱开发效果

常规蒸汽驱开发中后期采油井发生蒸汽突破后，产油量大幅降低，油汽比相应减小，在此阶段通过采用泡沫、凝胶类化学药剂对储层中窜流通道进行封堵，能够明显减弱汽窜现象。为提高海上蒸汽驱先导试验开发效果，创新前置堵调时机，在早期即通过注入具有弱封堵性的氮气泡沫堵剂，降低汽窜风险，截至目前已顺利注入 7 个泡沫段塞，有效降低井组含水率。

2）高频率产液结构调整，促进蒸汽腔均衡扩展

由于井网不规则且井距较大，采油井受效程度差异大。基于"以液牵汽"调控理念，开展"引＋提＋控"差异化调控措施：针对 2 口注采井距大于 350m 采油井进行提液引效，加速热连通；针对 2 口压力受效井，进行换大泵措施，释放产液能力，提高采注比；对于 2 口温度受效井，井口温度已接近 90℃，通过降低排液量，实现控液分流。

海上水平井大井距蒸汽驱开发有其特殊性，目前在热连通阶段取得了一定成效，其开采机理、特征仍有待进一步观测、研究。吞吐后降压转蒸汽驱、早期流场调控理念及方法等成功经验可在海上相似稠油油田的热采开发中推广应用。

第五章　海上油田气驱提高采收率技术

第一节　概　　述

目前我国常规油田还有大部分的储量靠注水方式无法采出，尤其是对于双高油藏和低渗透油藏，常规开发方式提高采收率难度较大。通过近几十年来国内外注气开发研究和实践表明，气驱平均采收率可达50%以上，气驱可较水驱提高采收率5%以上。因此，注气被认为是一种有效的提高采收率的开发方式并逐步推广应用[119]。

国内陆上已有多个油田进行了CO_2驱、天然气驱、空气驱等开发试验，但海上油田应用较少。随着海上油田逐步步入中高含水期，勘探开发逐步走向中深层，越来越多的中高含水期油藏和低渗透/潜山油气藏面临提高采收率和有效动用的难题，进一步开展注气提高采收率研究意义深远。气源是能否实施注气开发的关键因素，随着海上岸电、双碳的逐步普及，有效解决海上油藏注气气源的难题，通过探索海上油藏气驱提高采收率技术，预期解决海上油田中高含水期提高采收率和部分低渗透储量有效动用难等技术挑战，在整个海上类似油田开发中具有良好应用前景。对相对封闭油藏中实施注伴生气开发，注伴生气后可以形成"天然储气库"，可提高区域伴生气资源综合利用率。如果采用注CO_2的开发方式，在提高采收率的同时实现CO_2封存，为国家实现"碳达峰、碳中和"发展目标提供支撑[120]。

经过多年的研究及实践，针对海上油藏注气介质富烃组分含量高、注采井距大等特点，在不同注气介质注气提高采收率驱油机理、海上不同类型低渗透油藏气驱方案设计、气窜评价及有效防窜策略和注气配套工艺等方面取得了丰硕的研究成果。为海上油藏气驱技术的试验应用提供了坚实保障。从2008年起，在南海西部涠洲12-1油田中块3井区涠四段（中渗透区块）首次开展海上注气开发矿场实验，截至2023年底海上注气区块动用储量规模达到千万立方米，初期通过注气开发产量保持5年零递减，注气开发效果显著，累计产油$378.17\times10^4m^3$，采出程度32.0%。从2022年开始，海上油藏注气开发试验逐步拓展到低渗透和中高含水期油藏。其中在涠洲12-1油田中块3井区涠三段（含水率90%以上）进行注气提高采收率试验，注气4个月后开始受效，初期日增油$25m^3/d$。在涠洲12-1油田南块和渤中34-2/4油田P10井区进行低渗透油藏气驱矿场试验，目前均已呈现气驱弱见效的特征，截至2023年底累计产油$20\times10^4m^3$。矿场试验的成功证明了海上油田气驱技术的可行性和经济性，为海上油田高效开发探索了一条新路。

第二节　海上油田气驱提高采收率机理

海上油气藏气驱开发过程中，注气气源一般为平台伴生气，因此不同油田注气介质组分差异较大，一般 $C_2\sim C_6$ 含量较高（15%～25%），有可能含有一定量的 CO_2。同时海上气驱油藏的类型也千差万别，因此需要探索复杂注气组分下气驱提高采收率机理，为海上油气藏气驱方案的编制及气驱试验的推广奠定基础。

一、混相驱油机理

在注气提高采收率的方法中，气体混相驱具有非常大的吸引力。混相的定义是：当两种或更多种流体按任何比例混合都没有流体间的相界面形成，所有的混合物都保持单一均质相时，则称这些流体是混相的。反之，若有流体相界面存在，则认为这些流体是不混相的。混相驱替是提高石油采收率的重要方法之一，它的基本机理是驱替剂（注入的混相气体）和被驱剂（地层原油）在油藏条件下形成混相，消除界面，使多孔介质中的毛细管力降至零，从而降低因毛细管效应产生毛细管滞留所圈闭的石油，原则上可以使微观驱油效率达到百分之百[121, 122]。

根据不同注入气体及其与原油系统的特性，混相驱可分为：一次接触混相、多次接触混相。

（一）一次接触混相机理

一次接触混相是达到混相驱替最简单和最直接的方法，是指注入任何比例气体都能与原油完全混合的溶剂。中等分子量烃，如丙烷、丁烷或液化天然气，是常用来进行一次接触混相驱的注入溶剂。

图 5-2-1 说明一次接触混相的相态要求。这个三元图上的液化天然气溶剂用拟组分 $C_2\sim C_6$ 代表。所有的液化天然气和原油的混合物，在这一图上全都位于单相区。为

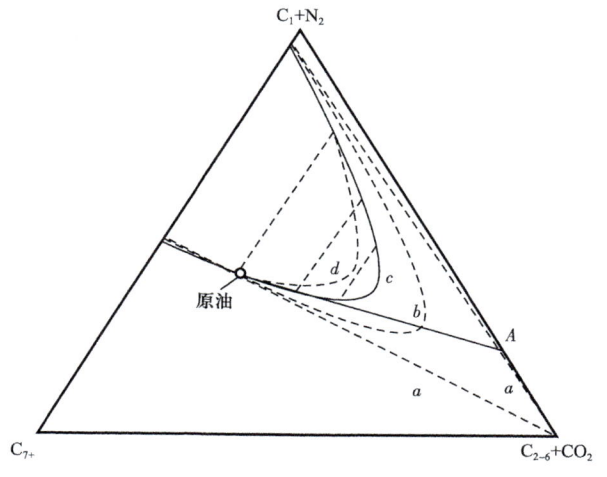

图 5-2-1　溶剂段塞的一次接触混相

在溶剂与原油之间达到一次接触混相，驱替压力必须位于 $p—X$ 图临界凝析压力之上，因为溶剂—原油混合物在这一压力之上为单相。实际上，在三角相图中，只要注入溶剂和原油之间的连线没有经过两相区，都认为在该温度和压力条件下是一次接触混相的。

液化天然气是与油藏流体发生初接触混相的溶剂，如果连续注入，费用太高，代替的办法是注入一定体积的液化天然气溶剂，或溶剂段塞，其体积只有油藏孔隙体积的一小部分，并用费用较低的流体如天然气或烟道气混相驱替溶剂段塞。在理想情况下，采用这样的混相驱方案时，溶剂混相驱替油藏原油，而驱动气混相驱替溶剂，推动小的溶剂段塞通过油藏。当溶剂段塞通过油藏时，它在段塞前缘与原油混合，并在尾部与驱动气混合。只要段塞中部的溶剂保持不稀释，由原油通过段塞到驱动气的组成剖面就类似于图中的虚线 a。最终，段塞中部被稀释到它的原始浓度以下，结果组成剖面类似于虚曲线 b。随着继续通过油藏，小段塞可能被稀释到组成剖面类似于曲线 c，这条曲线刚好与两相区相交。在这一点上混相驱替消失，因为随后的混合稀释使段塞进入两相区，如曲线 d 所示。两相区的大小和形状是受温度、压力和流体组成支配的，决定着溶剂段塞在失去混相性以前可被混合稀释的程度。

（二）多次接触混相机理

在多级接触混相驱中，常用到两个概念：向前接触和向后接触。向前接触是指平衡的气相不断与新鲜的原油相接触，通过蒸发或抽提作用进行相间传质，即汽化气驱（贫气驱）。一般注甲烷和天然气与原油混相是这类机理。而向后接触是指平衡液相不断与新鲜注入气之间的相间传质，即凝析气驱（富气驱）。一般注富气与原油混相是这类机理。这两种驱替过程是同时但在地层中不同地点发生。向前接触发生在前缘，而向后接触发生在后缘。

1. 蒸发气驱

多次接触混相原理之一是依靠就地汽化作用，使中间分子量烃从油藏原油汽化进入注入气，从而产生一个混相过渡带，这种达到混相的方法称作汽化气驱过程。天然气、二氧化碳、烟道气或氮气可作为注入气，油层提供混相压力先考虑用甲烷或天然气作注入溶剂。当油藏原油含有较多中间烃时，注入气与原油多次接触后，汽化或抽提油藏原油中的中间烃，使注入气富化而实现汽化气驱动态混相（图 5-2-2）。CO_2 也能达到动态混相。但是 CO_2 与主要抽提 $C_2 \sim C_5$ 组分的天然气、烟道气和氮气相比，可以抽提更高分子量的烃（$C_2 \sim C_{30}$）。

在注气过程中，随着油藏原油的中间分子量烃浓度的减小，为达到混相要求更高的压力。增加压力可以增加汽化作用，使中间分子量烃汽化进入蒸气相，从而减小两相区并改变连结线的斜率。对许多原油来讲，使用甲烷—天然气、氮气、烟道气的混相压力太高，在油田开发过程中无法达到。

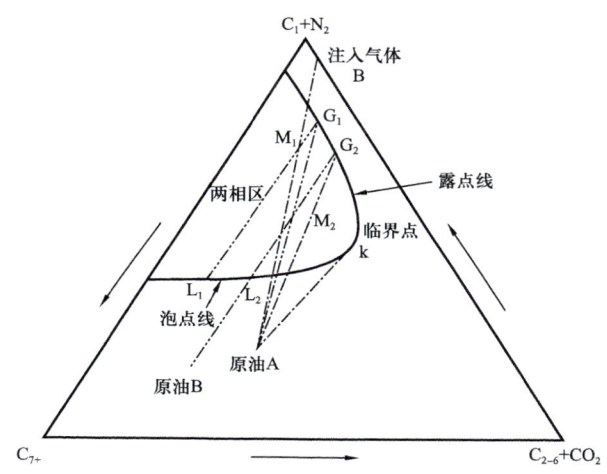

图 5-2-2 多次接触混相的拟三元相图

2. 凝析气驱

在凝析气驱过程中，原始油藏流体和注入气初接触是不混相的，之后会在注气井附近达到混相，期间注入气中的中间组分会有选择地凝析到原油中去，即注入的富气与油藏原油多次接触，并发生多次凝析作用，富气中的中间烃不断凝析到油藏原油中，原油被逐渐加富，直到与注入气混相。

显然，注富气混相驱是多次接触混相过程，通过注入富气中的中间组分不断凝析到原油中，原油逐渐变富，从而在注入气的后端与原油性质相同而实现混相。通常必须注入相当多的富气才使混相前缘的混相得以保持，一般采用的富气段塞为 10%～20% 的孔隙体积。

二、非混相驱油机理

从混相原理上可知，随着压力增加，即使是用贫气驱动含中间分子量烃较少的重油，它们之间也有可能达到混相，但要求的混相压力极高，这在油藏注气过程中有时是不可能达到的。此时注气只能是非混相驱替。烃气在原油中有一定的溶解度，一定压力下溶解气可以改变油流特性，同时不混相的气—液之间存在传质作用。因此，非混相驱替也会使原油采收率有所提高。

非混相驱的特征：

（1）注入溶剂时，一些溶于油藏流体中，一些保留为上相，因此形成两相体系。

（2）形成的上相向前运移，与更多的油藏流体接触，从油藏流体中抽提（萃取）出一些中间烃组分，或原油从溶剂中抽提一部分中间烃组分。上相抽提的组分不足以在排驱前缘或后缘达到混相。

（3）由于上相流度高，继续在前面流动，一些溶解于液相（油藏流体），更多的是从原油中抽提或从上相凝析中间烃组分，但永远达不到单相体系。

（4）上相流体早期突破，因此原油采收率相对混相驱要低。

三、近混相驱油机理

严格的多次接触混相的相态只有在无扩散流中发生,在实际油田里往往表现出一定程度的近混相驱。近混相驱特点是注入气并非与油完全混相,只是接近混相状态,对注入气的注入压力和组分等要求较宽松,在现场较容易实现。对目前各国进行的混相驱矿场试验评价表明,大多数混相驱项目基本实现的是近混相。适当选择注入气组成,形成富化气,在低于最小混相压力下可能会形成凝析/蒸发双重传质作用的近混相驱,在双重机理作用下,油气界面张力达到一个较低点。

在混相注气的油田项目中凝析/蒸发气驱是最常见的机理,因为通常注入气含有一定含量的较轻和较重的中间烃组分。一个典型的凝析/蒸发气驱表现出以下特征:

（1）混相前缘的形成表征为融合相密度和其他强化的流体性质。前缘的界面张力极其低,这是达到混相的直接暗示。

（2）确定混相前缘的两边有两个区域。混相前缘区域的上游（靠近注入气）主要是油藏原油重质组分的强蒸发作用。混相前缘区域的下游（靠近地层油）主要是注入气中间组分的凝析作用。

（3）组分平衡常数在近混相前缘趋于汇合,然后在下游分开。平衡常数是气相组分组成与液相组分组成之比。

近混相过程和凝析、蒸发混相过程一样可以用拟三元相图表示出来。图 5-2-3 给出的是某油田注富气近混相驱多次接触组成变化三元相图。

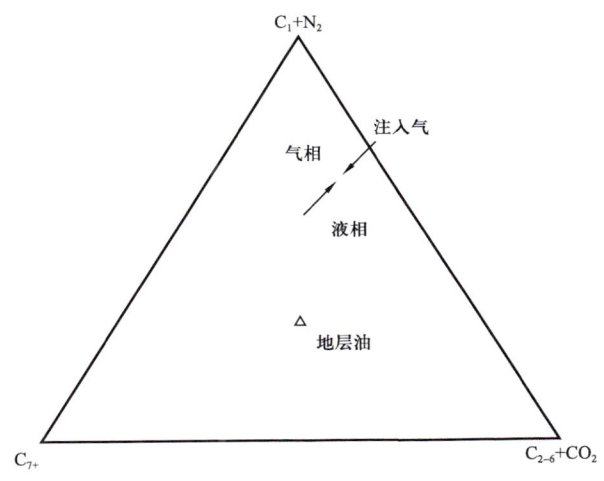

图 5-2-3　近混相的拟三元相图

四、混相程度评价方法

目前判断气驱能否混相的主要方法为细管实验法,通过驱油效率的拐点判断是否混相。实验结果表明,气驱的驱油效率随着压力升高而逐渐升高,突破时间随着实验压力增加也越来越晚。常规混相压力判断方法为两段式,但为保障实验结果的可靠性,要求在拐点两侧要至少各有 3 个点,如图 5-2-4 所示。

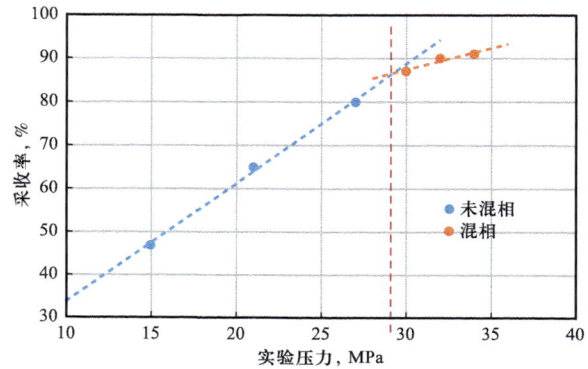

图 5-2-4　细管实验结果驱油效率和压力的关系（两段式）

1995 年,Shyeh Yung 等[123]在前人研究的基础上首次提出了近混相气驱的概念。他认为气驱过程中即使未达到完全混相,驱油效率也明显高于水驱。因此针对不能混相驱的油藏,在相对较低压力下注气近混相驱油机理的研究也很有意义。但是目前判断最小混相压力的方法（两段式）,无法有效确定近混相压力区间。很多学者通过细化不同压力下驱油效率,形成了驱油效率与压力三段式交点判断近混相压力的方法,如图 5-2-5 所示。但是该方法目前不具有普适性,通过大量实验的分析,认为一般油藏气驱近混相压力为最小混相压力的 80%~90%。

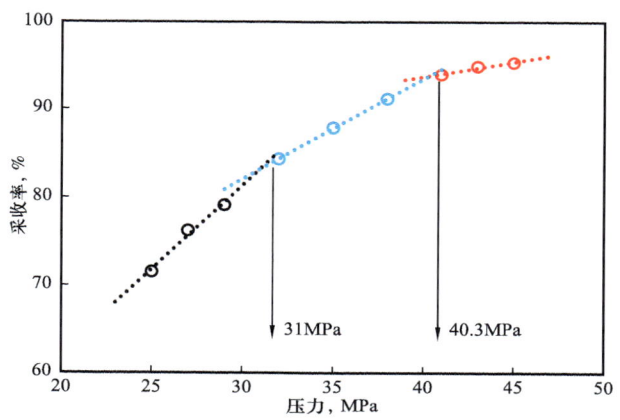

图 5-2-5　细管实验结果驱油效率和压力的关系（三段式）

五、气驱其他机理

（一）不同注气介质注气膨胀机理

在相同注入量条件下,不同注入气组分对应的饱和压力是不同的。如图 5-2-6 所示,不同注气介质的饱和压力：减氧空气＞空气＞天然气＞CO_2，饱和压力越大，说明原油越难溶解这部分气体。天然气和CO_2相对容易溶解到油相中，同时表明这两种气体容易（在相对的低压力下）与原油发生混相效果。天然气—地层油体系饱和压力仅是CO_2—地层油体系注气膨胀饱和压力的1.04～1.18倍，远远小于空气—地层油体系或减氧空气—地层油饱和压力。

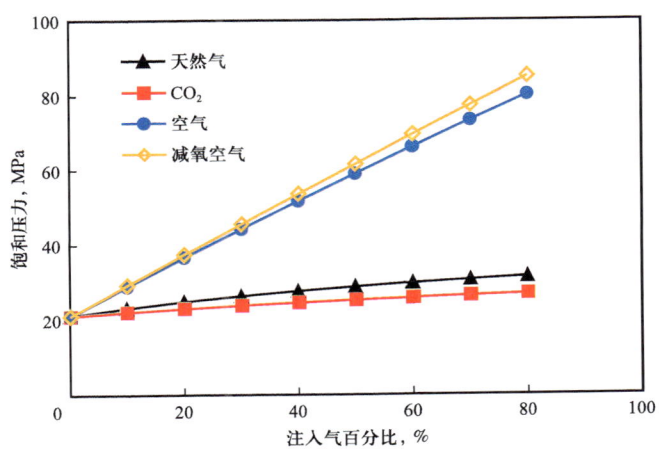

图 5-2-6　不同注入气饱和压力与注入气量关系

对比不同注入气—原油体系膨胀系数如图5-2-7所示，由于空气—原油体系和减氧空气—原油体系的饱和压力过高，导致相同压力下原油中溶解的空气或减氧空气更少，因此空气—原油体系和减氧空气—原油体系的膨胀系数较低。由于目标区块原油属于轻质油，易溶解天然气，因此天然气和CO_2的膨胀系数相近且较高。

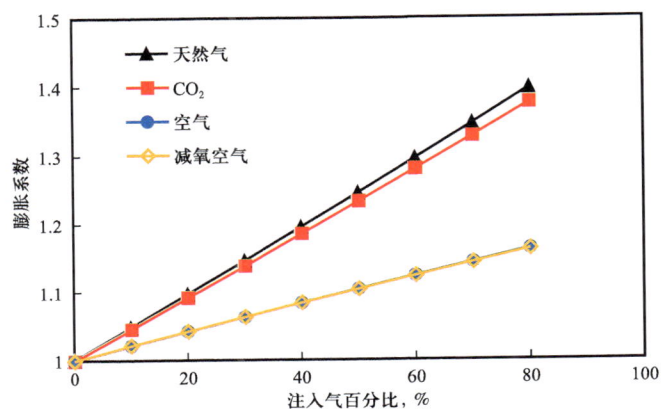

图 5-2-7　不同注入气—原油体系膨胀系数与注入量关系

在相同注气介质基础上，研究不同压力对膨胀系数的影响，如图5-2-8所示。CO_2纯度为70%条件下，随着压力的增加，总体采收率增加，但顶替阶段的采收率差别不大（50%～55%）。分析认为，杂质气体以CH_4为主，高温高压下为气体，和纯CO_2相比，油气差异加大，黏性指进严重，气体在不同驱替类型条件下窜流都很明显。随着压力增加，驱替类型逐渐过渡到近混相驱和混相驱，虽然黏性指进现象得到了极大地缓解，但 CO_2—原油界面的物质交换开始加快，因此，该阶段采收率相比非混相驱并无明显提高。因此，与纯 CO_2 驱相比，非纯 CO_2 驱油的一个明显不同就是气体窜流更严重，这主要是受杂质气体主要为 CH_4 的影响。需要注意的是，虽然阶段采收率相差不大，但由于总采收率的不同，顶替段在非混相驱（26MPa 和 28MPa）中的阶段采收率贡献（65% 左右）比近混相驱（55% 左右）和混相驱（50% 左右）更高。

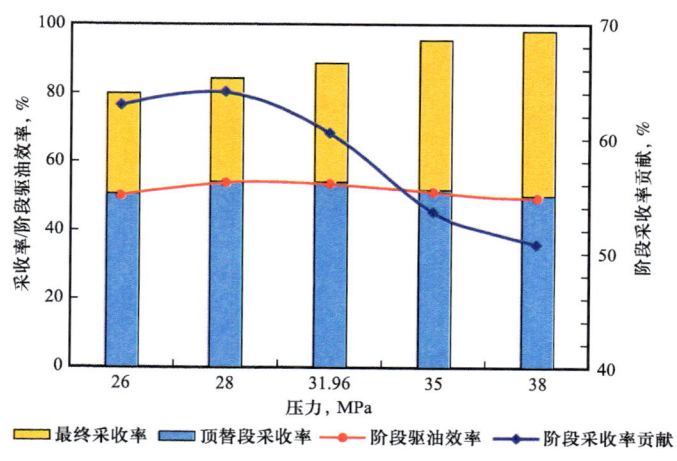

图 5-2-8　不同压力下顶替阶段采收率及采收率贡献

（二）气驱降黏效果

黏度作为驱油十分关键的一个影响因素，不同注入气对原油黏度的影响也是不同的，如图 5-2-9 所示，天然气具有更小的分子量和分子结构，因此本身黏度更低，在与原油混相后降黏效果也更好，略微优于 CO_2，明显好于空气和减氧空气。

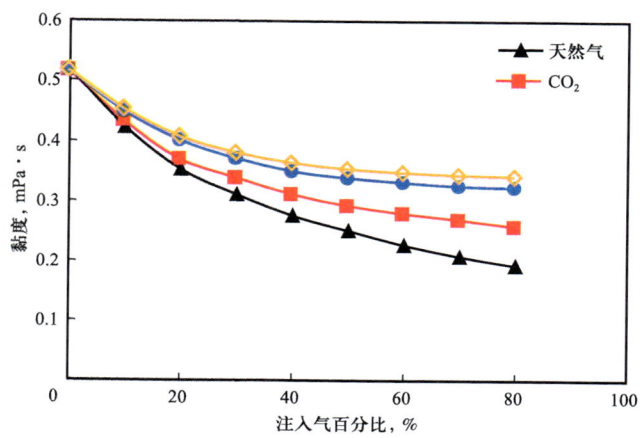

图 5-2-9　不同注入气—原油体系黏度与注入量关系

混合阶段主要体现注气对原油组分和性质的影响,如图5-2-10所示。其中,对原油膨胀作用的采收率贡献已经在顶替阶段体现。本阶段主要体现在注入气对原油黏度、密度和流动性的改善作用上。非混相驱条件下,该阶段的平均阶段采收率仅为15%,随压力增加缓慢上升。平均阶段采收率贡献不足20%,阶段驱油效率为35%左右;随着压力的增加,驱替类型过渡到近混相驱,平均阶段采收率超过30%,平均阶段采收率贡献超过35%,阶段驱油效率超过70%,且均随压力增加快速上升;随着压力的进一步提升,驱替类型变为混相驱,平均阶段采收率和平均阶段采收率贡献均接近50%,阶段驱油效率超过90%。

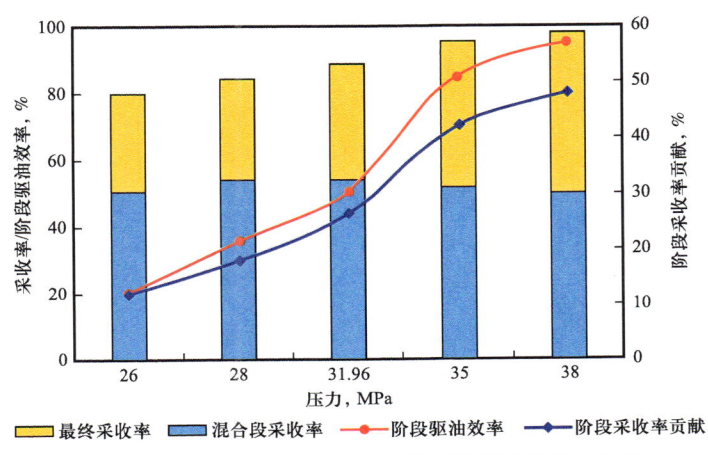

图5-2-10 不同压力下混合阶段采收率及采收率贡献

(三)注气重力辅助驱油机理

相比注水开发,注气开发过程中气油黏度差异大,驱替界面稳定性差,重力分异作用强。如果采用合理注采速度开采能够形成稳定气驱油界面,一定程度减缓储层物性差异、流体差异导致的黏性指进,提高气驱波及范围。

分别采用不同倾角长岩心进行驱油实验,结果表明随着倾角增大、重力分异作用增强、气油界面推进速度降低,驱油效率逐渐提高,实验表明20°倾角比8°倾角可提高驱油效率7.2%(图5-2-11),高陡油藏更适合注气开发。

考虑地层倾角、流体物性、储层物性等因素,建立气驱油界面推进模型,求解得到气驱油过程中保证气油界面稳定的最大驱替速度,小于该速度注采能够形成稳定气油界面,提高气驱波及范围,反之则易形成黏性指进,导致注入气沿高渗层快速突破降低驱替范围。

针对同一倾角长岩心,初期驱替速度增加有利于提高采出程度,但驱替速度过大会导致黏性指进加重,采出程度相应降低。针对不同倾角长岩心,倾角越大临界驱替速度越大,即随着驱替速度增大采出程度开始下降的拐点出现越晚,表明倾角越大重力分异作用更强,对储层、流体物性差异造成的黏性指进抑制作用越强,实验结论与理论研究成果一致。该方法创新性建立了气驱油界面稳定推进模型,能够快速有效地得到注气开发油藏合理注采速度(图5-2-12)。

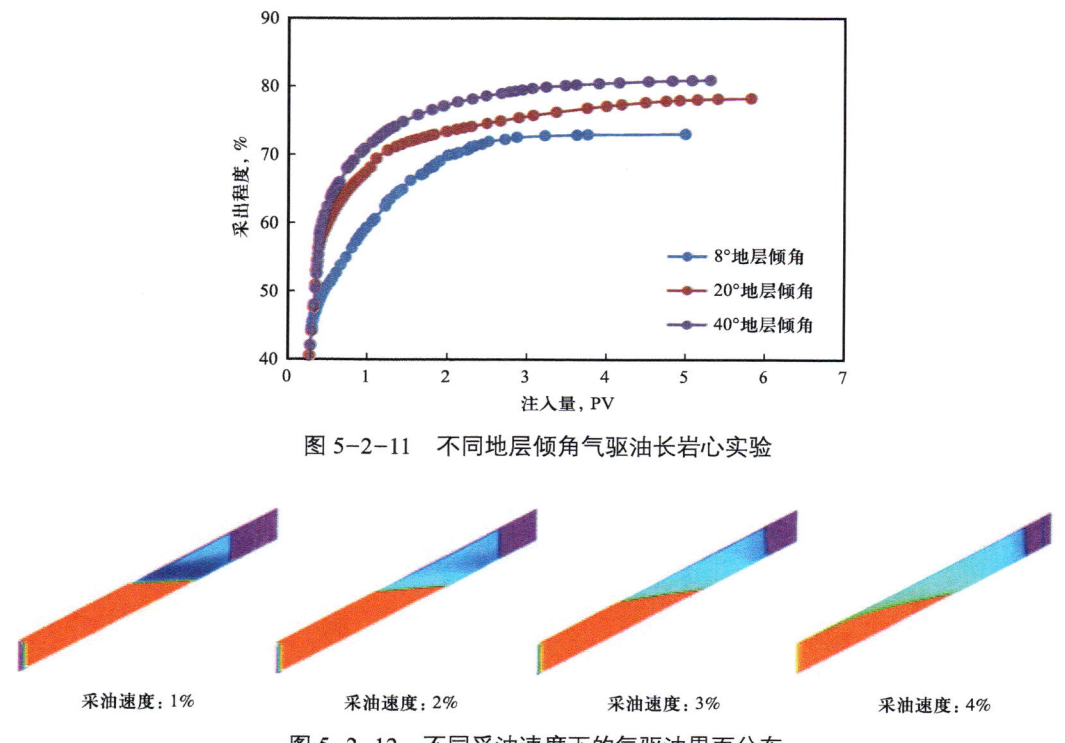

图 5-2-11　不同地层倾角气驱油长岩心实验

图 5-2-12　不同采油速度下的气驱油界面分布

（四）水气交替驱油机理

水气交替注入（WAG）的目的是提高注气波及体积，主要是用水控制驱替流度并稳定前缘，用气驱油的微观驱替效果要好于水，因此水气交替注入把提高气驱的微观驱替效率与提高注水的波及体积结合了起来。采用水气交替注入的所有油田都提高了采收率（与纯注水相比）。虽然流度控制是一个重要问题，但水气交替注入的其他优点同样值得注意。组分交换可以获得额外的采收率并可能影响流体密度和黏度。由于两种饱和度（气和水）将交替增加和降低，因此水气交替注入导致复杂的饱和度分布。这就需要专门描述三相（油、气、水）的相对渗透率。

与水驱开采相比，水气交替注入的开采机理可归纳为：通过水气交替注入降低水油流度比，从而增加水驱波及体积；通过水气交替注入降低水驱过的油层剩余油饱和度，即提高驱油效率；同时在重力分异作用下，可以通过气驱扫及正韵律厚油层上部水驱扫及不到的油层区域；水气交替注入也降低了气相的渗透率，从而降低了气体的流度，减缓了气窜的发生。这些机理的综合作用提高了水驱最终采收率。

在水驱开采过程中，水油流度比对水驱波及效率将产生直接的影响。无论是亲水油藏还是亲油油藏，非混相水气交替注入都能够降低流度比，提高水驱波及效率、降低水油比、延长水驱开采年限、提高最终采收率。

在亲水地层中，混气水驱油提高采收率的机理是界面聚集和界面流动。在亲油的地层中，油、气、水三相流体的渗流机理不同于亲水地层。由于水为非润湿相，会占据大孔道的中轴部位，而气也是非润湿相，也要占据大孔道及大孔道的中轴部位。油为润湿相，在孔道壁上有较大的附着力，因此气和水把油挤在小孔道和孔道壁上，并趋向于聚集在气水固三相的交汇处。气水界面提供了油流连接通道，气水界面夹带油流动。无论是对亲水油层还是对亲油油层来说，水气交替注入都能够为残余油的聚集和流动提供比水驱更为有利的条件，因此它能够提高油层的驱油效率。

水气交替注入的开采机理是通过降低流度比提高波及体积以提高油层采收率，这一过程发生在气水两相同时存在的地方，即发生在已水驱过的油、气、水三相混合流动带中，水气交替注入同水驱相比，除增加了一个油气水三相混合流动带外，还增加了一个油气流动带。在这个油气流动带中，实际上是气驱油的过程。对于一个非均质性较强的正韵律油层来说，水驱很难驱扫到油层的上部。在这一部分储层中，含油饱和度几乎处于原始状态，在这种情况下，通过气驱采油，可以采出水驱无法采出的油量，从而提高整个油层的采收率。

在水气交替注入过程中，能否充分利用水气交替注入开采的效果，使其充分发挥作用，是获得较好水气交替注入效果的关键。在诸多影响因素中，储层条件是影响水气交替注入效果的关键因素。当储层条件一定时，措施条件（诸如完井工艺、水气比、水气交替周期、注采速度及井网井距等）直接影响水气交替注入的开采效果。

第三节　海上油田气驱地质油藏关键技术

一、融合井/震/动态多响应信息的储层预测及差异渗流通道表征技术

气驱是一项适用于低渗透油藏的高效开发技术，具有注入能力强、无水敏、储层伤害小、能更好地补充地层能量、驱油效率高的特点，能够有效提高油藏采收率，因此被广泛使用。海上油田断层分布广泛，油藏多为构造和沉积控制下形成的断块、岩性、断块＋岩性油藏，在油田注气开发过程中，地层压力发生变化，引起岩石性质和地应力改变，可能会造成断层失稳，发生地质溢油事件；海上油田开发井数少，井距大，对地下砂体的分布及连通性认识不足，砂体的连续性是影响注气驱油的关键，若储层之间不连通，会导致注采井间注气不受效。因此断层封闭性和储层连通性是影响油田注气的重要因素。经过勘探开发实践，形成了融合井/震/动态多响应信息的储层预测及差异渗流通道表征的技术。

（一）融合井/震/动态多响应信息的稀井网储层预测技术

通过多年研究，利用"井震结合定边界、动静结合定连通、地质知识库为约束"的多信息融合的稀井网储层预测技术，精细解剖了复合砂体分布及叠置关系，突破了对涠四

段、流一段砂体及沉积模式认识的局限，推动了涠四段和流一段的整体滚动扩边。基于井点复合砂体特征，综合"厚—薄—厚"、高程差、河道间沉积等砂体边界识别标志及地震同相轴的相变、蠕变、拉伸及变形等可能的砂体边界响应信息建立多井对比剖面，确定复合砂体的分布与叠置关系，应用生产井生产特征、注采井受效性、地层压力保持情况、生产测试等辅助判断储层的连通性，参考野外露头与密井网知识库，在多井对比主导下，结合储层预测精细解剖了复合砂体分布及切割叠置关系，突破了前人对涠四段、流一段砂体分布及沉积模式认识的局限，推动了涠洲 12-1 油田涠四段、流一段整体滚动扩边，奠定了油田调整的物质基础，同时建立了横向及垂向 6 种砂体的分布模式如图 5-3-1 所示，指导油田精细解剖及调整挖潜、注气提高采收率研究。

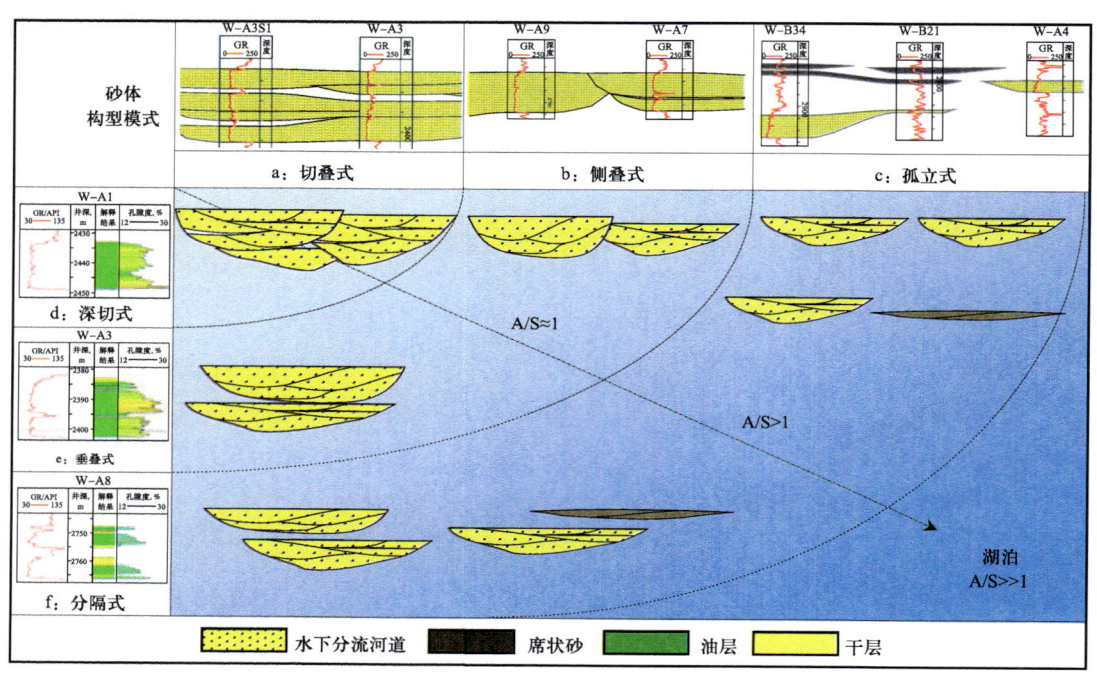

图 5-3-1　浅水三角洲前缘砂体构型样式

（二）综合沉积和成岩强度参数的物性预测新方法

针对常规物性模型弱化成岩对物性影响的缺陷，优选反映物性差异的主要沉积参数，协同成岩数值模拟方法定量表征的成岩强度，创建了融合成岩指数的物性预测新方法，弥补了常规模型的不足，提高了物性预测合理性及与油藏动态认识的吻合度。通过开展沉积、成岩多因素对物性影响，明确了物性主控因素，综合考虑温度、压力、流体和时间 4 种因素对成岩作用的影响，选取古温度、镜质体反射率、伊蒙混层含量、自生石英含量 4 组参数建立了成岩强度定量表征模型，实现了储层成岩强度的定量表征。结合可量化的泥质含量、粒度中值等主要沉积参数，创建了融合成岩指数的物性预测新方法，弥补了常规模型弱化成岩对物性影响的不足，提高了预测物性与油藏动态认识的吻合度，为流动单元研究奠定了基础。

（三）基于构型的多参数协同聚类的差异渗流单元表征技术

针对非均质性油藏产吸剖面及剩余潜力认识不足，利用能精准反映储层渗流能力的静态参数划分不同渗流单元，以复合砂体构型为约束精细刻画了各类渗流单元的分布，集成了基于构型的多参数协同聚类的差异渗流单元表征技术，明确了差异气驱通道及剩余油的有利富集区。通过储层渗流能力参数（米采油指数等）与静态参数（孔隙度、渗透率、流动带指数、泥质含量等）的相关性分析（图5-3-2），优选相关性较好的孔隙度、渗透率和流动带指数，采用系统聚类分析方法把储层细分为4类不同渗流能力的储集单元，在复合砂体构型及井间连通性约束下刻画了各类渗流单元的分布，发展了陆相稀井网强非均质储层精细表征技术方法，推动了该类油藏由复合砂体构型向不同渗流单元储层的精细表征，预测了有利气驱通道及剩余油的有利富集区，为油田挖潜提供了技术支撑。

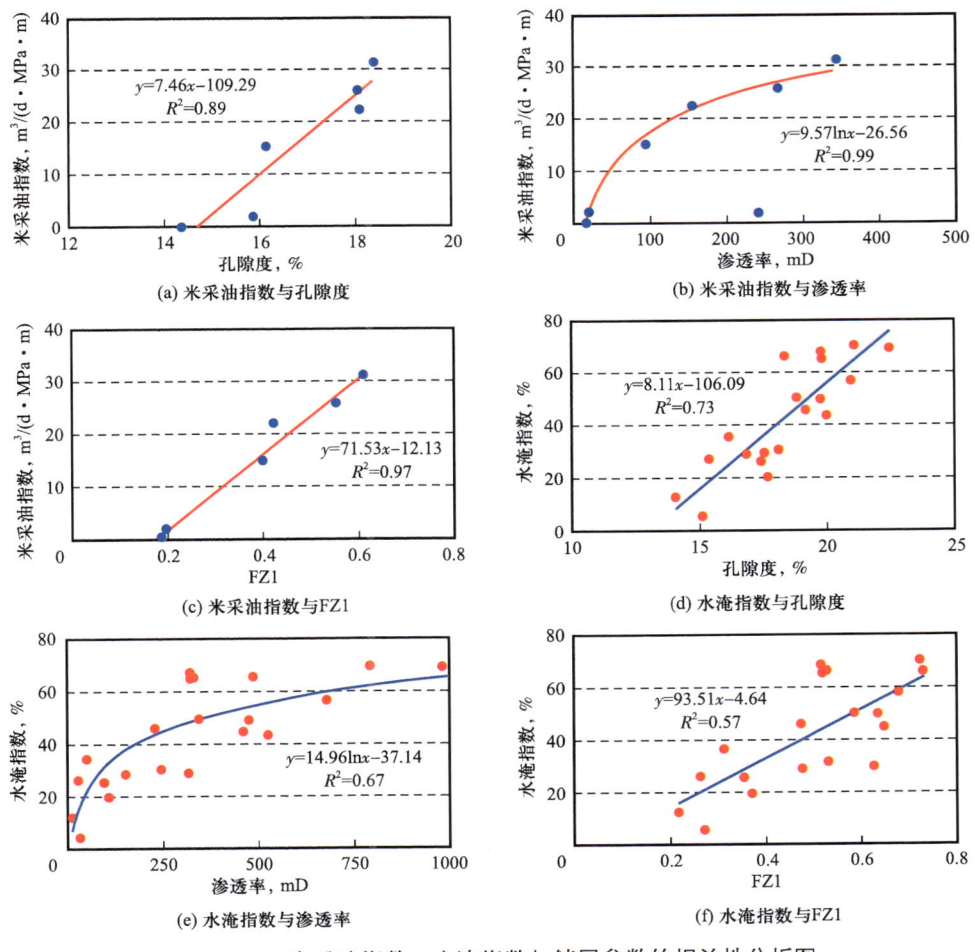

图5-3-2 米采油指数、水淹指数与储层参数的相关性分析图

二、注气能力预测方法

注气能力预测是气驱开发油田必不可少的关键技术，是为了达到目标配注量必须研究的内容。同时，还可以根据储层的注气能力优化注气井的注入参数。下面将介绍以下几种常用的注气能力预测方法。

（一）油藏工程方法

1. 相对渗透率曲线法

该方法从油水、油气的相渗特征出发，分析采油指数、吸气指数之间的关系。通过目标油田实际生产或测试数据，获得渗透率与采油指数关系图版。结合该图版，可以得到每口注入井的相应注气量。该方法属于理论计算方法，是基于室内气油相对渗透率实验结果，由于室内实验与现场注气条件差异较大，因此本方法适用性有待进一步论证。

$$\frac{I_\mathrm{g}}{J_\mathrm{o}} = \frac{K_\mathrm{rg}(S_\mathrm{or}) \cdot \mu_\mathrm{o} \cdot B_\mathrm{o}}{K_\mathrm{ro}(S_\mathrm{gc}) \cdot \mu_\mathrm{g} \cdot B_\mathrm{g}} \qquad (5-3-1)$$

式中　I_g——吸气指数，$\mathrm{m^3/(d \cdot MPa)}$；

J_o——采油指数，$\mathrm{m^3/(d \cdot MPa)}$；

$K_\mathrm{rg}(S_\mathrm{or})$——残余油饱和度下气相相对渗透率；

$K_\mathrm{ro}(S_\mathrm{gc})$——最小含气饱和度下油相相对渗透率；

μ_o——原油黏度，$\mathrm{mPa \cdot s}$；

μ_g——注入气黏度，$\mathrm{mPa \cdot s}$；

B_o——原油体积系数；

B_g——注入气体积系数。

2. 渗流公式法

1）注气初期

注气初期是指累计注气量较少、注入气在地层中形成的压差非常小的一段时期，这一时期油或水的渗流阻力占主导地位，而气体的渗流阻力却非常小，可忽略不计。针对低渗透油藏注气，这一时期的驱动可假设为活塞式驱动，如果注气速度不是很高，则井筒周围流体的流动即为层流流动，地层注入的吸入规律符合径向达西定律，这时的地层吸入能力（Q_gsc）即可用径向达西公式来描述。

$$Q_\mathrm{gsc} = 0.864 \times 10^{-5} \frac{2\pi Kh(p_\mathrm{wf} - p_\mathrm{R} - G \cdot r_\mathrm{e})}{\mu_\mathrm{o} \cdot B_\mathrm{g} \cdot \left(\ln \frac{r_\mathrm{e}}{r_\mathrm{w}} + S\right)} \qquad (5-3-2)$$

式中　K——渗透率，mD；

μ_o——原油黏度，$\mathrm{mPa \cdot s}$；

B_g——注入气体积系数；

r_e——动用半径，m；

r_w——井径，m；

S——表皮系数；

G——启动压力梯度，MPa/m。

2）注气中后期

注气一段时间后，对应油井见气之前的时期。在这一时期，气、液界面已延伸至油藏的深部，注入的气体在地层中已形成相当体积的气体带，此时气体的渗流规律已不能再忽略，而这时的气体带便相当于一个具有一定体积规模和特殊边界（气、液界面）的气藏。根据渗流力学理论，注入与产出的区别在于流体渗流方向的不同，描述其渗流特征的数学模型是一致的，可将油藏注气过程视为天然气藏采气的逆过程，气井产能方程进行适当变换，得到描述地层吸气能力的表达式——吸气方程。目前，矿场上常用的产能方程是二项式产能方程。

$$p_{wf}^2 - p_e^2 = AQ_{gsc} + BQ_{gsc}^2 \quad (5-3-3)$$

$$A = \frac{1.291 \times 10^{-3} \mu_g \cdot T \cdot Z}{Kh}\left(\ln\frac{0.472 r_e}{r_w} + S\right) \quad (5-3-4)$$

$$B = \frac{2.282 \times 10^{-21} \beta \cdot \gamma_g \cdot T \cdot Z}{r_w h^2} \quad (5-3-5)$$

式中　A——层流项系数；

　　　B——紊流项系数；

　　　μ_g——注入气黏度，mPa·s；

　　　T——油藏温度，K；

　　　Z——气体偏差系数；

　　　γ_g——相对密度；

　　　β——孔隙介质内湍流影响的惯性阻力系数，1/m。

（二）海上注气能力类比法

由于海上油田实际注气开发井较少，而仅采用油藏工程方法可能误差较大，同时海上油田进行方案编制前也无法在目标油田进行氮气试注，因此一般海上油田注气能力都采用综合类比法进行确定。一般地下注气能力与目标油田的渗流参数相关，建立陆上吐哈、中原、储气库及涠洲 12-1 等油田实际注入米吸气指数图与 K/μ 的关系图版（图 5-3-3）。考虑了注入压力引起的气体黏度和体积系数对地面注入量的影响，将图版法得到的注入气体地下体积转换为地面体积。该方法可靠性强，应用方便，目前渤中 34-2/4、秦皇岛 29-2、涠洲 12-1 南块等油田均采用该方案确定注气井注入能力，通过投产后的验证，认为该方法可靠性较高，随着投产井越来越多，可以进一步丰富图版中数据，进一步提高类比预测的精度[124]。

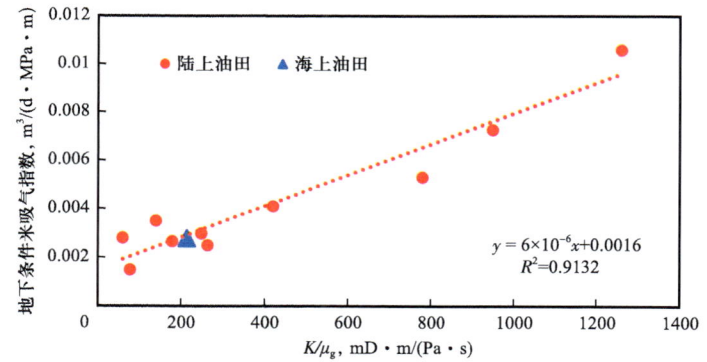

图 5-3-3　陆上和海上油田米吸气指数图版

（三）矿场氮气试注法

氮气试注法是确定油藏吸气能力最直接、可靠的方法。注气量和注气压力设计主要是根据氮气试注测试资料的处理与分析来进行。但是受到气源、设备、平台等因素的影响，注气过程程序复杂，成本较高。氮气试注测试资料处理和分析方法如下。

1. 老井注气

根据该井氮气试注数据计算、绘制指数式曲线，并根据指示曲线，确定油藏吸气能力与注气方程。利用式（5-3-6）确定该注气井在不同注入压力下的注气速度。

$$\lg Q_{gsc} = \lg C + n \lg \left(p_{wf}^2 - p_R^2 \right) \quad (5-3-6)$$

式中　Q_{gsc}——氮气排量，$10^4 m^3/d$；

　　　n，C——常数；

　　　p_{wf}——平均井底流压，MPa；

　　　p_R——平均地层压力，MPa。

2. 新井注气

由于注气方案无法在注气井完成后再进行编制，因此需要根据本油田其他井或者相似油田的氮气试注测试资料，绘制米吸气指数与注入气流度的关系图版，根据此图版计算得到不同储层物性和注入压力下的注气井的吸气能力，进而确定不同注气井的注气速度。

$$\frac{I_g}{h} = \frac{Q_{gsc}}{p_{wf}^2 - p_R^2} \quad (5-3-7)$$

式中　I_g——吸气指数，$10^4 m^3/(d \cdot MPa)$；

　　　h——有效厚度，m。

三、气驱大井距合理井网井距部署技术

(一) 大井距气驱井间相带分布及表征

1. 气驱井间相带分布特征

注气开发过程中,随着注入气进入储层,逐步与地层原油发生复杂相态变化,为实现气驱过程的精细表征,将气驱前缘细分为组分前缘、有效组分前缘和相前缘。定义注入气与原油相接触界面为相前缘,相前缘未波及区域含气饱和度为0;有效组分前缘为注入气组分传质到原油中引起原油性质改善的最前缘(注入气摩尔分数约2.6%),有效组分前缘未波及区域原油性质基本不发生变化,因此有效组分前缘与组分前缘间的区域为无效波及区域,有效组分前缘未波及区域原油性质基本不发生变化,注入气与原油发生相互作用,引起原油膨胀、降黏等,势必导致压力发生一定变化,因此将有效组分前缘近似为压力前缘;组分前缘为注入气组分传质入原油中的最前缘,组分前缘未波及区域原油中组分不发生改变(图5-3-4)。

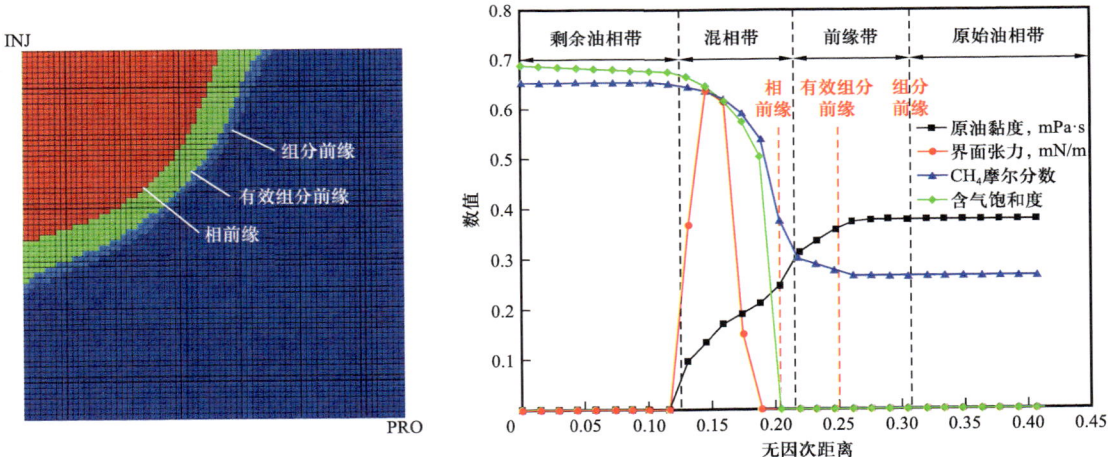

图 5-3-4 气驱井间相带分布特征示意图

2. 气驱井间相带表征方法

气驱过程中,由于注入气组分具有较强的扩散能力,气体组分的波及范围要大于气相波及的范围。但在气相前缘和组分前缘之间,只有靠近气相前缘位置处的原油物性才得到明显改善,而组分前缘位置处由于溶解的注入气浓度过低,原油物性没有显著变化。

为更好表征注气开发的波及特征,提出了组分波及的概念,来描述注入气组分影响到的范围。定义组分波及系数和相波及系数,分别表征组分波及和气相波及的体积(面积)占油藏总体积(面积)的百分数。其定义式分别为

$$E_c = \frac{\iiint_{S_g>0} \phi \mathrm{d}V}{\iiint \phi \mathrm{d}V} \qquad (5-3-8)$$

$$E_c = \frac{\iiint_{C>0} \phi \mathrm{d}V}{\iiint \phi \mathrm{d}V} \qquad (5-3-9)$$

但是，由于组分波及前缘处油相中注入气摩尔分数过低，原油的物性没有明显得到改善，这部分组分波及区域对驱油是没有贡献的。在组分前缘位置处，沿着驱替方向注入气的摩尔分数逐渐降低，注入气的降黏作用逐渐变弱，在组分的最前缘处原油黏度等于原始状态的黏度，且原油组分不变。为在数值模拟中便于统计，给定组分前缘对应位置，注入气中 C_1 略微溶于原油（注入气约 1×10^{-6} 的 C_1 溶于原油）。为更为准确地表征组分波及系数，定义有效组分波及系数，只有当注入气浓度超过一定值之后才认为是组分的有效波及区域，这个值称为有效波及下限浓度 C_e。结合 4.1.1 中对前缘的定义，有效组分前缘可近似为压力前缘，因此有效组分波及可近似为压力波及。

有效组分（压力）波及下限浓度为组分前缘位置处能改善原油物性的注入气浓度下限，根据先前研究，有效波及下限浓度等于组分前缘位置原油黏度拐点位置对应的注入气的摩尔分数，研究区注伴生气开发的有效波及下限摩尔占比为 2.6%，即注入气在原油中的摩尔占比高于 2.6% 时为有效波及。

如图 5-3-5 所示，三者关系：组分波及＞有效组分（压力）波及＞相波及。判断气窜与否主要根据相波及，组分波及的研究意义在于通过检测生产井井流物组成，确定地下流体相带分布，有利于气窜预警。模型纵向分为多层，受重力分异影响，各层波及情况存在区别。

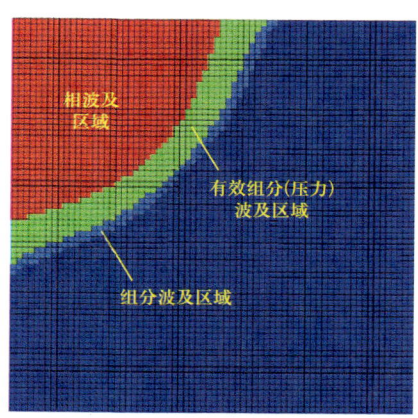

图 5-3-5　气驱波及区域示意图

不同混相状态下，注入气性质存在差异，与非混相相比，近混相、混相状态下注入气密度更大，重力分异的影响被削弱，因此油藏底部波及系数的差异更大；且相较于非混相，近混相状态下气体的重力超覆减弱，混相状态下重力超覆程度更低，因此混相状态下各层波及系数差异最小，近混相次之，非混相各层波及系数差异最大。由于存在重力超覆，对于储层顶部，非混相的波及系数大于近混相和混相，之后各层的波及系数均表现为混相＞近混相＞非混相，且越靠近储层底部，波及系数的差异越大。

不同混相状态下相前缘的波及系数随注入速度而变化。注入速度增加，注入气突破早，导致不同混相状态下的波及系数均降低，且随着注入速度的增大，近混相/混相与非混相波及系数的差值增加，表明注入速度对非混相的影响更大。

（二）低渗透油藏气驱有效驱替极限井距评价方法

针对烃气驱极限井距计算需要综合考虑低渗透油藏的特殊地质特性以及烃气在油藏中的流动特性和分布规律的特点，通过传质—吸附—扩散方程精确求解烃气浓度的变化并对原油黏度和启动压力梯度进行修正，得到了一种快速、准确计算低渗透油藏烃气驱技术极限井距计算方法。设纯气渗流区前缘位置为 r_1，混相区前缘位置为 r_2，近混相区前缘位置为 r_3，纯油区前缘位置为 r_4，实际井距为 L，当 $L=r_1+r_2+r_3+r_4$ 混相前缘与纯油区相遇处的压力恰好达到地层平均压力 p_ε 时，两者压力前缘相遇，L 即为某一产量下的极限井距，两个渗流区域的分界线就是烃气驱波及前缘，如图 5-3-6 所示。

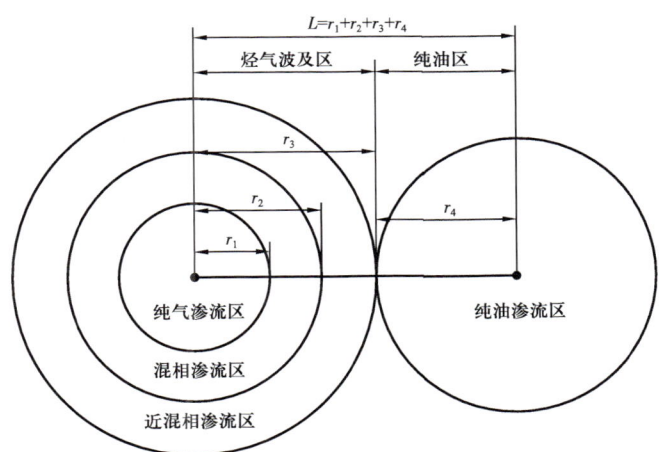

图 5-3-6 气驱极限井距物理模型示意图

计算纯气渗流区内压差损耗和长度变化：

纯气渗流区长度：

$$r_1 = \sqrt{r_0^2 - \frac{Qt}{\pi h \phi}} \qquad (5\text{-}3\text{-}10)$$

式中　r_1——纯气渗流区边界与注气井距离；

　　　r_0——井口半径长度；

　　　Q——注气速度；

t——注气时间；

h——储层厚度。

纯气渗流区内压力分布：

$$\frac{\mathrm{d}p}{\mathrm{d}r} = \frac{Q\mu}{2\pi rKh} \quad (5\text{-}3\text{-}11)$$

消耗的压差 Δp_g 为

$$\Delta p_g = \int_{r_0}^{r_1} \mathrm{d}p = \int_{r_0}^{r_1} \frac{Q\mu}{2\pi rKh} \mathrm{d}r \quad (5\text{-}3\text{-}12)$$

计算混相区内 CH_4 浓度分布、压差损耗和长度变化：

混相区内 CH_4 浓度连续降低，油气混合物黏度及油相启动压力梯度连续上升。将混相区等分为 n 个网格，考虑每个网格内流体物性一致。

压力梯度为

$$\frac{\mathrm{d}p}{\mathrm{d}r} = G_{\mathrm{mix}} + \frac{Q\mu}{2\pi rKh} \quad (5\text{-}3\text{-}13)$$

消耗的压差为

$$\Delta p_{\mathrm{mix}} = \int_{r_1}^{r_2} \mathrm{d}p = \int_{r_1}^{r_2} \left(G_{\mathrm{mix}} + \frac{Q\mu}{2\pi rKh} \right) \mathrm{d}r \quad (5\text{-}3\text{-}14)$$

计算近混相区内 CH_4 浓度分布、压差损耗和长度变化：

近混相区内的 CH_4 浓度分布特点及计算方法与混相区内完全相同，但压差损耗和区间长度确定方法不同。近混相区的压差损耗通过非活塞驱替两相渗流阻力的计算方法计算。已知油藏相对渗透率数据，忽略重力和毛管力作用，相对渗透率与 Z 的关系式如下所示，关系式中的系数 a、b 可以通过图解法获得。

$$K_{\mathrm{ro}}\omega_{\mathrm{o}} = \frac{a}{\mu_{\mathrm{r}}} z^b \quad (5\text{-}3\text{-}15)$$

上式又可以通过多项式 $\mu_{\mathrm{r}}\omega_{\mathrm{o}} = A + Bz + Cz^2$ 近似表达，以计算近混相段两相流消耗的压差。

近混相区消耗的压差为

$$\Delta p_{\mathrm{mixo}} = Q\frac{\mu_w}{Kh}\left(A + \frac{2}{3Bz_{\mathrm{f}}} + \frac{1}{2Cz_{\mathrm{f}}^2} \right) \quad (5\text{-}3\text{-}16)$$

式中的 A，B，C 均为常数，由多项式 $\mu_{\mathrm{r}}\omega_{\mathrm{o}} = A + Bz + Cz^2$ 拟合 $\mu_{\mathrm{r}}\omega_{\mathrm{o}}$ 与 z 的关系曲线得到；$z = 1 - S_w - S_o$。

计算纯油渗流区内压差损耗和长度变化：

纯油区压力分布为

$$\frac{dp}{dr} = G_o + \frac{Q\mu}{2\pi rKh} \quad (5-3-17)$$

压差为

$$\Delta p_o = \int_{r_0}^{r_4} dp = \int_{r_0}^{r_4}\left(G_o + \frac{Q\mu}{2\pi rKh}\right)dr \quad (5-3-18)$$

纯油区的长度 r_4 即纯油区的泄油半径为

$$r_4 = \frac{\overline{p} - p_{wf}}{G_o + \dfrac{q\mu_o}{KA}} \quad (5-3-19)$$

式中　$\overline{p}$——平均地层压力；

　　　p_{wf}——生产井井底流压。

该方法可以有效应用低渗透油藏气驱方案编制中，其中如果为非混相驱，则可以对应不考虑混相区的半径，以秦皇岛29-2油田参数计算极限井距为500m。

基于极限井距计算结果，在极限井距范围内，通过数值模拟方法考虑储层非均质性等因素确定海上低渗油藏的合理井距。依托目标油田实际模型，分别对比不同井网井距条件下的开发效果，结合经济评价结果，得到目标油田合理井位井距部署方法。

四、海上油藏特征及延缓气窜技术

（一）海上油藏气窜特征描述方法

虽然注气开发过程中气窜无法避免，但由于油井气窜后井底呈现油气水三相流动特征，油井的产油能力大幅下降，因此油藏气驱开发过程中应尽量延缓气窜时间。

要有效延缓气窜就需要认清注气开发过程中气油比的上升规律，确定油井的气窜界限，从而可以在不同气油比条件下采取相应的有效措施，延缓气油比的上升速度，保障气驱开发效果。

通过分析吐哈及中原油田气驱动态规律，发现气驱过程中气油比上升呈现三个阶段：未气窜阶段、气窜预警阶段和气窜阶段。其中未气窜阶段气油比与原始气油比相当，一般混相驱未气窜阶段时间较长，其中吐哈油田天然气混相驱未气窜时间达到6年以上。随着气体沿着高渗条带逐步指进，气油比逐步上升，当气油比从原始气油比上升到3倍的过程中，气油比上升速度比较缓慢，认为此时油相相对渗透率下降幅度较低，地层呈现快要气窜的特点，为气窜预警阶段。随着气体的快速推进，当气油比为原始气油比7倍左右时，油井气油比呈现指数式的快速增加，此时为气窜阶段。

从气驱开发动态特征可以看出，气油比呈现先缓慢爬坡上升后台阶式快速上升的规律，如图5-3-7所示。最终通过实验和动态验证，确定气窜预警的气油比界限为原始气油比3倍，气窜的气油比界限为原始气油比7倍。

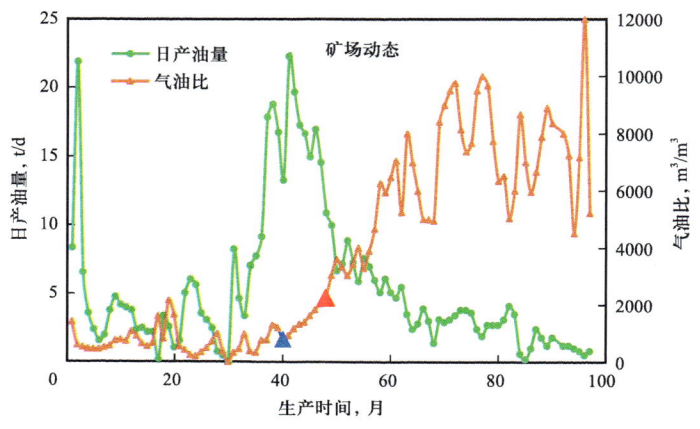

图 5-3-7 中原油田气驱动态特征

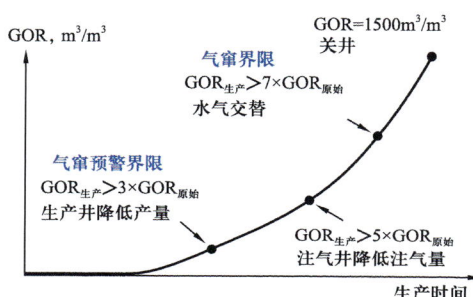

图 5-3-8 气窜界限及防窜策略图版

（二）注采调控延缓气窜策略

在气窜评价方法的基础上，针对不同气窜阶段，系统形成了相对应的防窜策略图版。如图 5-3-8 所示，当生产井气油比达到气窜预警界限时，该生产井适当降低产量；当生产井油气比达到 5 倍原始气油比时，注气井组的注气井适当降低注气量；当生产井气油比达到气窜界限时，注气井转为水气交替注入方式，当气油比超过 $1500m^3/m^3$ 时，如果采用电潜泵采油易出现气锁，建议采用关井的方式调整注采流线，提高波及体积。通过调控单井气窜延缓 2 年，累产可增加 20% 以上。

调研发现，吐哈等油田在进行水气交替注入过程中，存在注水转注气注入困难的现象，通过室内实验，形成了不同渗透率水锁及水气交替压力上升图版，如图 5-3-9 所示，

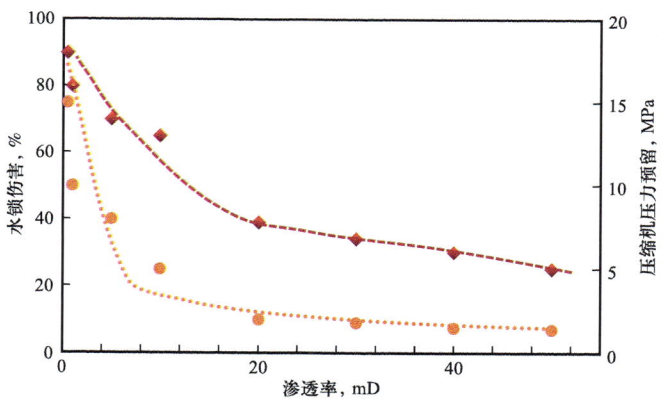

图 5-3-9 不同渗透率储层水锁及水气交替压力上升图版

首次量化了水气交替后对储层的水锁程度及压力预留,避免了水气交替注不进的风险,为海上注气方案压缩机选型提供了支撑。

(三)化学防窜方法

气窜就是气体由于黏性指进沿着裂缝、高渗带、生产压差大、毛管力作用小的方向突进的一种对提高采收率不利的现象。从增加注入气黏度和有效封堵高孔高渗带的角度出发,通过化学手段来改变地层的渗透性,可以有效减缓气窜。

解决气窜油田并提升调剖体系耐温等级使其适用更高温、中低渗透油藏,可以通过以下措施:(1)提升主剂聚合物耐温耐盐性。(2)改变封窜体系成胶微环境。(3)添加新型纳米颗粒材料充填原位凝胶孔隙中。

以提升主剂聚合物耐温耐盐性为出发点,添加新型纳米颗粒材料充填原位凝胶孔隙中,强化耐温等级(90~130℃),实现成胶可控,热稳定性好(封堵液流转向长效性),成本友好的耐高温凝胶调剖体系(图5-3-10)。

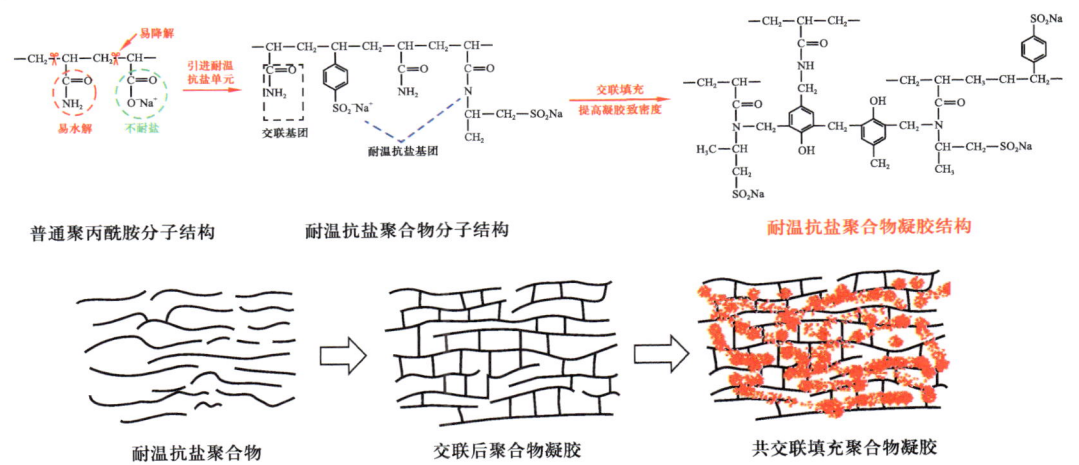

图5-3-10 耐高温凝胶调剖体系

经过实验优化构建了具有良好注入性能的耐温130℃的连续性凝胶调剖体系,7569型乳液聚合物(质量浓度0.8%~1%)+HQ+HMTA+HEDP·4Na+SN+纳米微胶体系,成胶强度D级以上,初始黏度低4mPa·s,可实现气窜层85%以上封堵率。

在超高温的条件下(120~150℃),由于一些离子存在,如Ca^{2+}和Mg^{2+}等,会对聚合物网络形成催化水解反应发生断链,反应速度会达到原来水解速度的几十倍甚至几百倍,其存在寿命大大缩短,可在普通聚合物微球的基础上加入耐温包裹层,或者采用更高耐温等级的材料合成聚合物微球体系(图5-3-11)。

通过实验优选出以甲基丙烯酸甲酯(MMA)、丙烯酸甲酯(MA)、丙烯酸丁酯、丙烯酸(AA)、八甲基环四硅氧烷(D4)等为单体,5%过硫酸铵溶液为引发剂,十二烷基苯磺酸钠(SDBS)为阴离子乳化剂、辛基苯酚聚氧乙烯醚(OP-10)为非离子乳化剂的合成耐温型乳液聚合体系，乳液聚合体系初始粒径为 480nm，室内实验达到 85% 以上封堵率，满足目标油田矿化度高、温度高的需求。

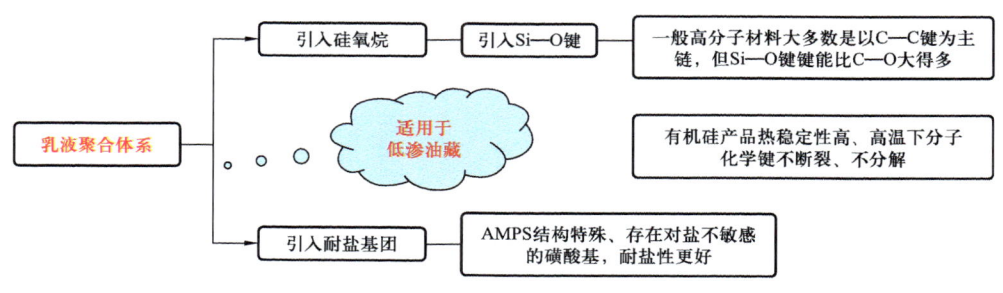

图 5-3-11　高耐温等级的聚合物微球

五、气驱开发效果评价方法

油田开发效果评价贯穿于油田开发的全过程，正确、客观、科学评价油田开发效果是油田开发方案调整达到高效合理开发的基础。

开发效果评价的思路是：首先建立一套完善的开发效果评价的指标体系，然后根据实际生产动态特征，结合其他已成功实施天然气驱项目的统计规律，建立各评价指标体系的量化标准；最后利用这些指标采用模糊综合评判法对注气油藏开发效果进行综合评价。

（一）气驱开发效果评价参数

目前评价油田开发效果的指标众多，根据各评价指标的性质和实际涵义，大体上可将其划分为三大类，即开发技术指标、生产管理指标和经济效益指标。开发指标是油田开发效果好坏的直接反应，通过对国内外开发效果评价指标进行了系统的研究，筛选了有代表性的油田开发效果评价指标，并按照影响因素划分为两大类，一是工程技术指标，二是人为控制因素，工程技术指标主要包括：气驱储量控制程度、油藏采收率、压力保持水平、换油率、存气率、气驱指数、气油比、突破时间。人为控制因素主要包括：阶段注采比和合理注气时机。

1. 气驱储量控制程度

气驱储量控制程度是指在现有井网条件下，与注气井连通的采油井射开有效厚度与采油井射开总有效厚度之比。

$$E_w = \frac{h}{H_0} \times 100\%　　　　（5-3-20）$$

式中　E_w——气驱控制程度；
　　　h——与注气井连通的采油井射开有效厚度，m；
　　　H_0——采油井射开总有效厚度，m。

由式（5-3-20）可知，只要注气井与采油井相互连通的有效厚度被射开，该油层就已经被控制住。从实际注气开发效果来看，气驱储量控制程度就是波及系数的一个反映，其值与地质因素、布井方式、射开程度等因素有关。而气驱储量控制程度又影响油藏的可采储量、原油采收率等指标。

2. 油藏采收率

采收率是受多种因素影响的综合性指标，主要取决于油藏地质特征、井网密度、地质储量动用程度、气驱油效率及工艺技术等因素。参考中国石油《油田开发管理纲要》对注水开发油田"高效开发评价体系"规定，根据油田实际情况，对油藏预测采收率标准进行了细分量化，见表5-3-1。

表5-3-1 中高渗层状砂岩油藏采收率评价标准

评价指标	一类	二类	三类
预测采收率，%	>40	30～40	<30

3. 压力保持水平

地层压力保持水平的公式为

$$地层压力保持水平 = \frac{目前地层压力}{原始地层压力} \qquad (5-3-21)$$

一般认为，当地层压力达到某一合理水平时，再增加地层压力对原油采收率影响不大。根据地层压力保持程度和提高排液量的需要，地层压力保持水平分为以下三类：

（1）地层压力为饱和压力的85%以上，能满足油井不断提高排液量的需要，该压力下不会造成油层脱气；对于低饱和油藏，原油物性随压力下降变化不大，具有低的生产气油比，地层压力保持程度主要以满足油井排液量的需要。

（2）地层压力下降虽未造成油层脱气，但不能满足油井提高排液量的需要。

（3）地层压力的下降既造成了油层脱气，也不能满足油井提高排液量的需要。

在中国石油《油田开发管理纲要》中，要求高饱和油藏地层压力要保持在饱和压力以上，低渗、低压油藏地层压力原则上保持在原始压力或原始地层压力以上。据相关文献统计全国主要油田的实际资料，中高渗砂岩油藏地层能量保持水平平均值80%，中高渗断块油藏地层能量保持水平平均值70%。

4. 换油率

换油率是评价天然气非混相驱开发效果的重要参数，换油率表示每增加一吨油所需天然气的体积，换油率越低，天然气非混相驱开发效果越好。其计算公式如下：

$$换油率 = \frac{日注气量}{日产油量} \qquad (5-3-22)$$

式中　换油率，m³/t；
　　　日注气量，m³；
　　　日产油量，t。

在气驱油田中，可以用该指标监测不同时段天然气利用效率，尤其是在非混相的开发后期，换油率的持续升高标志着天然气驱油已经失效。

5. 存气率

存气率特点是在注气初期，注入的气体大部分全部留在地层中，存气率较高；在气体突破后，存气率开始逐渐下降。天然气存气率它是衡量注入气利用率的指标，其内涵为注入气能够起到维持地层能量的效率，也是衡量天然气驱效果评价的重要指标，累积存气率越高，注入气的利用率越高，气驱开发效果也就越好。累积存气率的数学表达式为

$$W = \frac{W_i - W_p}{W_i} \tag{5-3-23}$$

式中　W——累积存气率，%；
　　　W_i——累积注入气量，m³；
　　　W_p——累积采出气量，m³。

6. 气驱指数

气驱指数的定义为每采出一吨油在地下的存气量。气驱指数越大，则需要的注气量也就越大，气驱效果越差。根据气驱指数的定义，气驱指数的计算公式为

$$气驱指数 = \frac{注气量 - 产气量}{产油量} \tag{5-3-24}$$

式中　气驱指数，m³/t；
　　　注气量，m³；
　　　产气量，m³；
　　　产油量，t。

7. 气油比

气驱开发油藏产出气由原油溶解气和注入气构成。由于生产井见气时间和见气浓度存在差异，不同开发阶段产出气的组分和组成亦有别，气驱生产气油比可按照见气前、见气后和气窜后三个阶段进行预测。见气前产出气为原始溶解气；见气后产出气主要来自以溶解态存在于"油墙"的原始伴生气和注入气，局部区域或有少量游离气；气窜后的产出气则包括勾通注采井的游离气和地层油中的溶解气。此外，地层水中的溶解气也会贡献部分生产气油比。

注入气突破后气油比呈快速上升趋势，气油比越来越高，而采液能力逐步下降则是其生产上的体现。因此，注入气一旦突破，气油比迅速增加，需尽快开展工作制度优化调

整,控制气油比上升和减缓产量递减。同时,也可以根据气油比变化来判断注入气是否突破:气油比急速上升,生产井产油量明显下降,表明注入气已经突破。注入气突破前,生产井气油比应表现为逐渐上升趋势。

8. 突破时间

突破时间是指开始注天然气后在采油井端开始大量产天然气并且气油比大于溶解气油比的时间。天然气突破越早,扫油效率越低,如果不采取适当的措施控制天然气上升,会使油井天然气产出过高而不得不关井。矿场统计资料表明,不管是二次采油还是二次采油混相驱工程,大部分都发生过气体突破,这种突破一般发生在注入 0.05~0.2 倍烃孔隙体积的总流体(气体或气体加水)以后。这也是在气驱现场先导性试验中经常观察到的典型现象。

突破时间计算方法为:生产井出现天然气的时间 – 注气井开始注气的时间。

9. 阶段注采比

注采比是油田成功实施气驱的关键指标之一。注采比是否合理直接影响着地层压力保持水平、混相可能性、油层生产能力和气驱的增产效果。

阶段注采比是指某一阶段注入的气体、水的总地下体积与采出油、气和水的总地下体积之比,其公式为

$$R_{\mathrm{IP}} = \frac{V_{\mathrm{i}}}{V_{\mathrm{p}}} \quad (5-3-25)$$

式中 R_{IP}——阶段注采比;

V_{i}——阶段注入的气体、水的总体积(地下),m^3;

V_{p}——阶段采出油、气和水的总体积(地下),m^3。

10. 合理注气时机

为了保持油田的高产、稳产,向地层中注气补充能量的最佳时机即为合理注气时机。注气时机不同,所获得的开发效果就不同。注气过早会增加成本,过晚又会降低气驱的采收率。物理实验表明,注气时机对提高采收率幅度有很大的影响。越早实施气驱,越有利于提高采收率。根据国外已成功实施气驱项目调研认识,原油饱和度多在 20%~60% 之间开展注气较为适宜。

注天然气非混相驱开发效果评价汇总上述各个评价指标的标准见表 5-3-2。

表 5-3-2 评价指标标准参考表

评价指标	好	较好	中	较差	差
气驱储量控制程度,%	>70	65~70	60~65	55~60	<55
预测采收率,%	>40	35~40	30~35	25~30	<25
地层压力保持水平,%	≥80	70~80	60~70	50~70	<50

续表

评价指标	好	较好	中	较差	差
换油率，m³/t	<0.4	0.4～0.6	0.6～0.8	0.8～1	>1
存气率，%	>75	65～75	55～65	50～55	<50
气驱指数，m³/t	<0.2	0.2～0.4	0.4～0.6	0.6～0.8	>0.8
突破时间，HCPV	>0.1	0.08～0.1	0.06～0.08	0.05～0.06	<0.05
阶段注采比	0.9～1.1	0.85～0.9	0.8～0.85	0.75～0.8	<0.75
		1.1～1.15	1.15～1.2	1.2～1.25	>1.25
注气时机（含油饱和度，%）	>50	40～50	35～40	30～35	<30

（二）气驱开发效果综合评价方法

在气驱开发效果评价过程中，不能仅凭一个或几个指标进行评价，因为某个可能具有较大潜力的油藏不一定每项指标都能达到成功气驱的各项标准，总体上，从总换油率、净换油率、气驱指数、瞬时注采比几个指标分析，该阶段注气开发效果较好；但从累积存气率来讲效果较差，即根据单一指标体系判断开发效果有较好的，也有较差的，需要对开发效果进行综合评判。模糊综合评判中将有关的模糊概念用模糊集合表示，以模糊概念的形式直接评判的运算过程，通过模糊变换，得出一个用模糊集合表示的评价结果，最后用一定方法将其转换成所需形式的结论。

将影响注天然气效果的指标称作因素集。评价结果用评判集表示，记作

$$V = \{v_1, v_2, \cdots, v_m\} \qquad (5-3-26)$$

影响评价结果的所有因素（评价指标）构成的集合称为因素集，记作

$$U = \{u_1, u_2, \cdots, u_n\} \qquad (5-3-27)$$

根据第 i 个因素 u_i 对事物做出的评价称作单因素评价，记作

$$r_i = \{r_{i1}, r_{i2}, \cdots, r_{im}\} \qquad (5-3-28)$$

将 n 个因素的单因素评价向量组成一个矩阵，就是评价对象的多因素评判矩阵，记作

$$R = \begin{pmatrix} r_{11} & \cdots & r_{1m} \\ \vdots & \ddots & \vdots \\ r_{n1} & \cdots & r_{nm} \end{pmatrix} \qquad (5-3-29)$$

为了表明各评价因素对评价结果的重要程度，根据各因素的物理意义，给出各因素的权重，即权重向量为

$$A = \{a_1, a_2, \cdots, a_n\} \qquad (5-3-30)$$

然后通过模糊变换得到评价结果

$$B = A \otimes R = \{b_1, b_2, \cdots, b_m\} \quad (5-3-31)$$

B 是 V 上的一个模糊子集，其中 b_j 表示评价对象可以用评语 v_j 来评价的程度。在实际应用中，根据最大隶属度原则，取 B 中的最大值对应的评语集作为最终评价结果。

第四节　海上油田气驱配套工艺技术

一、海上分层注气技术

涠洲 12-1 油田注气区块采用桥式偏心精细分注工艺，其关键核心工具为偏心配注器。由于井下水气物性差异大，对井下工具密封及气嘴性能要求差异大，研制了特定的密封 O 形圈，注气气嘴等。

桥式偏心分层注气工艺主要以油管为中心，根据油藏配注需求在对应层段连接注气井筒、注气封隔器、配注器、堵塞器和投捞器等精细注气配套工具组成。理论上，分层配注管柱的层数是任意的，但考虑到井下压力温度变化、油管螺纹扣型强度、管柱自重等因素，并结合北部湾复杂断块油藏特征，桥式偏心分层注气管柱设计可以满足大注气量、多层分注的需求，如图 5-4-1 所示。管柱按图示顺序连接三套封隔器和偏心配注器，封隔器实施两层气段之间的隔离和密封，偏心配注器对隔离的层段进行注气。

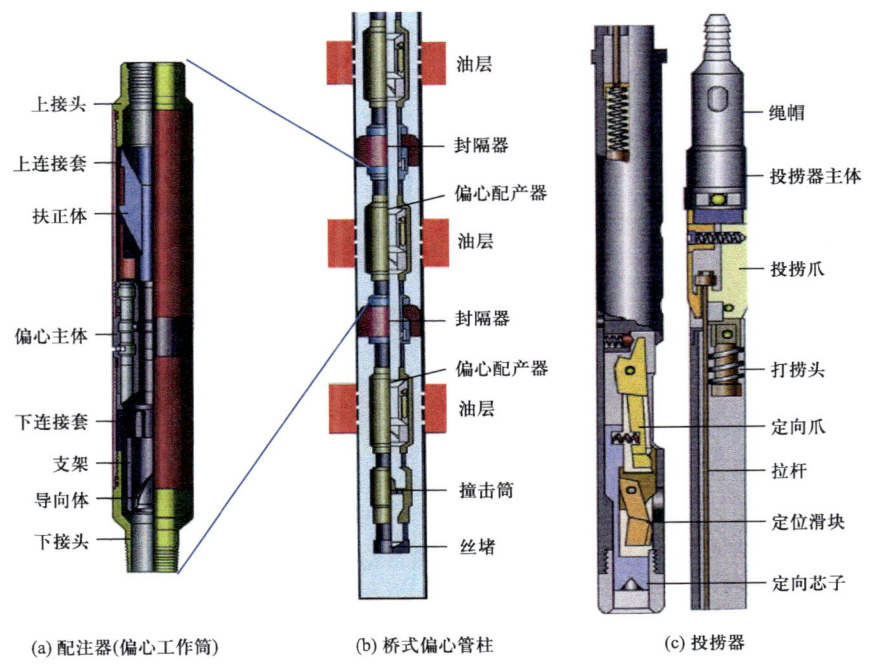

图 5-4-1　桥式偏心分层注入工艺管柱结构示意图

（一）分层注气关键工具研制

1. 偏心配注器

井下分层注气核心工具是桥式偏心配注器（图 5-4-2），主要依靠桥式过气通道实现注气层的集流流量的测量。桥式和常规偏心分注技术基于自身的兼容性，便可以同时完成非集流量测试和常规偏孔注气压力的测试，通过对中心通道压力的测试，不会对测试结果造成较大的影响。偏心配注器提高了测试的精度，使测试效率更高。

桥式偏心配注器在主通道的周围增加了多个桥式通道，在目的层段进行流量或压力测试时，其他层段依然可以通过桥式通道正常注气，不改变其他层段的工作状态，最大限度减小了各层之间的层间干扰，从而有效提高分层流量调配的效率。

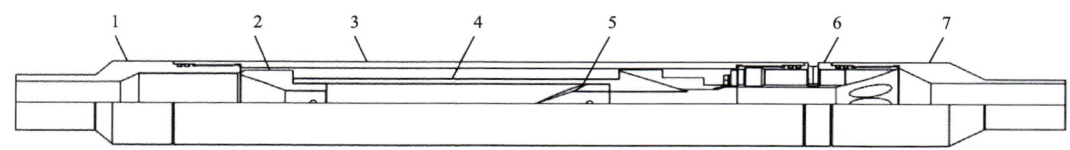

图 5-4-2 偏心配注器

1—上接头；2—导向体上接头；3—主壳体；4—导向体；5—导向体 2；6—偏心体；7—下接头

2. 气嘴

气嘴一般封装在配注器堵塞器内，气嘴系列设计＋测调工艺优化是决定精细注气成败的关键。目前该井的最大气嘴入口压力为 35MPa，井下温度最高 150℃，日注脱硫处理天然气 $20×10^4 \sim 60×10^4 m^3$，根据天然气 PVT 相态得出气嘴超临界天然气流量在 $30\sim90m/s$，注入介质中混砂程度非常低。为此，从抗高温、抗腐蚀、冲蚀，以及气嘴脆性、硬度等几个方面开展实验研究，确定石英及陶瓷基复合材料。

由于高速流体一般是径向通过气嘴，气嘴入口界面承受最大冲蚀，气流流入气嘴后，在气嘴腔内，气嘴壁所受冲蚀急剧降低，之后气嘴出口受冲蚀力有进一步显著增加。为了研究气嘴尺寸与嘴损压降间的关系，进行了桥式偏心注气堵塞器中气嘴压降的 CFD 仿真分析。

根据数值模拟结果（图 5-4-3 至图 5-4-5），在进口端无倒角时，流速场和压力场分布剧烈变化，对气嘴端口冲蚀磨损会很大。进口端采用倒角的流线设计，流速场和压力场

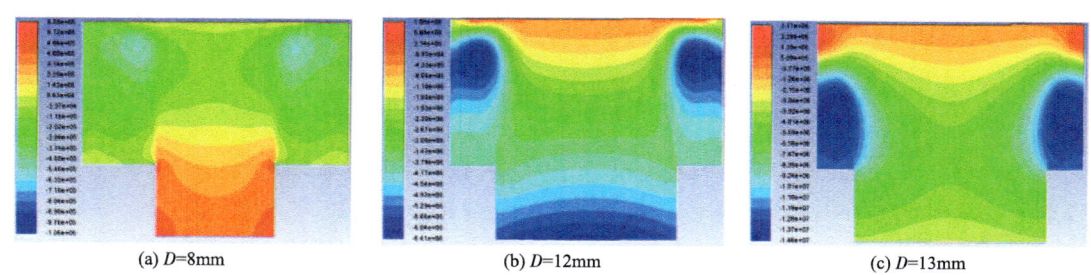

(a) $D=8mm$ (b) $D=12mm$ (c) $D=13mm$

图 5-4-3 不同内径气嘴静压仿真云图

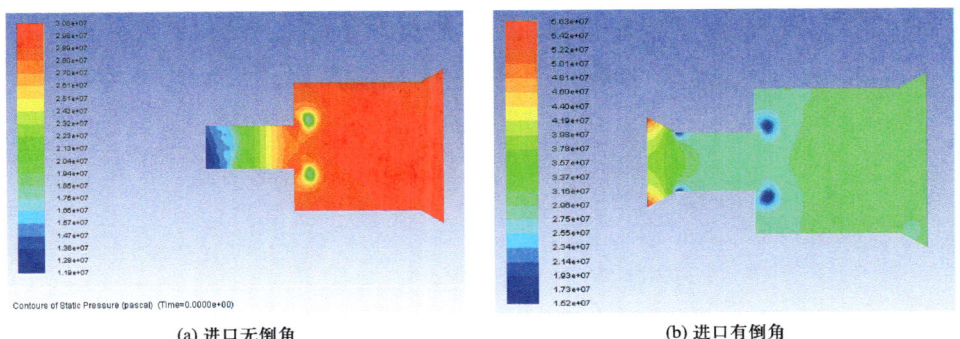

(a) 进口无倒角　　　　　　　　(b) 进口有倒角

图 5-4-4　气嘴流动通道总压场分布

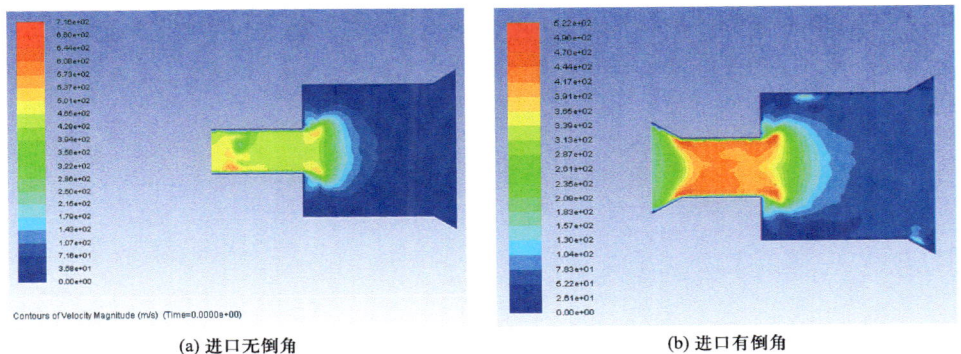

(a) 进口无倒角　　　　　　　　(b) 进口有倒角

图 5-4-5　气嘴流动通道的流速场分布

分布相对均匀，冲蚀磨损会得到改善。因此，气嘴的前端入口和后端出口均采用倒角流线设计，使流场分布相对均匀，减少两端变径导致的压力损失，进而减小气嘴磨损，延长气嘴的寿命。

（二）基于等效电路网络分层注气调配技术

根据达西渗流与稳恒电流在导体中流动的相似性，建立各层段渗流阻力的网络关系。式（5-4-1）与稳恒电流情况下电学欧姆定律具有相同的形式，式中 q、Δp_i 和 R_i 分别对应于电路中的电流、电压和电阻。

对于分层注入系统，设全井的总流量 q_t，全井的总等效渗流阻力为 R_e，则

$$q_t = \sum_{i=1}^{N} q_i = \sum_{i=1}^{N} \frac{\Delta p_i}{R_i} \tag{5-4-1}$$

忽略每一层段的流压与地层压力之差的差异，则各层段的地层满足并联关系，即全井总的等效渗流阻力倒数为各层段渗流阻力倒数之和。

$$\frac{1}{R} = \frac{1}{R_1} + \frac{1}{R_2} + \cdots + \frac{1}{R_i} + \cdots + \frac{1}{R_N} = \sum_{i=1}^{N} \frac{1}{R_i} \tag{5-4-2}$$

即当地层在一个统一压力系统下，各层流体流动可认为是并联关系，并联网络模型如图 5-4-6 所示。

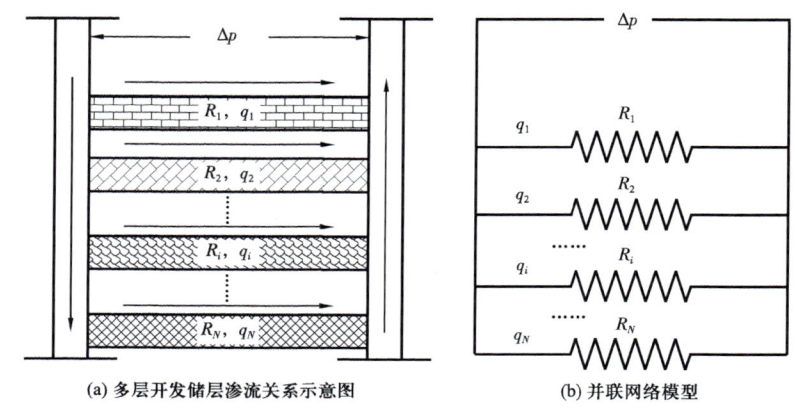

(a) 多层开发储层渗流关系示意图　　(b) 并联网络模型

图 5-4-6　分层注入井的并联网络模型

全井的总压差总流量和等效渗流阻力的关系也具有欧姆定律形式：

$$\Delta p = R_e q_t \quad (5-4-3)$$

根据稳恒电路网络模型，注气参数调配的重点在于地层启动压力（地层压力）、注入压力、注入量等参数的准确测量，以确定分层门槛压力、全井门槛压力，依此进行各层气嘴的选型，具体步骤如下：

（1）在单层开启条件下，通过试井指示曲线确定各目标地层启动压力，即确定 $p_1 \sim p_n$。

（2）对指示曲线进行处理，确定分层注入的渗流阻力，即确定 $R_1 \sim R_n$。

（3）根据各地层启动压力、渗流阻力确定阈值压力，设定井口压力为各层中最大的阈值压力，并确定各层的压力差。

（4）根据压力差确定各层压损值，再根据注入量，依据稳恒电路网络模型，确定气嘴孔径组合，即确定 $a_1 q_1^2 \sim a_n q_n^2$。

（5）根据生产指示曲线进行各层状态监测及气嘴调配方案设计。

二、注气井井筒完整性评价与修复技术

（一）采油井转注气井井筒完整性评价技术

根据涠洲 12-1 油田 A2\A8 井注气需求，制定和完善井筒完整性风险评估技术，依据环空带压风险评估方法、腐蚀速率预测模型、泄漏概率、泄漏后果等综合判断井风险级别，快速准确找出高风险井和位置，实现风险预警、降低安全隐患。主要技术评价流程如下：

1. 基础数据收集分析

以涠洲 12-1-A2 井为例，先后多次泄放短管压力、长管压力及 A、B、C 环空压力，

并记录过程相关数据。

数据分析和结果判断：

判断（1）：2584m $9^5/_8$in 双管封隔器密封良好。

判断（2）：涠四段Ⅰ油组A砂体一直产气，L5长管2.75in诱喷滑套结蜡或砂埋。

判断（3）：A环空带压原因较大概率为2540～2580m涠二段Ⅰ油组未完全封固导致。

判断（4）：B、C环空连通，且B环空压力来源于地层概率较大，与A环空连通概率较小。

判断（5）：C环空与隔水环空连通，且漏点可能位于20in套管深度约89m处。

2. 井分类划定

如图5-4-7所示，若油气是从涠二段Ⅰ油组上窜，按照井分类的原则，第一井屏障完好，第二井屏障失效，且油气已泄漏到地面，该井判断为红色井。

井号	WZ12-1-A2	完井方法	尾管射孔完井
井别	开发井	投产时间	1998年7月
第一级井屏障(Primary Well Barrier)			
地层	首次验证通过后不用再进行验证		完好
封隔器以下 $9^5/_8$in固井水泥环	首次验证通过后不用再进行验证		完好
7in固井水泥环	首次验证通过后不用再进行验证		完好
双管封隔器	A环空持续压力监控		完好
完井管柱(井下安全阀至封隔器)	A环空持续压力监控		完好
井下安全阀	定期泄漏测试		未验证
第二级井屏障(Secondary Well Barrier)			
地层	首次验证通过后不用再进行验证		完好
20in、$13^3/_8$in水泥环、$9^5/_8$in套管水泥环(封隔器以上)	首次验证通过后不用再进行验证		失效
20in、$13^3/_8$in套管、$9^5/_8$in套管(封隔器以上)	B环空日常压力监控		未验证
井口装置(A/B/C环空阀)	阀门定期泄漏测试		未验证
油管挂(包括密封总成)	定期泄漏测试以及A环日常监控		未验证
采油树	阀门定期泄漏测试		未验证

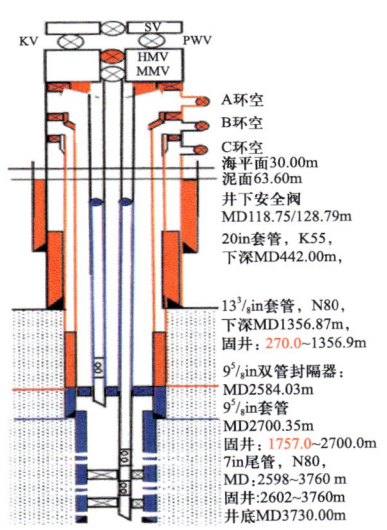

图5-4-7 采油井转注气井井筒完整性评价示例

3. MAWOP计算

由表5-4-1可得，A环空在不考虑屏障单元由于腐蚀导致的强度折减的情况下，其最大的环空压力19MPa已经达到最大允许井口操作压力，应及时放压；B、C环空压力处于压力范围内。

4. 风险控制措施

考虑到A2井已发生过两次油气溢出，将其注入状态下失效可能性等级定为非常高，停注状态下为中等；由于存在海面溢油风险，将后果大小定为重大。建议措施井筒完整性修复前停止注气，消除安全环空带压隐患后，进行再次安全测试，恢复井筒注气。

表 5-4-1　MAWOP 计算结果表

油套管环空	尺寸，in 重量，lb/ft 钢级	抗内压强度 MPa	抗外挤强度 MPa	套管头强度 MPa	50%抗内压强度 MPa	75%抗外挤强度 MPa	60%套管头强度 MPa	80%抗内压强度 MPa	30%抗内压强度 MPa	最大允许环空带压值 MPa
油管	$3^{1}/_{2}$in，9.2# L80	70.1	72.6	NA	NA	54.45	NA	NA	NA	NA
A 环空	$9^{5}/_{8}$in，47# N80	47.3	32.8	70	23.65	24.60	42.00	37.84	NA	23.65
B 环空	$13^{3}/_{8}$in，70# N80	34.6	15.6	70	17.30	11.7	42.00	27.68	NA	13.28
C 环空	20in，106.5# K55	16.6	5.3	70	8.30	3.98	42.00	13.28	4.98	4.98

通过井完整性管理，有效治理了多项重大安全隐患，保障了企业安全生产的底线；建立了基于风险为导向的作业机制；通过以问题为导向的自主技术创新，建立核心技术能力。

针对涠洲 12-1 油田 A2\A8 井套管环空泄漏和 7in 回接套管固井作业需求，要求所选水泥浆体系既能解除环空带压隐患，又能保证固井后的防气窜效果，制定出弹性气密套管封固体系。

实验表明，新研制的水泥浆浆体的流变性能较好；水泥浆 87℃下的失水量为 33mL，能够充分保证水平段水泥浆具有稳定可靠的性能；另外，水泥浆 94℃养护 24h 的强度能够达到 19.2MPa 以上，说明水泥浆的具有良好的强度发展性能，能够有效保证水平段的封固质量；水泥浆的稠化时间可以根据需要调节，从水泥浆的稠化实验结果看，水泥浆稠化曲线平稳光滑。在现场应用中，成功解决了两口井的环空带压问题和 7in 套管二次固井难题。

（二）低渗强水锁储层修井保护技术

1. 涠四段伤害机理研究

涠四段伤害机理主要包括水锁和水敏两个方面：

根据涠四段岩心气体渗透率及原始含水饱和度，采用加拿大学者 D.B.Bennion 提出的水锁指数 APTi 模型进行水锁伤害预测，结果如图 5-4-8 所示。

根据水锁预测结果，涠四段储层大部分水锁伤害指数 APTi 都小于 60%，个别井（如 B20 井）水锁伤害比例较高，体现出个别井易产生水锁伤害。

涠四段储层前期作业大多使用油田生产水/过滤海水作为作业流体基液，为了防止驱替介质中固相颗粒造成伤害，均用 0.22μm 滤膜过滤 2 遍油田生产水；为了防止水敏伤害，专门用人造岩心进行水锁伤害评价，结果见表 5-4-2。

从实验结果来看，随着修井液的侵入，水锁伤害明显，使油相流动压力增大 1.72~2.31 倍，渗透率大幅下降。而且岩心初始含水饱和度越小，水侵污染后，水锁伤害程度越大。

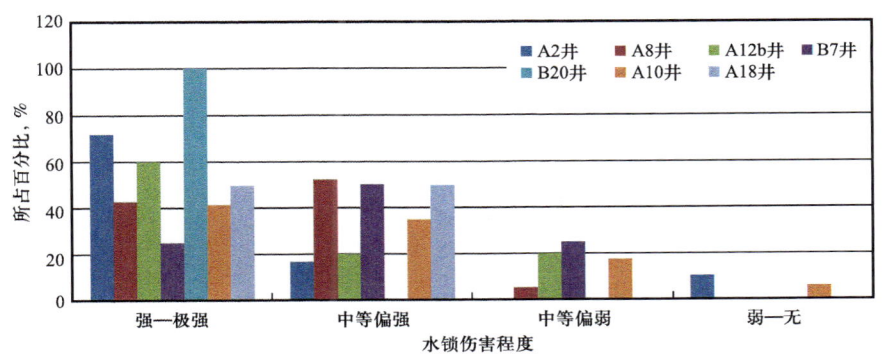

图 5-4-8　涠四段储层水锁伤害预测结果

表 5-4-2　水锁伤害测定实验结果

岩心号	水锁前后压力对比			水锁前后渗透率对比		
	水锁前 MPa	水锁后 MPa	压力上升倍数	水锁前 mD	水锁后 mD	渗透率伤害率 %
5#	0.0468	0.108	2.31	15.28	7.16	55.02
10#	0.0625	0.126	2.02	12.68	7.07	44.24
11#	0.0850	0.146	1.72	5.89	5.56	4.79

根据涠四段储层孔渗条件、黏土矿物含量，选择了改进型模糊评价法对该储层进行了水敏预测，结果见表 5-4-3。

表 5-4-3　涠洲 12-1 油田中块 3 井区涠四段储层水敏预测结果

井号	2	B7	B20	A18	A12b	A8	B33
孔隙度，%	17.3	14.3	11.7	12.5	12.9	13.8	13.7
渗透率，mD	198.7	15.3	41.1	15.8	85.4	98.7	17.8
蒙脱石，%	0	0	0	0	0	0	0
伊利石，%	42.95	25	17	26	27	25	9
高岭石，%	18.58	28	9	21	15	26	33
绿泥石，%	15.83	1	6	2	7	2	48
伊/蒙混层，%	21.65	46	68	51	51	47	10
泥质含量，%	3.0	5.2	2.5	3.0	5.8	4.7	2.5
胶结类型	孔隙—再生式						
地矿化度，mg/L	11929	11929	11929	11929	11929	11929	11929
水敏指数	0.345						
水敏伤害	中等偏弱						

根据水敏预测，3井区目标井涠四段储层水敏指数均为0.345，水敏伤害程度为中等偏弱。为了有效保护储层，注入流体应考虑水敏伤害。

根据SY/T 5358—2010《储层敏感性流动实验评价方法》，结果见表5-4-4、表5-4-5。

表5-4-4 水敏伤害评价结果

岩心	井深，m	长度，cm	直径，cm	气测渗透率，mD	孔隙度，%	孔隙体积，mL
1#	3263.66	4.34	2.46	85.17	14.0	2.88
8#	3277.46	3.92	2.46	157.16	14.8	2.75

岩心	流动介质	矿化度，mg/L	K_i，mD	$(K_i-K_w)/K_w$，%	水敏程度
1#	模拟地层水	11929	2.068	0	—
1#	1/2模拟地层水	5964.5	1.528	25.11	弱
1#	蒸馏水	0	0.720	65.18	中等偏强
8#	模拟地层水	11929	5.121	0	—
8#	1/2模拟地层水	5964.5	4.405	13.98	弱
8#	蒸馏水	0	3.277	35.00	中等偏弱

表5-4-5 盐敏伤害评价结果

岩心号	流动介质	矿化度，mg/L	K_i，mD	$(K_i-K_n)/K_i$，%	盐敏程度
3#	模拟地层水	11929	1.378		
3#	2.8倍模拟地层水	33401	1.259	8.6	弱

由实验结果可知，随着流体矿化度降低，岩心伤害程度增加，涠四段水敏伤害指数范围在36%~65.19%之间，伤害程度为中等偏弱—中等偏强。当实验流体矿化度达到海水矿化度时，伤害程度为弱。

2. 暂堵修井液构建

为避免涠四段修井漏失造成储层污染，采用易降解暂堵材料，添加黏土稳定剂及助排剂，构建了防水侵暂堵修井液体系，开展了易降解暂堵材料的暂堵、自降解、表面张力等性能评价。

防水侵暂堵修井液配方：海水+2%PF-EZFLOW+0.8%PF-EZVIS+1.0%PF-UHIB+3%KCl。

根据室内实验结果，暂堵材料性能如下，120℃、500psi条件下，测定750mD不同时间漏失量。实验结果表明，30min漏失17.1mL，漏失速率1.97mL/min，封堵性能优异。

返排性能：120℃、500psi条件下，形成滤饼，测定其返排突破压力，实验结果表明暂堵液形成滤饼返排突破压力<3psi，较同类暂堵相比返排压差低，更易返排。

自降解性能：120℃下老化不同时间后，50℃下测定暂堵液表观黏度值 AV，通过黏度降低率计算自然降解率，实验结果表明 6 天后自降解破胶率达到 40%，且基本不变。

表面张力：利用 TX550A 全量程界面张力及接触角测定仪测定暂堵液表界面张力，实验结果表明防水侵暂堵液体系表面张力较海水下降 72%，较低的表面张力有利于降低返排阻力，有效防止造成水锁伤害。

配伍性：考察了防水侵暂堵液与现场原油、地层水的配伍性，实验结果表明防水侵暂堵液与原油混合后界面清晰，无油水混合情况；与地层水混合后澄清透明无浑浊沉淀。

三、水气交替注入工艺

在渤中 34-2/4 油田 P10 井区注气试验项目中，首次应用水气交替技术（WAG），通过一口注入井进行天然气和水的交替注入。目前，水气交替注入管柱主要有同心管、平行双管、单管+配注器三个方案。

如图 5-4-9 所示，为同心管气水交替注入工艺，注入井两侧是分层注气管汇和分层注水管汇。注入井有内外两个同心结构的油管，内管注下层，内外管之间的环空注上层，两层注气/注水通道相互独立，并分别连接注气、注水管汇的两个分支管线。当处于注气周期时，分层注水管汇上的阀门关闭，天然气进入分层注气管汇的两个分支管线，并注入两个目标层位。为实现分层流量调节，在两个分支管路上分别设置流量计和油嘴进行计量和调配。

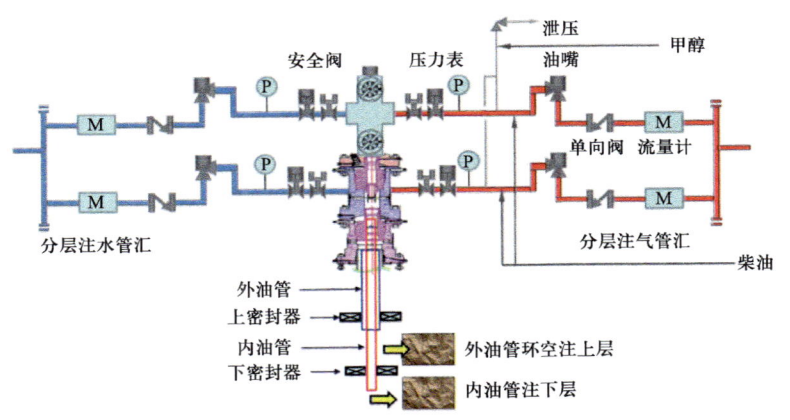

图 5-4-9　水气交替注入工艺（同心管）

当注气转为注水时，由于注气压力[38MPa（G）]远高于注水压力[16MPa（G）]，水无法注入。对于这种情况，陆地油田往往通过静置，待地层和系统压力扩散至注水压力后，再进行注水。另外，陆地油田往往井数较多，即使单个注入井静置，可以通过其他井轮次注入来保持地层压力。为实现海上气水注入周期快速转换，在注气管线上设置泄压管线，通过观察压力表，当降至注水压力以下再进行注水操作。为保护储层结构，泄压过程应缓慢进行。并设置压力联锁，当压力表出现异常高压时，紧急关断安全阀。

当由注水转为注气时，由于注水温度较低，井筒内部环境温度低，如直接注入高压湿气，将生成水合物造成冻堵。因此，需先注入柴油置换井筒，再注入甲醇二次除水，之后再进行注气操作。

图 5-4-10 为平行管气水交替注入工艺，左侧注气、注水管线与短油管连通，右侧注气、注水管线与长油管连通。注气时，左右两侧注水管线的阀门关闭，天然气分别从左右注气管线进入短油管和长油管，并注入到上下两个层位。该套工艺也可实现气水交替和分层注入，但泄压、甲醇管线及阀门数量相比同心管方案较多。

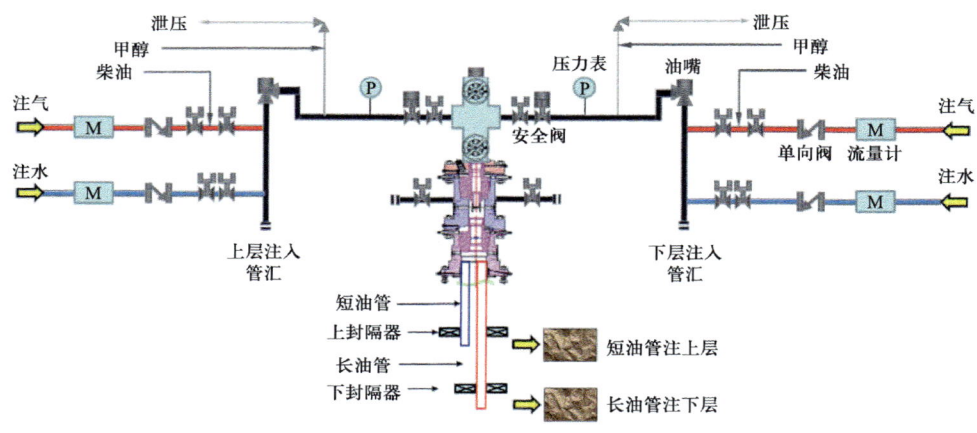

图 5-4-10　气水交替注入工艺（平行管）

图 5-4-11 为单管+配注器的气水交替注入工艺，由于只有一个油管，地面只需配置一路注气和注水管线，天然气或水在井下通过配注器进行分层配注。该方案的优点是井下安全阀等工具成熟、地面工艺流程最简单，管线阀门数量少，技术相对成熟。但缺点在于配注器的流量分配调节能力较差，后期无法实现分配比例的重新调节。

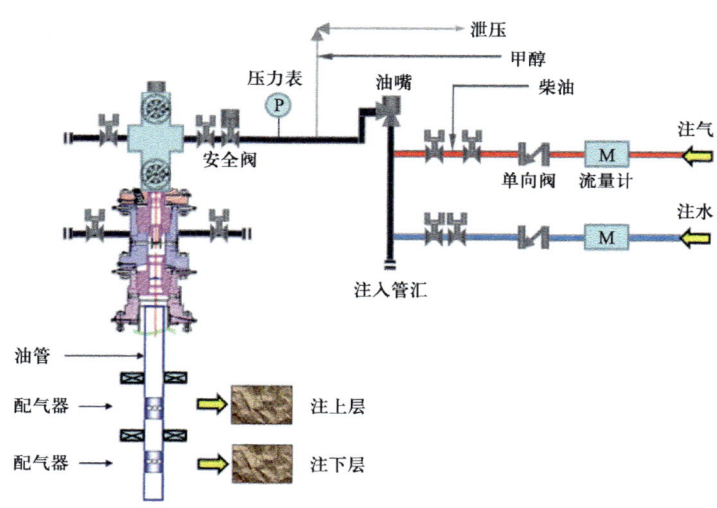

图 5-4-11　气水交替注入工艺（单管+配注器）

综合以上分析，考虑技术可行性、投资费用及安全控制等因素，在渤中 34-2/4 油田 P10 井区注气试验项目中推荐采用单管 + 配注器的气水交替注入工艺。

四、注气压缩机选型及工艺设计

实现注气开发工程专业的主要难点在于需要配置超高压注气压缩机，如何合理选择高压注气压缩机并对其辅助系统进行设计是实现注气开发的关键。

针对注气开发的特点和难点，从满足油藏实施要求出发，进行注气压缩机的选型设计，对压缩机驱动方式、压缩机类型、冷却方式、振动分析等重点方案进行适应性分析和研究，为注气高效开发提供安全可靠的技术方案。

（一）注气压缩机选型方案

1. 注气压缩机型式选择

海上油气田常用的压缩机有离心式压缩机和往复式压缩机两种，离心压缩机常用于大气量增压外输，一般单台排气量均在 $200 \times 10^4 m^3/d$ 以上，单级压比通常控制在 3 左右。往复式机组单机排量相对离心压缩机要小，通常单机排量均在 $100 \times 10^4 m^3/d$ 以内。两种类型的压缩机根据适应的流量和压力范围而被用于不同的流程。

2. 注气压缩机驱动方式选择

往复式压缩机的驱动可采用电机驱动或者天然气发动机驱动。天然气发动机驱动方式的优点是配套简单，不需要在平台单独设置电站，投资费用低。缺点是机组运行中的噪声大、振动明显，操作维护工作量大。

3. 注气压缩机冷却器选择

注气压缩机的冷却器主要分两类，一类是压缩机级间工艺气冷却器，另一类是机组滑油、缸套水冷却器。其中压缩机级间工艺气冷却器由于其设计压力高、换热负荷大，陆上项目通常选用气—空冷却器。压缩机橇内滑油、缸套水的冷却一般采用水—空冷却器。现场机组的布置可分为压缩机主橇、气空冷器橇、水空冷器橇和机组控制盘。气空冷器的尺寸较大，适用于陆地空间宽裕的场合，不适宜在海上平台应用。单个气空冷器橇的尺寸接近于压缩机橇的尺寸，且在布置时还需要考虑现场连接管线的布置要求，实际占用面积会更大，不利于在海上平台应用，因此建议采用适用于海上应用特点的水冷器。同时高压的原因常规的管壳式换热器和板式换热器无法适用，印刷板式换热器（PCHE）能够承受高压，且该类型的换热器换热效率高，换热器尺寸小，并且能够集成在压缩机橇内，非常适用于海上平台。水冷器在材质选用需要考虑腐蚀和材质承压能力，对于高压无法使用海水直接冷却，需要采用淡水作为闭式循环冷却介质，如图 5-4-12 所示。平台采用闭式循环冷却水系统提供冷却介质。

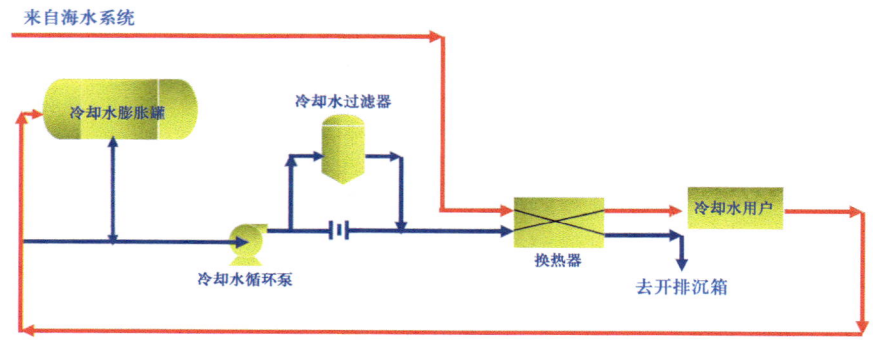

图 5-4-12　注气压缩机闭式循环冷却水系统流程图

（二）注气压缩机设计要点

1. 压缩机关键性能参数

压缩机关键性能取决于活塞线速度、压缩机排出温度、活塞杆负荷、活塞杆反向角。

1）活塞线速度

活塞线速度是气缸内活塞往复运动的速度，最大允许活塞线速度没有相关规定，通常从部件使用寿命角度考虑最高允许活塞线速度为 5m/s。

2）压缩机排出温度

压缩机在压缩过程中基本为绝热过程，因此在压缩过程中，气体温度会升高，然而，一般压缩机润滑油的闪点在 200~240℃，当压缩气体的温度超过润滑油闪点时，润滑油就会烧焦，造成润滑困难。因此，规定压缩机每级压缩最高排出温度不能超过 150℃。

3）活塞杆负荷

活塞杆是将作用在活塞上的推力传递给曲轴，又将曲轴的旋转运动转换为活塞的往复运动。活塞杆的综合负荷是气体负荷和惯性力的代数和。气体负荷是气体压力作用于活塞面积上所产生的力。惯性力是由往复质量加速度所产生的力。十字头销上的惯性力是所有往复质量的总和（活塞与活塞杆组件、十字头组件与十字头销）和其加速度乘积。最大许用活塞杆负荷不应超过压缩机最大许用活塞杆工作负荷或在规定的任何工况下的活塞杆负荷极限。

4）活塞杆反向角

活塞杆反向负荷是当每一转中，活塞杆受力方向改变（拉力和压力的相互转化）时，在十字头销上引起的反向负荷。活塞杆反向负荷一般以曲轴旋转角度来表示。在规定的任何工况下，应该有足够大的反向角以保证十字头销及衬套间在每个完整转动中得到恰当的润滑，并且反向期应不小于 15°曲轴转角。

2. 高压压力容器设计制造

由于压缩机橇内涤气罐的设计压力较高，超出了 GB/T 150《压力容器》的适用范围，压力容器的设计需要采用分析设计。压力容器的设计和加工技术要求高，应选择具有设计和建造经验的供应商进行建造。应重点关注高压压力容器的设计和制造问题，严格遵守国内和国际上的标准规范进行设计、检验和测试。

3. 压缩机振动分析

往复式高压注气压缩机振动大，由于其间歇式吸排气的特点会激发管道内流体呈现脉动状态，导致高压流体在管道内压力、温度、密度等参数随时间周期性变化，从而产生气流脉动。当脉动的流体遇到弯头、阀门或者变径管段时将会产生周期性变化的激振力。当管道和流体组成体系的固有频率与压缩机机组的激发频率接近时会产生共振。因此优化工艺管线配置，进行压缩机的脉动分析，对于避免共振和减小气流脉动效应十分有必要。

在压缩机组成橇设计时，应要求厂家严格按照 API Std 618《石油、化学和天然气工业用往复式压缩机》中的相关方法进行机组的气流脉动分析，并对机组的气流脉动和振动进行控制，提出优化和建议措施。如根据脉动分析优化各级气缸进出口缓冲罐的尺寸、设置限流孔板，对机组管线的支撑进行改进。另外结合海上平台的特点，对机组甲板布置位置、平台甲板结构设计需提前考虑机组振动的影响，组块结构和支撑梁的设计需考虑动设备运转引起的高频动载荷的影响，采用有限元仿真分析方法并结合压缩机运行模式进行研究。为了增加压缩机支撑结构的刚度，在压缩机橇块下方增加了支撑梁的布置（图5-4-13），加固压缩机底座结构基础，有利于减缓振动的传递、降低振动幅值。

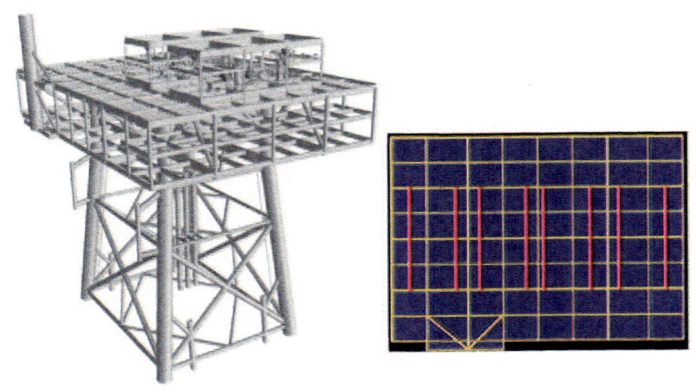

图 5-4-13　压缩机橇块底部支撑架构设计

4. 机组润滑油的选择

根据海上平台现有往复式压缩机运维经验判断，由于注气压缩机的排出压力高，三级高压气缸需用的润滑油黏度大、流动性差，气田所在渤海区域冬季最低环境温度 $-16\,^{\circ}\!\mathrm{C}$，在机组低温运行或者启动时润滑油容易出现断流或者润滑不充分的问题，从而导致活塞抱轴，严重威胁机组的运行安全。因此压缩机在设计时需要选用合适的润滑油并对滑油系统进行保温或加热设计。

（三）注气工艺流程设计

注气系统工艺设计目标如下：
（1）保证平台设计的安全性和可靠性，要遵循固有的安全原则、规范和标准。
（2）保证安全关键设备的完整性，以预防、控制和减轻重大事故危害。
（3）为员工提供安全的工作环境，使员工、资产和环境的风险降至合理可行的最低水平。

确保平台安全设计的途径有：
（1）遵循固有的安全设计原则。
（2）遵守当地法律法规、国际规范和良好的工程经验。
（3）系统性风险识别和量化（FEA/QRA）。
（4）应急系统（设备）的可靠性和生存能力评估，及附加保护措施的识别（ESSA）。
（5）建立人员紧急疏散策略，应对突发事件（EERA）。
（6）可靠和冗余的逃生和疏散设施。

注气气源通常为经三甘醇脱水塔脱水后的干气，要求不含游离水，典型流程如图5-4-14所示：三甘醇气体脱水系统处理合格的干气，进入一级注气压缩机前涤气罐进行洗涤处理后，经一级注气压缩机压缩，压力从6000~7500kPa（G）增加到14700kPa（G）。经过一级注气压缩机后冷却器冷却后温度降到45℃，然后进入二级注气压缩机前涤气器，出来的气体进入到二级压缩机，压缩后压力增加到27100kPa（G）。然后再进入到二级注气压缩机后冷却器，冷却后温度降到45℃，然后进入三级注气压缩机前涤气器，出来的气体进入到三级压缩机，压缩后压力增加到50050kPa（G）。然后再进入到三级注气压缩机后冷却器，冷却后温度降到80℃，进入平台注气管汇，具体的冷却温度需要根据不同注入模式来确定，如本平台注入与通过注气海管回注，对于压缩机出口温度的要求会有所不同。

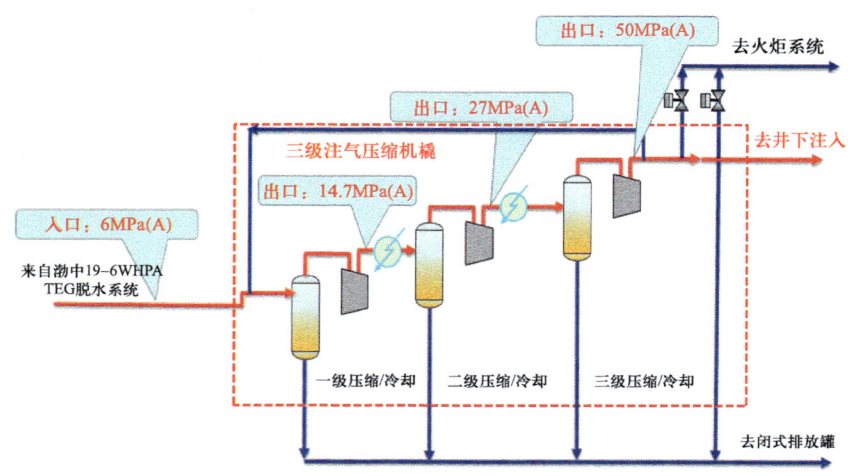

图5-4-14　注气增压典型工艺流程图

对于高压注气系统，工艺流程上有以下特殊考虑：

（1）利用 HYSYS BLOWDOWN 模块进行泄放研究，在 HYSYS 内部的模块工具能够用来计算密相气体泄放，对壁温有严格和可靠的计算。

（2）主工艺系统高压气管线要求气相流速控制在 5m/s 范围内，推荐 3~5m/s。

（3）高压系统的压缩机后冷却器形式选择 PCHE。

（4）CO_2 干冰形成的研究作为泄放研究的一部分，用来阻止 RO 限流孔板截流后的 CO_2 干冰形成。

相较于常规平台设计，对于高压注气系统，应开展 FEA、EERA、ESSA 和非烃危险评估、AIV/FIV 分析工作，强化平台安全设计，具体包括：

- Fire & Explosion Risk Assessment（FEA）。
- Escape，Evacuation and Rescue Assessment（EERA）。
- Emergency System Survivability Assessment（ESSA）。
- Non-Hydrocarbon Hazard Risk Assessment（NHHRA）。
- AIV & FIV Screening Report（AIV/FIV）。
- Fire Water Hydraulic Analysis。
- Thermal Radiation and Gas Dispersion Study。

第五节　矿场试验与应用

一、涠洲 12-1 油田中块 3 井区涠四段中渗气驱

（一）油田地质油藏情况

涠洲 12-1 油田位于南海北部湾海域，距离广西北海市涠洲岛 31km。油田区域构造处于北部湾盆地涠西南凹陷中西部，为一断层复杂化的断块构造。两条大断层 F1、F2 把油田分割为南块、中块和北块。涠洲 12-1 油田中块 3 井区涠四段在纵向上分为 W_4Ⅰ、W_4Ⅱ、W_4Ⅲ油组，分为 A、B、D、E 四个砂体，目前生产油组为 W_4ⅠA/B、W_4ⅡD 砂体，如图 5-5-1 所示。

1. 储层物性特征

涠四段平均孔隙度为 15.0%~16.9%，平均渗透率为 49~140mD，为中孔中低渗储层。涠洲 12-1 油田中块 3 井区涠四段 W_4Ⅰ油组 A 砂体平均孔隙度和渗透率分别为 16.9% 和 140mD；W_4Ⅰ油组 B 砂体平均孔隙度和渗透率分别为 16.2% 和 83.9mD；W_4Ⅱ油组 D 砂体平均孔隙度和渗透率分别为 15.7% 和 111mD；W_4Ⅲ油组 E 砂体平均孔隙度和渗透率分别为 15.0% 和 49mD。

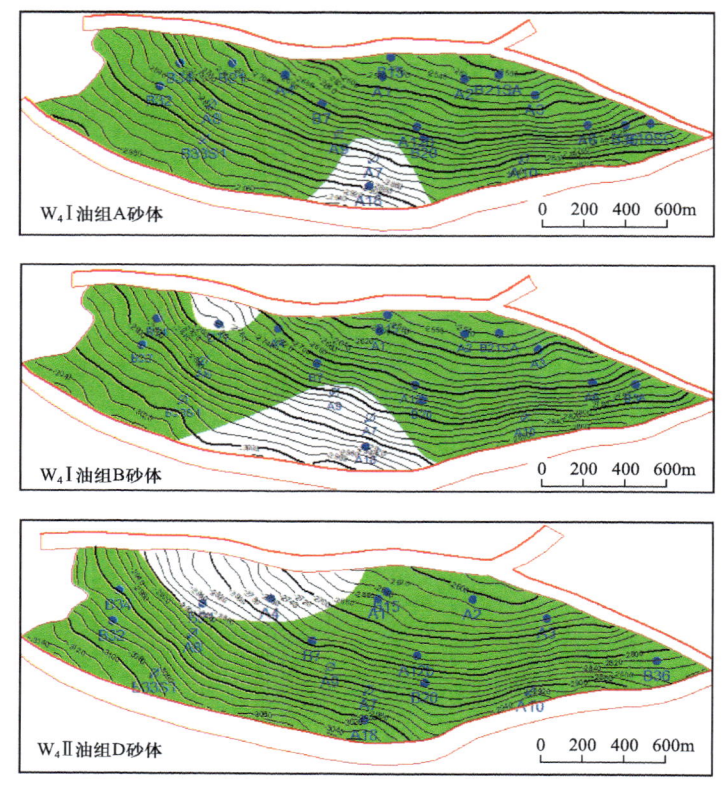

图 5-5-1　涠洲 12-1 油田中块 3 井区涠四段含油面积图

2. 流体性质

油藏原油为轻质原油，具有"三低三高"的特性，即油质轻，黏度小，胶质、沥青质含量低，含蜡量、溶解气油比高，饱和压力高。其地下原油密度为 0.84g/cm³；地下原油黏度在 1.0~1.38mPa·s；胶质、沥青质含量低，胶质含量在 2.12%~5.53%，沥青质含量在 1.2%~2.86%；含蜡量高，为 17.3%~19.6%；溶解气油比高 172m³/m³；饱和压力高：24.53MPa，A、B 层的原始地层压力为 27.93MPa，D 层的原始地层压力为 32MPa。

溶解气中 CO_2 含量低（3.23%~4.43%），平均含量 3.34%；N_2 含量 0%；C_1 含量在 63.88%~68.94% 之间，C_{2+} 含量在 31.06%~36.12% 之间，相对密度在 0.827~0.888 之间，溶解气中不含 H_2S。

地层水性质：中块 3 井区未取得地层水样，地层水性质不清。

3. 压力与温度系统

涠四段为正常压力系统，原始地层压力系数为 1.11~1.20，原始地层压力为 28~32MPa，目前地层压力为 16~23MPa，其中 A 砂体压力系数 0.43~0.84；B 砂体压力系数 0.50~0.75；D 砂体压力系数 0.63~0.94。地温梯度为 3.0℃/100m，地层温度为：110~125℃，属于正常温度系统。

（二）开发历程

涠洲 12-1 油田中块 3 井区涠四段自 1999 年投产以来，总体可以划分为以下三个开采阶段：

1. 平台投产阶段（1999—2007 年）

投产初期衰竭开发，2002—2004 年采用注水开发补充地层能量，但由于涠四段为强水敏储层，注水开发效果较差，随后仍为衰竭开发。该阶段地层压力下降快，局部压力系数跌至 0.76，脱气严重，为保护油藏，多数井被迫关井。

2. 注气开发阶段（2007—2019 年）

2003—2005 年进行涠四段注气可行性研究和开发方案编制，2007 年 11 月完成方案实施，开始进行注气开发，注气开发保持 5 年零递减，注气开发效果显著，2015 年转为注气 + 注水开发，采用 1 注 4 采井网，预测采收率 26.5%。

3. 综合调整阶段（2019 年至今）

2019 年升级注气量，转为全面注气开发，通过新增 7 项增产措施（补孔、修井）、2 口调整井、1 口注气井、升级注气能力，注气区块当年日产量增加超 1000m^3/d，目前已经进入注气开发中期，共有 16 口井，14 采 2 注。

截至 2023 年 6 月底，累计产油 $378.17 \times 10^4 m^3$（注气后累产油 $261.09 \times 10^4 m^3$），采出程度 32.0%，累计注气 $12.31 \times 10^8 m^3$，累积注采比 0.71。

（三）气驱试验效果

涠洲 12-1 油田中块 3 井区涠四段 2007 年 11 月开始全面注气开发，注气开发整体效果比较显著，但是近几年日产油逐渐降低，气油比快速上升，大部分生产井已发生气窜，进入注气开发中期阶段（图 5-5-2）。通过海上注气提高采收率技术的有效应用，目前已提出 10 井次卡气措施及 4 口调整井潜力井位，预计合计增油 $39 \times 10^4 m^3$，提高采收率

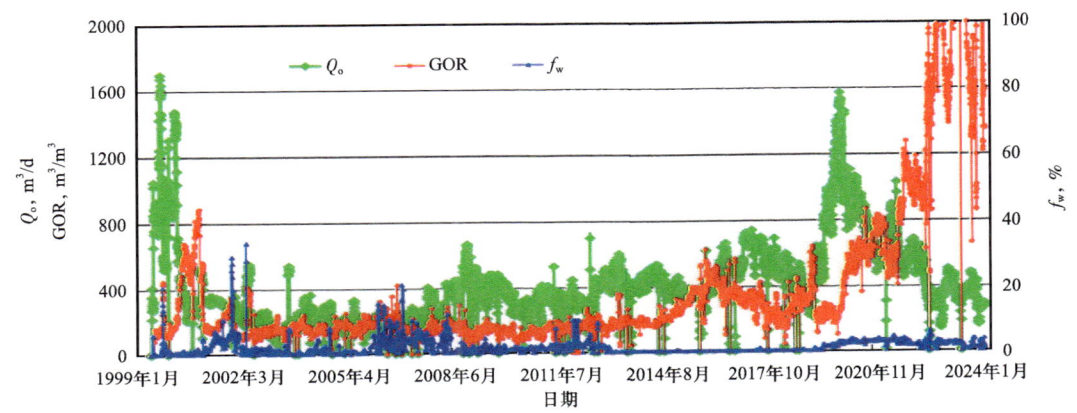

图 5-5-2　涠洲 12-1 油田中块 3 井区涠四段生产曲线

3.6%，最终目标采收率可达到50%，使得涠四段注气开发较ODP采收率提高23.5%、增油提高 $283×10^4m^3$。

二、涠洲 12-1 油田南块流一段低渗气驱

（一）油田地质油藏情况

涠洲 12-1 油田南块流一段主要为构造 + 岩性圈闭，断层不发育，F1 断层控制南块南侧边界，延伸长度长，断距大，沉积特征为滑塌浊积体沉积。南块流一段纵向上细分为 4 个油组，从上至下依次为 $L_1Ⅰ$、$L_1Ⅱ$、$L_1Ⅲ$、$L_1Ⅳ$ 油组，储层物性总体较差，孔隙度为 12.7%～17.9%，渗透率为 1.9～30.4mD，以中低孔、低渗—特低渗储层为主，流一段含油层系叠合图如图 5-5-3 所示。

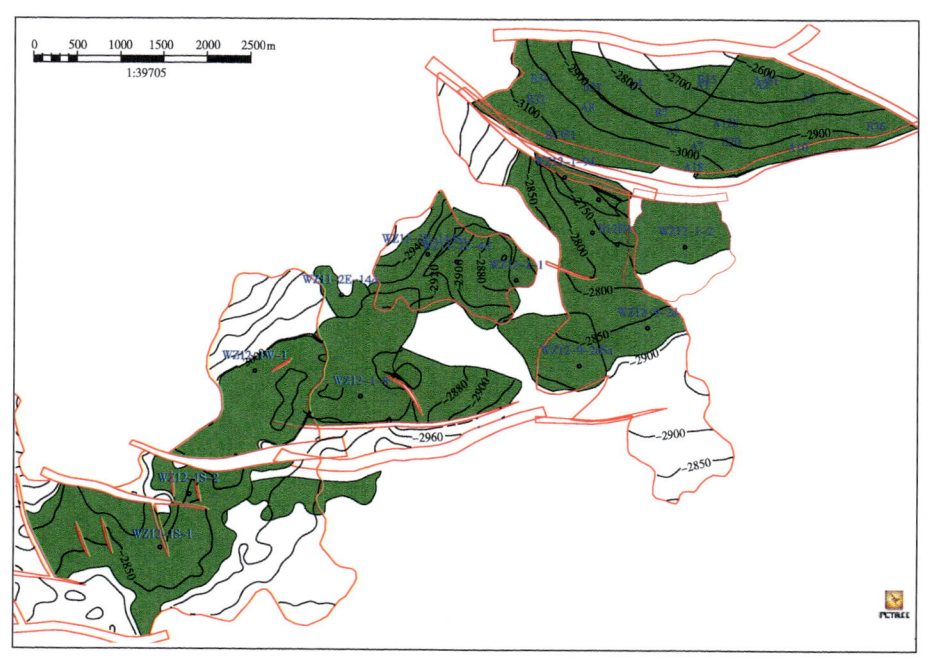

图 5-5-3　涠洲 12-1 油田中块 3 井区涠四段含油面积图

涠洲 12-1 油田南块 2、4d、8 井区流一段原油属于常规轻质原油，具有密度低、黏度低、含硫量低，胶质、沥青质含量低，气油比低、饱和压力低，含蜡量高的特征。根据相邻区探井 WZ12-1-2、WZ11-2E-4d 井溶解气样分析结果得出南块流一段溶解气特征如下：天然气相对密度为 0.893～1.013，溶解气以轻烃为主（CH_4 含量 53.57%～59.90%），CO_2 含量 4.37%～7.18%，N_2 含量 1.66%～4.81%，涠洲 12-1 油田南块流一段目前探井、生产井均未检测到 H_2S。涠洲 12-1 油田南块流一段原始地层压力系数为 0.997～1.018，各油组地层压力在 25.980～30.526MPa 之间，为正常压力系统，地温梯度为 3.0℃/100m，地层温度为 122.6℃～123.7℃，属于正常温度系统。

（二）开发历程

涠洲 12-1 油田采用滚动勘探开发模式，2013 年侧钻一口开发评价井——WZ12-1-B12H1 井，在 $L_1 I_上$ 油组进行了试生产，日产油 80.0～100.0m^3，试生产获得工业油流。该井的成功评价及投产正式揭开了南块流一段低渗油藏滚动评价及开发的序幕。2021 年 9 月—2022 年 1 月，C 平台实施了 4 口水平调整井开发南块流一段 WZ12-9-2d/2dSa 井区低渗、特低渗储量实施效果较好，配产超预期，实现了南海西部特低渗陆相油藏成功开发，其中 WZ12-9-2dSa 井区两口调整井 C19H、C20H 采用注气开发，生产效果较好，目前日产油 111m^3/d（设计配产 80m^3/d）。2022 年 7—12 月，涠西南油田群伴生气综合利用项目设计利用 C 平台实施 8 口开发井，通过开发方式优选并结合 C19H、C20H 注气试采效果，选择注气开发南块流一段 WZ12-1-2 井区、WZ11-2E-4d 井区和 WZ12-1-8 井区低渗、特低渗储量。其中 7 口开发井（6 口长水平井、1 口定向井）已完成实施及投产，实施效果较好，投产后生产情况远超预期，达产率高达 150%～170%。

涠洲 12-1 油田南块流一段注气区块动用率 55%，目前井网为 6 采 4 注，日产油 615m^3/d，截至 2023 年底累产油 19.98×10^4m^3，采出程度为 5.2%。

（三）气驱试验效果

涠洲 12-1 南块流一段注气开发整体效果显著（图 5-5-4），以 12.4% 的动用储量，贡献了油田 54.6% 的日产量，目前井网为 6 采 4 注，生产井投产初期均超过 100m^3/d，预计该区块高峰年产油 14.71×10^4m^3，预计累产油为 94.99×10^4m^3，目标采收率 30.2%。

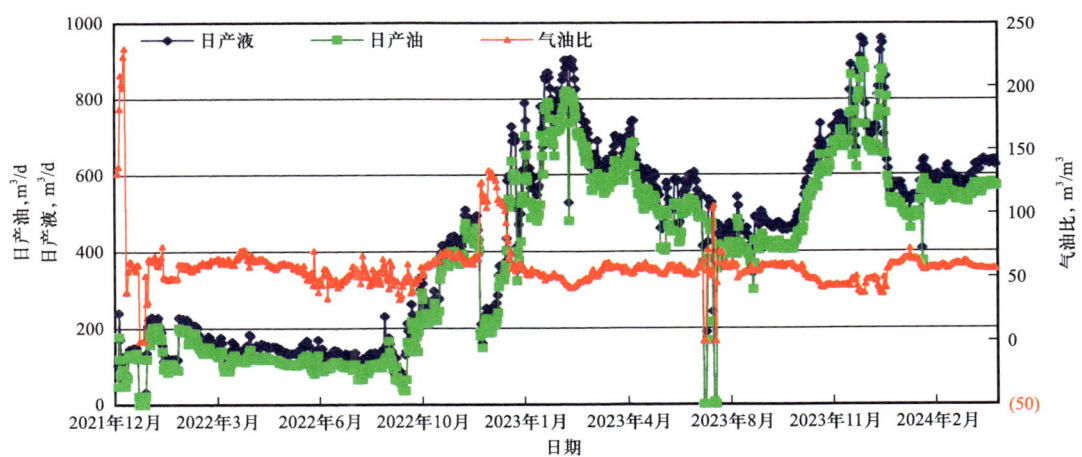

图 5-5-4　涠洲 12-1 南块流一段注气区块生产曲线

第六章 海上油田提高采收率技术发展方向与展望

随着我国海上主力油田相继进入高含水、特高含水期，增储上产的难度越来越大，基于储层精细描述、强化水驱、化学驱、热采及气驱等技术进一步提高采收率的需求越来越广泛和迫切。不同提高采收率方式根据自身技术适应性，开展了多层次的矿场试验，取得了一定经验，也取得了明显的效果。本章主要结合已有技术成果，根据不同技术的油藏适应性，确定海上未来进一步提高采收率的主要发展方向和技术展望。

第一节 海上油田提高采收率储层精细描述技术发展方向与展望

为保障国家能源安全，中国海油提出2030年建成国内"油气资源供给保障中心"，"油气资源供给保障中心"目标要求：国内海上石油产量上产稳产6000×10^4t，天然气上产450×10^8m^3，在生产油田采收率由35%提升至45%。整体进入"双高"阶段，部分进入"双特高"阶段，持续稳产难度大，新发现油气田储量品质劣质化，经济开发难度大，为了保障"油气资源供给保障中心"的建设，未来需要针对不同油气藏类型，持续攻关水驱、化学驱、热采、气驱等提高采收率技术，力争化学驱、热采、低渗年产油量分别上产500×10^4t规模。

一、地球物理技术发展方向

随着海上主力油田逐步进入开发中后期，新发现油田地质条件越来越复杂，开发对储层描述精度要求不断提高，海上储层精细描述面临更多困难和挑战。需要针对性创新储层描述技术，不断提升储层精细描述水平，为油田高效开发提供技术支持。

（一）目标采集处理强化问题引领，提升地震资料品质

地震资料是开展储层精细描述的基础，直接影响储层描述效果。不同类型储层描述对地震资料有不同需求，如河流相储层，可利用振幅属性预测河道砂体横向分布，利用叠前反演信息精细刻画储层物性，因此要求地震资料做到两个保幅，一是保证地震剖面上振幅的横向变化，二是要保证地震道集中振幅随炮检距变化的特征。同时，在保幅的前提下尽量提高分辨率；针对潜山裂缝型储层，大面元、低覆盖、窄方位地震资料已经不能满足储层精细描述需求，需要高密度宽方位地震资料。因此储层精细描述首先应该基于油田储层

特点及地质油藏问题，评估地震资料有效性。若地震资料不满足条件，需以问题为导向，对地震资料进行目标采集或处理，提升地震资料品质。未来针对砂岩储层，宽频小面元地震采集、宽频处理、折射波全波形反演（FWI）速度建模、逆时偏移等技术的应用可提高地震资料分辨率能力，改善岩性油气藏砂体展布及连通性识别精度。针对潜山裂缝型储层，宽方位地震采集、方位融合地震处理、全方位角度域偏移等技术可改善潜山及内幕成像品质，提供方位各向异性地震属性信息，提升裂缝储层刻画精度。

（二）"地震资料目标处理—解释—储层预测"一体化研究，提升储层预测精度

油田开发中后期，对储层预测精度要求更高。而油田早期采集处理的地震资料往往已经无法满足储层精细描述需求。如岩性油气藏存在储层薄、横向变化快等特点，基于常规处理的地震资料开展岩性油气藏储层预测时，地震资料分辨率、保幅性等难以满足地质需求，因此需要开展针对性的地震资料目标处理。但在处理过程中，需要以地质目标为导向，分析储层预测对地震资料品质的要求，进而制定相应的地震资料处理关键技术。同时处理过程中，解释人员需要动态分析各处理环节对刻画地质目标的影响，如薄层、小断层、储层结构刻画是否满足地质研究需求，实时反馈给处理人员，帮助处理人员及时对处理方法和参数选择做出相应调整，保证获得满足储层精细预测需求的高品质地震资料。此外，地震人员在描述储层时需要结合地质认识，例如对于浅水三角洲大型连片复合砂体，多期河道砂体相互交织，砂体之间接触关系复杂，在储层描述过程中更应该突出地质认识，以沉积模式为指导，精细剖析多期河道砂体期次和边界，开展多信息综合储层描述和连通性研究。

（三）充分利用大数据智能化分析技术，提升复杂储层预测效率和精度

随着油田开发程度不断提高，地震数据、井数据及油藏动态数据越来越丰富，为应用大数据技术研究复杂储层奠定了资料基础。传统储层研究在正演—反演框架下展开，基于正演认识进行储层反演。然而，实际研究中受环境因素、技术因素及人为因素等影响，储层地震响应特征与理想情况存在较大差异，基于传统研究模式难以利用地震资料对储层进行识别和分辨。利用大数据分析技术，通过深度学习可以自动形成储层与已知信息之间的映射关系，该关系难以从数值解上进行准确表征，但在大数据框架下可以基于该关系实现无井区储层准确预测。针对油田开发中后期储层结构、储层参数（岩性、物性、流体）、不连续性精细表征等研究需求，未来人工智能断层解释、基于卷积神经网络的地震多属性智能融合、模型—数据双驱动的薄层砂岩储层精细刻画、基于深度学习的储层保结构高分辨率反演等技术的应用可有效提升复杂储层预测效率和精度，降低传统储层预测方法的不确定性。

（四）持续攻关剩余油预测技术，助力老油田调整挖潜

海上油气田少井高产，高速、高效开发模式，加之复杂的地质条件，钻井、取芯等确

定性、定量的资料有限，导致剩余油研究面临诸多难题和挑战。在油气田开发过程中，由于储层中油气被开采，与流体相关的一些储层参数会发生变化，因此可以利用时移地震资料预测剩余油的分布。如水驱开发油田，目前时移地震综合解释技术已相对成熟，未来需进一步攻关基于时移地震的剩余油定量预测、水驱速度预测、动静耦合的剩余油分布综合预测等技术，探索时移地震直接在油藏数值模拟技术中应用，进而实现多信息结合、多专业协作，提高剩余油分布预测准确度，支撑海上油田高效开发调整的需求，推动老油田的综合调整。此外，海上非重复时移地震预测剩余油分布效果对地震采集设备有很高的要求，未来需进一步加强地震采集设备的攻关研究。

二、岩石物理技术发展方向

（一）多井多参数动静结合的水淹层测井评价技术

针对不同地质情况和油藏类型的水淹特征和水淹规律，深入开展油田复杂驱替过程中的水淹层岩石物理基础实验方法和测井响应机理研究，深化强非均质性油藏水淹层测井新方法和新理论研究，引入井间电磁成像、光纤、纳米传感器监测等测井新技术进一步建立健全水淹层测井技术系列，推进高分辨率、高精度剩余油监测测井仪器研制，突破薄层和超薄层水淹层测井评价技术，探索人工智能和机器学习在水淹层测井评价中的应用，形成基于饱和度、含水率、驱替效率等多参数的水淹层测井综合评价技术，提高水淹层测井解释精度，准确划分水淹等级，为高含水期油田水淹层测井精细划分及开发中后期剩余油挖潜研究提供科学依据。

（二）低孔渗和致密储层测井评价技术

深入开展多项联测岩石物理实验研究，结合数字岩心、数字储层建模模拟技术，揭示低孔渗及致密储层微观结构控制宏观岩石物理响应机制，深化低孔渗及致密储层测井响应机理研究，推进微波测井、二维核磁测井、三维流体采样和压力测试技术、示踪剂智能化技术、多段式测井等新技术适用性攻关研究，加强低孔渗和致密储层分类及产能预测评价技术攻关，建立低孔渗和致密储层压裂后产能预测模型和参数计算方法，同时把握人工智能发展趋势服务测井评价，完善测井评价技术与测井解释标准，形成低孔渗及致密储层岩石物理与测井评价技术，为压裂方案设计、规避地质风险、提高单井产量提供技术支撑。

（三）潜山和碳酸盐岩储层测井评价技术

发展以地层元素测井为核心的潜山和碳酸盐岩储层复杂岩性精细识别技术，引入微观岩心分析、数字岩心技术和声电核等特殊测井新方法进一步完善潜山和碳酸盐岩储层储集空间精细表征技术，加强以随钻测压取样技术为核心的流体精细识别技术攻关，推动高精度扫描成像测井、远探测声波成像测井、多分量感应测井及机器学习和智能预测技术在裂缝测井评价中的应用，以声电核测井新技术为突破口、常规测井为落脚点有针对性地改进强非均质性储层的储层参数计算、储层类型划分、储层有效性评价技术，形成动静耦合的潜山和碳酸盐岩储层产能评价技术，推动潜山和碳酸盐岩油气藏高效勘探开发。

三、储层地质技术发展方向

（一）开发中后期浅层油田油藏精细描述技术

随着开发的深入，开发中后期油田油藏描述的尺度要求、准度要求更高。该阶段技术发展的关键问题是定量化精确表征剩余油，为精准挖潜剩余油、不断提高采收率奠定基础。

1. 加强大数据和人工智能技术应用，提升储层构型精细化程度

油田进入开发中后期，常规地震研究手段无法满足更精细的储层内部构型及非均质性研究和剩余油分布预测。目前大数据和人工智能技术迅速发展，利用人工智能算法、油田丰富的动静态资料及水平井资料开展储层构型边界识别、砂体内部泥质夹层研究，是油田开发后期储层精细描述的手段之一。

2. 精细化沉积数值模拟，模拟全过程储层发育动态演化

沉积及储层研究逐渐走向精细化，同时，沉积过程与成因也是目前研究的热点与方向。开展沉积定量化研究，如沉积体系与沉积事件尺度数值模拟研究，可以明确沉积体系形成过程及内部储层结构模式。构建储层发育过程的数学模型，可以模拟储层演化过程及不同演化阶段的储层单元的动态分布。

3. 特高含水期储层微观孔喉结构变化及剩余油赋存研究，指导控水挖潜

砂岩储层长期高倍水驱开发，储层微观孔喉、物性、相渗、流体黏度发生时变，且不同类型储层时变规律存在差异，加剧极端耗水带形成，特高含水期生产动态及剩余油分布更为复杂。亟须综合扫描电镜、核磁共振、驱油实验和生产动态资料，系统研究不同类型储层时变特征及微观剩余油赋存规律，结合构型模型时变数值模拟提高耗水带及剩余油刻画精度，指导控水挖潜分析。

4. 加强薄砂体的精细描述，进一步提升储量动用程度

薄砂体厚度小、地震资料难以有效分辨，储量动用程度低。随着油田开发的深入，提高薄层预测精度，从而支持薄层的有效开发是必须面对的问题。需要进行技术攻关，探索合适的薄层研究方法，厘清砂体成因及展布规律，提高动用程度，提升油田采收率。

5. 进一步提升剩余油描述精度，强化沿程水脊腔精细表征

强水驱底水油藏不同阶段水脊腔特征需进一步明确。需强化沿程水脊腔精细表征，完善多因素影响下的水脊腔演化规律，建立低动用程度区域原油有效动用图版。

6. 进一步丰富三维储层定量表征技术体系，提高油藏数值模拟工作效率

油藏表征定量化、精细化将是油藏精细描述的最终成果的具体体现。需要加强以下几个方面的发展：

（1）开展复杂构型原型建模、无网格随机算法研究等技术攻关，实现基于随机模拟的构型包络面定量刻画及研究。

（2）开展复杂储层构型单元精细表征等新方法的工业化应用实践，完善方法流程。

（3）开展复杂储层建模—数模智能一体化研究技术攻关，完善建模—数模技术体系及实用性。

（4）开展基于人工智能（代理模型）的预测方法，量化地质认识和油藏参数存在的不确定性，提高油藏数值模拟工作效率。

（二）中深层砂岩油藏描述技术

海上中深层砂岩油田指埋深2000～3500m的油田，沉积类型多样，以近源沉积为主，储层变化快；成岩作用强，储集及渗流空间复杂；地震资料品质低，难以准确落实断裂以及储层展布特征。储层连通性是中深层砂岩油藏描述的核心，是提高该类油田开发效果，进一步提升采收率的关键。

1. 开展高精度砂体连通关系研究，实现更小级次储层定量预测

针对砂层组级别储层精细刻画难题，开展井震联合的高精度地震属性及动静态相结合的砂体连通关系研究，实现更小级次（复合砂层组或砂层组级别）储层定量预测及连通性研究，指导注采优化调整，提高油田采收率。

2. 地质油藏等多专业深度融合，深化地下认识

随着油田开发程度的日益加深，以油组为研究尺度的注采井网中，油组内部的注采连通关系较复杂，逐渐出现注采不受效或受效差的情况，不能满足开发井注采连通性认识，难于实现注采均衡及剩余油描述。为进一步提高开发效果，结合油藏生产动态认识和生产矛盾，大力开展防砂段轮采，示踪剂、产吸剖面等测试，深入认识油水运移规律，落实油水井注采连通关系，利用油藏动态认识指导井间对比及砂体连通性分析，进一步完善储层精细对比及连通关系认识，实现油藏注采均衡，提高开发效果和采收率。

（三）潜山裂缝型油藏描述技术

海上裂缝性储层主控因素基本明确，大、中尺度裂缝研究也取得了一定的成果，但目前油井水淹规律复杂，连通关系及剩余油分布规律不明确，尤其是中小尺度剩余油富集，如何进一步分析油水井间连通性，刻画中、小尺度裂缝分布和剩余油富集规律是开发中后期研究的重点。

1. 加强复杂潜山裂缝储层分布定量预测研究，提升裂缝储层表征精度

攻关基于成因的深层储层预测方法，为建模提供定量依据；开展裂缝系统发育规律、分布模式及渗流机理方面研究及精细表征，攻关不同裂缝连通模式、不同裂缝开度等裂缝储层精细表征方法。

2. 攻关不同裂缝级次下基质—裂缝渗流规律表征，明确剩余油富集规律

针对中小尺度裂缝的空间展布规律认识不清，裂缝、基质两套系统剩余油表征精度低的问题，重点攻关多因素约束下的不同尺度裂缝空间分布预测、不同裂缝级次下基质—裂缝渗流规律表征等关键技术，明确变质岩潜山油藏开发中后期剩余油富集规律及动用机制，提出变质岩潜山油藏开发中后期精细挖潜策略及提高采收率方向。

3. 不断加深不稳定注水策略的研究，指导控水稳油

针对油水井间复杂连通关系，结合丰富生产动态，开展油水井间连通关系研究，在此基础上不断加深不稳定注水策略的研究，指导开发中后期裂缝性油藏注水研究。

（四）油气藏智能描述技术

随着人工智能、大数据、云计算等技术的不断发展，油气藏智能描述将迎来更深度的技术融合，这些先进技术为油气藏描述提供了强大的计算能力和数据处理能力，极大推动了油气藏智能描述技术的精度和效率。例如在岩心智能分析方面，通过深度学习、计算机视觉等人工智能算法，可实现岩石微观结构三维可视化及孔隙结构参数的量化表征，进而深入认识储层微观非均质性；油藏智能建模方面，人工智能技术可对地震、测井、岩心等大量地质数据进行深度学习，通过训练模型提升地质预测精度，当前利用卷积神经网络（CNN）、循环神经网络（RNN）等深度学习模型，可地震数据中提取地质属性，进一步提升了地质模型精度。在地质模型优化和更新方面，通过自动化算法可对模型进行实时更新，保证了模型的时效性和准确性。未来，油气藏智能描述技术将朝着更高程度的智能化和自动化方向发展，油气藏描述精度和效率将会进一步提升，对提升油田采收率具有重要意义，也为油田调整挖潜提供了重要的决策支持。

第二节 海上高（特高）含水油田强化水驱提高采收率技术发展方向与展望

强化水驱是海上油田稳产最关键最重要的工作之一。随着主力油田相继进入高含水、特高含水期，剩余油分布更加零散，挖潜难度增加，调整井挖潜等传统手段经济效益逐渐变低，实现稳油控水的难度越来越大，需要在储层精细描述的基础上，从微观驱替机理、井网井位优化设计、精细流场调控、控水工艺等方面持续攻关，并借助数字化、智能化赋能，丰富和发展海上高（特高）含水强化水驱提高采收率技术体系，为海上高（特高）含

水油田持续高效开发提供技术支撑。

一、高（特高）含水油藏微观剩余油赋存机理及量化表征技术

海上油田取心成本高、岩心资料少，高（特高）含水阶段不同类型储层微观渗流机理研究不足，剩余油微观赋存状态认识不清，缺乏不同类型储层微观剩余油量化表征方法。需建立数字岩心数据库及不同类型储层微观渗流研究方法，开展"双特高"阶段微观剩余油赋存状态及驱替动力机理评价研究，包括油水两相渗流动力学模拟、剩余油分布主控因素、微观驱替动力及机理、微观剩余油量化表征等，形成不同类型储层微观剩余油量化表征方法，实现"双特高"油藏剩余油的赋存位置、赋存状态的精准描述及微观剩余油的定量表征，明确不同类型油藏剩余油挖潜界限，为油田进一步挖潜提供理论支撑。

二、高（特高）含水油藏井网井位智能优化设计技术

随着海上油田进入高含水后期，面临储层整体强水淹、水淹规律复杂、剩余油高度分散等新的矛盾和问题，现井网难以支撑油田持续高效开发。开展海上高（特高）含水油田合理井网井距优化、联合井网层间干扰程度定量表征方法、层系重组参数技术界限等研究，持续下探薄差层经济挖潜技术界限，攻关集加密、抽稀、转注及综合调整等不同模式于一体的井网井位调整优化设计模型，提出大数据挖掘与知识嵌入双重驱动智能求解等算法，构建井网调整及井位设计多功能一体化智能优化技术，实现海上高（特高）含水不同类型油藏井网调整、新增井位的精准化、智能化设计，突破传统方法井网调整模式单一、储层匹配性差、计算代价高的局限，支撑海上高（特高）含水油藏开展层系重组、井网重构、藏水平井极限挖潜、二次调整、三次调整等精细挖潜，持续提升海上高（特高）含水油田开发效果。

三、海上智能流场调控技术

注采调控作为高含水期流场调控的主要措施，能通过井别转换、增加注采井点、调整开发单元内油水井的配产配注等方式，大角度转变液流方向并促使注入水流向弱驱部位，扩大波及范围，均衡流场分布，提高注入水利用效率，其本质是调整压力场，使之适配开发过程中动态变化的饱和度场。针对油田不同区域的主要矛盾，采取差异化的注采调控策略，在注够水的基础上，持续开展产液结构调整包括流场重构、注采优化、低产低效井治理。注采量及周期约束下的井网注采调控优化是典型的最优化问题，面临优化调控参数多（包括实时注采速度等连续型参数和加密井位、井数等离散型参数变量）、混合系统优化控制求解难度大等难点，需持续攻关传统优化算法及数模预测技术求解不稳定、耗时长等瓶颈，匹配井间连通性认识，满足生产现场实时优化需求，有效指导海上高（特高）含水油藏水驱注采优化设计，改善油藏开发效果。同时对于强非均质储层，还需建立井间多级调堵措施判别优选和决策技术，进行调堵措施优化与流场评价表征，实现深度挖潜。

四、海上智能井筒及堵/调/驱一体化工艺技术

（一）海上智能井筒技术进一步优化完善

智能井筒技术井下工具涵盖范围广，涉及机械、电子电路、通信等多个方向，通过前期攻关已形成了智能分注、智能分采、AICD 智能控水、智能气举阀等多种产品，但智能井筒技术整体应用潜力、技术适应性、稳定性、长效性仍需完善。因此，有必要开展持续攻关，进一步优化完善智能井筒技术，优化和完善智能注水设备耐 150℃高温适用性，发展智能分注井井下监控和远程通信控制技术，实现无人平台远程控制和管理，提高油田数字化、智能化管理水平。

（二）智能堵/调/驱一体化技术进一步推广

通过研究拓展海上油田智能堵/调/驱一体化技术，攻克时变注采流场定量刻画、堵/调/驱一体化措施实施过程控制与智能决策等技术，重点开展常规双高油田、高温油藏、区块多轮次及稠油油田等智能型堵/调/驱药剂研发及区块工艺设计方法研究，逐步形成成熟的海上油田智能堵/调/驱一体化技术，达到显著/大幅度改善注水开发效果的目的。

（三）控堵水技术亟待进一步攻关

通过立项研究、消化吸收系统内外技术，建立海油特色的找水技术，显著提高找水成功率和安全性；同时，整合分析现有各类控水技术的优缺点和适用性，形成完善井筒结构类、智能高效化学类及电控机械类三种控水技术，有效解决油井控水难、成功率的难题。重点从全生命周期精细控水、提高常规机械分层成功率、精准高效找水技术、"温和型"不动管柱低成本选择性化学堵堵剂、多功能型堵水增产一体化堵剂等方面加强工作保障和技术攻关。

（四）储层改造技术亟待发展革新

通过前期攻关研究形成了微压裂解堵、深穿透解堵挖潜工艺、过筛管压裂工艺，但是多侧重于解堵，对储层的改造挖潜作用较小。因此，如何突破现有的海上管柱条件、平台条件限制，攻关形成适合海上油田泥质疏松砂岩储层改造关键技术，既是海上油田开发稳产的需要，更是目前技术发展革新的需要。

针对海上高（特高）含水油藏，通过地震、地质、渗流、配套工艺等方面的系统攻关，构建海上"双高—双特高"油田水驱提高采收率技术体系，形成海上不同类型油藏高效开发模式并实现海上油气田开发的智能化，支撑国内海上在生产主力油田平均水驱采收率在现有基础上再提高 3%～5%，进一步夯实国内海上原油产量的基石，对保障国家能源安全意义重大。

第三节　海上油田化学驱提高采收率技术发展方向与展望

根据目前开发形势，老油田大部分进入高含水期，部分油田已进入特高含水期，老油田开发难度越来越大，运用化学驱提高采收率技术的要求越来越迫切。矿场实践证明化学驱是提高采收率重要技术之一，是水驱后大幅度提高采收率的重要接替技术，已有化学驱实践证明，水驱后提高采收率幅度可达7%～20%。但是海上油田化学驱规模化应用还存在：小平台多井注聚溶液无熟化罐快速配制问题、稠油聚合物驱大规模应用含聚采出液快速高效处理问题、化学驱注采能力保持问题、"双高"河流相油田及水平井化学驱问题、高黏度稠油化学驱问题和高温高盐及低渗油藏化学驱问题。

针对海上油田分大段和大井距开发，进入高含水、特高含水开发阶段实际情况，在前期攻关形成的海上化学驱配套技术体系的基础上，进一步提升适用于地层原油黏度150mPa·s以下油田的常规化学驱油技术效果和经济效益；针对海上油田化学驱规模化应用中的突出技术难题，攻关化学驱采出液一体化规模处理、疏松砂岩油藏化学驱注采能力保持、非连续化学驱、化学驱与加密协同提高采收率、无（熟化）罐在线溶解等关键技术，形成化学驱规模化应用技术体系。拓展化学驱适用界限，形成适用于高温高盐、低渗油藏和地层黏度150～1000mPa·s可流动稠油的新型化学驱技术。创新智能化采出液处理策略，提升原油和污水一体化处理技术水平，满足目标油田控制指标要求。构建海上油田绿色化学驱大幅度提高采收率理论与技术体系，助推海上油田化学驱技术快速发展和工业化推广应用，为海上油田增储上产和持续高效开发奠定坚实的基础。

一、非连续化学驱理论与模式研究

针对疏松砂岩油藏长期水驱、强注强采导致储层非均质性加剧，各小层有效启动压力差异大、导致水井分大井段注入、油井合采方式下很难实现多小层均衡注采等问题，聚焦不同尺度剩余油动用机制、攻关非连续化学驱技术，给出不同类型和开发阶段油田的非连续化学驱方法组合、全过程合理接替时机，最大限度提高小层动用程度和采油速度。形成海上高/特高含水油田非连续化学驱均衡驱替模式与理论，为实现"全油藏均驱，全过程提速"的海上油田高速高效开发目标提供理论依据和指导。

二、地质油藏关键技术研究

针对海上"双高—双特高"油田大井距、多层合采、剩余油更加分散情况下，如何大幅度提高化学驱方案的经济性，重点攻关基于储层时变的化学驱油藏剩余油描述技术、化学驱大幅度提高采收率微观机理、海上特色化学驱数值模拟技术、非连续化学驱油藏方案编制技术、智能优化及精细调整技术、水平井化学驱开采机理与调控方法等，用于指导"双高—双特高"油田化学驱方案编制及动态调整，实现化学驱方案"经济有效、模式可推广"。

三、海上油田新型化学驱产品研发

攻关驱油体系地层原位绿色制备技术、研发适合海上油田的一剂多能驱油剂、研发适用于河流相、(超)高温高盐、复杂断块等更高开发难度油藏的新型化学驱油体系，同时发展相适应的室内实验评价、产品中试与生产、现场实施工艺等配套技术。在满足平台药剂配注和采出液处理空间有限等苛刻条件的同时，有效降低技术成本，提高经济性，拓展化学驱技术在海上油田开发中的适用范围，发展独具特色的海上油田化学驱技术系列。

四、海上化学驱采出液一体化高效处理技术

针对海上油田采出液处理设备需小型化、高效化、智慧化，且处理剂需随开发阶段不同持续升级换代等问题。基于海上平台地面处理流程特点及化学驱采出液性质特点，研制和应用紧凑型、智能化、高效能的油水分离系统性技术，攻关采出液处理药剂快速研制技术、生产水高效处理技术、伴生含硫化合物控制技术与工艺，以适应不同油田化学驱油田的需要，保障化学驱技术的推广应用。

五、海上平台智能高效配注聚工艺及注采能力保持技术

针对海上平台甲板空间、桩基承重、吊车能力（起重能力、覆盖范围）受限下的规模化配注需求，攻关聚合物溶液无熟化罐极速配液技术、多功能驱调一体极速配液技术，实现低能耗、低黏损、轻量化的多功能驱调一体化学驱溶液无熟化罐规模配液能力，为化学驱规模应用提供技术支撑。

针对化学驱注入井近井地带易堵塞、压损大，常规解堵措施滞后、效果逐次变差等问题。攻关分散增注驱油技术、在线深度解堵技术、注采动态协调增效技术、稠油化学吞吐技术，保障化学驱"注得进、采得出"。

六、化学驱与加密协同增效技术

针对海上油田开发特点，系统开展海上油田化学驱与加密协同增效关键因素、协同增效机理、协同增效技术、潜力评价方法、层系精细重组和井网重构方法、方案优化技术和效果评价方法等研究，形成海上油田化学驱与加密协同增效技术体系。

七、化学驱后进一步提高采收率的新技术试验

化学驱结束后，仍有大量的剩余油富集于地下，进一步提高采收率的潜力大，但化学驱后油藏剩余油分布更加复杂、优势渗流通道普遍发育，开发矛盾更加突出。进一步开展化学驱后进一步提高采收率新技术的研究和试验，如化学驱后（不同注入介质）剩余油分布规律研究、更高效更经济的驱油体系研发（非连续化学驱、泡沫复合驱、纳米驱等）、个性化油藏方案优化设计，进一步提高波及效率，改善驱油效率。

第四节　海上油田稠油热采提高采收率技术发展方向与展望

热采是提高海上非常规稠油油藏储量动用率和采收率的重要手段，目前已初步形成以蒸汽吞吐为主的海上稠油热采技术体系，2023年已实现热采产量 $83×10^4$t。下一步为推动海上稠油热采规模化上产和稳产，需以海上大井距高强度热采理论为基础，不断完善和发展多种热采开发方式组合接替、高效注采配套工艺、工程设施完备的海上稠油热采开发技术体系。

一、研发稠油热采提高采收率关键技术

针对海上热采蒸汽吞吐后递减快、油汽比低等难题，以及海上大井距蒸汽驱蒸汽前缘热水带范围更宽、热利用效率低、因储层非均质性导致蒸汽前缘发育不均衡等问题，需持续发展稠油热采提高采收率关键技术。

（1）拓展蒸汽吞吐—蒸汽驱全过程温场扩展理论。以蒸汽吞吐"注汽—焖井—生产"过程中"三区两相"的温场扩展理论为基础，创新应用蒸汽能量守恒与"汽—水"物质守恒方程，描述不同开发方式及开发阶段的温场扩展规律，指导温场精细调控，同时发展温场监测技术。

（2）完善大井距下热—气—剂多元复合增效技术，充分发挥非凝析气体保压、增容、携液、降黏作用，化学药剂辅助降黏和防窜作用，实现温场高效扩展，提高热波及和驱油效率。

（3）发展大井距热采蒸汽窜流识别与调控技术，针对海上大井距高强度注采条件下热窜流加剧、窜流特征复杂等问题，构建汽窜精细识别图版，建立大井距汽窜体积与窜流通道尺寸计算模型，完善高温冻胶体系及泡沫体系；建立大井距下水平井蒸汽驱的"引＋提＋控＋调"调整对策，实现大井距下温场高效扩展与提高采收率。

（4）形成海上深层 SAGD 热采提高采收率技术。海上特超稠油蒸汽吞吐采收率不足15%，深层 SAGD 接替技术可提高至30%以上，但海上尚无经验。针对深层蒸汽腔扩展不清晰、动态调控困难、预热速度慢、产液量大和温度高等问题，攻关形成海上深层 SAGD 开发动态调控、快速预热、注汽管柱优化等技术及配套工艺。

二、创新海上稠油热采配套工艺技术

（1）高温电潜泵注采一体化管柱。目前热采射流泵动力液系统占平台空间大，需要再升级。已研制耐 350℃ 井下工具、安全控制、高温监测、高温电泵等电潜泵注采一体化管柱技术，能够满足 350℃ 注热工况，泵效提高2倍、地面流程简化50%以上，后续将进一步扩大试验不断升级。

（2）分层配注工艺及管柱。攻关研发新型注采一体化调节阀，形成分层/分段均衡配

注管柱，实现注入、采出独立通道、井下可实现测调，满足350℃注热工况，实现加热更均匀、采液强度更高，解决海上多层稠油均衡吸汽问题。

（3）井下热力发生技术。井下热力发生技术在降低碳排和井筒热损失方面具有特殊优势，通过开展多介质安全输送、发生器小型化集成设计等关键技术研究，探索120~300℃无级调节井下热力发生技术可行性。

三、发展海上注热工程装备和新模式

（1）注热工程装备模块化。研发增压燃烧锅炉，攻关海水预处理工艺优化，努力实现小型轻量化、模块化、标准化集成装备技术，助力对小规模分散稠油油田的经济有效开发。

（2）移动共享注热模式。针对热采设施占平台空间大，吞吐阶段设施利用不充分，提出移动共享注热模式，攻关海上移动注热关键技术和装备研发，实现海上注热设施移动共享。

四、探索海上稠油热采前沿技术

针对蒸汽驱后期油汽比低，低油柱储量动用难题，碳排高（冷采的1.5~2倍）等，攻关注空气火驱、超临界多元热流体、原位改质等热采接替热采技术，完善配套工艺，下探储量动用经济界限，为"十五五"持续上产提供潜力，推动海上热采绿色、低碳、低成本可持续发展。

第五节 海上油田气驱提高采收率技术发展方向与展望

气驱是海上潜山裂缝性油气藏和低渗油藏提高储量动用率和采收率的重要手段。海上油田油藏类型和储量丰富，随着岸电和绿色能源的推广，伴生烃气源会越来越充足，依托一定的注气室内实验和矿场应用经验，注气提高采收率技术将是一种重要的提高采收率方法在海上油田大力开展。值得一提的是，2005年2月16日关于减排温室气体的《京都协议书》已经生效，将伴生的CO_2注入油藏，提高合适油田的采收率，同时也履行减排CO_2的义务。因此以复杂潜山油气藏、低渗砂岩油藏为目标，以绿色高效开发为理念，深入发展海上油气藏气驱提高采收率技术，是海上油气藏提高采收率的重要路径。

一、海上潜山油气田气驱开发技术

海上潜山油气藏储层厚、流体空间分布规律复杂，造成开发效果及规律复杂。因此，需要加强高压物性及注气相态特征变化规律研究、厚储层流体空间分布特征、非平衡相态特征研究，建立一套高饱和凝析气藏、高挥发性油藏相变规律及注气机理表征方法。潜山

缝洞尺度及组合模式不确定性大，流体性质变化规律复杂，导致基质与裂缝产出贡献及渗流能力变化规律认识难。因此，要加强相平衡油气相渗实验研究、基质与裂缝产出贡献及评价、应力敏感和反凝析对渗流能力影响规律研究，建立多尺度裂缝储层渗流机理表征方法。由于复杂裂缝型油气藏开发经验不足，流体性质变化和裂缝发育特征会直接影响开发方式优选、井位井网优化等开发方案部署工作。因此，要开展基于流体性质和渗流机理表征的双重介质组分模型数值模拟技术、循环注气提高凝析油采收率方案研究，深化不同类型油气藏提高采收率研究，形成复杂潜山油气藏高效开发技术体系。

二、低渗油田气驱开发技术

气驱是提高低渗透油藏压力保持水平，改善低渗透油藏开发效果的有效手段，但海上低渗油藏实施气驱开发经验较少。海上油田储层沉积条件、储层物性差异大，不同储层及流体条件下，气驱油机理存在较大差异。因此，要进一步攻关不同储层不同CO_2浓度气驱流—固耦合作用机理、不同注气介质/原油体系相态特征及变化规律、不同混相程度下气驱渗流机理及增产机理。针对海上油田高温、高压下相态特征复杂、注气气窜风险等难题，要开展复杂相态精细数值模拟技术研究、合理地层压力保持水平研究及气驱有效驱替井网部署及生产制度研究，为海上气驱开发方案编制奠定理论基础。同时海上油田缺少气驱开发效果评价方法，要开展海上气驱开发效果评价方法研究，建立海上油田海上气驱开发效果评价标准，为海上油田气驱高效开发技术推广应用奠定基础。

三、海上油田中高含水期气驱开发技术

随着海上油藏逐步步入中高含水期，在井网一次和二次加密后，需要探索挖潜剩余油的有效方法。海上油田储层沉积条件、储层物性差异大，不同储层及流体条件下，水驱后剩余油分布模式和特征不同，中高含水期注气开发的可行性及效果也不同，急需探索海上中高含水期油藏气驱可行性评价方法，研究不同含水饱和度下气驱混相特征、渗流机理及增产机理。开展复杂相态水驱后气驱精细数值模拟技术研究、转注时机及水驱后气驱有效驱替井网部署及生产制度研究，为海上中高含水期油藏气驱提高采收率奠定理论基础。

四、气驱配套工艺技术

海上油气藏气驱开发投资相对较高，为进一步保障气驱开发效果，还需进一步探索全周期高效防窜、可测调精细分层注气及低成本防腐等配套工艺，探索适合海上平台的注气压缩机小型化技术，为海上油藏注气开发快速推广奠定基础。

希望通过探索海上油藏气驱提高采收率技术，既有效提高油气藏采收率，又积极推广绿色低碳驱油技术，推动海上绿色低碳规模化、工业化示范工程落地。

参考文献

[1] 屈亚光,骆峰,姜宇,等. 砂岩油藏高倍数水驱物性及驱替特征变化规律研究进展[J]. 内蒙古石油化工, 2024, 50(8): 90-95.

[2] 于志浩. 中高渗油藏水驱全过程微观剩余油演化规律及动用方法[D]. 中国石油大学(北京), 2021. DOI: 10.27643/d.cnki.gsybu.2021.001001.

[3] 贾虎,张瑞,罗宪波,等. 高倍数水驱砂岩中原油黏度、岩心润湿性时变规律核磁共振实验[J]. 石油勘探与开发, 2024, 51(2): 348-355.

[4] 王雨,陈存良,杨明,等. 复杂断块BZ油田合理注采比研究[J]. 石油地质与工程, 2019, 33(2): 92-94, 100.

[5] 张顺康,刘炳官,尤启东,等. C3断块$K_2t_1^3$注水外溢及合理注采比[J]. 科学技术与工程, 2021, 21(34): 14548-14553.

[6] 林海,张晓诚,谢涛,等. 基于断层稳定性的疏松砂岩临界注水压力研究[J]. 重庆科技学院学报(自然科学版), 2021, 23(2): 29-33, 49.

[7] 徐大明,郑旭,杨彬,等. 特定井网注水井在断层处的最大压力研究——以渤海S油田一注三采井网为例[J]. 石油地质与工程, 2020, 34(5): 89-92.

[8] 印兴耀,张洪学,宗兆云. OVT数据域五维地震资料解释技术研究现状与进展[J]. 石油物探, 2018, 57(2): 155-173.

[9] 詹仕凡,陈茂山,李磊,等. OVT域宽方位叠前地震属性分析方法[J]. 石油地球物理勘探, 2015, 50(5): 956-966.

[10] 王学军,于宝利,赵小辉,等. 油气勘探中"两宽一高"技术问题的探讨与应用[J]. 中国石油勘探, 2011, 16(5/6): 1-7.

[11] 凌云,高军. 宽/窄方位角勘探实例分析与评价[J]. 石油地球物理勘探, 2005, 40(3): 305-308, 317.

[12] 张军华,朱焕,郑旭刚,等. 宽方位角地震勘探技术概述[J]. 石油地球物理勘探, 2007, 42(5): 603-610.

[13] 白辰阳,张保庆,耿伟,等. 多方位地震数据联合解释技术在KN复杂断裂系统识别和储层描述中的应用[J]. 石油地球物理勘探, 2015, 50(2): 351-356.

[14] 刘地渊,赵庆飞,张望明,等. 化学驱项目的经济评价方法研究[J]. 石油天然气学报, 2005, 27(4): 535-536.

[15] 胡博仲. 聚合物驱采油工程[M]. 北京:石油工业出版社, 2004.

[16] 唐恒志,张健,王金本,等. 绥中36-1油田注入水水质对疏水缔合聚合物溶液粘度的影响[J]. 中国海上油气, 2007, 19(1): 25-29.

[17] 张志英,姜汉桥,丁美爱. 聚合物注入能力的实验研究[J]. 实验力学, 2009, 24(1): 8-12.

[18] 刘文章. 热采稠油油藏开发模式[M]. 北京:石油工业出版社, 1998.

[19] Aladasani A, Bai B J. Recent developments and updated screening criteria of enhanced oil recovery techniques[C]. SPE 130726, 2010.

[20] Bourdarot G, Ghedan S. Modified EOR screening criteria as applied to a group of offshore carbonate oil

reservoirs [C].SPE 148323, 2011.
[21] 霍广荣.胜利油田稠油油藏热力开采技术 [M].北京：石油工业出版社，1999.
[22] 李晓峰，刘光中.人工神经网络BP算法的改进及其应用 [J].四川大学学报（工程科学版），2000, 32（2）：105-109.
[23] 朱珉仁.Gompertz模型和Logistic模型的拟合 [J].数学的实践与认识，2002, 32（5）：705-709.
[24] 李晓光，鲁港，李玉金，等.Gompertz模型参数估计新方法 [J].特种油气藏，2009, 16（3）：41-43.
[25] 刘小鸿，张风义，黄凯，等.南堡35-2海上稠油油田热采初探 [J].油气藏评价与开发，2011, 1（1-2）：61-63.
[26] 陈庆波.聚驱后蒸汽驱提高采收率现场试验效果评价 [J].重庆科技学院学报（自然科学版），2010, 12（6）：35-37.
[27] 陈伟.陆上A稠油油藏蒸汽吞吐开发效果评价及海上稠油油田热采面临的挑战 [J].中国海上油气，2011, 23（6）：384-386.
[28] 刘雨芬，陈元千，毕海滨.利用多元回归方法确定稠油油藏吞吐阶段的采收率 [J].新疆石油地质，1996, 17（2）：184-187.
[29] 唐晓旭，马跃，孙永涛.海上稠油多元热流体吞吐工艺研究及现场试验 [J].中国海上油气，2011, 23（3）：185-188.
[30] 吴永彬，李松林.海上底水稠油油藏蒸汽吞吐可行性研究 [J].钻采工艺，2007, 30（3）：76-78.
[31] 黄颖辉，刘东，罗义科.海上多元热流体吞吐先导试验井生产规律研究 [J].特种油气藏，2013, 20（2）：68-73.
[32] 顾启林，孙永涛，郭娟丽，等.多元热流体吞吐技术在海上稠油油藏开发中的应用 [J].石油化工应用，2012, 31（9）：8-10.
[33] Geragg Chourio, Jose Bracho, Martinez D E. Evaluation and application of the extended cyclic steam injection as a new concept for Bachaquero-01 Reservoir in West Venezuela [C].SPE148083, 2011.
[34] 冯祥，李敬松，祁成祥.稠油油藏多元热流体吞吐影响因素分析 [J].科学技术与工程，2013, 13（2）：468-471.
[35] 唐晓东，陈广明，王治红，等.注空气开采海上稠油井筒传热模型研究 [J].特种油气藏，2009, 16（1）：87-91.
[36] Henson R, Todd A, Corbett P. Geologically based screening criteria for improved oil recovery projects[C].SPE75148, 2002.
[37] Collins P M. Geomechanical screening criteria for steam injection processes in heavy oil and bitumen reservoirs [C].SPE150704, 2011.
[38] 高海红，程林松，赵梅，等.稠油油藏蒸汽驱筛选的模糊综合评判 [J].西南石油大学学报，2007, 29（3）：53-56.
[39] 高海红，程林松，梁颖，等.稠油油藏蒸汽驱经济筛选实用图版研究 [J].钻采工艺，2007, 30（4）：69-71.
[40] 杜殿发，郭青，侯加根.特超稠油油藏蒸汽吞吐筛选标准的探讨 [J].新疆石油地质，2010, 31（4）：440-443.
[41] 侯健.提高原油采收率效果预测方法 [M].东营：中国石油大学出版社，2007.
[42] 李平科，张侠，岳清山.蒸汽驱开发采收率预测新方法 [J].石油勘探与开发，1996, 23（1）：51-54.

[43] 赵洪岩, 鲍君刚, 马凤, 等. 稠油油藏蒸汽吞吐采收率确定方法[J]. 特种油气藏, 2001, 8(4): 40-45.

[44] 史斌, 易飞, 黄波. 南堡35-2油田稠油化学吞吐降粘技术研究应用[J]. 创新技术, 2009, 1(5): 24-26.

[45] 陈月明. 注蒸汽热力采油[M]. 东营: 中国石油大学出版社, 1996.

[46] 姜杰, 李敬松, 祁成祥, 等. 海上稠油多元热流体吞吐开采技术研究[J]. 油气藏评价与开发, 2012, 2(4): 38-40.

[47] 杨兵, 李敬松, 祁成祥, 等. 海上稠油油藏多元热流体吞吐开采技术优化研究[J]. 石油地质与工程, 2012, 26(1): 54-56.

[48] 张伟, 孙永涛, 林涛, 等. 海上稠油多元热流体吞吐增产机理室内实验研究[J]. 石油化工应用, 2013, 32(1): 34-36.

[49] Ramey H J. The effect of temperature on relative permeability of consolidated rocks[C]. SPE4142, 1973.

[50] 朱贵友. 中深层稠油油藏蒸汽驱技术研究[D]. 北京: 中国石油大学(北京), 2010.

[51] 高达, 侯健, 孙建芳, 等. 水平井蒸汽吞吐经济技术界限[J]. 油气地质与采收率, 2011, 18(1): 92-96.

[52] 侯健, 高达, 孙建芳, 等. 稠油油藏不同热采开发方式经济技术界限[J]. 中国石油大学学报(自然科学版), 2009, 33(6): 66-70.

[53] 董一芬. Levenberg-Marquardt神经网络算法研究[J]. 学术探讨, 2009, 56(8): 8-9.

[54] 杨柳, 陈艳萍. 一种新的Levenberg-Marquardt算法的收敛性[J]. 计算数学, 2005, 27(1): 55-62.

[55] Pizzarelli S G, Gonzalez O E, Justiniano P, et al. Results of Thermal Horizontal Completions with Sand Control in Lake Maracaibo, Venezuela: Case Histories of Horizontal Gravel Packs in Bachaquero-01 Reservoir[J]. SPE78946, 2002.

[56] 李士伦, 张正卿. 注气提高石油采收率技术[M]. 四川科学技术出版社, 2001.

[57] 李士伦, 郭平, 戴磊, 等. 发展注气提高采收率技术[J]. 西南石油学报, 2000, 22(3): 41-45.

[58] 孙守港, 贾庆升, 宋丹, 等. 低渗透油藏注气提高采收率配套技术[J]. 油气地质与采收率, 2002, 9(2): 28-30.

[59] 杨学锋. 油藏注气最小混相压力研究[D]. 成都: 西南石油学院, 2003.

[60] 郭平, 杨学锋. 油藏注气最小混相压力研究[M]. 北京: 石油工业出版社, 2005.

[61] 黄鑫. 渤海稠油油田开发面临的挑战与应对措施[J]. 油气田地面工程, 2010, 29(9): 76-77.

[62] 刘玉章. 聚合物驱提高采收率技术[M]. 北京: 石油工业出版社, 2006: 15-16.

[63] 王君, 范毅. 稠油油藏的开采技术和方法[J]. 西部探矿工程, 2006, 7: 84-85.

[64] 王大为, 周耐强, 年凯. 稠油热采技术现状及发展趋势[J]. 西部探矿工程, 2008, 12: 129-131.

[65] 李鹏华. 稠油开采技术现状及展望[J]. 油气田地面工程, 2009, 8(2): 9-10.

[66] 丁保东, 张贵才, 葛际江, 等. 普通稠油化学驱的研究进展[J]. 西安石油大学学报: 自然科学版, 2011, 26(3): 52-59.

[67] 郭尚平, 田根林, 王芳, 等. 聚合物驱后进一步提高采收率的四次采油问题[J]. 石油学报, 1997, 18(4): 49-53.

[68] 李爱芬, 郭海滨, 陈辉, 等. 聚驱后阳离子聚合物HCP提高采收率机理研究[J]. 油田化学, 2006, 23(3): 254-259.

［69］刘合. 大庆油田聚合物驱后采油技术现状及展望［J］. 石油钻采工艺，2008，3：1-6.

［70］刚永恒，和慧，胡莉，等. 二元复合驱提高采收率技术的发展综述［J］. 油气田地面工程，2010，12：61-62.

［71］张海红. 沈84-安12块二元复合驱油技术实验研究［D］. 大庆：大庆石油学院，2010.

［72］王红艳，曹绪龙，张继超，等. 孤东二元驱体系中表面活性剂复配增效作用研究及应用［J］. 油田化学，2008，25（4）：356-360.

［73］马奎前，蔡晖，朱玉国，等. 重质稠油油藏碱/表面活性剂二元复合驱室内试验［J］. 石油地质与工程，2011，25（2）：122-125.

［74］刘卫东. 聚合物/表活剂二元驱提高采收率技术研究［D］. 北京：中国科学院研究生院（渗流流体力学研究所），2011.

［75］刘海波. 聚合物/表面活性剂二元复合驱室内实验研究［D］. 大庆：大庆石油学院，2007.

［76］侯吉瑞. 复合体系的界面—流变特性对驱油的综合作用研究［D］. 大连：大连理工大学，2005.

［77］朱友益，侯庆锋，简国庆，等. 化学复合驱技术研究与应用现状及发展趋势［J］. 石油勘探与开发，2013，40（1）.

［78］周扬帆. 聚表二元体系的相互作用［D］. 南充：西南石油学院，2005.

［79］Wang X., Alvarado V. Effect of salinity and pH on pickering emulsion stability［J］. SPE, 2008, 9: 1-17.

［80］Guo J.X., Liu Q., Li M.Y. The effect of alkalion crude oil/water interfacial properties and the stability of crudeoil emulsions［J］. Colloids Surfaces A: Physicochem Engng Aspects, 2006, 273: 213-218.

［81］黎朝，唐尧基，陈莹. 全内反射荧光光谱法研究水溶性卟啉在正己烷/水界面的吸附行为［J］. 分析化学，2005，33：1543-1546.

［82］Ricard-Blum S., Peel L. L., Ruggiero F., et al. Dual polarization interferometry characterization of carbohydrate-protein interactions［J］. Anal. Biochem., 2006, 352: 252-259.

［83］孙福街. 中国海上油田高效开发与提高采收率技术现状及展望［J］. 中国海上油气，2023，35（5）：91-99.

［84］苏彦春，郑伟，杨仁锋，等. 海上稠油油田热采开发现状与展望［J］. 中国海上油气，2023，35（5）：100-106.

［85］孙鹏霄，刘英宪. 渤海稠油油藏开发现状及热采开发难点与对策［J］. 中国海上油气，2023，35（2）：85-92.

［86］闫传梁，程远方，袁忠超，等. 高温高压岩石压缩系数实验装置研制［J］. 实验技术与管理，2017，34（7）：99-102.

［87］田冀. 海上稠油热采地质油藏方案设计方法及应用［M］. 北京：中国石化出版社，2019.

［88］杨戬，李相方，陈掌星，等. 考虑稠油非牛顿性质的蒸汽吞吐产能预测模型［J］. 石油学报，2017，38（1）：84-90.

［89］田亚鹏，鞠斌山，胡杰. 考虑蒸汽超覆的稠油蒸汽吞吐产能预测模型［J］. 石油钻探技术，2018，46（1）：110-116.

［90］Fan T., Xu W., Zheng W. et al. A production performance model of the cyclic steam stimulation process in multilayer heavy oil reservoirs［J］. Energies, 2022, 15, 1757.

［91］Dong X., Liu H., Chen Z. Hybrid enhanced oil recovery processes for heavy oil reservoirs［M］. Elsevier: Amsterdam, The Netherlands, 2021.

［92］王青. 稠油热采效果评价方法及影响因素研究［D］. 东营：中国石油大学，2010.

［93］李艳玲. 稠油油藏蒸汽驱地质影响因素研究［J］. 特种油气藏，2009，16（5）：58-60.

[94] 王健. 储层隔夹层模型研究 [D]. 东营：中国石油大学，2010.

[95] 范廷恩，王海峰，胡光义，等. 河流相储层不连续界限及其对油田开发的影响 [J]. 中国海上油气，2021，33（2）：96-105.

[96] 许磊，范洪军，范廷恩，等. 沉积成因约束的辫状河三角洲泥质夹层表征 [J]. 西南石油大学学报（自然科学版），2017，39（5）：31-40.

[97] 中国海洋石油集团有限公司开发生产专业标准化委员会. 海上油气田开发井注采能力预测方法：Q/HS 2045—2018 [S]. 北京：中国海洋石油集团有限公司，2018.

[98] 郑伟，谭先红，王泰超，等. 海上稠油油田蒸汽吞吐产量确定新方法 [J]. 新疆石油地质，2020，41（3）：344-348.

[99] 刘喜林. 难动用储量开发稠油开采技术 [M]. 北京：石油工业出版社，2005.

[100] 赵洪岩，鲍君刚，马凤，等. 稠油油藏蒸汽吞吐采收率确定方法 [J]. 特种油气藏，2001，8（4）：40-45.

[101] 李军，王昊，张辉，等. 渤海稠油热采井井口抬升距离预测研究 [J]. 工程热物理学报，2019，40（3）：599-604.

[102] 龚宁，李进，陈毅，等. 海上油田生产井口抬升原因分析及对策研究 [J]. 石油机械，2017，45（6）：51-55.

[103] 赵笑寒，胡晓明，刘东. 海上热采平台井口抬升位移监测装置的设计与应用 [J]. 化学工程与装备，2020，（6）：118-120.

[104] 邹剑，韩晓冬，王秋霞，等. 海上热采井耐高温井下安全控制技术研究 [J]. 特种油气藏，2018，25（4）：154-157，163.

[105] 贾立新，韩耀图，陈毅，等. 稠油热采井防砂筛管失效机理及完整性研究 [J]. 装备环境工程，2021（1）.

[106] 梁月松，卢道胜，周欢，等. 海上热采防砂封隔器研制与室内试验 [J]. 石油矿场机械，2022，51（6）：26-35.

[107] 满宗通，庞明越. 稠油井高温热采复合筛管研究及应用 [J]. 石油矿场机械，2023，52（5）：59-66.

[108] 白健华，刘义刚，王通，等. 海上同心管射流泵注采一体化技术研究 [J]. 中国海上油气，2021，33（2）：148-155.

[109] 马长亮，肖遥，万祥，等. 海上稠油热采井电潜泵注采一体化管柱研究 [J]. 石油机械，2022，50（12）：58-65.

[110] 王春升，杨天宇，杨泽军，等. 海上稠油油田热采开发工程技术研究与应用 [J]. 中国海上油气，2023，35（5）：193-200.

[111] 苏海鹏，王鹏南，王惠云，等. 国内油田注汽锅炉发展现状与分析 [J]. 工业锅炉，2019，4（176）：23-28.

[112] 孙玉豹，崔刚，张卫行，等. 海上油田过热蒸汽锅炉水处理设备设计及应用 [J]. 石油化工应用，2022，41（11）：36-39.

[113] 杨泽军，高鹏，陈子婧，等. 海上热采锅炉给水处理工艺研究与实践 [J]. 科技和产业，2020，20（6）：5.

[114] 张明，王春升，郑晓鹏，等. 海上油田特稠油静电聚结脱水实验研究 [J]. 中国海上油气，2017，29（4）：159-163.

[115] 刘新福，王春升，尚超，等. 海上平台用静电聚结原油脱水设备试验研究 [J]. 石油矿场机械，

2014, 43（12）：59-62.

［116］彭松梓，崔新安，王春升，等. 静电聚结原油脱水试验研究［J］. 石油化工腐蚀与防护，2012，29（5）：3-6.

［117］张明，王海燕，王春升，等. 一种海上热采稠油集输处理工艺包：02110942445.1［P］. 2021-10-08.

［118］崔新安，王春升，虎锐，等. 一种静电聚结原油脱水器：201110099620.1［P］. 2014-06-25.

［119］李振泉. 气驱提高采收率技术研究与矿场试验［M］. 北京：石油工业出版社，2014.

［120］俞凯，刘伟，陈祖华. 陆相低渗透油藏CO_2混相驱技术［M］. 北京：中国石化出版社，2016.

［121］谢玉洪，林金成，马勇新. 南海北部湾盆地油田注气开发技术与实践［M］. 北京：石油工业出版社，2015.

［122］杨承志. 混相驱提高石油采收率：上册［M］. 北京：石油工业出版社，1991.

［123］Shyeh Yung J.J..Effect of injectant composition and pressure on displacement of oil by enriched hydrocarbon gases［J］.SPE Reservoir Engineering，1995（2）.DOI：10.2118/28624-PA.

［124］赵昱超，罗瑜，李隆新，等. 地下储气库地应力模拟研究与地质完整性评估——以相国寺为例［J］. 地质力学学报，2022，28（4）：523-536.